工程师经验手记

例说 STM32
（第 3 版）

刘　军　张　洋　严汉宇　编著

U0245925

北京航空航天大学出版社

内 容 简 介

本书将由浅入深,带领大家进入 STM32 的世界。本书总共分为 3 篇:第 1 篇为硬件篇,主要介绍本书的实验平台;第 2 篇为软件篇,主要介绍 STM32 开发软件的使用以及一些下载调试的技巧,并详细地介绍了几个常用的系统文件(程序);第 3 篇为实战篇,通过 38 个实例(绝大部分是直接操作寄存器完成的)带领大家一步步深入 STM32 的学习。相较于第 2 版,本书在开发环境、源代码、教程说明等方面进行了更新和完善。

本书配套资料里面包含详细原理图以及所有实例的完整代码,这些代码都有详细的注释。另外,源码有生成好的 hex 文件,读者只需要通过串口/仿真器下载到开发板即可看到实验现象,亲自体验实验过程。

本书不仅非常适合广大学生和电子爱好者学习 STM32,其大量的实验以及详细的解说也是工程师产品开发的不二参考。

图书在版编目(CIP)数据

例说 STM32 / 刘军,张洋,严汉宇编著. -- 3 版. --
北京 : 北京航空航天大学出版社,2018.2
　ISBN 978 - 7 - 5124 - 2638 - 2

　Ⅰ. ①例… Ⅱ. ①刘… ②张… ③严… Ⅲ. ①微控制
器 Ⅳ. ①TP332.3

中国版本图书馆 CIP 数据核字(2018)第 016665 号

例说 STM32(第 3 版)

刘　军　张　洋　严汉宇　编著

责任编辑　董立娟

*

北京航空航天大学出版社出版发行

北京市海淀区学院路 37 号(邮编 100191)　http://www.buaapress.com.cn
发行部电话:(010)82317024　传真:(010)82328026
读者信箱:emsbook@buaacm.com.cn　邮购电话:(010)82316936
北京九州迅驰传媒文化有限公司印装　各地书店经销

*

开本:710×1 000　1/16　印张:28.75　字数:613 千字
2018 年 2 月第 3 版　2018 年 2 月第 1 次印刷　印数:4 000 册
ISBN 978 - 7 - 5124 - 2638 - 2　定价:69.00 元

序 言

随着人民币的升值、劳动力成本的提升以及可持续性发展的需要,现在中国的电子产业正面临着产业转型和升级,传统的电子代工产业链必将由具有高附加值的创新设计和产业所代替。任何新型产业链的诞生和发展,离不开其扎根的土壤和适宜的环境,半导体工艺的发展带来了电子器件的快速升级,这自然为中国电子产业转型提供了部分,也是必需的养分。

在微控制器领域中,最近几年意法半导体一直扮演了一个"破坏游戏规则"的角色,自从 2007 年发布 STM32 开始,我们将 32 位微控制器从传统高不可攀的地位重新定位到 1 美金起,即刻引起市场众多反响。随着更多细分产品的面世以及其卓越性能、丰富外设、优异能效比、高集成度、最大化兼容等特性的呈现,众多用户开始大规模地使用 STM32。

2010 年推出了当时业界基于 Cortex - M 内核的顶级性能的 STM32F2 和 STM32F4 微控制器系列产品,为释放工程师的创造力提供了前所未有的超级马力。

2013 年推出 STM32@32 美分的 STM32F0 超值型产品,犹如在平稳的湖水中投入一块巨石,其不可思议的市场定位让业界为之咋舌,却让用户为之欢呼。STM32F0 超值型产品为 8 位微控制器用户提供了一个远眺的窗口,使其透过这个窗口可以看到更广泛的 32 位产品的世界,更具有深远意义的是 32 位微控制器正式进入 8 位领域,为使用 8 位微控制器的产品升级扫除了最后的障碍。

富有竞争力的产品线是非常重要的基础,稳健的生态系统和广泛的 STM32 粉丝群是功不可没的。一个偶然的机会认识了本书的作者——刘军。通过进一步的交流,我惊讶于刘军的神奇 STM32 历程。由于对电子设计的高度好奇和执着,他从大学二年级就已经被 STM32 吸引并且开始"玩"STM32;从大三开始,刘军把自己的实践经验和例程通过网络分享出去,并且着手设计 STM32 评估板;评估板和配套文档的实用性,迅速让以"ALIENTEK"为品牌的评估板得到热卖和好评。2011 年,在北京航空航天大学出版社的协助下,基于原创的《例说 STM32》得到正式出版,迄今为止,已经多次重印。

刘军及其《例说 STM32》是众多电子产业链中的一个环节,同时也是 STM32 生态链的一个典型,与 STM32 一起积极推动着最新一代微控制器的普及,为工程师们的创新设计提供了帮助。

受到市场的热切鼓励和刘军先生自身的追求,我们非常欣喜地知道,从 2017 年底,作者已经着手完善前一版本和补充最新的心得,准备出版第 3 版本的《例说 STM32》。

我们非常感谢刘军为此书的辛勤付出,相信这些第一手的心得体会将会给众多电子工程师带来积极的指引和帮助。

曹锦东

意法半导体中国　微控制器　市场高级经理

第3版前言

《例说 STM32》第 1 版出版于 2011 年,第 2 版出版于 2014 年。本书自出版以来,已重印多次,不仅深得广大朋友的喜爱,更是获得了 ST 官方认可,多次在重要会议上提到了本书,并作为宣讲会礼品,派送给所有与会者。

第 2 版出版后,作者陆续收到了一些读者的反馈,指出了书本中一些有误的地方,并对书本内容提出了许多建设性意见,于是本书应运而生。相对于第 2 版,本书的主要变化有以下几点:

1. 开发环境的变更

本书采用 MDK 新的集成开发环境 MDK5.21A 作为 STM32 的开发环境,而第 2 版书本采用的是 MDK5.10 开发环境。

2. 仿真器变更

本书采用 ST LINK V2 仿真器作为 STM32 芯片的仿真工具,而第 2 版采用的是 JLINK V8 仿真器。由于 JLINK 存在侵权风险,所以全部改为 ST LINK 仿真器。

3. 例程介绍更加详细

针对部分例程的内容进行了重新编排,加入了一些图表,方便读者理解知识点,也更加容易掌握。

4. 修正了部分 bug

针对已知的 bug(包括代码和文字内容)进行了修改,减少了文档中的错误。

本书配套资料里包含详细的原理图以及所有例程的完整代码,这些代码都有详细的注释。另外,源码代码都有生成好的 hex 文件,读者只需要通过串口/仿真器下载到开发板上即可看到实验现象,亲自体验实验过程。

另外,本书配套资料还包含数十个扩展例程源码和教程文档,这些资料在书本配套资料→9,增值资料/1,产品资料里面。读者可以通过这些教程和源码学习各种模组的使用,更深入地了解和学习 STM32。

本书资料下载地址:http://www.openedv.com/thread-13912-1-1.html

开源电子网论坛:www.openedv.com

作者邮箱:liujun6037@foxmail.com

时间有限,书中难免有存在不足,欢迎读者指正、交流。

作 者
2018 年 1 月

第 2 版前言

《例说 STM32》第 1 版自 2011 年 4 月份首印以来已经重印多次,不仅深得广大朋友喜爱,更是获得 ST 官方认可,当年即被 ST 官方作为宣讲会礼品,对与会者进行派送。

第 1 版出版后,作者陆续收到很多读者的反馈,指出了书本一些有误的地方,并对书本的内容提出了很多建议,于是本书应运而生。相对于第 1 版,本书变化主要有以下几点:

1. 硬件平台的变更

本书针对的硬件平台是:ALIENTEK MiniSTM32 开发板 V3.0 及以后版本,资源更多,设计更合理。本书大部分例程在 V3.0 之前的开发板上不能直接使用,须做适当修改才可以在之前版本使用。

2. 开发环境的变更

本书采用 MDK 最新的集成开发环境:MDK5.10,作为 STM32 的开发环境,而第 1 版采用的是 MDK3.80A。

3. 例程变更

ALIENTEK MiniSTM32 开发板 V3.0 资源更加丰富,所以例程也更完善,本书在第 1 版的基础上新增了 10 个例程,如 DAC、输入捕获、文件系统读/写(FATFS)和 μC/OS-Ⅱ方面等。并对第 1 版的例程进行了部分修改,比如去掉了 MP3 播放器例程、汉字显示,新增对 24×24 字体的支持、新增电容触摸屏的支持等,详见 1.2.2 小节。

4. SYSTEM 文件夹变更

第 1 版提供的 SYSTEM 文件夹和 V3.5 库函数共用会有一些兼容性问题(第 1 版的 SYSTEM 文件夹采用的是 V2.0 的库),本书全部采用 V3.5 的库头文件,所以例程可以很方便地移植到库函数下面使用,并新增对 μC/OS-Ⅱ的支持,更加方便实用。

本书配套资料里包含详细原理图以及所有实例的完整代码,这些代码都有详细的注释。另外,源码有生成好的 hex 文件,读者只需要通过串口/仿真器下载到开发板即可看到实验现象,亲自体验实验过程。获取配套资源及互动途径如下:

作者邮箱:liujun6037@foxmail.com;

论坛:www.openedv.com

时间限制,书中难免存在不足,欢迎读者指正、交流。

作　者

2014.4

第1版前言

Cortex - M3 作为目前最好的 ARMv7 构架,不仅支持 Thumb - 2 指令集,而且拥有很多新特性。较之 ARM7 TDMI,Cortex - M3 拥有更强劲的性能、更高的代码密度、位带操作、可嵌套中断、低成本和低功耗等众多优势。

在国内 Cortex - M3 市场上,ST(意法半导体)公司的 STM32 无疑是最大赢家。作为 Cortex - M3 内核最先尝蟹的两个公司(另一个是 Luminary(流明))之一,ST 无论是在市场占有率,还是在技术支持方面,都是远超其他对手。在 Cortex - M3 芯片的选择上,STM32 无疑是大家的首选。

STM32 的优异性体现在如下几个方面:

➢ 超低的价格。以 8 位机的价格得到 32 位机,是 STM32 最大的优势。

➢ 超多的外设。STM32 拥有包括 FSMC、TIMER、SPI、I²C、USB、CAN、I²S、SDIO、ADC、DAC、RTC 和 DMA 等众多外设及功能,具有极高的集成度。

➢ 丰富的型号。STM32 拥有 F101、F102、F103、F105、F107 这 5 个系列数十种型号,具有 QFN、LQFP、BGA 等封装可供选择。

➢ 优异的实时性能。84 个中断,16 级可编程优先级,并且所有的引脚都可以作为中断输入。

➢ 杰出的功耗控制。STM32 各个外设都有自己的独立时钟开关,可以通过关闭相应外设的时钟来降低功耗。

➢ 极低的开发成本。STM32 的开发不需要昂贵的仿真器,只需要一个串口即可下载代码,并且支持 SWD 和 JTAG 两种调试口。SWD 调试可以为您的设计带来很多方便,只需要 2 个 I/O 口即可实现仿真调试。

学习 STM32 有两份不错的中文资料:《STM32 参考手册》中文版 V10.0 及《ARM Cortex - M3 权威指南》中文版(宋岩 译)。前者是 ST 官方针对 STM32 的一份通用参考资料,内容翔实,但是没有实例,也没有对 Cortex - M3 构架进行太多介绍(估计 ST 是把读者都当成一个 Cortex - M3 熟悉者来写的),读者只能根据自己对书本的理解来编写相关代码。后者是专门介绍 Cortex - M3 构架的书,有简短的实例,但没有专门针对 STM32 的介绍。所以,在学习 STM32 的时候必须结合这份资料来看。

STM32 拥有非常多的寄存器,其中断管理更是复杂,对于新手来说,看 ST 提供的库函数虽然可以很好地使用,但是没法深入理解,一旦出错查问题就非常痛苦了。另外,库函数在效率和代码量上面都是不如直接操作寄存器的。

本书将结合《STM32 参考手册》和《ARM Cortex - M3 权威指南》两者的优点,并从寄存器级别出发,深入浅出,向读者展示 STM32 的各种功能。全书配有 28 个实例,每个实例均配有软硬件设计,在介绍完软硬件之后马上附上实例代码,并带有详细注释及说明,可使读者快速理解代码。

这些实例涵盖了 STM32 的绝大部分内部资源,所有实例在 MDK3.80A 编译器下编译通过,读者只须复制源码、编译即可验证实验。

不管您是一个 STM32 初学者,还是一个老手,本书都非常适合。尤其对于初学者,本书将手把手地教您如何使用 MDK,包括新建工程、编译、仿真、下载调试等一系列步骤,让您轻松上手。本书不适用于想通过库函数学习 STM32 的读者,因为本书的绝大部分内容都是直接操作 STM32 寄存器的,如果想通过库函数学习 STM32,建议直接看 MDK 安装目录下的例程。

本书的实验平台是 ALIENTEK MiniSTM32 开发板,有这款开发板的朋友可以直接拿书上的例程在开发板上运行、验证。而没有这款开发板的,可以上淘宝网购买。当然,如果已有了一款自己的开发板,而又不想再买,也是可以的,只要您的板子上有 ALIENTEK MiniSTM32 开发板上的相同资源(需要实验用到的),代码一般都是可以通用的,您需要做的就只是把底层的驱动函数(一般是 I/O 操作)稍做修改,使之适合您的开发板即可。

俗话说:人无完人。书也不例外,本书在编写过程中虽然得到了不少网友的指正,但难免会有出错的地方,如果大家发现书中有什么错误的地方,请与笔者联系,邮箱:liujun6037@foxmail.com,也可以去 www.openedv.com 论坛给我留言。在此先向各位朋友表示真心的感谢。

最后,衷心感谢北京航空航天大学出版社,没有出版社的支持,本书也很难顺利出版;感谢师兄及广大网友(习小猛、黄洁逢、钱栩聪、左忠凯、周莉、周前、颜锐、王林、唐飞等)对本书的建议与支持;感谢家人对我的支持与理解,尤其要感谢我的爱人。

编 者

2011 年 2 月

目 录

第 1 篇　硬件篇

实践出真知,要想学好 STM32,实验平台必不可少！本篇将详细介绍我们用来学习 STM32 的硬件平台：ALIENTEK MiniSTM32 开发板。通过该篇的介绍读者将了解到 ALIENTEK MiniSTM32 开发板的功能及特点。

为了让读者更好地使用 ALIENTEK MiniSTM32 开发板,本篇还介绍了开发板的一些使用注意事项,读者在使用开发板的时候一定要注意。

本篇将分为如下两章：

① 实验平台简介；

② 实验平台硬件资源详解。

第 **1** 章

实验平台简介

本章简要介绍实验平台：ALIENTEK MiniSTM32 开发板，并对比一下它与目前其他主流 STM32 开发板的区别。通过本章的学习，读者将对该实验平台有个大概了解，为后面的学习做铺垫。

1.1 ALIENTEK MiniSTM32 开发板资源初探

ALIENTEK MiniSTM32 开发板是一款迷你型的 STM32F103 开发板，外观如图 1.1 所示。从图 1.1 可以看出，ALIENTEK MiniSTM32 开发板虽然小巧，但是功能是比较丰富的，最新版本为 V3.0。

ALIENTEK MiniSTM32 开发板板载资源如下：

➤ CPU：STM32F103RCT6，LQFP64；FLASH：128 KB，SRAM：20 KB；

➤ 一个标准的 JTAG/SWD 调试下载口；

➤ 一个电源指示灯（蓝色）；

➤ 2 个状态指示灯（DS0：红色，DS1：绿色）；

➤ 一个红外接收头，配备一款小巧的红外遥控器；

➤ 一个 I^2C 接口的 EEPROM 芯片，24C02，容量 256 字节；

➤ 一个 SPI FLASH 芯片，W25X16，容量为 2 MB；

➤ 一个 DS18B20/DS1820 温度传感器预留接口；

➤ 一个标准的 2.4/2.8 寸 LCD 接口，支持触摸屏；

➤ 一个 OLED 模块接口；

➤ 一个 USB 串口，可用于程序下载和代码调试；

➤ 一个 USB SLAVE 接口，用于 USB 通信；

➤ 一个 SD 卡接口；

➤ 一个 PS/2 接口，可外接鼠标、键盘；

➤ 一组 5 V 电源输出/输入口；

➤ 一组 3.3 V 电源输出/输入口；

➤ 一个启动模式选择配置接口；

➤ 2 个 2.4G 无线通信接口（NRF24L01 和 JF24C）；

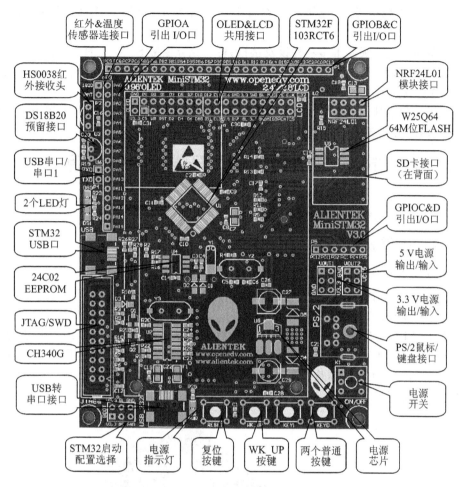

图 1.1 MiniSTM32 开发板外观图

➤ 一个 RTC 后备电池座,并带电池;

➤ 一个复位按钮,可用于复位 MCU 和 LCD;

➤ 3 个功能按钮,其中 WK_UP 兼具唤醒功能;

➤ 一个电源开关,控制整个板的电源;

➤ 3.3 V 与 5 V 电源 TVS 保护,有效防止烧坏芯片;

➤ 一键下载功能;

➤ 除晶振占用的 I/O 口外,其余所有 I/O 口全部引出,其中 GPIOA 和 GPIOB 按顺序引出。

ALIENTEK MiniSTM32 开发板的特点包括:

➤ 小巧。整个板子为 8 cm×10 cm×2 cm(包括液晶,但不计算铜柱的高度)。

➤ 灵活。板上除晶振外的所有 I/O 口全部引出,特别还有 GPIOA 和 GPIOB 的 I/O 口是按顺序引出的,可以极大地方便用户扩展及使用;另外,板载独特的一键下载功能,避免了频繁设置 B0、B1 带来的麻烦,直接在计算机上一键下载。

➤资源丰富。板载十多种外设及接口,可以充分挖掘 STM32 的潜质。

➤质量过硬。沉金 PCB＋全新优质元器件＋定制全铜镀金排针/排座＋电源 TVS 保护,坚若磐石。

➤人性化设计。各个接口都有丝印标注,使用起来一目了然;接口位置设计安排合理,方便顺手;资源搭配合理,物尽其用。

1.2 ALIENTEK MiniSTM32 开发板资源说明

这里分为两个部分说明:硬件资源说明和软件资源说明。

1.2.1 硬件资源说明

接下来首先详细介绍 MiniSTM32 开发板的各个部分(图 1.1 中的标注部分),这里按逆时针顺序依次介绍。

(1) HS0038 红外接收头

这是 ALIENTEK MiniSTM32 开发板板载的标准 38K 红外信号接收头,用于接收红外遥控器的信号。有了它就可以用红外遥控器控制这款开发板了,也可以用来做红外解码等其他相关实验。ALIENTEK MiniSTM32 开发板标配红外遥控器,外观如图 1.2 所示。

图 1.2 红外遥控器图片

(2) DS18B20 预留接口

这是 ALIENTEK MiniSTM32 开发板预留的数字温度传感器 DS18B20/DS1820 接口,采用镀金的圆孔母座。要做 DS18B20 实验的时候,直接插到这个母座上即可，很方便。DS18B20 须自备，插上就可以用。同样，ALIENTEK 提供了DS18B20 的相关例程。

（3）USB 串口/串口 1

这是 USB 串口（P4）同 STM32F103RBT6 的串口 1 进行连接的接口，标号 RXD和 TXD 是 USB 串口的 2 个数据口（对 CH340G 来说），而 PA9（TXD）和 PA10（RXD）则是 STM32 串口 1 的两个数据口（复用功能下）。它们通过跳线帽对接，就可以连接在一起了，从而实现 STM32 的程序下载以及串口通信。

设计成 USB 串口是考虑到现在计算机上串口正在消失，尤其是笔记本，几乎没有串口。所以板载的 USB 串口可以方便下载代码和调试。而在板子上并没有直接连接在一起，则是出于实用方便的考虑。这样设计用户就可以把 ALIENTEK Mini-iSTM32 开发板当成一个 USB 串口来和其他板子通信，而其他板子的串口也可以方便地接到 ALIENTEK MiniSTM32 开发板上。

（4）LED 灯

这是 ALIENTEK MiniSTM32 开发板板载的 2 个 LED 灯，它们在开发板上的标号为：DS0 和 DS1。DS0 是红色的，DS1 是绿色的，主要是方便识别。一般应用 2个 LED 足够了，在调试代码的时候，使用 LED 来指示程序状态，是非常不错的辅助调试方法。ALIENTEK 开发板几乎每个实例都使用了 LED 来指示程序的运行状态。

（5）STM32 USB 口

这是板载的一个 MiniUSB 头，用于 STM32 与计算机的 USB 通信（注意，不是USB 转串口，一般下载时不用这个 USB 口）。此 MiniUSB 头在开发板上的标号为USB，用于连接 STM32F103RBT6 自带的 USB，通过此 MiniUSB 头开发板就可以和计算机进行 USB 通信。开发板总共板载了 2 个 MiniUSB 头，一个用于接 USB 串口，连接 PL2303 芯片；另外一个用于 STM32 内带的 USB 连接。

开发板通过 MiniUSB 头供电，板载 2 个 MiniUSB 头（不共用），主要是考虑使用的方便性，以及可以给板子提供更大的电流（2 个 USB 都接上）这两个因素。

（6）24C02 EEPROM

这是开发板板载的 2K 位（256 字节）EEPROM，型号为 24C02，用于掉电数据保存。因为 STM32 内部没有 EEPROM，所以开发板外扩了 24C02，用于存储重要数据，也可以用来做 I^2C 实验及其他应用。该芯片直接挂在 STM32 的 I/O 口上。

（7）JTAG/SWD

这是 ALIENTEK MiniSTM32 开发板板载的 20 针标准 JTAG 调试口，在开发板上的标号为 JTAG。该 JTAG 口直接可以和 ULINK、JLINK 或者 STLINK 等调试器（仿真器）连接，同时由于 STM32 支持 SWD 调试，这个 JTAG 口也可以用 SWD模式来连接。

用标准的 JTAG 调试需要占用 5 个 I/O 口，很多时候可能造成 I/O 口不够用，而用 SWD 则只需要 2 个 I/O 口，大大节约了 I/O 数量，但达到的效果是一样的。所以在 ALIENTEK MiniSTM32 开发板上调试下载,强烈建议使用 SWD 模式。

(8) CH340G

这是开发板板载的 USB 转串口芯片,型号为 CH340G。有了这个芯片,我们就可以实现 USB 转串口,从而能实现 USB 下载代码、串口通信等。

(9) USB 转串口

这是开发板板载的另外一个 MiniUSB 头(USB-232),用于 USB 连接 CH340G 芯片,从而实现 USB 转串口,所以串口下载代码时,USB 一定要接在这个口上。同时,此 MiniUSB 接头也是开发板电源的主要提供口。

(10) STM32 启动配置选择

这是 ALIENTEK MiniSTM32 开发板板载的启动模式选择开关,在开发板上的标号为 BOOT1。STM32 有 BOOT0(B0)和 BOOT1(B1)两个启动选择引脚,用于选择复位后 STM32 的启动模式,作为开发板,这两个是必须的。在开发板上,通过跳线帽选择 STM32 的启动模式。关于启动模式的说明看 2.1.1 小节。

(11) 电源指示灯

这是开发板板载的一颗蓝色的 LED,用于指示电源状态,在开发板上的标号为 PWR。在电源开启的时候(通过板上的电源开关控制),该灯会亮;否则,不亮。通过这个 LED,可以判断开发板的上电情况。开发板必须在上电的条件下(电源灯亮),才可以正常使用。

(12) 复位按键

这是开发板板载的复位按键,用于复位 STM32,还具有复位液晶的功能,因为液晶模块的复位引脚和 STM32 的复位引脚是连接在一起的,此按键在开发板上的标号为 RESET。当按下该键的时候,STM32 和液晶一并被复位。

(13) WK_UP 按键

这是开发板板载的一个唤醒按键。该按键连接到 STM32 的 WAKE_UP(PA0)引脚,可用于待机模式下的唤醒;不使用唤醒功能的时候,也可以作为普通按键输入使用,此按键在开发板上的标号为 WK_UP。

(14) 2 个普通按键

这是 ALIENTEK MiniSTM32 开发板板载的 2 个普通按键,可以用于人机交互的输入。这 2 个按键是直接连接在 STM32 的 I/O 口上的,在开发板上的标号分别为 KEY0、KEY1。

(15) 电源芯片

这是开发板的电源芯片,型号为 AMS1117-3.3。因为 STM32 是 3.3 V 供电的,所以需要将 USB 的 5 V 电压转换为 3.3 V,这个芯片就是将 5 V 转换为 3.3 V 的线性稳压芯片。

(16) 电源开关

这是开发板板载的电源开关,此开关在开发板上的标号为 ON/OFF。该开关用

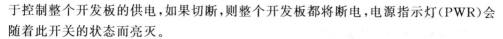

于控制整个开发板的供电,如果切断,则整个开发板都将断电,电源指示灯(PWR)会随着此开关的状态而亮灭。

(17) PS/2 鼠标/键盘接口

这是开发板板载的一个标准 PS/2 母头,用于连接鼠标和键盘等 PS/2 设备,在开发板上的标号为 PS/2。通过 PS/2 口,仅仅需要 2 个 I/O 口就可以扩展一个键盘,所以不必对板上只有 3 个按键而担忧。ALIENTEK 提供了标准的鼠标驱动例程,方便学习 PS/2 协议。

(18) 3.3 V 电源输出/输入

这是开发板板载的一组 3.3 V 电源输入/输出排针(2×3),在开发板上的标号为 VOUT1。该排针用于给外部提供 3.3 V 的电源,也可以用于从外部取 3.3 V 的电源给板子供电。读者在实验的时候可能经常会因没有 3.3 V 电源而苦恼不已,ALIENTEK 充分考虑到了这点,有了这组 3.3 V 排针就可以很方便地拥有一个简单的 3.3 V 电源(最大电流不能超过 500 mA)。另外,板载了 3.3 V TUS 管,能有效吸收高压脉冲,防止外接设备/电源可能对开发板的损坏。

(19) 5 V 电源输出/输入

这是开发板板载的一组 5 V 电源输入/输出排针(2×3),在开发板上的标号为 VOUT2,用于给外部提供 5 V 的电源,也可以用于从外部取 5 V 的电源给板子供电。同样,在实验的时候可能经常会为没有 5 V 电源而苦恼不已,有了 ALIENTEK MiniSTM32 开发板,就可以很方便地拥有一个简单的 5 V 电源(最大电流不能超过 500 mA)。另外,板载了 5 V TVS 管。

(20) GPIOC&D 引出 I/O 口

这是 ALIENTEK MiniSTM32 开发板板载的 GPIOC 与 GPIOD 等 I/O 口的引出排针,在开发板上的标号为 P5。可以用引出 I/O 口来连接外部模块,方便外接其他模块。

(21) SD 卡接口

这是开发板板载的 SD 卡接口。SD 卡作为最常见的存储设备之一,是很多数码设备的存储媒介,比如数码相框、数码相机、MP5 等。ALIENTEK MiniSTM32 开发板自带了 SD 卡接口,可以用于 SD 卡实验,方便大家学习 SD 卡。TF 卡通过转接座也可以很方便地接到我们的开发板上。

有了它,开发板就相当于拥有了一个大容量的外部存储器,不但可以用来提供数据,也可以用来存储数据,使得这款开发板可以完成更多的功能。

这里要特别说明一下:该 SD 卡卡座在开发板的背面。

(22) W25Q64 64M 位

这是开发板板载的一颗 FLASH 芯片,型号为 W25Q64。这颗芯片的容量为 64M 位,也就是 8 MB。有了这颗芯片,我们就可以存储一些不常修改的数据到里面,比如字库等,从而大大节省对 STM32 内部 FLASH 的占用。关于该芯片的使用见 SPI 实验章节。

(23) NRF24L01 模块接口

这是开发板板载的 NRF24L01 模块接口,只要插入模块,我们便可以实现无线通信。但是提醒大家:NRF24L01 通信至少需要 2 个模块和 2 个开发板同时工作才可以,只有一个开发板或一个模块是没法实现无线通信的。

(24) GPIOB&C 引出 I/O 口

这是开发板板载的 GPIOB 与 GPIOC 的引出口。该接口用于将 STM32 的 GPIOB 和部分的 GPIOC 引出,方便大家的使用,在开发板上的标号为 P1。这里 GPIOB 全部使用顺序引出的方式,尤其适合外部总线型器件的接入。

(25) STM32F103RCT6

这是开发板的核心芯片,从 3.0 版本开始,升级到 RCT6,详细型号为 STM32F103RCT6。该芯片具有 48 KB SRAM、256 KB FLASH、2 个 16 位基本定时器、4 个 16 位通用定时器、2 个 16 位高级定时器、2 个 DMA 控制器、3 个 SPI、2 个 I^2C、5 个串口、一个 USB、一个 CAN、3 个 12 位 ADC、一个 12 位 DAC、一个 SDIO 接口、51 个通用 I/O 口。

(26) OLED&LCD 共用接口

这是 ALIENTEK 开发板的特色设计,一个接口兼容两种模块。在此部分,LCD 的部分 I/O 和 OLED 的 I/O 共用,具体请看看开发板原理图。这样一个接口既可以接 LCD 模块,又可以接 OLED 模块。OLED 模块使用的是 ALIENTEK 的 OLED 模块,分辨率为 128×64,模块大小为 2.6 cm×2.7 cm。而 LCD 模块则可以使用 ALIENTEK 全系列的 TFT - LCD 模块,包括 2.4 寸(电阻屏,240×320)、2.8 寸(电阻屏,240×320)、3.5 寸(电阻屏,320×480)、4.3 寸(电容屏,800×480)、7 寸(电容屏,800×480)。

这里特别提醒:使用时 OLED 模块靠左插,LCD 模块是靠右插。

(27) GPIOA 引出 I/O 口

这是开发板 GPIOA 的引出排针,在开发板上的标号为 P3。ALIENTEK 开发板将所有的 I/O 口(除了 2 个晶振占用的 4 个 I/O 口)都用排针引出来了,而且 GPIOA 和 GPIOB 是按顺序引出的。按顺序引出,在很多时候能方便实验和测试,比如外接带并行控制的器件,有了并行引出的排针,那么就可以很方便地通过这些排针连接到外部设备了。

将开发板的 I、O 口全部排针引出,就可以用来外接其他模块等,不论调试还是功能扩展都是很方便的。

(28) 红外 & 温度传感器连接口

这是开发板板载的红外与温度传感器的连接接口,开发板虽然自带了红外接收头和 DS18B20 的接口,但是并没有将这两个器件直接挂在 I/O 口上,而是通过跳线帽来连接,以防止在不使用时对 I/O 口的干扰。当然,也可以用跳线把 DS18B20 和红外遥控接收模块接到其他电路上使用。

1.2.2 软件资源说明

上面详细介绍了 ALIENTEK MiniSTM32 开发板的硬件资源,接下来简要介绍开发板的软件资源。

MiniSTM32 开发板提供的标准例程有 39 个,提供了寄存器和库函数两个版本的代码(本书以寄存器版本例程的介绍)。例程基本都是原创,注释详细,代码风格统一,循序渐进,非常适合初学者入门。MiniSTM32 开发板的例程列表如表 1.1 所列。可以看出,ALIENTEK MiniSTM32 开发板的例程基本上涵盖了 STM32F103RCT6 的所有内部资源,并且外扩展了很多有价值的例程,比如 FLASH 模拟 EEPROM 实验、内存管理实验、FATFS 实验、IAP 实验、综合实验等。

表 1.1 ALIENTEK MiniSTM32 开发板例程表

编 号	实验名字	编 号	实验名字
1	跑马灯实验	20	SPI 实验
2	按键输入实验	21	触摸屏实验(支持电容/电阻屏)
3	串口实验	22	红外遥控实验
4	外部中断实验	23	DS18B20 数字温度传感器实验
5	独立看门狗实验	24	无线通信实验
6	窗口看门狗实验	25	PS2 鼠标实验
7	定时器中断实验	26	FLASH 模拟 EEPROM 实验
8	PWM 输出实验	27	内存管理实验
9	输入捕获实验	28	SD 卡实验
10	OLED 实验	29	FATFS 实验
11	TFT - LCD 实验	30	汉字显示实验(支持 12/16/24 字体大小)
12	USMART 调试组件实验	31	图片显示实验
13	RTC 实验	32	串口 IAP 实验
14	待机唤醒实验	33	触控 USB 鼠标实验
15	ADC 实验	34	USB 读卡器实验
16	内部温度传感器实验	35	$\mu C/OS - II$ 实验 1——任务调度
17	DAC 实验	36	$\mu C/OS - II$ 实验 2——信号量和邮箱
18	DMA 实验	37	$\mu C/OS - II$ 实验 3——消息队列、信号量集和软件定时器
19	I^2C 实验	38	综合实验

从表 1.1 还可以看出,例程安排是循序渐进的,首先从最基础的跑马灯开始,一步步深入,从简单到复杂,有利于读者学习和掌握。

这里特别说明一下综合实验,这个实验使得 ALIENTEK MiniSTM32 开发板更像一个产品,而不单单是一个开发板了,它采用 ALIENTEK 自己编写的 GUI 系统,自动兼容各种分辨率(320×240/480×320/800×480)的屏幕,支持电阻和电容触摸屏,可玩性高。该实验集成了文件系统(读/写)、图片显示、T9 拼音输入法、手写识别、多国语言切换、记事本和 USB 连接等高级功能。

1.3　ALIENTEK MiniSTM32 V3.0 开发板升级说明

ALIENTEK MiniSTM32 V3.0 开发板相对于过往版本,主要变化如表 1.2 所列。可以看出,前 4 项是硬件升级,后面 3 项是线路变更。

表 1.2　V3.0 版本相比过往版本硬件变更表

编　号	对比项	ALIENTEK MiniSTM32 开发板		说　明
		之前版本	V3.0 版本	
1	CPU	STM32F103RBT6	STM32F103RCT6	资源更多
2	USB 转串口芯片	PL2303HX	CH340G	更稳定
3	SPI FLASH 芯片	W25Q16	W25Q64	容量更大
4	JF24C/D 接口	预留	去掉	去掉不常用的接口
5	PA1	JF24_FIFO	NRF_IRQ	引脚变更
6	PC5	NRF_IRQ	KEY0/PS_DAT	引脚变更
7	PA13	KEY0/PS_DAT	JTMS/SWDIO	引脚变更

硬件升级方面:CPU 采用更多资源的 STM32F103RCT6,相比 RBT6,资源多了,集成度更高,功能更强。USB 转串口芯片改为采用与战舰 STM32 开发板相同的 CH340G,更稳定,不容易出现兼容性问题。SPI FLASH 芯片同样改为采用与战舰 STM32 开发板相同的 W25Q64,容量是 W25Q16 的 4 倍,可以存储更多内容。另外,V3.0 版本去掉了不常用的 JF24C/D 模块接口。

线路变更方面做了 3 项改变:PA1 原来是连接 JF24_FIFO 信号的,V3.0 改为连接 NRF_IRQ 信号;PC5 原来是用来连接 NRF_IRQ 信号,V3.0 改为连接 KEY0/PS_DAT 信号;而 PA13 原来是连接 KEY0/PS_DAT 信号的,V3.0 改为不连接任何外设(仅作 JTMS/SWDIO 信号)。经过这样的变更以后,PA13(SWDIO)空出来了,所以 V3.0 开发板便可以支持所有例程 SWD 在线仿真了,原来的版本存在有按键的例程,不能仿真这样的缺陷,这个缺陷在 V3.0 上面得到了圆满解决。

第**2**章

实验平台硬件资源详解

本章详细介绍 ALIENTEK MiniSTM32 开发板各部分的硬件原理图,让大家对该开发板的各部分硬件原理有个深入理解,同时介绍开发板的使用注意事项,为后面的学习做好准备。

2.1 开发板原理图详解

1. MCU

ALIENTEK MiniSTM32 V3.0 版开发板选择的是 STM32F103RCT6 作为 MCU,拥有的资源包括 48 KB SRAM、256 KB FLASH、2 个基本定时器、4 个通用定时器、2 个高级定时器、2 个 DMA 控制器(共 12 个通道)、3 个 SPI、2 个 I²C、5 个串口、一个 USB、一个 CAN、3 个 12 位 ADC、一个 12 位 DAC、一个 SDIO 接口及 51 个通用 I/O 口。该芯片性价比极高,MCU 部分的原理图如图 2.1(原理图比较大,细节请参考书本配套资料→3,ALIENTEK MiniSTM32 开发板原理图→MiniSTM32_V3.0_SCH. pdf 进行查看)所示。

其中,图中上部的 BOOT1 用于设置 STM32 的启动方式,其对应启动模式如表 2.1 所列。

表 2.1 BOOT0、BOOT1 启动模式表

BOOT0	BOOT1	启动模式	说　明
0	X	用户闪存存储器	用户闪存存储器,也就是 FLASH 启动
1	0	系统存储器	系统存储器启动,用于串口下载
1	1	SRAM 启动	SRAM 启动,用于在 SRAM 中调试代码

按照表 2.1,一般情况下(即标准的 ISP 下载步骤),如果想用串口下载代码,则必须先配置 BOOT0 为 1,BOOT1 为 0,然后按复位键,最后再通过程序下载代码。下载完以后又需要将 BOOT0 设置为 GND,以便每次复位后都可以运行用户代码。可以看到,这个标准的 ISP 步骤还是很繁琐的,跳线帽跳来跳去,还要手动复位,所以 ALIENTEK 为 STM32 的串口下载专门设计了一键下载电路,通过串口的 DTR 和

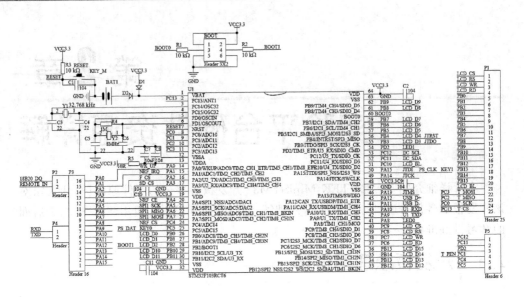

图 2.1 MCU 部分原理图

RTS 信号自动控制 RST(复位)和 BOOT0,因此不需要用户手动切换状态,直接串口下载软件自动控制就可以非常方便地下载代码。

P3 和 P1 分别用于 PORTA 和 PORTB 的 I/O 口引出,其中 P1 有部分用于 PORTC 口的引出。PORTA 和 PORTB 都是按顺序排列的,这样设计的目的是让大家更方便地与外部设备连接。

P2 连接了 DS18B20 的数据口以及红外传感器的数据线,它们分别对应着 PA0 和 PA1,只需要通过跳线帽将 P2 和 P3 连接起来就可以使用了。这里不直接连在一起的原因有二:

① 防止红外传感器和 DS18B20 对这 2 个 I/O 口作为其他功能使用的时候的影响;

② DS18B20 和红外传感器还可以用来给其他板子提供输入,即板子为别的板子提供了红外接口和温度传感器,调试的时候还是蛮有用的。

P4 口连接了 CH340G 的串口输出,对应着 STM32 的串口 1(PA9/PA10),使用时也是通过跳线帽将这两处连接起来。这样设计有两个好处:

① 使得 PA9 和 PA10 用作其他用途使用的时候(比如串口 1 连接其他串口设备)不受到 CH340G 的影响。

② USB 转串口可以用作他用,并不仅限这个板上的 STM32 使用,也可以连接到其他板子上,这样 ALIENEK MiniSTM32 开发板就相当于一个 USB 转 TTL 串口。

P5 口是另外一组 I/O 引出排针,将 PORTC 和 PORTD 等的剩余 I/O 口从这里引出。在此部分原理图中还可以看到,STM32F103RCT6 各个 I/O 口与外设的连接关系,这些将在后面给大家介绍。

这里 STM32 的 VBAT 采用 CR1220 纽扣电池和 VCC3.3 混合供电的方式,在有外部电源(VCC3.3)的时候,CR1220 不给 VBAT 供电;而在外部电源断开的时候,则由 CR1220 给 VBAT 供电。这样,VBAT 总是有电的,以保证 RTC 的走时以及后备寄存器的内容不丢失。

该部分还有 JTAG,部分电路如图 2.2 所示。这里采用的是标准的 JTAG 接法,但是 STM32 还有 SWD 接口,SWD 只需要最少 2 根线(SWCLK 和 SWDIO)就可以下载并调试代码了,这同使用串口下载代码差不多,而且速度更快、能调试。所以建议设计产品时可以留出 SWD 来下载调试代码,而摒弃 JTAG。STM32 的 SWD 接口与 JTAG 是共用的,只要接上 JTAG 就可以使用 SWD 模式了(其实 SWD 并不需要 JTAG 这么多线),JLINK V8/JLINK V7/ULINK2 以及 ST LINK 等都支持 SWD。这里推荐使用 SWD 模式,不推荐 JTAG 模式。

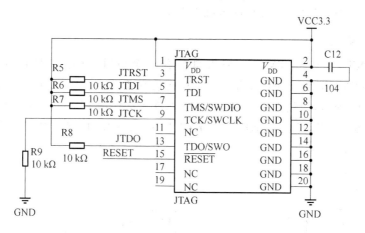

图 2.2　JTAG 原理图

2. EEPROM

ALIENTEK MiniSTM32 开发板自带了 24C02 的 EEPROM 芯片,该芯片的容量为 2K 位,也就是 256 字节,对于普通应用来说是足够了的。也可以选择换大的芯片,因为在原理上是兼容 24C02~24C512 全系列的 EEPROM 芯片的,原理图如图 2.3 所示。

这里把 A0~A2 均接地,对 24C02 来说也就是把地址位设置成 0 了,写程序的时候要注意这点。IIC_SCL 接在 MCU 的 PC12 上,IIC_SDA 接在 MCU 的 PC11 上,这里并没有接到 STM32 内部的 I^2C 上,因为 STM32 的硬件 I^2C 十分不好用,而且不稳定。如果想在开发板上使用硬件 I^2C,那么也是可以的,只需要设置 PC11 和 PC12 为浮空输入,然后把 PB10 和 PB11(I^2C2)或者 PB6 和 PB7(I^2C1)通过飞线连接到 PC11 和 PC12 上就可以使用了。

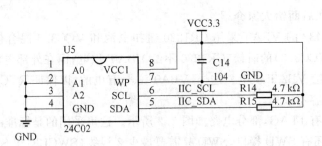

图 2.3　EEPROM 原理图

3. 温度传感器

温度传感器使用的是 DS18B20,原理图如图 2.4 所示。DS18B20 的数据脚 (18B20_DQ)接 P2 的第一脚,并没有直接连接到 MCU。要使用 DS18B20 的时候, 用跳线帽把 PA0 和 P2-1 连接起来就可以了。

4. 按　键

ALIENTEK MiniSTM32 开发板总共有 3 个按键,其原理图如图 2.5 所示。 KEY0 和 KEY1 用作普通按键输入,分别连接在 PC5 和 PA15 上。其中 PA15 和 JTDI 共用了,所以,使用 KEY0 和 KEY1 时,就不能使用 JTAG 来调试了,但是可以 用 SWD 调试,这点要注意。KEY0 和 KEY1 还和 PS/2 的 DAT 和 CLK 线共用。

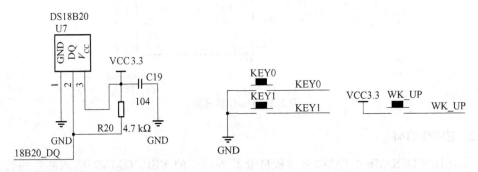

图 2.4　温度传感器原理图　　　　　　图 2.5　按键输入原理图

WK_UP 按键连接到 PA0(STM32 的 WKUP 引脚),除了可以用作普通输入按 键外,还可以用作 STM32 的唤醒输入。该按键是高电平触发的。PA0 还是 DS18B20 的输入引脚,而 DS18B20 是有上拉电阻的,所以在使用 WK_UP 按键的时 候一定要断开 PA0 和 DS18B20 的跳线帽。

5. 液晶显示模块

ALIENTEK MiniSTM32 开发板板载有目前比较通用的液晶显示模块接口,还 有其比较有特色的兼容性接口,不仅支持 ALIENTEK 各种尺寸(2.4、2.8、3.5、4.3、

7 寸等）的 TFT - LCD,还支持 OLED 显示器。同时,该接口支持电阻触摸屏以及电容触摸屏等不同类型的触摸屏接口,原理图如图 2.6 所示。

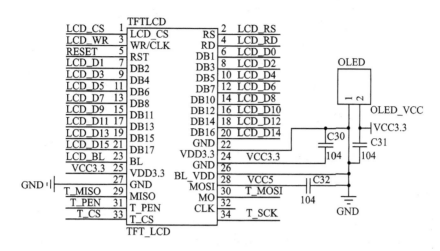

图 2.6　液晶显示模块原理图

TFT - LCD 是一个通用的液晶模块接口。OLED 是一个给 OLED 显示模块供电的接口,和 TFT - LCD 拼接在一起。当使用 TFT - LCD 时,接到 TFT - LCD 上（靠右插）就可以了;使用 ALIENTEK 的 OLED 模块时则接 OLED 排针做电源,同时连接到 TFT - LCD 上（靠左插）的部分管脚,从而实现 OLED 与 MCU 的连接。ALIENTEK MiniSTM32 的 LCD 接口兼容 ALIENTEK 各种尺寸的 TFT - LCD 模块,包括 2.4 寸（320×240,电阻屏）、2.8 寸（320×240,电阻屏）、3.5 寸（480×320,电阻屏）、4.3 寸（800×480,电容屏）、7 寸（800×480,电容屏）等,同时还兼容 ALIEN-TEK 的 0.96 寸 OLED 模块。

6. 红外接收头

ALIENTEK MiniSTM32 开发板板载有红外接收传感器 HS0038,原理图如图 2.7 所示。REMOTE_IN 接到 P2 的第二脚,也没有直接接在 MCU 的 I/O 口上,目的也是防止 I/O 口在做其他功能使用的时候受到红外信号的干扰。

7. PS/2 接口

ALIENTEK MiniSTM32 开发板板载有 PS/2 接口,有了该接口就可以用来连接外部标准的 PS/2 鼠标键盘了,也大大扩展了开发板的输入。原理图如图 2.8 所示。

PS_CLK 和 PS_DAT 分别接 PA15 和 PC5,PS/2 的信号线需要外部提供上拉电阻,这里 PS_CLK 与 JTCK 共用一个上拉电阻,而 PS_DAT 则需要使用 STM32 内部的上拉电阻了,使用时记得开启 PC5 的上拉电阻。

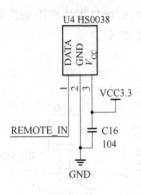

图 2.7　红外接收头原理图

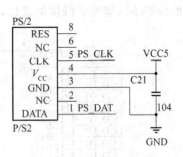

图 2.8　PS/2 接口原理图

8. LED

ALIENTEK MiniSTM32 开发板上总共有 3 个 LED,其原理图如图 2.9 所示。其中,PWR 是开发板电源指示灯,为蓝色。LED0 和 LED1 分别接在 PA8 和 PD2 上,PA8 还可以通过 TIM1 的通道 1 的 PWM 输出来控制 DS0 的亮度。为了方便大家判断,这里选择了 DS0 为红色,DS1 为绿色的 LED 灯。

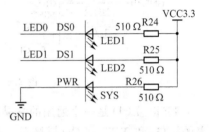

图 2.9　LED 原理图

9. SD 卡

ALIENTEK MiniSTM32 开发板板载有标准的 SD 卡接口(在开发板背面),这样就可以外扩大容量存储设备,可以用来记录数据。原理图如图 2.10 所示。

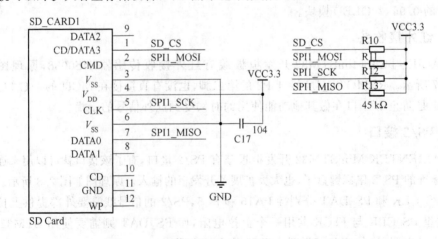

图 2.10　SD 卡接口原理图

我们使用的 SD 卡是 SPI 模式通信,SD 卡的 SPI 接口连接到 STM32 的 SPI1 上,SD_CS 接在 PA3 上。开发板上的 SPI1 总共由 3 个外设共用,分别是 SD 卡、NRF24L01 无线模块和 W25Q64,可以通过不同的片选信号来分时复用。

10. 无线模块

ALIENTEK MiniSTM32 开发板板载了 NRF24L01 无线模块的接口,用来连接 NRF24L01 等 2.4G 无线模块,从而实现开发板与其他设备的无线数据传输(注意,NRF24L01 不能和蓝牙/WIFI 连接)。NRF24L01 无线模块的最大传输速度可以达到 2 Mbps,传输距离最大可以到 30 m 左右(空旷地,无干扰)。有了这个接口就可以做无线通信以及其他很多的相关应用了,原理图如图 2.11 所示。NRF_CE/NRF_CS/NRF_IRQ 连接在 STM32F103RCT6 的 PA4/PC4/PA1 上,而另外 3 个 SPI 信号则和 SPI FLASH 共用。

11. SPI FLASH

ALIENTEK MiniSTM32 开发板板载有 SPI FLASH 芯片 W25Q64,该芯片的容量为 8 MB,原理图如图 2.12 所示。

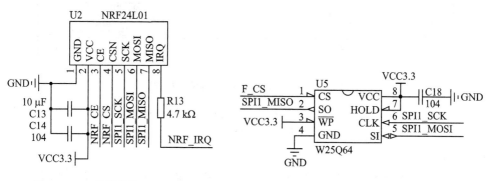

图 2.11 无线模块接口原理图   图 2.12 W25Q64 原理图

W25Q64 也是共用了 SPI1,F_CS 接在 PA2 上。至此,总共 SPI1 的 3 个器件都已介绍完毕,它们的 CS 都接在不同的 I/O 口上,所以使用其中一个器件的时候要记得禁止其他器件的 CS 脚,否则会有干扰。

12. USB 串口、USB 及电源

这 3 个部分一起介绍,ALIENTEK MiniSTM32 开发板板载了 USB 串口,并且由 USB 提供电源,使得时只需要一根 USB 线就可以使用 ALIENTEK MiniSTM32 开发板了,包括串口下载代码、供电、串口通信 3 位一体。

开发板的供电部分还引出了 5 V(VOUT2)和 3.3 V(VOUT1)的排针,可以用来为外部设备提供电源或者从外部引入电源,这在很多时候是非常有用的。注意,电流不能太大。开发板的 USB 接口(USB)通过独立的 Mini USB 头引出,不和 USB

转串口(USB_232)共用,这样不但可以同时使用,还可以给系统提供更大的电流。这几个部分的原理图如图 2.13 所示。

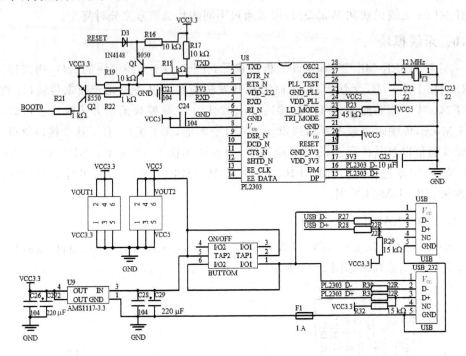

图 2.13　USB 串口、USB、电源部分原理图

图中的 Q1 和 Q2 外加几个电阻和一个二极管就构成了开发板的一键下载电路,此电路通过 RST 和 DTR 信号来控制 BOOT0 和 RESET 信号,从而实现一键下载的功能。

一键下载的前提是,DTR_N 和 RTS_N 的输出和 DTR/RTS 的设置是相反的。必须先记下这个前提。具体实现过程:首先,mcuisp 控制 DTR 输出低电平,则 DTR_N 输出高,然后 RTS 置高,则 RTS_N 输出低,这样 Q2 导通了,BOOT0 被拉高,即实现设置 BOOT0 为 1;同时,Q1 也会导通,STM32 的复位脚被拉低实现复位。然后,延时 100 ms 后,mcuisp 控制 DTR 为高电平,则 DTR_N 输出低电平,RTS 维持高电平,则 RTS_N 继续为低电平。此时 STM32 的复位引脚由于 Q1 不再导通而变为高电平,STM32 结束复位;但是 BOOT0 还是维持为 1,从而进入 ISP 模式。接着 mcuisp 就可以开始连接 STM32,下载代码了,从而实现一键下载。

另外,此部分还有一个开关 K1,用来控制整个系统的供电,如果断开,则整个系统的 3.3 V 部分都将断电,而 5 V 部分的电源还是开启的。图中 F1 为可恢复保险丝,用于保护 USB。

图中的 D4 和 D5 这 2 个 TVS 管用于保护开发板,防止外部高压脉冲/静电损坏开发板上的元器件。

2.2　开发板使用注意事项

为了让读者更好地使用 ALIENTEK MiniSTM32 开发板,这里总结该开发板使用的时候尤其要注意的一些问题:

① 开发板一般情况是由 USB_232 口供电。在第一次上电的时候,由于 CH340G 在和计算机建立连接的过程中导致 DTR/RTS 信号不稳定,会引起 STM32 复位 2～5 次,这个现象是正常的,后续按复位键就不会出现这种问题了。

② 虽说开发板有 500 mA 自恢复保险丝,但是由于自恢复保险丝是慢动作器件,所以在给外部供电的时候还是小心一点,不要超过这个限额,以免引起不必要的问题。

③ SPI1 被多个 SPI 器件共用(SD 卡/无线模块/W25Q64),使用时必须保证同一时刻只有一个 SPI 器件是被选中的(CS 为低),其他器件必须设置为非选中(CS 为高),以免互相干扰。

④ JTAG 接口有几个信号(JTDO/JTRST/JTDI 等)和 LCD/KEY1 等共用了,所以使用时注意,一旦用到这些有冲突的引脚,就不能再用 JTAG 模式仿真/下载代码了,必须使用 SWD 模式。所以推荐使用 SWD 模式。

⑤ 想将某个 I/O 口用作其他用处时,须先查看开发板的原理图,该 I/O 口是否连接在开发板的某个外设上,如果有,该外设的这个信号是否会对你的使用造成干扰,先确定无干扰,再使用这个 I/O。比如 PA0 如果和 1820 的跳线帽连接上了,那么 WK_UP 按键就无法正常检测了,按键实验也就没法做了。

⑥ 当液晶显示白屏的时候,须先检查液晶模块是否插好(拔下来重新插试试)。如果还不行,可以通过串口看看 LCD ID(按一次复位,输出一次)是否正常再做进一步分析。

⑦ 当使用液晶模块(16 位模式)的时候,PB0～PB15 都被占用了,可以分时复用,但是在写程序的时候要注意,这里还有连接到触摸屏的 PC0/PC1/PC2/PC3/PC13 均存在这样的问题,使用时要格外注意,看是否会产生干扰。

2.3　STM32 学习方法

STM32 作为目前热门的 ARM Cortex - M3 处理器,正在被越来越多的公司选择使用,学习 STM32 的朋友也越来越多。初学者可能认为 STM32 很难学,以前只学过 51,或者甚至连 51 都没学过的,一看到 STM32 那么多寄存器就懵了。其实,万事开头难,只要掌握了方法,学好 STM32 还是非常简单的,这里总结几个要点:

(1) 一款实用的开发板

这是实验的基础,有时候软件仿真通过了,在板上并不一定能跑起来,而且有个开发板在手,什么东西都可以直观地看到,效果不是仿真能比的。但开发板不宜多,多了的话连自己都不知道该学哪个了,于是这个学半天,那个学半天,结果学个四不像。倒不如从一而终,学完一个再学另外一个。

(2) 两本参考资料,即《STM32 参考手册》和《ARM Cortex‐M3 权威指南》

《STM32 参考手册》是 ST 的官方资料,有 STM32 的详细介绍,包括了 STM32 的各种寄存器定义以及功能等,是学习 STM32 的必备资料之一。而《ARM Cortex‐M3 权威指南》则是对《STM32 参考手册》的补充。后者一般认为使用 STM32 的人都对 Cortex‐M3 有了较深的了解,所以很多东西只是一笔带过,两者搭配基本上任何问题都能得到解决了。

(3) 掌握方法,勤学慎思

STM32 的学习和普通单片机一样,基本方法就是:

① 掌握时钟树图(见《STM32 中文参考手册_V10 版》图 8)。

任何单片机必定是靠时钟驱动的,时钟就是单片机的动力,STM32 也不例外,通过时钟树就可以知道,各种外设的时钟是怎么来的? 有什么限制? 从而理清思路,方便理解。

② 多思考,多动手。

所谓熟能生巧,先要熟,才能巧。如何熟悉? 这就要靠自己动手,多多练习了,光看/说是没看太多用的。很多人问笔者,STM32 这么多寄存器,如何记得啊? 答:不需要全部记住。只需要知道这些寄存器在哪个地方,用到的时候可以迅速查找到就可以了。完全是可以翻书、可以查资料的、可以抄袭的,不需要死记硬背。掌握学习的方法,远比掌握学习的内容重要得多。

熟悉了之后就应该进一步思考,也就是所谓的巧了。我们提供了几十个例程供读者学习,跟着例程走无非就是熟悉 STM32 的过程,只有进一步思考,才能更好地掌握 STM32,即举一反三。可以在例程的基础上自由发挥,实现更多的其他功能,并总结规律,为以后的学习/使用打下坚实的基础,这样才能信手拈来。

所以,学习一定要自己动手,光看视频、文档是不行的。

只要以上三点做好了,学习 STM32 基本上就不会有太大问题了。如果遇到问题,可以在我们的技术论坛(开源电子网:www. openedv. com)提问。论坛 STM32 板块已经有 2.4W 多个主题,很多疑问已经有网友提过了,所以可以先在论坛搜索一下,很多时候就可以直接找到答案了。另外,ST 官方发布的所有资料(芯片文档、用户手册、应用笔记、固件库、勘误手册等)都可以在 www. stmcu. org 下载到。

第 2 篇　软件篇

上一篇介绍了本书的实验平台,本篇将详细介绍 STM32 的开发软件：MDK5。通过该篇的学习可以了解到：① 如何在 MDK5 下新建 STM32 工程;② 工程的编译;③ MDK5 的一些使用技巧;④ 软件仿真;⑤ 程序下载;⑥ 在线调试。这几个环节概括了一个完整的 STM32 开发流程。本篇将图文并茂地介绍以上几个方面,通过本篇的学习,希望读者能掌握 STM32 的开发流程,并能独立开始 STM32 的编程和学习。

本篇将分为如下 3 个章节：

① MDK5 软件入门;

② 下载与调试;

③ SYSTEM 文件介绍。

第3章

MDK5 软件入门

本章将介绍 MDK5 软件的使用,通过本章的学习,我们最终将建立一个自己的 MDK5 工程,同时还将介绍 MDK5 软件的一些使用技巧。

3.1 MDK5 简介

MDK 源自德国的 KEIL 公司,是 RealView MDK 的简称,在全球 MDK 被超过 10 万的嵌入式开发工程师使用,目前最新版本为 MDK5.21A;该版本使用 μVision5 IDE 集成开发环境,是目前针对 ARM 处理器,尤其是 Cortex – M 内核处理器的最佳 开发工具。

MDK5 向后兼容 MDK4 和 MDK3 等,以前的项目同样可以在 MDK5 上开发 (但是头文件方面须全部自己添加)。MDK5 同时加强了针对 Cortex – M 微控制器 开发的支持,并且对传统的开发模式和界面进行升级,由两个部分组成:MDK Core 和 Software Packs。其中,Software Packs 可以独立于工具链进行新芯片支持和中 间库的升级,如图 3.1 所示。

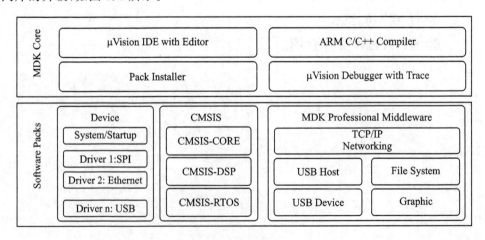

图 3.1 MDK5 组成

从图 3.1 可以看出,MDK Core 又分成 4 个部分:μVision IDE with Editor(编

辑器)、ARM C/C++ Compiler(编译器)、Pack Installer(包安装器)、μVision Debugger with Trace(调试跟踪器)。μVision IDE 从 MDK4.7 版本开始就加入了代码提示功能和语法动态检测等实用功能,相对于以往的 IDE 改进很大。

　　Software Packs(包安装器)又分为 Device(芯片支持)、CMSIS(ARM Cortex 微控制器软件接口标准)和 Mdidleware(中间库)3 个小部分。通过包安装器可以安装最新的组件,从而支持新的器件、提供新的设备驱动库以及最新例程等,加速产品开发进度。

　　MDK5 安装包可以在 http://www.keil.com/demo/eval/arm.htm 下载到。器件支持、设备驱动、CMSIS 等组件可以在 http://www.keil.com/dd2/pack 下载(推荐),然后进行安装;也可以单击 Pack Installer 按钮(不推荐)来进行各种组件的安装。具体安装步骤可参考配套资料→6,软件资料→1,软件→MDK5→安装过程.txt。

　　安装完成后,要让 MDK5 支持 STM32F103 的开发,则还需要安装 STM32F1 的器件支持包 Keil.STM32F1xx_DFP.2.2.0.pack(STM32F1 的器件包)。这个包以及 MDK5.21A 安装软件都已经在开发板配套光盘中提供了,读者自行安装即可。

3.2　新建 MDK5 工程

　　MDK5 的安装可参考配套资料→6,软件资料→1,软件→MDK5→安装过程.txt,里面详细介绍了 MDK5 的安装方法,本节将教读者如何新建一个 STM32 的 MDK5 工程。为了方便大家参考,我们将本节最终新建好的工程模板存放在本书配套资料→4,程序源码→1,标准例程-寄存器版本→实验 0 新建工程实验,若遇到新建工程问题,则可打开该实验对比。

　　首先,打开 MDK(以下将 MDK5 简称为 MDK)软件,然后选择 Project→New μVision Project 菜单项,则弹出如图 3.2 所示对话框。

　　在桌面新建一个 TEST 的文件夹,然后在 TEST 文件夹里面新建 USER 文件夹,将工程名字设为 test,保存在这个 USER 文件夹里面后,弹出选择器件的对话框,如图 3.3 所示。因为 ALIENTEK MiniSTM32 开发板所使用的 STM32 型号为 STM32F103RCT6,所以这里选择 STMicroelectronics → STM32F1 Series → STM32F103(如果使用的是其他系列的芯片,选择相应的型号就可以了,注意,一定要安装对应的器件 pack 才会显示这些内容)。单击 OK,则 MDK 弹出 Manage Run-Time Environment 对话框,如图 3.4 所示。

　　这是 MDK5 新增的一个功能,在这个界面可以添加自己需要的组件,从而方便构建开发环境,这里不详细介绍。所以在图 3.4 所示界面直接单击 Cancel 即可,于是弹出如图 3.5 所示界面。

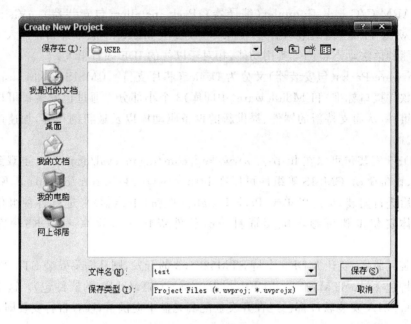

图 3.2 保存工程界面

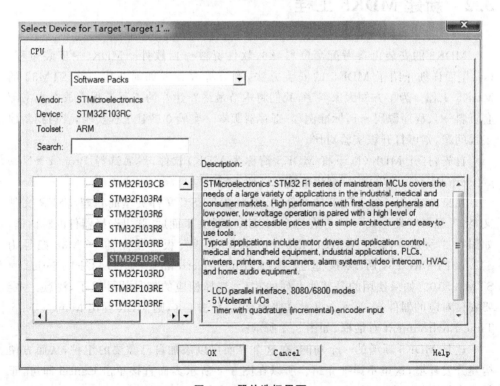

图 3.3 器件选择界面

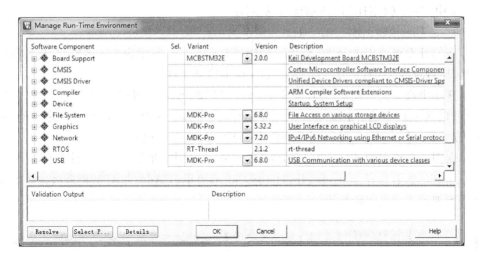

图 3.4　**Manage Run－Time Environment 界面**

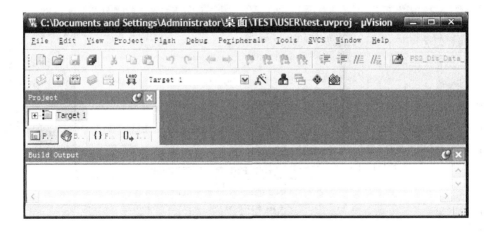

图 3.5　**工程初步建立**

　　到这里,我们只是建了一个框架,还需要添加启动代码以及.c 文件等。先介绍一下启动代码。启动代码是一段和硬件相关的汇编代码,是必不可少的,主要作用如下:① 堆栈(SP)的初始化;② 初始化程序计数器(PC);③ 设置向量表异常事件的入口地址;④ 调用 main 函数。

　　ST 公司提供了 3 个启动文件用于不同容量的 STM32 芯片,分别是 startup_ stm32f10x_ld. s、startup_stm32f10x_md. s 及 startup_stm32f10x_hd. s。其中,ld. s 适用于小容量产品,md. s 适用于中等容量产品,hd. s 适用于大容量产品;这里的容量是指 FLASH 的大小。判断方法如下:

　　➢小容量:FLASH≤32 KB;

➤中容量：64 KB≤FLASH≤128 KB；

➤大容量：256 KB≤FLASH。

我们开发板使用的是 STM32F103RCT6,FLASH 容量为 256 KB,属于大容量产品,所以选择 startup_stm32f10x_hd.s 作为启动文件。

这 3 个启动文件在本书"配套资料→4,程序源码→STM32 启动文件"文件夹里(也可以从论坛下载：http://www.openedv.com/posts/list/313.htm),这里把 startup_stm32f10x_hd.s 复制到刚刚新建的 USER 文件夹里面。

在图 3.5 中找到 Target1→Source Group1 并双击,再设置打开文件类型为 Asm Source file,然后选择 startup_stm32f10x_hd.s,再单击 Add,如图 3.6 所示。添加完就得到如图 3.7 所示的界面。

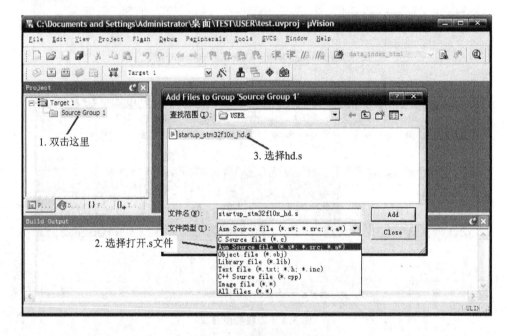

图 3.6　加载启动文件

至此,我们就可以开始编写自己的代码了。不过,在此之前先做两件事：第一件,先编译一下,看看什么情况？编译后如图 3.8 所示。图 3.8 中 1 处为编译当前目标按钮;2 处为全部重新编译按钮(工程大的时候编译耗时较久,建议少用)。出错和警告信息在下面的 Output Windows 对话框中提示出来了。因为工程中没有 main 函数,所以报错了。

接下来看看存放工程的文件夹有什么变化？打开刚刚建立的 TEST\USER 文件夹,可以看到,里面多了 3 个文件夹,分别是 DebugConfig、Listings 和 Objects,如图 3.9 所示。在 USER 文件夹下,startup_stm32f10x_hd.s(启动文件)和 test.uvprojx

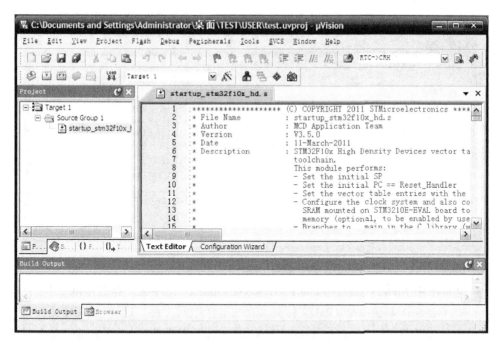

图 3.7　成功添加启动文件

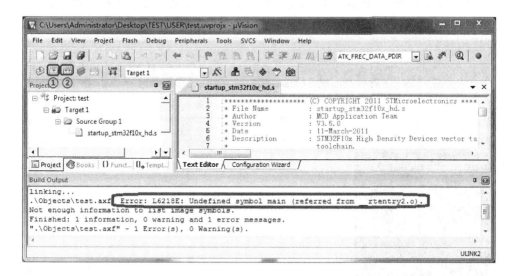

图 3.8　编译结果

（MDK5 工程文件）是必须要用到的 2 个文件，其他 3 个文件夹是 MDK5 自动生成
的。其中，DebugConfig 文件夹用于存储一些调试配置文件，Listings 和 Objects 文
件夹用来存储 MDK 编译过程的一些中间文件。

图 3.9 编译后工程文件夹的变化

这里不用 MDK5 自己生成的 Listings 和 Objects 文件夹来存放中间文件,而是在 TEST 目录下新建一个 OBJ 文件夹来存放这些中间文件。这样,USER 文件夹专门用来存放启动文件(startup_stm32f10x_hd.s)、工程文件(test.uvprojx)等不可缺少的文件,而 OBJ 则用来存放这些编译过程中产生的中间文件(.hex 文件也将存放在这个文件夹里面)。然后把 Listings 和 Objects 文件夹里面的东西全部移到 OBJ 文件夹下,并删除这两个文件夹(DebugConfig 文件夹不用删除)。整理后效果如图 3.10 所示。

图 3.10 整理后效果

由于我们还没有任何代码在工程里面,这里把系统代码复制过来(即 SYSTEM
文件夹,该文件夹由 ALIENTEK 提供,可以在书本配套资料的任何一个实例工程目
录下找到。注意,不要把库函数代码的系统文件夹复制到寄存器代码里面。这些代
码在任何 STM32F103 的芯片上都是通用的,可以用于快速构建自己的工程)。之
后,TEST 文件夹下的文件如图 3.11 所示。

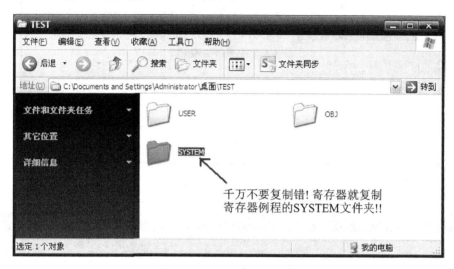

图 3.11　TEST 文件夹最终模样

　　然后在 USER 文件夹下面找到 test. uvproj 并打开,在 Target 目录树上右击并
选择 Manage Components,则弹出如图 3.12 所示对话框。在上面对话框的中间栏
单击新建(用圆圈标出)按钮(也可以通过双击下面的空白处实现),新建 USER 和
SYSTEM 两个组。然后单击 Add Files 按钮,把 SYSTEM 文件夹 3 个子文件夹里
面的 sys. c、usart. c、delay. c 加入到 SYSTEM 组中。注意,此时 USER 组下还是没

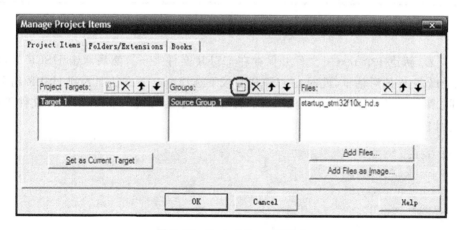

图 3.12　Project Items 选项卡

有任何文件,得到如图 3.13 所示的界面。单击 OK 按钮退出该界面返回 IDE。这时,Target1 树下多了 2 个组名,就是刚刚新建的 2 个组,如图 3.14 所示。

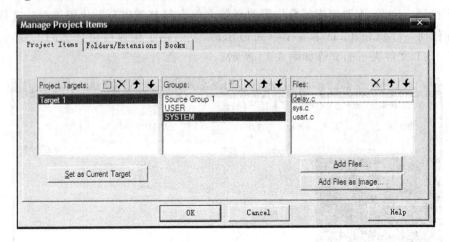

图 3.13　修改结果

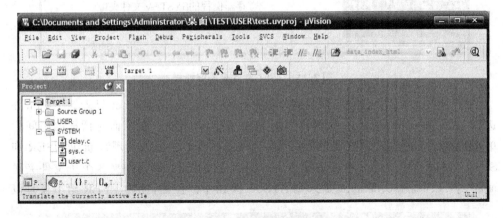

图 3.14　在编辑状态下的体现

接着,新建一个 test.c 文件并保存在 USER 文件夹下。然后双击 USER 组,则弹出加载文件的对话框,此时在 USER 目录下选择 test.c 文件加入到 USER 组下,得到如图 3.15 所示的界面。至此,我们就可以开始编写代码了,在 test.c 文件里面输入如下代码:

```
# include "sys.h"
# include "usart.h"
# include "delay.h"
int main(void)
{
    u8 t = 0;
```

```
    Stm32_Clock_Init(9);                    //72M
    delay_init(72);                         //延时初始化
    uart_init(72,9600);                     //设置串口 1 波特率
    while(1)
    {
        printf("t:% d\n",t);
        delay_ms(500);
        t ++ ;
    }
}
```

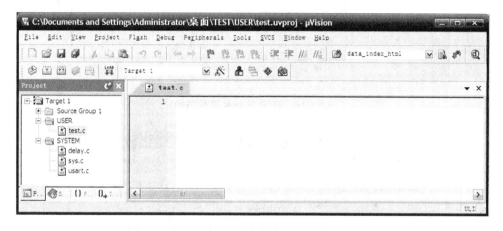

图 3.15　在 USER 组下加入 test. c 文件

　　如果此时编译,则生成的过程文件还是存放在 USER 文件夹下,所以先设置输出路径再编译。单击 （Options for Target 按钮）,则弹出 Options for Target 'Target 1'对话框,在 Output 选项卡中选中 Create Hex File(用于生成 Hex 文件,后面会用到)复选项,并单击 Select Folder for Objects,在弹出的对话框中找到 OBJ 文件夹,再单击 OK 按钮,如图 3.16 所示。

　　接着设置 Listings 文件路径,在图 3.16 的基础上选择 Listing 选项卡,单击 Select Folder for Listings 按钮,在弹出的对话框中找到 OBJ 文件夹,再单击 OK,如图 3.17 所示。最后单击 OK 回到 IDE 主界面,如图 3.18 所示。

　　这个界面与我们刚输入完代码的时候一样,第一行出现一个红色的"X",把光标移到上面会看到提示信息:"fatal error:'sys. h' file not found",意思是找不到 sys. h 这个源文件。这是 MDK4.7 以上才支持的动态语法检查功能,不需要编译就可以实时检查出语法错误,方便编写代码,非常实用的一个功能,后续会详细介绍。当然,我们也可以编译一下,MDK 会报错,然后双击第一个错误即可定位到出错的地方,如图 3.19 所示。

　　双击圆圈内的内容会发现,test. c 的 01 行出现了一个浅绿色的三角箭头,说明

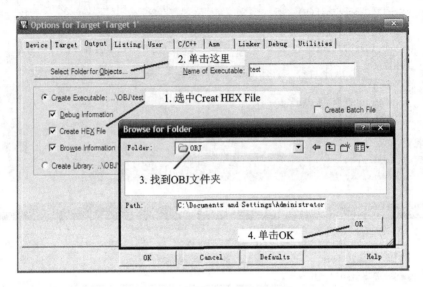

图 3.16　设置 Output 文件路径

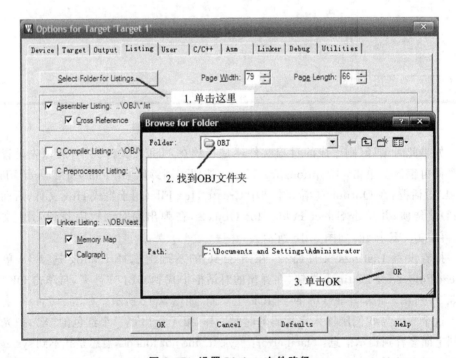

图 3.17　设置 Listings 文件路径

错误是这个地方产生的(这个功能很实用,用于快速定位错误、警告产生的地方)。

错误提示已经很清楚地告诉我们错误的原因了:就是 sys.h 的 include 路径没有加进去,MDK 找不到 sys.h,从而导致了这个错误。现在再次单击 (Options for Target 按钮),则弹出 Options for Target 'Target 1'对话框,选择 C/C++选项卡,

图 3.18　设置完成回到 IDE 界面

图 3.19　编译出错

如图 3.20 所示。

注意,图 3.20 中 1 处必须根据所用 STM32F1 型号的容量来输入相关宏定义,对于 STM32F103 系列芯片,设置原则如下:

> 16 KB≤FLASH≤32 KB,选择 STM32F10X_LD;

> 64 KB≤FLASH≤128 KB,选择 STM32F10X_MD;

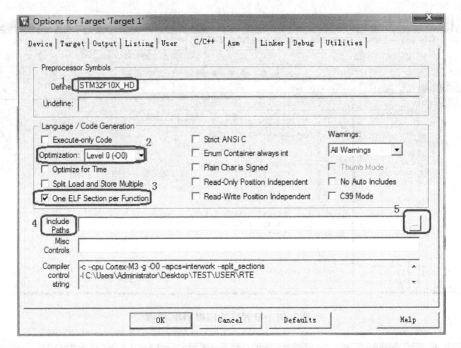

图 3.20　加入头文件包含路径

> 256 KB≤FLASH≤512 KB,选择 STM32F10X_HD。

因为 MniSTM32 使用的是 STM32F103RCT6,FLASH 容量为 256 KB,所以,这个位置设置为 STM32F10X_HD。

图 3.20 中 2 处是编译器优化选项,有－O0～－O3 这 4 种选择(默认是－O2);值越大,优化效果越强,但是仿真调试效果越差。这里选择－O0 优化,以得到最好的调试效果,方便开发代码。代码调试结束后可以选择－O2 之类的优化,从而得到更好的性能和更少的代码占用量。

图 3.20 中 3 处,One ELF Section per Function 主要用来对冗余函数的优化。通过这个选项可以在最后生成的二进制文件中将冗余函数排除掉,以便最大程度地优化最后生成的二进制代码,所以,一般选中这个选项,从而减少整个程序的代码量。

然后在 Include Paths 处(4 处)单击 5 处的按钮,在弹出的对话框中加入 SYS-TEM 文件夹下的 3 个文件夹名字,把这几个路径都加进去(此操作即加入编译器的头文件包含路径,后面会经常用到),如图 3.21 所示。单击 OK 确认,回到 IDE,此时再单击▦按钮,再编译一次,发现没错误了,得到如图 3.22 所示的界面。

因为之前选择了生成 Hex 文件,所以编译时 MDK 自动生成 Hex 文件(图中圈出部分),这个文件在 OBJ 文件夹里面,串口下载时就是下载这个文件到 STM32 里面的。

这里有的读者编译后可能出现一个警告"warning:♯1-D last line of file ends

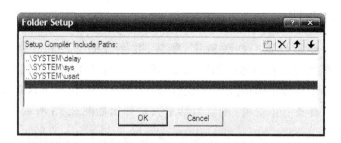

图 3.21　头文件包含路径设置

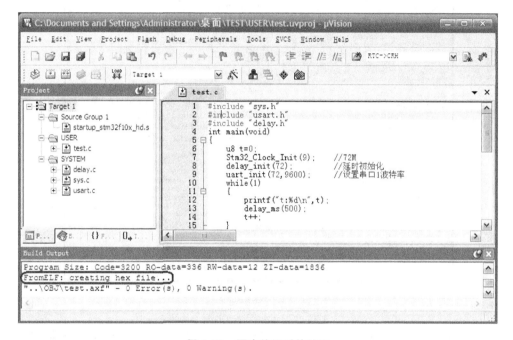

图 3.22　再次编译后的结果

without a newline"。这个警告是在告诉我们,在某个 C 文件的最后没有输入新行,只需要双击这个警告跳转到警告处,然后在后面输入多一个空行就好了。

至此,一个完整的 STM32 开发工程在 MDK5 下建立了,接下来就可以进行代码下载和仿真调试了。

3.3　MDK5 使用技巧

通过前面的学习,我们已经了解了如何在 MDK5 里面建立属于自己的工程。下面将介绍 MDK5 软件的一些使用技巧,这些技巧在代码编辑和编写方面非常有用,希望读者好好掌握,最好实际操作一下,加深印象。

3.3.1 文本美化

文本美化主要是设置一些关键字、注释、数字等的颜色和字体。前面在介绍 MDK5 新建工程的时候看到界面如图 3.22 所示,这是 MDK 默认的设置,可以看到其中的关键字和注释等字体的颜色不是很漂亮,而 MDK 提供了自定义字体颜色的功能。可以在工具条上单击✎(配置对话框),则弹出如图 3.23 所示界面。

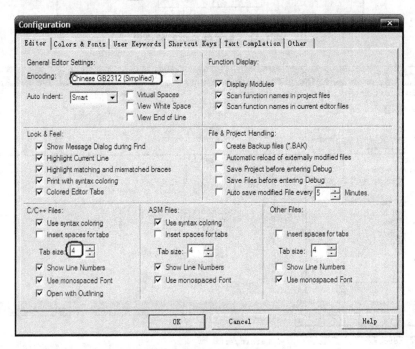

图 3.23　配置对话框

在该对话框中先设置 Encoding 为 Chinese GB2312(Simplified),然后设置 Tab size 为 4,以更好地支持简体中文(复制到其他地方时,中文可能是一堆问号),同时 TAB 间隔设置为 4 个单位。然后,选择 Colors&Fonts 选项卡,在其中就可以设置自己的代码的字体和颜色了。由于我们使用的是 C 语言,所以在 Window 下面选择 C/C++ Editor Files,于是在右边就可以看到相应的元素了,如图 3.24 所示。

然后单击各个元素修改为喜欢的颜色(注意,是双击,有时候可能需要设置多次才生效,MDK 的 bug),当然也可以在 Font 栏设置字体的类型以及字体的大小等。设置完成后单击 OK,则可以在主界面看到修改后的结果。例如,修改后的代码显示效果如图 3.25 所示,这就比开始的效果好一些。字体大小可以直接按住 Ctrl+鼠标滚轮,进行放大或者缩小调整,也可以在刚刚的配置界面设置字体大小。

细心的读者会发现,上面的代码里面有一个 u8 还是黑色的,这是一个用户自定义的关键字,为什么不显示蓝色(假定刚刚已经设置了用户自定义关键字颜色为蓝

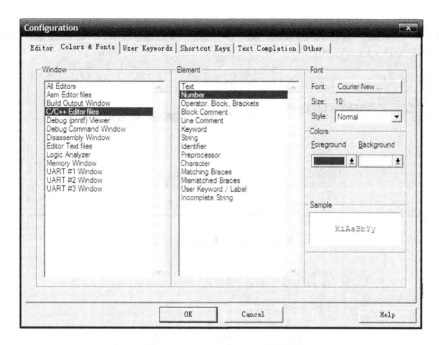

图 3.24　**Colors&Fonts 选项卡**

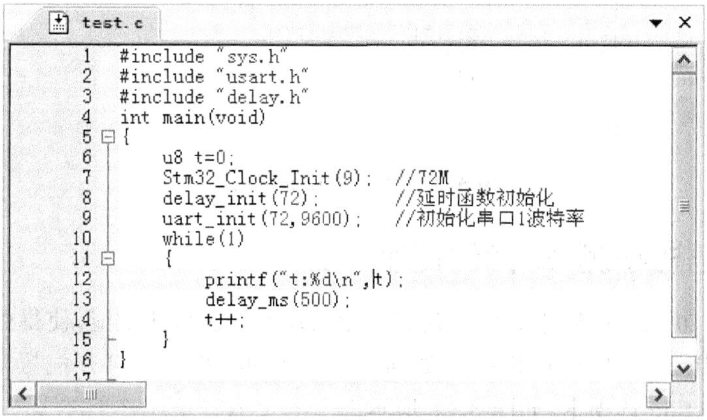

图 3.25　**设置完后显示效果**

色）呢？这就又要回到我们刚刚的配置对话框了，但这次选择 User Keywords 选项卡，同样选择 C/C++ Editor Files，在右边的 User Keywords 对话框下面输入自定义的关键字，如图 3.26 所示。

　　图 3.26 中定义了 u8、u16、u32 这 3 个关键字，这样在以后的代码编辑里面只要出现这 3 个关键字，肯定就会变成蓝色。单击 OK 再回到主界面则可以看到，u8 变成了蓝色了，如图 3.27 所示。其实这个编辑配置对话框里面还可以对其他很多功能进行设置，比如动态语法检测等，下面来详细介绍。

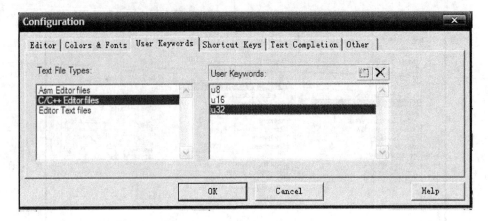

图 3.26 用户自定义关键字

```
1   #include "sys.h"
2   #include "usart.h"
3   #include "delay.h"
4   int main(void)
5   {
6       u8 t=0;
7       Stm32_Clock_Init(9);      //72M
8       delay_init(72);           //延时函数初始化
9       uart_init(72,9600);       //初始化串口1波特率
10      while(1)
11      {
12          printf("t:%d\n",t);
13          delay_ms(500);
14          t++;
15      }
16  }
17
```

图 3.27 设置完后显示效果

3.3.2 语法检测 & 代码提示

MDK4.70 以上的版本新增了代码提示与动态语法检测功能,使得 MDK 的编辑器越来越好用了,这里简单说一下如何设置。同样,单击🔧打开配置对话框,选择 Text Completion 选项卡,如图 3.28 所示。

➢Strut/Class Members,用于开启结构体/类成员提示功能。

➢ Function Parameters,用于开启函数参数提示功能。

➢ Symbols after xx characters,用于开启代码提示功能,即在输入多少个字符以后提示匹配的内容(比如函数名字、结构体名字、变量名字等),这里默认设置 3 个字符以后就开始提示,如图 3.29 所示。

➢ Dynamic Syntax Checking,用于开启动态语法检测,比如编写的代码存在语法错误时会在对应行前面出现❌图标,如出现警告,则会出现ⓘ图标;将鼠标光标放图标上面则会提示产生的错误/警告的原因,如图 3.30 所示。

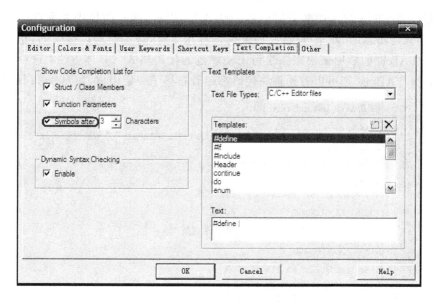

图 3.28　Text Completion 选项卡设置

图 3.29　代码提示　　　　　　　图 3.30　语法动态检测功能

这几个功能对编写代码很有帮助,可以加快代码编写速度并且及时发现各种问题。不过语法动态检测功能有时会误报(比如 sys.c 里面就有很多误报),大家可以不用理会,只要能编译通过(0 错误,0 警告),这样的语法误报一般直接忽略即可。

3.3.3　代码编辑技巧

这里介绍几个笔者常用的技巧,这些小技巧能给代码编辑带来很大的方便。

1. TAB 键的妙用

TAB 键在很多编译器里面都是用来空位的,每按一下移空几个位。但是 MDK 的 TAB 键和一般编译器的 TAB 键有不同的地方,和 C++ 的 TAB 键差不多。MDK 的 TAB 键支持块操作,也就是可以让一片代码整体右移固定的几个位,也可以通过 SHIFT＋TAB 键整体左移固定的几个位。

假设前面的串口 1 中断响应函数如图 3.31 所示,这样的代码大家肯定不会喜欢,这还只是短短的 30 来行代码,如果代码有几千行,肯定是难以接受的,这时就可以通过 TAB 键的妙用来快速修改为比较规范的代码格式。具体方法:选中一块代码然后按 TAB 键,则可以看到整块代码都跟着右移了一定距离,如图 3.32 所示。

```
74    void USART1_IRQHandler(void)
75  ⊟ {
76    u8 res;
77  ⊟ #ifdef OS_CRITICAL_METHOD    //如果OS_CRITICAL_METHOD定义了,说明使用ucosII了.
78    OSIntEnter();
79    #endif
80    if(USART1->SR&(1<<5))//接收到数据
81  ⊟ {
82    res=USART1->DR;
83    if((USART_RX_STA&0x8000)==0)//接收未完成
84  ⊟ {
85    if(USART_RX_STA&0x4000)//接收到了0x0d
86  ⊟ {
87    if(res!=0x0a)USART_RX_STA=0;//接收错误,重新开始
88    else USART_RX_STA|=0x8000;   //接收完成了
89    }else //还没收到0X0D
90  ⊟ {
91    if(res==0x0d)USART_RX_STA|=0x4000;
92    else
93  ⊟ {
94    USART_RX_BUF[USART_RX_STA&0X3FFF]=res;
95    USART_RX_STA++;
96    if(USART_RX_STA>(USART_REC_LEN-1))USART_RX_STA=0;//接收数据错误,重新开始接收
97    }
98    }
99    }
100   }
101 ⊟ #ifdef OS_CRITICAL_METHOD    //如果OS_CRITICAL_METHOD定义了,说明使用ucosII了.
102   OSIntExit();
103   #endif
104   }
```

图 3.31 头大的代码

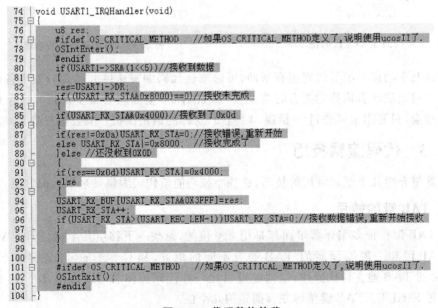

图 3.32 代码整体偏移

接下来就是要多选几次,然后多按几次 TAB 键就可以达到迅速使代码规范化的目的,最终效果如图 3.33 所示。其中的代码相对于图 3.31 中的要好看多了,整个代码变得有条理多了,看起来很舒服。

```
74   void USART1_IRQHandler(void)
75   {
76       u8 res;
77   #ifdef OS_CRITICAL_METHOD    //如果OS_CRITICAL_METHOD定义了,说明使用ucosII了。
78       OSIntEnter();
79   #endif
80       if(USART1->SR&(1<<5))//接收到数据
81       {
82           res=USART1->DR;
83           if((USART_RX_STA&0x8000)==0)//接收未完成
84           {
85               if(USART_RX_STA&0x4000)//接收到了0x0d
86               {
87                   if(res!=0x0a)USART_RX_STA=0;//接收错误,重新开始
88                   else USART_RX_STA|=0x8000;  //接收完成了
89               }else //还没收到0X0D
90               {
91                   if(res==0x0d)USART_RX_STA|=0x4000;
92                   else
93                   {
94                       USART_RX_BUF[USART_RX_STA&0X3FFF]=res;
95                       USART_RX_STA++;
96                       if(USART_RX_STA>(USART_REC_LEN-1))USART_RX_STA=0;//接收数据错误,重新开始接收
97                   }
98               }
99           }
100      }
101  #ifdef OS_CRITICAL_METHOD    //如果OS_CRITICAL_METHOD定义了,说明使用ucosII了。
102      OSIntExit();
103  #endif
104  }
```

图 3.33　修改后的代码

2. 快速定位函数/变量被定义的地方

在调试代码或编写代码的时候,一定有时想看看某个函数是在哪个地方定义的、具体里面的内容是怎么样的,也可能想看看某个变量或数组是在哪个地方定义的等。尤其在调试代码或者看别人代码的时候,如果编译器没有快速定位的功能,则只能慢慢地自己找,如果代码量一大,就要花很长的时间来找这个函数到底在哪里。幸好 MDK 提供了这样的快速定位功能:只要把光标放到这个函数/变量(xxx)的上面(xxx 为你想要查看的函数或变量的名字)并右击,则弹出如图 3.34 所示的菜单栏。

在图 3.34 中选择 Go to Definition Of‘STM32_Clock_Init’就可以快速跳到 STM32_Clock_Init 函数的定义处(注意,要先在 Options for Target 的 Output 选项卡里面选中 Browse Information 复选项,再编译、定位,否则无法定位),如图 3.35 所示。

对于变量,也可以按这样的操作来快速定位这个变量被定义的地方,大大缩短了查找代码的时间。细心的读者会发现上面还有一个类似的选项,就是 Go to Reference To‘STM32_Clock_Init’,这个是快速跳到该函数被声明的地方,有时候也会用到,但不如前者使用得多。

很多时候利用 Go to Definition/ Reference 看完函数/变量的定义/申明后,又想

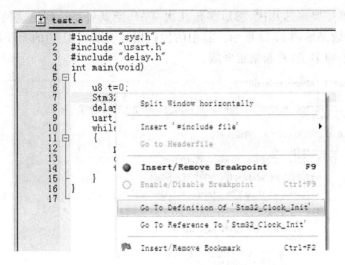

图 3.34　快速定位

```
175    //系统时钟初始化函数
176    //pll:选择的倍频数,从2开始,最大值为16
177    void Stm32_Clock_Init(u8 PLL)
178  ⊟ {
179        unsigned char temp=0;
180        MYRCC_DeInit();          //复位并配置向量表
181        RCC->CR|=0x00010000;     //外部高速时钟使能HSEON
182        while(!(RCC->CR>>17));   //等待外部时钟就绪
183        RCC->CFGR=0X00000400;    //APB1=DIV2;APB2=DIV1;AHB=DIV1;
184        PLL-=2;//抵消2个单位
185        RCC->CFGR|=PLL<<18;      //设置PLL值 2~16
186        RCC->CR|=1<<16;          //PLLSRC ON
187        FLASH->ACR|=0x32;        //FLASH 2个延时周期
188
189        RCC->CR|=0x01000000;     //PLLON
190        while(!(RCC->CR>>25));   //等待PLL锁定
191        RCC->CFGR|=0x00000002;   //PLL作为系统时钟
192        while(temp!=0x02)        //等待PLL作为系统时钟设置成功
193  ⊟     {
194            temp=RCC->CFGR>>2;
195            temp&=0x03;
196        }
197  }
```

图 3.35　定位结果

返回之前的代码继续看,此时可以通过 IDE 上的 ◀ 按钮(Back to previous position)快速地返回之前的位置。

3. 快速注释与快速消注释

调试代码时可能想注释某一片的代码来看看执行的情况,MDK 就提供了这样的快速注释/消注释块代码的功能。这也是通过右键实现的,操作比较简单,就是先选中要注释的代码区右击,在弹出的级联菜单中选择 Advanced→Comment Selection 就可以了。

以 Stm32_Clock_Init 函数为例,比如要注释掉图 3.36 选中区域的代码,则只要在选中了之后右击,再选择 Advanced→Comment Selection 就可以把这段代码注释掉了,结果如图 3.37 所示。

图 3.36　选中要注释的区域

图 3.37　注释完毕

这样就快速注释掉了一片代码,而在某些时候又希望这段注释的代码能快速地取消注释,MDK 也提供了这个功能。与注释类似,先选中被注释掉的地方,然后右击,在弹出的级联菜单中选择 Advanced,然后选择 Uncomment Selection。

3.3.4　其他小技巧

除了前面介绍的几个比较常用的技巧,这里再介绍几个其他的小技巧,希望能让你的代码编写"如虎添翼"。

第一个是快速打开头文件。将光标放到要打开的引用头文件上,然后右键选择 Open Document"XXX",就可以快速打开这个文件了(XXX 是你要打开的头文件名字),如图 3.38 所示。

第二个小技巧是查找替换功能。这个和 WORD 等很多文档操作的替换功能差不多,在 MDK 里面查找替换的快捷键是"CTRL＋H",只要按下该按钮就会调出如图 3.39 所示界面。这个替换的功能有时很有用,用法与其他编辑工具或编译器的类似。

图 3.38　快速打开头文件

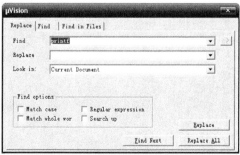

图 3.39　替换文本

第三个小技巧是跨文件查找功能,先双击要找的函数/变量名(这里还是以系统时钟初始化函数 Stm32_Clock_Init 为例),然后单击 IDE 上面的 ,则弹出如图 3.40 所示对话框。

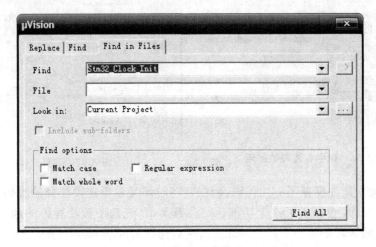

图 3.40 跨文件查找

单击 Find All,则 MDK 就会找出所有含有 Stm32_Clock_Init 字段的文件并列出其所在位置,如图 3.41 所示。该方法可以很方便地查找各种函数/变量,而且可以限定搜索范围(比如只查找 .c 文件和 .h 文件等),是非常实用的一个技巧。

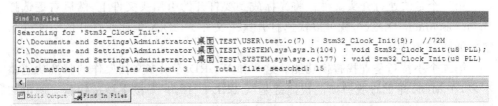

图 3.41 查找结果

第 **4** 章

下载与调试

本章介绍 STM32 的代码下载以及调试，这里的调试包括了软件仿真和硬件调试（在线调试）。通过本章的学习，可以掌握：① STM32 的程序下载；② STM32 在 MDK 下的软件仿真；③ 利用 JLINK 对 STM32 进行在线调试。

4.1　STM32 软件仿真

MDK 的一个强大功能就是提供软件仿真，通过软件仿真可以发现很多将要出现的问题，避免了下载到 STM32 里面来查这些错误，最大的好处是能很方便地检查程序存在的问题，因为在 MDK 的仿真下面可以查看很多硬件相关的寄存器，通过观察这些寄存器可以知道代码是不是真正有效。另外一个优点是不必频繁地刷机，从而延长了 STM32 的 FLASH 寿命（STM32 的 FLASH 寿命≥1W 次）。当然，软件仿真不是万能的，很多问题还是要到在线调试才能发现。接下来开始进行软件仿真。

第 3 章创立了一个测试 STM32 串口 1 的工程，本节将介绍如何在 MDK5.21A 的软件环境下仿真这个工程，以验证代码的正确性。开始软件仿真之前先检查一下配置是否正确。在 IDE 里面单击，确定 Target 选项卡内容如图 4.1 所示（主要检查芯片型号和晶振频率，其他的一般默认就可以）。

确认了芯片以及外部晶振频率（8.0 MHz）之后，基本上就确定了 MDK5.21A 软件仿真的硬件环境了。接下来再选择 Debug 选项卡，设置如图 4.2 所示。

在图 4.2 中选择 Use Simulator，即使用软件仿真；选择 Run to main()，即跳过汇编代码，直接跳转到 main 函数开始仿真；设置下方的 Dialog DLL 分别为 DARM-STM. DLL 和 TARMSTM. DLL；Parameter 均为-pSTM32F103RC，用于设置支持 STM32F103RC 的软硬件仿真（即可以通过 Peripherals 选择对应外设的对话框观察仿真结果），最后单击 OK 完成设置。

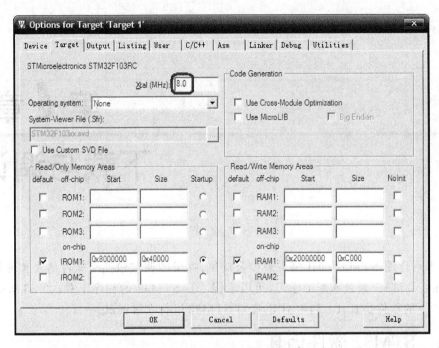

图 4.1 Target 选项卡

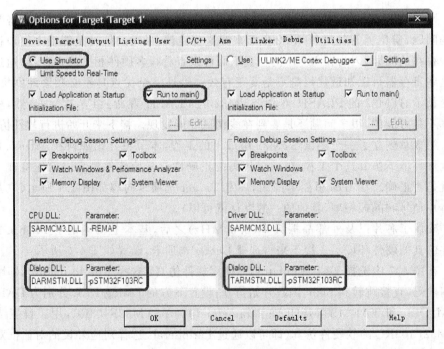

图 4.2 Debug 选项卡

接下来单击 @（开始/停止仿真按钮）开始仿真,则弹出如图 4.3 所示界面。

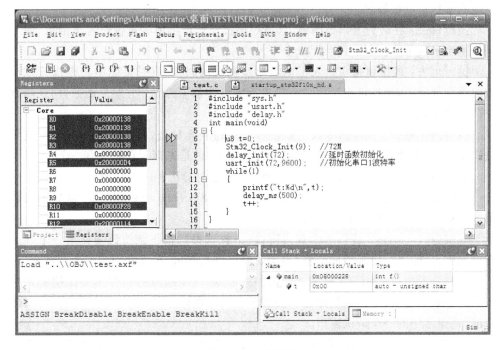

图 4.3 开始仿真

从图 4.3 可以发现,多出了一个工具条,这就是 Debug 工具条。这个工具条在仿真的时候是非常有用的,下面简单介绍一下 Debug 工具条相关按钮的功能。Debug 工具条部分按钮的功能如图 4.4 所示。

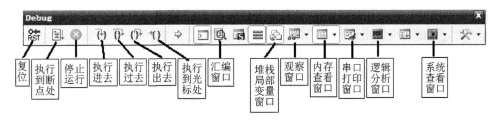

图 4.4 Debug 工具条

复位:其功能等同于硬件上按复位按钮,相当于实现了一次硬复位。按下该按钮之后,代码会重新从头开始执行。

执行到断点处:该按钮用来快速执行到断点处,有时候读者并不需要观看每步是怎么执行的,而是想快速执行到程序的某个地方看结果,这个按钮就可以实现这样的功能,前提是已在查看的地方设置了断点。

停止运行:此按钮在程序一直执行的时候会变为有效,通过按该按钮就可以使程序停止下来,进入到单步调试状态。

执行进去：该按钮用来实现执行到某个函数里面去的功能,在没有函数的情况下等同于执行过去按钮。

执行过去：在碰到有函数的地方,通过该按钮就可以单步执行过这个函数,而不进入这个函数单步执行。

执行出去：该按钮是在进入了函数单步调试的时候,有时可能不必再执行该函数的剩余部分了,通过该按钮就可一步执行完函数余下的部分并跳出函数,回到函数被调用的位置。

执行到光标处：该按钮可以迅速使程序运行到光标处,其实类似执行到断点处按钮功能,但是两者是有区别的,断点可以有多个,但是光标所在处只有一个。

汇编窗口：通过该按钮可以查看汇编代码,这对分析程序很有用。

堆栈局部变量窗口：通过该按钮弹出的 Call Stack＋Locals 窗口可以显示当前函数的局部变量及其值,方便查看。

观察窗口：MDK5 提供 2 个观察窗口(下拉选择),按下该按钮则弹出一个显示变量的窗口,输入想要观察的变量/表达式即可查看其值,是很常用的一个调试窗口。

内存查看窗口：MDK5 提供 4 个内存查看窗口(下拉选择),按下该按钮会弹出一个内存查看窗口,可以在里面输入要查看的内存地址,然后观察这一片内存的变化情况,是很常用的一个调试窗口。

串口打印窗口：MDK5 提供 4 个串口打印窗口(下拉选择),按下该按钮会弹出一个类似串口调试助手界面的窗口,用来显示从串口打印出来的内容。

逻辑分析窗口：该图标下面有 3 个选项(下拉选择),一般用第一个,也就是逻辑分析窗口(Logic Analyzer),单击即可调出该窗口;通过 SETUP 按钮新建一些 I/O 口就可以观察其电平变化情况,以多种形式显示出来,比较直观。

系统查看窗口：该按钮可以提供各种外设寄存器的查看窗口(通过下拉选择),选择对应外设即可调出该外设的相关寄存器表,并显示这些寄存器的值,方便查看设置是否正确。

Debug 工具条上的其他几个按钮用得比较少,这里就不介绍了,以上介绍的是比较常用的;当然也不是每次都用得着这么多,具体看程序调试时有没有必要观看这些东西来决定要不要看。

这样,在上面的仿真界面里面选择：堆栈局部变量窗口、串口打印窗口,然后调节一下这两个窗口的位置,如图 4.5 所示。

把光标放到 test.c 的第 9 行左侧的灰色区域然后单击,则可放置一个断点(红色的实心点,也可以通过鼠标右键弹出菜单来加入),再次单击则取消。然后单击图,执行到该断点处,如图 4.6 所示。

现在先不忙着往下执行,选择 Peripherals→USARTs→USART 1 菜单项可以看到,有很多外设可以查看,这里查看的是串口 1 的情况,如图 4.7 所示。

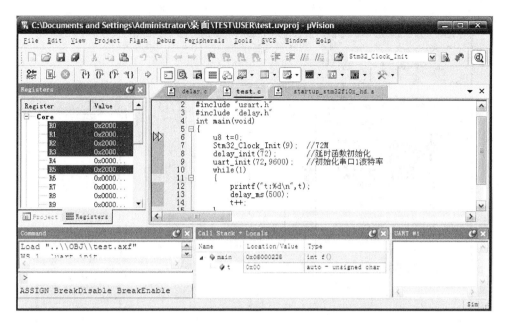

图 4.5　调出仿真串口打印窗口

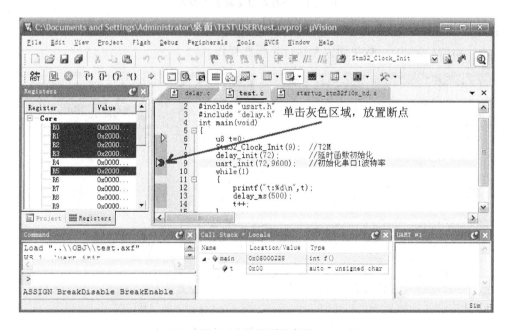

图 4.6　执行到断点处

单击 USART1 后会在 IDE 外出现一个如图 4.8(a)所示的界面。这是 STM32 的串口 1 的默认设置状态,从中可以看到所有与串口相关的寄存器全部在这上面表示出来了,而且有当前串口的波特率等信息的显示。接着单击 🕮,执行完串口初始

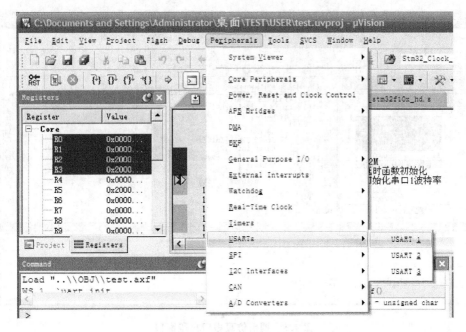

图 4.7　查看串口 1 相关寄存器

化函数,则得到了如图 4.8(b)所示的串口信息。对比一下这两个图的区别就知道在 uart_init(72,9600)函数里面大概执行了哪些操作。

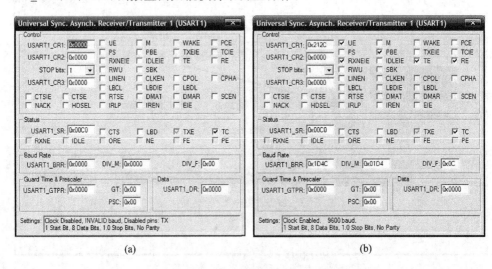

图 4.8　串口 1 各寄存器初始化前后对比

通过图 4.8(b)可以查看串口 1 的各个寄存器设置状态,从而判断编写的代码是否有问题;只有这里的设置正确了,才有可能在硬件上正确执行。同样,这样的方法也可以适用于很多其他外设。这一方法不论是在排错还是在编写代码的时候,都是非常有用的。

然后继续单击 ⓟ 按钮,一步步执行,最后就会看到在 USART ♯1 中打印出相关的信息,如图 4.9 所示。图中黑色方框内的数据是串口 1 打印出来的,证明仿真是通过的。代码运行时会在串口 1 不停地输出 t 的值,每 0.5 s 执行一次。软件仿真的时间可以在 IDE 的最下面(右下角)观查到,如图 4.10 所示。并且 t 自增,与预期的一致。再次按下 ⓠ 结束仿真。

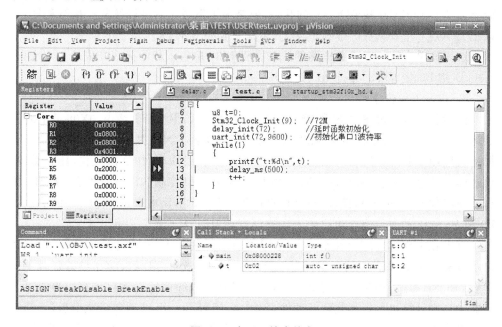

图 4.9　串口 1 输出信息

图 4.10　仿真持续时间

至此,软件仿真就结束了。通过软件仿真,我们在 MDK5.21A 中验证了代码的正确性,接下来下载代码到硬件上真正验证一下代码是否在硬件上也是可行的。

4.2　STM32 程序下载

STM32 的程序下载有多种方法:USB、串口、JTAG、SWD 等,这几种方式都可以用来给 STM32 下载代码,不过,最常用的、最经济的就是通过串口给 STM32 下载代码。本节将介绍如何利用串口给 STM32 下载代码。

STM32 的串口下载一般是通过串口 1 下载的,本书的实验平台 ALIENTEK MiniSTM32 开发板不是通过 RS232 串口下载的,而是通过自带的 USB 串口来下载。看起来像是 USB 下载(只需一根 USB 线,并不需要串口线)的,实际上,是通过 USB 转成串口,然后再下载的。下面就一步步教读者如何在实验平台上利用 USB 串口来下载代码。

首先要在板子上设置一下,在板子上把 RXD 和 PA9(STM32 的 TXD)、TXD 和 PA10(STM32 的 RXD)通过跳线帽连接起来,这样就把 CH340G 和 MCU 的串口 1 连接上了。这里由于 ALIENTEK 这款开发板自带了一键下载电路,所以我们并不需要去关心 BOOT0 和 BOOT1 的状态,但是为了下载完后可以按复位执行程序,建议把 BOOT1 和 BOOT0 都设置为 0。设置完成如图 4.11 所示。

这里简单介绍一键下载电路的原理。STM32 串口下载的标准方法是 2 个步骤:

① 把 B0 接 V3.3(保持 B1 接 GND)。

② 按一下复位按键。

然后就可以通过串口下载代码了。下载完成后如果没有设置从 0X08000000 开始运行,则代码不会立即运行,此时还需要把 B0 接回 GND,然后再按一次复位才开始运行刚刚下载的代码。所以整个过程须跳动 2 次跳线帽、按 2 次复位,比较繁琐。而一键下载电路则利用串口的 DTR 和 RTS 信号分别控制 STM32 的复位和 B0,配合上位机软件(mcuisp),设置 DTR 的低电平复位,RTS 高电平进 BootLoader,这样,B0 和 STM32 的复位完全可以由下载软件自动控制,从而实现一键下载。

接着在 USB_232 处(注意,不是侧面的 USB)插入 USB 线并接上计算机,如果之前没有安装 CH340G 的驱动(如果已经安装过了驱动,则应该能在设备管理器里面看到 USB 串口;如果不能则要先卸载之前的驱动,卸载完后重启计算机再重新安装驱动),则计算机会提示找到新硬件,如图 4.12 所示。可以不理会这个提示,直接找到书本配套资料→软件资料→软件文件夹下的 CH340 驱动,安装该驱动,如图 4.13 所示。

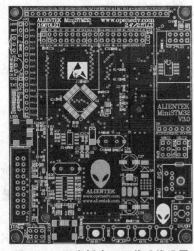

图 4.11　开发板串口下载跳线设置

图 4.12　找到新硬件

驱动安装成功后拔掉 USB 线,然后重新插入计算机,此时计算机就会自动给其安装驱动了。安装完成后可以在计算机的设备管理器里面找到 USB 串口(如果找不到,则重启计算机),如图 4.14 所示。

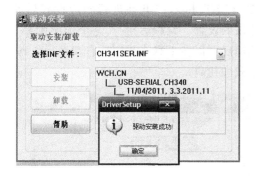

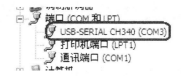

图 4.13　CH340 驱动安装　　　　　　　　图 4.14　USB 串口

在图 4.14 中可以看到,我们的 USB 串口被识别为 COM3。注意,不同计算机可能不一样,但是 USB-SERIAL CH340 一定是一样的。如果没找到 USB 串口,则有可能是安装有误或者开发板的 USB 口插错了。

在安装了 USB 串口驱动之后,我们就可以开始串口下载代码了,这里串口下载软件选择 mcuisp;该软件属于第三方软件,由单片机在线编程网提供,可以去 www.mcuisp.com 免费下载。书本配套资料里面也附带了这个软件,版本为 V0.993。该软件启动界面如图 4.15 所示。

图 4.15　mcuisp 启动界面

然后选择要下载的 hex 文件。以前面新建的工程为例,因为前面在工程建立的时候就已经设置了生成 hex 文件,所以编译的时候已经生成了 hex 文件,这里只需要找到这个 hex 文件下载即可。

用 mcuisp 软件打开 OBJ 文件夹,找到 TEST.hex,打开并进行相应设置后如图 4.16 所示。图中圆圈中的设置是我们建议的设置。编程后执行,这个选项在无一键下载功能的条件下是很有用的,选中该选项后可以在下载完程序后自动运行代码;否则,还需要按复位键才能开始运行刚刚下载的代码。

图 4.16 mcuisp 设置

编程前重装文件,该选项也比较有用。选中该选项之后,mcuisp 会在每次编程之前将 hex 文件重新装载一遍,这对于代码调试的时候是比较有用的。注意,不要选择使用 RamIsp,否则可能没法正常下载。

最后,选择 DTR 的低电平复位,RTS 高电平进 BootLoader,这个选择项选中,mcuisp 就会通过 DTR 和 RTS 信号来控制板载的一键下载功能电路,以实现一键下载功能。如果不选择,则无法实现一键下载功能。这个是必要的选项(在 BOOT0 接GND 的条件下)。

装载了 hex 文件之后,我们要下载代码还需要选择串口,这里 mcuisp 有智能串口搜索功能。每次打开 mcuisp 软件,软件会自动搜索当前计算机上可用的串口,然后选中一个作为默认的串口(一般是最后一次关闭时选择的串口)。也可以通过单击菜单栏的搜索串口来实现自动搜索当前可用串口。串口波特率可以通过 bps 那里设置,对于 STM32,该波特率最大为 230 400 bps,这里一般选择最高的波特率460 800,让 mcuisp 自动去同步。找到 CH340 虚拟的串口,如图 4.17 所示。

从之前 USB 串口的安装可知,开发板的 USB 串口被识别为 COM3 了(如果计

图 4.17　CH340 虚拟串口

算机被识别为其他的串口,则选择相应的串口即可),所以选择 COM3。选择了相应串口之后就可以通过按开始编程(P)按钮一键下载代码到 STM32 上,下载成功后如图 4.18 所示。

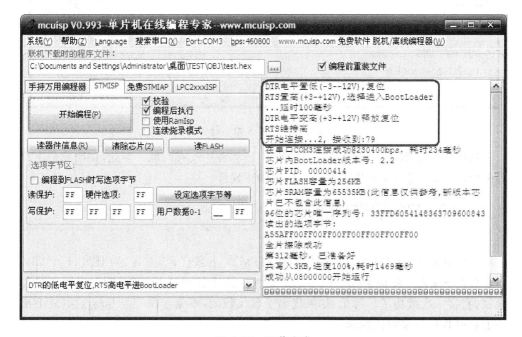

图 4.18　下载完成

图 4.18 中用圆圈画出了 mcuisp 对一键下载电路的控制过程,其实就是控制

DTR 和 RTS 电平的变化、控制 BOOT0 和 RESET,从而实现自动下载。另外,界面提示已经下载完成(如果总提示"开始连接⋯",则需要检查一下开发板的设置是否正确、是否有其他因素干扰等),并且从 0X8000000 处开始运行了。打开串口调试助手选择 COM3,则会发现从 ALIENTEK MiniSTM32 开发板发回来的信息,如图 4.19 所示。

图 4.19　程序开始运行了

接收到的数据和我们仿真的是一样的,证明程序没有问题。至此,说明我们下载代码成功了,并且也从硬件上验证了代码的正确性。

4.3　STM32 硬件调试

4.2 节介绍了如何通过利用串口给 STM32 下载代码,并在 ALIENTEK Min-iSTM32 开发板上验证了我们程序的正确性。这个代码比较简单,所以不需要硬件调试,直接一次成功了。可是,如果代码工程比较大,难免存在一些 bug,这时就有必要通过硬件调试来解决问题。

串口只能下载代码,并不能实时跟踪调试,而利用调试工具,比如 JLINK、ULINK、STLINK 等就可以实时跟踪程序,从而找到程序中的 bug,使开发事半功倍。这里以 ST‑LINK V2 为例介绍如何在线调试 STM32。

ST LINK 支持 JTAG 和 SWD,同时 STM32F1 也支持 JTAG 和 SWD。所以,有 2 种方式可以用来调试,JTAG 调试的时候占用的 I/O 线比较多,而 SWD 调试的时候占用的 I/O 线很少,只需要两根即可。

ST LINK 的驱动安装比较简单,直接参考配套资料安装即可。安装了 ST LINK 的驱动之后接 ST LINK,并把 JTAG 口插到 ALIENTEK MiniSTM32 开发板上,打开 3.2 节新建的工程,单击 ,打开 Options for Target 选项卡,在 Debug 选项卡中选择仿真工具为 Use:ST-Link Debugger,如图 4.20 所示。

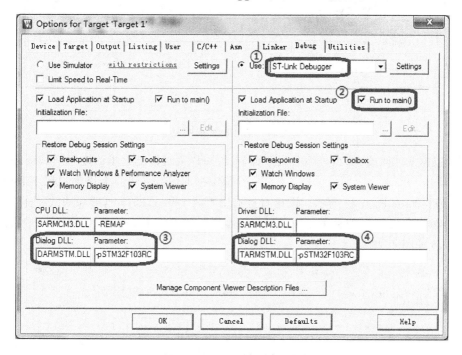

图 4.20　Debug 选项卡设置

图 4.20 中②处选中了 Run to main(),单击仿真即可直接运行到 main 函数;如果没选择这个选项,则会先执行 startup_stm32f10x_hd.s 文件的 Reset_Handler,再跳到 main 函数。对于图 4.20 的③和④处,图中是做了修改的,原工程自动设置的是 DCM.DLL/- pCM3 和 TCM.DLL/- pCM3,图中改为了 DARMSTM.DLL/- pSTM32F103RC 和 TARMSTM.DLL/- pSTM32F103RC,这样仿真时 Peripherals 选项卡就可以看到更多的内容,方便调试。

然后单击 Settings,设置 ST LINK 的一些参数,如图 4.21 所示。

这里使用 ST LINK 的 SW 模式调试,因为 JTAG 需要占用比 SW 模式多很多的 I/O 口,而 ALIENTEK MiniSTM32 开发板上的这些 I/O 口可能被其他外设用到,从而造成部分外设无法使用。所以,建议调试的时候,一定要选择 SW 模式。Max Clock 设置为最大 4 MHz(需要更新固件,否则最大只能到 1.8 MHz);如果

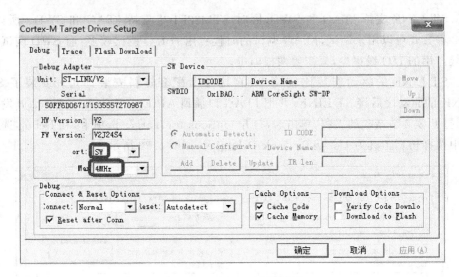

图 4.21　ST LINK 模式设置

USB 数据线比较差,那么可能会出问题,此时可以通过降低这里的速率来试试。

　　单击 OK 完成此部分设置,接下来还需要在 Utilities 选项卡里面设置下载时的目标编程器,如图 4.22 所示。图中直接选中 Use Debug Driver,即和调试一样,选择 ST LINK 来给目标器件的 FLASH 编程,然后单击 Settings 进入 FLASH 算法设置,设置如图 4.23 所示。

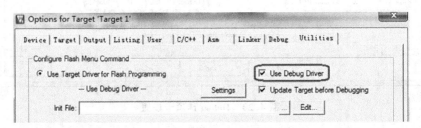

图 4.22　FLASH 编程器选择

　　这里要根据不同的 MCU 选择 FLASH 的大小,因为我们开发板使用的是 STM32F103RCT6,FLASH 大小为 256 KB,所以单击 Add,并在 Programming Algorithm 里面选择 STM32F10x High-density Flash;这里显示 Flash 大小是 512K,但我们不用理会,直接选择这个就可以了。然后选中 Reset and Run 选项,以实现在编程后自动运行,其他默认设置即可。设置完成之后,如图 4.23 所示。

　　设置完之后连续再次单击 OK 回到 IDE 界面,编译一下工程。再单击🔍,开始仿真(如果开发板的代码没被更新过,则先更新代码再仿真,也可以通过按🔛只下载代码而不进入仿真。特别注意,开发板上的 B0 和 B1 都要设置到 GND,否则代码下载后不会自动运行的),如图 4.24 所示。

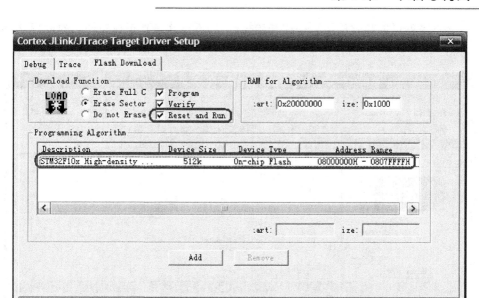

图 4.23　编程设置

图 4.24　开始仿真

因为之前选中了 Run to main() 选项，所以，程序直接运行到了 main 函数的入口处，我们在 Stm32_Clock_Init 处设置了一个断点，单击，则程序快速执行到该处，如图 4.25 所示。

接下来就可以和软件仿真一样开始操作了,不过这是真正在硬件上的运行,结果更可信。

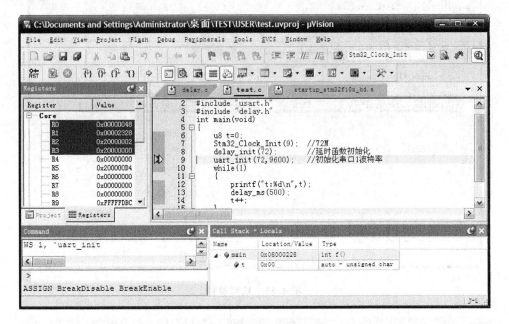

图 4.25　程序运行到断点处

第 **5** 章

SYSTEM 文件夹介绍

第 4 章介绍了如何在 MDK5 下建立 STM32 工程,这个新建的工程中用到了一个 SYSTEM 文件夹里面的代码。此文件夹里面的代码由 ALIENTEK 提供,是 STM32F103 系列的底层核心驱动函数,可以用在 STM32F103 系列的各个型号上面,方便读者快速构建自己的工程。

SYSTEM 文件夹下包含了 delay、sys、usart 这 3 个文件夹,分别包含了 delay.c、sys.c、usart.c 及其头文件。通过这 3 个 c 文件可以快速给任何一款 STM32 构建最基本的框架,使用起来是很方便的。

本章介绍这些代码,使读者了解这些代码的由来,并可以灵活使用 SYSTEM 文件夹提供的函数来快速构建工程,并实际应用到自己的项目中去。

5.1　delay 文件夹代码介绍

delay 文件夹内包含了 delay.c 和 delay.h 文件,用来实现系统的延时功能,其中包含 3 个函数:void delay_init(u8 SYSCLK)、void delay_ms(u16 nms)及 void delay_us(u32 nus)。

下面分别介绍这 3 个函数,首先了解一下编程思想:Cortex – M3 内核的处理器内部包含了一个 SysTick 定时器(SysTick 是一个 24 位的倒计数定时器,当计数到 0 时,则从 RELOAD 寄存器中自动重装载定时初值,开始新一轮计数)。只要不把它在 SysTick 控制及状态寄存器中的使能位清除,就永不停息。SysTick 在《STM32 的参考手册》(这里是指 V10.0 版本,下同)里面介绍得很简单,详细参阅《ARM Cortex – M3 权威指南》第 133 页。这里就是利用 STM32 的内部 SysTick 来实现延时的,这样既不占用中断,也不占用系统定时器。

这里介绍的是 ALIENTEK 提供的最新版本的延时函数,支持在 μC/OS 下面使用,可以和 μC/OS 共用 systick 定时器。首先简单介绍 μC/OS 的时钟:μC/OS 运行需要一个系统时钟节拍(类似"心跳"),而这个节拍是固定的(由 OS_TICKS_PER_SEC 设置),比如 5 ms(设置 OS_TICKS_PER_SEC=200 即可);在 STM32 下面一般是由 systick 来提供这个节拍,也就是 systick 要设置为 5 ms 中断一次,为 μC/OS 提供时钟节拍,而且这个时钟一般是不能被打断的(否则就不准了)。

因为在 µC/OS 下 systick 不能再随意更改,如果还想利用 systick 来做 delay_us 或者 delay_ms 的延时,就必须想点办法了,这里利用的是时钟摘取法。以 delay_us 为例,比如 delay_us(50),在刚进入 delay_us 的时候先计算好这段延时需要等待的 systick 计数次数,这里为 50×9(假设系统时钟为 72 MHz,那么 systick 每增加 1 就是 1/9 µs),然后就一直统计 systick 的计数变化,直到这个值变化了 50×9。一旦检测到变化达到或者超过这个值,就说明延时 50 µs 时间到了。下面开始介绍这几个函数。

1. delay_init 函数

该函数用来初始化 2 个重要参数:fac_us 以及 fac_ms;同时把 SysTick 的时钟源选择为外部时钟。如果使用了 µC/OS,那么还会根据 OS_TICKS_PER_SEC 的配置情况来配置 SysTick 的中断时间,并开启 SysTick 中断。具体代码如下:

```
//初始化延迟函数
//当使用 µC/OS 的时候,此函数会初始化 µC/OS 的时钟节拍
//SYSTICK 的时钟固定为 HCLK 时钟的 1/8
//SYSCLK:系统时钟
void delay_init(u8 SYSCLK)
{
#ifdef OS_CRITICAL_METHOD          //如果 OS_CRITICAL_METHOD 定义了,则使用了 µC/OS-II
    u32 reload;
#endif
    SysTick->CTRL& = ~(1<<2);           //SYSTICK 使用外部时钟源
    fac_us = SYSCLK/8;                  //不论是否使用 µC/OS,fac_us 都需要使用
#ifdef OS_CRITICAL_METHOD          //如果 OS_CRITICAL_METHOD 定义了,则使用了 µC/OS-II
    reload = SYSCLK/8;                  //每秒钟的计数次数单位为 K
    reload * = 1000000/OS_TICKS_PER_SEC;    //根据 OS_TICKS_PER_SEC 设定溢出时间
                                        //reload 为 24 位寄存器,最大值 16 777 216
                                        //在 72 MHz 下,约 1.86 s
    fac_ms = 1000/OS_TICKS_PER_SEC;     //代表 µC/OS 可以延时的最少单位
    SysTick->CTRL| = 1<<1;              //开启 SYSTICK 中断
    SysTick->LOAD = reload;             //每 1/OS_TICKS_PER_SEC 秒中断一次
    SysTick->CTRL| = 1<<0;              //开启 SYSTICK
#else
    fac_ms = (u16)fac_us * 1000;        //非 µC/OS 下,代表每个 ms 需要的 systick 时钟数
#endif
}
```

可以看到,delay_init 函数使用了条件编译来选择不同的初始化过程;如果不使用 µC/OS,则只是设置一下 SYSTICK 的时钟源以及确定 fac_us、fac_ms 的值。如果使用,则会进行一些不同的配置,这里的条件编译是根据 OS_CRITICAL_METHOD

宏来确定的，因为只要使用了 μC/OS，就一定会定义 OS_CRITICAL_METHOD 宏。

SysTick 是 MDK 定义了的一个结构体（在 core_m3.h 里面），里面包含 CTRL、LOAD、VAL、CALIB 这 4 个寄存器，SysTick→CTRL 的各位定义如表 5.1 所列。SysTick→LOAD 的定义如表 5.2 所列。SysTick→VAL 的定义如表 5.3 所列。

表 5.1　SysTick→CTRL 寄存器各位定义

位　段	名　称	类　型	复位值	描　述
16	COUNTFLAG	R	0	如果在上次读取本寄存器后，SysTick 已经数到了 0，则该位为 1。如果读取该位，则该位自动清零
2	CLKSOURCE	R/W	0	0＝外部时钟源（STCLK） 1＝内部时钟（FCLK）
1	TICKINT	R/W	0	1＝SysTick 倒数到 0 时产生 SysTick 异常请求 0＝数到 0 时无动作
0	ENABLE	R/W	0	SysTick 定时器的使能位

表 5.2　SysTick→LOAD 寄存器各位定义

位　段	名　称	类　型	复位值	描　述
23：0	RELOAD	R/W	0	当倒数至零时将被重装载的值

表 5.3　SysTick→VAL 寄存器各位定义

位　段	名　称	类　型	复位值	描　述
23：0	CURRENT	R/Wc	0	读取时返回当前倒计数的值，写它则使之清零，同时还会清除在 SysTick 控制及状态寄存器中的 COUNT-FLAG 标志

SysTick→CALIB 不常用，在这里用不到所以不介绍了。"SysTick→CTRL& ＝0xfffffffb;"把 SysTick 的时钟选择外部时钟，这里需要注意的是，SysTick 的时钟源自 HCLK 的 8 分频，假设外部晶振为 8 MHz，然后倍频到 72 MHz，那么 SysTick 的时钟即为 9 MHz，也就是 SysTick 的计数器 VAL 每减 1 就代表时间过了 $1/9$ μs。

在不使用 μC/OS 的时候，fac_μs 为 μs 延时的基数，也就是延时 1 μs，为 SysTick→LOAD 应设置的值。fac_ms 为 ms 延时的基数，也就是延时 1 ms，为 SysTick→LOAD 应设置的值。fac_us 为 8 位整形数据，fac_ms 为 16 位整形数据。Systick 的时钟来自系统时钟 8 分频，因此系统时钟如果不是 8 的倍数（不能被 8 整除），则会导致延时函数不准确，这也是推荐外部时钟选择 8 MHz 的原因。这点要特别留意。

当使用 μC/OS 的时候,fac_us 还是 μs 延时的基数,不过这个值不会写到 SysTick→LOAD 寄存器来实现延时,而是通过时钟摘取的办法实现的。而 fac_ms 则代表 μC/OS 自带的延时函数所能实现的最小延时时间(如 OS_TICKS_PER_SEC= 200,那么 fac_ms 就是 5 ms)。

2. delay_us 函数

该函数用来延时指定的 μs,其参数 nus 为要延时的微秒数。该函数有使用 μC/OS 和不使用 μC/OS 两个版本,首先介绍不使用 μC/OS 的时候,实现函数如下:

```
//延时 nus
//nus 为要延时的 μs 数
void delay_us(u32 nus)
{
    u32 temp;
    SysTick - >LOAD = nus * fac_us;             //时间加载
    SysTick - >VAL = 0x00;                       //清空计数器
    SysTick - >CTRL = 0x01 ;                     //开始倒数
    do
    {
        temp = SysTick - >CTRL;
    }
    while((temp&0x01)&&! (temp&(1<<16)));         //等待时间到达
    SysTick - >CTRL = 0x00;                      //关闭计数器
    SysTick - >VAL  = 0X00;                      //清空计数器
}
```

有了上面对 SysTick 寄存器的描述,这段代码不难理解。其实就是先把要延时的 μs 数换算成 SysTick 的时钟数,然后写入 LOAD 寄存器。然后清空当前寄存器 VAL 的内容,再开启倒数功能。等倒数结束,即延时了 nus。最后关闭 SysTick,清空 VAL 的值,实现一次延时 nus 的操作。但是这里要注意 nus 的值,不能太大,必须保证 nus$<=$(2^{24})/fac_us,否则将导致延时时间不准确。这里特别说明一下 temp&0x01,这一句用来判断 systick 定时器是否还处于开启状态,可以防止 systick 被意外关闭导致的死循环。

再来看看使用 μC/OS 的时候,delay_us 的实现函数如下:

```
//延时 nus
//nus 为要延时的 μs 数
void delay_us(u32 nus)
{
    u32 ticks;
```

```
        u32 told,tnow,tcnt = 0;
        u32 reload = SysTick ->LOAD;            //LOAD 的值
        ticks = nus * fac_us;                   //需要的节拍数
        tcnt = 0;
        OSSchedLock();                          //阻止 μC/OS 调度,防止打断 μs 延时
        told = SysTick ->VAL;                   //刚进入时的计数器值
        while(1)
        {
            tnow = SysTick ->VAL;
            if(tnow!= told)
            {
                if(tnow<told)tcnt += told - tnow;   //注意,SYSTICK 是一个递减的计数器
                else tcnt += reload - tnow + told;
                told = tnow;
                if(tcnt> = ticks)break;         //时间超过/等于要延迟的时间,则退出
            }
        };
        OSSchedUnlock();                        //开启 μC/OS 调度
    }
```

这里就正是利用了前面提到的时钟摘取法,ticks 是延时 nus 需要等待的 SysTick 计数次数(也就是延时时间),told 用于记录最近一次的 SysTick→VAL 值,tnow 是当前的 SysTick→VAL 值。通过对比累加实现 SysTick 计数次数的统计,统计值存放在 tcnt 里面,然后通过对比 tcnt 和 ticks 来判断延时是否到达,达到不修改 SysTick 实现 nus 的延时,从而可以和 μC/OS 共用一个 SysTick。

上面的 OSSchedLock 和 OSSchedUnlock 是 μC/OS 提供的两个函数,用于调度上锁和解锁。这里为了防止 μC/OS 在 delay_us 的时候打断延时可能导致的延时不准,所以利用这两个函数来实现免打断,从而保证延时精度。同时,delay_us 可以实现最长 2^{32} μs 的延时,大概是 4 294 s。

3. delay_ms 函数

该函数用来延时指定的 ms,其参数 nms 为要延时的微秒数。该函数同样有使用 μC/OS 和不使用 μC/OS 两个版本,首先是不使用 μC/OS 的时候,实现函数如下:

```
//延时 nms,注意 nms 的范围
//SysTick ->LOAD 为 24 位寄存器,所以,最大延时为:nms< = 0xffffff×8×1000/SYSCLK
//SYSCLK 单位为 Hz,nms 单位为 ms,72 MHz 条件下,nms< = 1864
void delay_ms(u16 nms)
{
```

```
    u32 temp;
    SysTick->LOAD = (u32)nms * fac_ms;        //时间加载(SysTick->LOAD 为 24 bit)
    SysTick->VAL = 0x00;                       //清空计数器
    SysTick->CTRL = 0x01 ;                     //开始倒数
    do
    {
        temp = SysTick->CTRL;
    }while((temp&0x01)&&! (temp&(1<<16)));      //等待时间到达
    SysTick->CTRL = 0x00;                      //关闭计数器
    SysTick->VAL = 0X00;                       //清空计数器
}
```

此部分代码和前面的 delay_us(非 μC/OS 版本)大致一样,但是要注意,因为 LOAD 仅仅是一个 24 bit 的寄存器,延时的 ms 数不能太长;否则,超出了 LOAD 的范围,高位会被舍去,导致延时不准。最大延迟 ms 数可以通过公式"nms<= 0xffffff * 8 * 1000/SYSCLK"计算。SYSCLK 单位为 Hz, nms 的单位为 ms。如果时钟为 72 MHz,那么 nms 的最大值为 1 864 ms。超过这个值,建议通过多次调用 delay_ms 实现,否则就会导致延时不准确。

再来看看使用 μC/OS 的时候,delay_ms 的实现函数如下:

```
//延时 nms,即要延时的 ms 数
void delay_ms(u16 nms)
{
    if(OSRunning == OS_TRUE)       //如果 os 已经在跑了
    {
        if(nms>= fac_ms)           //延时的时间大于 μC/OS 的最少时间周期
        {
            OSTimeDly(nms/fac_ms);//μC/OS 延时
        }
        nms % = fac_ms;           //μC/OS 已经无法提供这么小的延时了,采用普通方式延时
    }
    delay_us((u32)(nms * 1000));   //普通方式延时
}
```

该函数中,OSRunning 是 μC/OS 正在运行的一个标志,OSTimeDly 是 μC/OS 提供的一个基于 μC/OS 时钟节拍的延时函数,其参数代表延时的时钟节拍数(假设 OS_TICKS_PER_SEC=200,那么 OSTimeDly(1)就代表延时 5 ms)。

当 μC/OS 还未运行的时候,delay_ms 就是直接由 delay_us 实现的,μC/OS 下的 delay_us 可以实现很长的延时而不溢出,所以放心使用 delay_us 来实现 delay_ms。不过由于 delay_us 的时候,任务调度被上锁了,所以建议不要用 delay_us 来延时很长的时间,否则影响整个系统的性能。

当 μC/OS 运行时，delay_ms 函数将先判断延时时长是否大于等于一个 μC/OS 时钟节拍（fac_ms），当大于这个值的时候，则通过调用 μC/OS 的延时函数来实现（此时任务可以调度）；不足一个时钟节拍时，则直接调用 delay_us 函数实现（此时任务无法调度）。

5.2　sys 文件夹代码介绍

sys 文件夹内包含了 sys.c、sys.h 以及 stm32f10x.h、system_stm32f10x.h 这 4 个文件。sys.h 里面定义了 STM32 的 I/O 口输入读取宏定义和输出宏定义。sys.c 里面定义了很多与 STM32 底层硬件很相关的设置函数，包括系统时钟的配置、中断的配置等。stm32f10x.h 和 system_stm32f10x.h 则是从 ST 官方提供的 V3.5.0 固件库里面复制过来的头文件，包含了所有寄存器的定义，必须复制过来；这 2 个头文件就不多介绍了，这里主要介绍 sys.c 和 sys.h。

5.2.1　I/O 口的位操作实现

该部分代码实现对 STM32 各 I/O 口的位操作，包括读入和输出。当然，这些函数调用之前必须先进行 I/O 口时钟的使能和功能定义。此部分仅仅对 I/O 口进行输入输出读取和控制。代码如下：

```
#define BITBAND(addr, bitnum) ((addr & 0xF0000000) + 0x2000000 + ((addr &0xFFFFF)<<
5) + (bitnum<<2))
#define MEM_ADDR(addr)    *((volatile unsigned long    *)(addr))
#define BIT_ADDR(addr, bitnum)    MEM_ADDR(BITBAND(addr, bitnum))
//I/O 口地址映射
#define GPIOA_ODR_Addr        (GPIOA_BASE + 12) //0x4001080C
#define GPIOB_ODR_Addr        (GPIOB_BASE + 12) //0x40010C0C
#define GPIOC_ODR_Addr        (GPIOC_BASE + 12) //0x4001100C
#define GPIOD_ODR_Addr        (GPIOD_BASE + 12) //0x4001140C
#define GPIOE_ODR_Addr        (GPIOE_BASE + 12) //0x4001180C
#define GPIOF_ODR_Addr        (GPIOF_BASE + 12) //0x40011A0C
#define GPIOG_ODR_Addr        (GPIOG_BASE + 12) //0x40011E0C
#define GPIOA_IDR_Addr        (GPIOA_BASE + 8) //0x40010808
#define GPIOB_IDR_Addr        (GPIOB_BASE + 8) //0x40010C08
#define GPIOC_IDR_Addr        (GPIOC_BASE + 8) //0x40011008
#define GPIOD_IDR_Addr        (GPIOD_BASE + 8) //0x40011408
#define GPIOE_IDR_Addr        (GPIOE_BASE + 8) //0x40011808
#define GPIOF_IDR_Addr        (GPIOF_BASE + 8) //0x40011A08
#define GPIOG_IDR_Addr        (GPIOG_BASE + 8) //0x40011E08
//I/O 口操作,只对单一的 I/O 口
```

```
//确保 n 的值小于 16
#define PAout(n)    BIT_ADDR(GPIOA_ODR_Addr,n)    //输出
#define PAin(n)     BIT_ADDR(GPIOA_IDR_Addr,n)    //输入
#define PBout(n)    BIT_ADDR(GPIOB_ODR_Addr,n)    //输出
#define PBin(n)     BIT_ADDR(GPIOB_IDR_Addr,n)    //输入
#define PCout(n)    BIT_ADDR(GPIOC_ODR_Addr,n)    //输出
#define PCin(n)     BIT_ADDR(GPIOC_IDR_Addr,n)    //输入
#define PDout(n)    BIT_ADDR(GPIOD_ODR_Addr,n)    //输出
#define PDin(n)     BIT_ADDR(GPIOD_IDR_Addr,n)    //输入
#define PEout(n)    BIT_ADDR(GPIOE_ODR_Addr,n)    //输出
#define PEin(n)     BIT_ADDR(GPIOE_IDR_Addr,n)    //输入
#define PFout(n)    BIT_ADDR(GPIOF_ODR_Addr,n)    //输出
#define PFin(n)     BIT_ADDR(GPIOF_IDR_Addr,n)    //输入
#define PGout(n)    BIT_ADDR(GPIOG_ODR_Addr,n)    //输出
#define PGin(n)     BIT_ADDR(GPIOG_IDR_Addr,n)    //输入
```

以上代码的实现得益于 Cortex-M3 的位带操作,具体的实现比较复杂,可参考《ARM Cortex-M3 权威指南》第 5 章。有了上面的代码就可以像 51/AVR 一样操作 STM32 的 I/O 口了。比如,要 PORTA 的第 7 个 I/O 口输出 1,则可以使用"PAout(6)=1;"实现。要判断 PORTA 的第 15 个位是否等于 1,则可以使用"if (PAin(14)==1)…;"实现。

sys.h 中的几个其他的全局宏定义,分别是:

```
//0,不支持 ucos;1,支持 ucos
#define SYSTEM_SUPPORT_UCOS     0           //定义系统文件夹是否支持 μC/OS
//Ex_NVIC_Config 专用定义
#define GPIO_A 0
#define GPIO_B 1
#define GPIO_C 2
#define GPIO_D 3
#define GPIO_E 4
#define GPIO_F 5
#define GPIO_G 6
#define FTIR     1                          //下降沿触发
#define RTIR     2                          //上升沿触发
//JTAG 模式设置定义
#define JTAG_SWD_DISABLE    0X02
#define SWD_ENABLE          0X01
#define JTAG_SWD_ENABLE     0X00
```

SYSTEM_SUPPORT_UCOS 宏用来定义 SYSTEM 文件夹是否支持 μC/OS,如果在 μC/OS 下面使用 SYSTEM 文件夹,那么设置这个值为 1 即可;否则,设置为

0(默认)。其他宏定义在后面的使用中会不时用到,分别是作为 Ex_NVIC_Config 函数和 JTAG_Set 函数的参数来使用的,具体见相关函数的说明。

5.2.2　Stm32_Clock_Init 函数

在介绍 Stm32_Clock_Init 函数之前先看看 STM32 的时钟树图(非常重要),如图 5.1 所示。

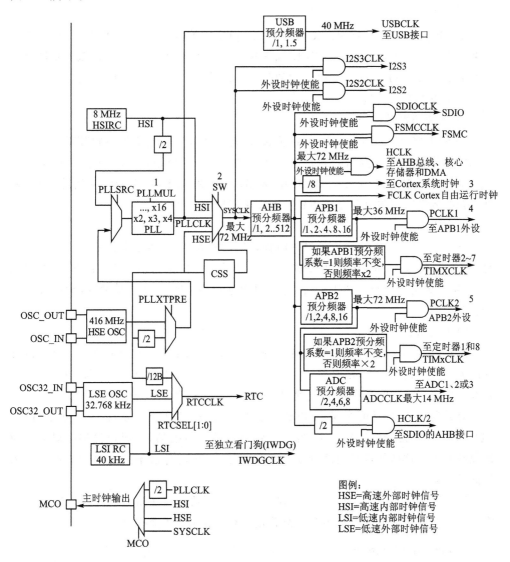

图 5.1　STM32 时钟树图

从左往右看就是整个 STM32 的时钟走向。这里挑出 5 个重要的地方进行介绍(图 5.1 中标出的 1~5)。

1) PLLMUL

PLLMUL 用于设置 STM32 的 PLLCLK,STM32 支持 2～16 倍频设置,我们常用的是 8 MHz 外部晶振＋9 倍频设置,刚好得到 72 MHz 的 PLLCLK。从图 5.1 可以看出,PLLMUL 的时钟源可以来自内部 8 MHz RC 振荡/2 或者外部高速晶振(4～16 MHz)。注意,PLLMUL 设置后的频率不要超过 72 MHz(最大 128 MHz 也可以跑,不过出问题 ST 是不负责的)。

2) SW

SW 是 STM32 的 SYSCLK(系统时钟)切换开关,从图 5.1 可以看出,SYSCLK 的来源可以是 3 个:HSI、PLLCLK 和 HSE,一般选择 PLLCLK。SYSCLK 最大为 72 MHz。注意,STM32 刚上电时用的是系统内部 8 MHz RC 时钟,之后运行程序才会把时钟源设置为其他。

3) 系统滴答时钟(SYSTICK)

SYSTICK 是 Cortex－M3 的系统滴答时钟,图 5.1 清楚表明 SYSTICK 的来源是 AHB 分频后再 8 分频,因为我们一般设置 AHB 不分频,所以 SYSTICK 的频率就等于 SYSCLK/8;如果 SYSCLK 为 72 MHz,那么 SYSTICK 的频率就是 9 MHz。前面介绍的延时函数就是基于 SYSTICK 来实现的。

4) PCLK1

PCLK1 是 APB1 总线上外设的时钟,最大为 36 MHz,所有挂载在 APB1 上的外设最大时钟都是 36 MHz(定时器除外,原因见图 5.1),比如串口 2～5、SPI2 和 SPI3 等,使用时要特别留意。PCLK1 的时钟可以通过 APB1 预分频器设置,默认设置为 2 分频。

5) PCLK2

PCLK2 是 APB2 总线上外设的时钟,最大为 72 MHz,所有挂载在 APB2 上的外设最大时钟都是 72 MHz,比如 GPIOA～G、串口 1、SPI1、ADC1～3 等。PCLK2 的时钟可以通过 APB2 预分频器设置,默认设置为 1,也就是不分频。

时钟的详细介绍可参考《STM32 参考手册》第 6.2 节。从图 5.1 可以看出,STM32 的时钟设计的比较复杂,各个时钟基本都是可控的,任何外设都有对应的时钟控制开关。这样的设计对降低功耗非常有用,不用的外设不开启时钟就可以大大降低其功耗。

下面开始 Stm32_Clock_Init 函数的介绍,主要功能是初始化 STM32 的时钟,其中还包括对向量表的配置以及相关外设的复位及配置。代码如下:

```
//系统时钟初始化函数
//pll:选择的倍频数,从 2 开始,最大值为 16
void Stm32_Clock_Init(u8 PLL)
{
    unsigned char temp = 0;
```

```
    MYRCC_DeInit();                         //复位并配置向量表
    RCC->CR| = 0x00010000;                  //外部高速时钟使能 HSEON
    while(! (RCC->CR>>17));                  //等待外部时钟就绪
    RCC->CFGR = 0X00000400;                 //APB1 = DIV2;APB2 = DIV1;AHB = DIV1
    PLL- = 2;                               //抵消 2 个单位
    RCC->CFGR| = PLL<<18;                   //设置 PLL 值 2~16
    RCC->CFGR| = 1<<16;                     //PLLSRC ON
    FLASH->ACR| = 0x32;                     //FLASH 2 个延时周期
    RCC->CR| = 0x01000000;                  //PLLON
    while(! (RCC->CR>>25));                  //等待 PLL 锁定
    RCC->CFGR| = 0x00000002;                //PLL 作为系统时钟
    while(temp!= 0x02)                      //等待 PLL 作为系统时钟设置成功
    {
        temp = RCC->CFGR>>2;
        temp& = 0x03;
    }
}
```

Stm32_Clock_Init 函数中设置了 APB1 为 2 分频,APB2 为 1 分频,AHB 为 1 分频,同时选择 PLLCLK 作为系统时钟。该函数只有一个参数 PLL,用来配置时钟的倍频数,比如当前所用的晶振为 8 MHz,PLL 的值设为 9,那么 STM32 运行在 72 MHz 的速度下。

MYRCC_DeInit 函数实现外设的复位并关断所有中断,同时调用向量表配置函数 MY_NVIC_SetVectorTable 配置中断向量表。MYRCC_DeInit 函数如下:

```
//把所有时钟寄存器复位
void MYRCC_DeInit(void)
{
    RCC->APB1RSTR = 0x00000000；  //复位结束
    RCC->APB2RSTR = 0x00000000；
    RCC->AHBENR = 0x00000014；     //睡眠模式闪存和 SRAM 时钟使能.其他关闭
    RCC->APB2ENR = 0x00000000；    //外设时钟关闭
    RCC->APB1ENR = 0x00000000；
    RCC->CR | = 0x00000001；       //使能内部高速时钟 HSION
    RCC->CFGR & = 0xF8FF0000；
    //复位 SW[1:0],HPRE[3:0],PPRE1[2:0],PPRE2[2:0],ADCPRE[1:0],MCO[2:0]
    RCC->CR & = 0xFEF6FFFF；       //复位 HSEON,CSSON,PLLON
    RCC->CR & = 0xFFFBFFFF；       //复位 HSEBYP
    RCC->CFGR & = 0xFF80FFFF；     //复位 PLLSRC, PLLXTPRE, PLLMUL[3:0] and USBPRE
    RCC->CIR = 0x00000000；        //关闭所有中断
    //配置向量表
#ifdef  VECT_TAB_RAM
```

```
        MY_NVIC_SetVectorTable(0x20000000, 0x0);
    #else
        MY_NVIC_SetVectorTable(0x08000000,0x0);
    #endif
    }
```

RCC 也是 MDK 定义的一个结构体,包含 RCC 相关的寄存器组。其寄存器名与 STM32 参考手册里面定义的寄存器名字一样,所以不明白时可以到《STM32 参考手册》里面查找。

MY_NVIC_SetVectorTable 函数的代码如下:

```
//设置向量表偏移地址 NVIC_VectTab:基址;Offset:偏移量
void MY_NVIC_SetVectorTable(u32 NVIC_VectTab, u32 Offset)
{
    //检查参数合法性
    assert_param(IS_NVIC_VECTTAB(NVIC_VectTab));
    assert_param(IS_NVIC_OFFSET(Offset));
    SCB->VTOR = NVIC_VectTab|(Offset & (u32)0x1FFFFF80);
    //设置 NVIC 的向量表偏移寄存器,//用于标识向量表是在 CODE 区还是在 RAM 区
}
```

该函数用来配置中断向量表基址和偏移量,决定是在哪个区域。在 RAM 中调试代码时,需要把中断向量表放到 RAM 里面,这就需要通过这个函数来配置。向量表的详细介绍请参考《ARM Cortex - M3 权威指南》第 7 章。

5.2.3 Sys_Soft_Reset 函数

该函数用来实现 STM32 的软复位,代码如下:

```
//系统软复位
void Sys_Soft_Reset(void)
{
    SCB->AIRCR = 0X05FA0000|(u32)0x04;
}
```

SCB 为 MDK 定义的一个寄存器组,里面包含了很多与内核相关的控制器。该结构体在 core_m3.h 里面可以找到,具体的定义如下:

```
typedef struct
{
    __I  uint32_t CPUID;          //Cortex - M3 内核版本号寄存器
    __IO uint32_t ICSR;           //中断控制及状态控制寄存器
    __IO uint32_t VTOR;           //向量表偏移量寄存器
    __IO uint32_t AIRCR;          //应用程序中断及复位控制寄存器
```

```
    __IO uint32_t SCR;              //系统控制寄存器

    __IO uint32_t CCR;              //配置与控制寄存器

    __IO uint8_t  SHP[12];          //系统异常优先级寄存器组

    __IO uint32_t SHCSR;            //系统 Handler 控制及状态寄存器

    __IO uint32_t CFSR;             //MFSR + BFSR + UFSR

    __IO uint32_t HFSR;             //硬件 fault 状态寄存器

    __IO uint32_t DFSR;             //调试 fault 状态寄存器

    __IO uint32_t MMFAR;            //存储管理地址寄存器

    __IO uint32_t BFAR;             //硬件 fault 地址寄存器

    __IO uint32_t AFSR;             //辅助 fault 地址寄存器

    __I  uint32_t PFR[2];           //处理器功能寄存器

    __I  uint32_t DFR;              //调试功能寄存器

    __I  uint32_t ADR;              //辅助功能寄存器

    __I  uint32_t MMFR[4];          //存储器模型功能寄存器

    __I  uint32_t ISAR[5];          //ISA 功能寄存器

} SCB_TypeDef;
```

　　Sys_Soft_Reset 函数里面只是对 SCB→AIRCR 进行了一次操作,即实现了 STM32 的软复位。AIRCR 寄存器的各位定义如表 5.4 所列。可以看出,只要置位 BIT2,这样就可以请求一次 STM32 软复位。这里要注意 bit31～16 的访问钥匙,要将访问钥匙 0X05FA0000 与我们要进行的操作相或,然后写入 AIRCR,这样才被 Cortex - M3 接受。

表 5.4　AIRCR 寄存器各位定义

位　段	名　称	类　型	复位值	描　述
31：16	VECTKEY	RW		访问钥匙:任何对该寄存器的写操作都必须同时把 0x05FA 写入此段,否则写操作被忽略。若读取此半字,则写入 0xFA05
15	ENDIANESS	R		指示端设置。1＝大端(BE8),0＝小端。此值是在复位时确定的,不能更改
10：8	PRIGROUP	R/W	0	优先级分组
2	SYSRESETREQ	W	—	请求芯片控制逻辑产生一次复位
1	VECTCLRACTIVE	W	—	清零所有异常的活动状态信息。通常只在调试时用,或者在 OS 从错误中恢复时用
0	VECTRESET	W	—	复位 Cortex - M3 处理器内核(调试逻辑除外),但是此复位不影响芯片上在内核以外的电路

5.2.4 Sys_Standby 函数

STM32 提供了 3 种低功耗模式,以达到不同层次的降低功耗的目的,分别是:睡眠模式(Cortex-M3 内核停止工作,外设仍在运行)、停止模式(所有的时钟都停止)及待机模式。其中,睡眠模式又分为有深度睡眠和睡眠。Sys_Standby 函数用来使 STM32 进入待机模式,在该模式下,STM32 消耗的功耗最低。表 5.5 是 STM32 的低功耗一览表。

表 5.5　STM32 低功耗模式一览表

模　式	进入操作	唤　醒	对 1.8 V 区域时钟的影响	对 VDD 区域时钟的影响	电压调节器
睡眠 (SLEEP-NOW 或 SLEEP-ON-EXIT)	WFI	任一中断	CPU 时钟关,对其他时钟和 ADC 时钟无影响		开
	WFE	唤醒事件			
停机	PDDS 和 LPDS 位+SLEEPDEEP 位+WFI 或 WFE	任一外部中断(在外部中断寄存器中设置)	所有使用 1.8 V 的区域的时钟都已关闭,HSI 和 HSE 的振荡器关闭	无	在低功耗模式下可进行开/关设置(依据电源控制寄存器(PWR_CR)的设定)
待机	PDDS 位+SLEEPDEEP 位+WFI 或 WFE	WKUP 引脚的上升沿、RTC 警告事件,NRST 引脚上的外部复位、IWDG 复位			关

表 5.6 列出了如何让 STM32 进入和退出待机模式,详细介绍参考《STM32 参考手册》第 4.3 节。

表 5.6　待机模式进入及退出方法

待机模式	说　明
进　入	在以下条件下执行 WFI 或 WFE 指令 -设置 Cortex-M3 系统控制寄存器中的 SLEEPDEEP 位 -设置电源控制寄存器(PWR_CR)中的 PDDS 位 -清除电源控制/状态寄存器(PWR_CSR)中的 WUF 位
退　出	WKUP 引脚的上升沿、RTC 闹钟、NRST 引脚上外部复位、IWDG 复位
唤醒延时	复位阶段时电压调节器的启动

根据上面的介绍就可以写出进入待机模式的代码,Sys_Standby 的具体实现代码如下:

```
//进入待机模式
void Sys_Standby(void)
{
    SCB->SCR|=1<<2;              //使能 SLEEPDEEP 位 (SYS->CTRL)
    RCC->APB1ENR|=1<<28;        //使能电源时钟
    PWR->CSR|=1<<8;             //设置 WKUP 用于唤醒
    PWR->CR|=1<<2;              //清除 Wake-up 标志
    PWR->CR|=1<<1;              //PDDS 置位
    WFI_SET();                  //执行 WFI 指令
}
```

这里用到了一个 WFI_SET()函数,该函数其实是在 C 语言里面嵌入一条汇编指令。因为 Cortex-M3 内核的 STM32 支持的 THUMB 指令,并不能内嵌汇编,所以需要通过这个方法来实现汇编代码的嵌入。该函数的代码如下:

```
//THUMB 指令不支持汇编内联
//采用如下方法实现执行汇编指令 WFI
__asm void WFI_SET(void)
{
    WFI;
}
```

在执行完 WFI 指令之后,STM32 就进入待机模式了,系统将停止工作,此时 JTAG 会失效,这点请注意。sys.c 里面的另外几个嵌入汇编的代码:

```
//关闭所有中断
__asm void INTX_DISABLE(void)
{
    CPSID I;
}
//开启所有中断
__asm void INTX_ENABLE(void)
{
    CPSIE I;
}
//设置栈顶地址
//addr:栈顶地址
__asm void MSR_MSP(u32 addr)
{
    MSR MSP, r0              //set Main Stack value
    BX r14
}
```

INTX_DISABLE 和 INTX_ENABLE 用于关闭和开启所有中断,是 STM32 的中断总开关。而 MSR_MSP 函数用来设置栈顶指针,在 IAP 实验的时候会用到。

5.2.5 JTAG_Set 函数

STM32 支持 JTAG 和 SWD 两种仿真接口,和普通的 I/O 口共用,当需要使用普通 I/O 口的时候,则必须先禁止 JTAG/SWD。STM32 在默认状态下是开启 JTAG 的,所以那些和 JTAG 共用的 I/O 口在默认状态下是不能做普通 I/O 口使用的。可以通过 AFIO_MAPR 寄存器的 24～26 位来修改 STM32 的 JTAG 配置,从而切换为普通 I/O 口或者其他状态。AFIO_MAPR 寄存器的第 24～26 位描述如下所示:

位 26:24	SWJ_CFG[2:0]:串行线 JTAG 配置
	这些位可由软件读/写,用于配置 SWJ 和跟踪复用功能的 I/O 口,SWJ(串行线 JTAG)支持 JTAG 或 SWD 访问 Cortex 的调试端口。系统复位后的默认状态是启用 SWJ 但没有跟踪功能,这种状态下可以通过 JTMS/JTCK 脚上的特定信号选择 JTAG 或 SW(串行线)模式。
	000:完全 SWJ(JTAG-DP＋SW-DP):复位状态;
	001:完全 SWJ(JTAG-DP＋SW-DP):但没有 JNTRST;
	010:关闭 JTAG-DP,启用 SW-DP;
	100:关闭 JTAG-DP,关闭 SW-DP;
	其他组合:禁用

这样就可以编写 JTAG 模式配置函数了,代码如下:

```
//JTAG 模式设置,用于设置 JTAG 的模式
//mode:jtag,swd 模式设置;00,全使能;01,使能 SWD;10,全关闭
void JTAG_Set(u8 mode)
{
    u32 temp;
    temp = mode;
    temp<< = 25;
    RCC - >APB2ENR| = 1<<0;              //开启辅助时钟
    AFIO - >MAPR& = 0XF8FFFFFF;          //清除 MAPR 的[26:24]
    AFIO - >MAPR| = temp;                //设置 JTAG 模式
}
```

通过该函数就可以方便地设置 JTAG 的模式了。

5.2.6 中断管理函数

Cortex - M3 内核支持 256 个中断,其中包含了 16 个内核中断和 240 个外部中

断,并且具有 256 级的可编程中断设置。但 STM32 并没有使用 Cortex - M3 内核的全部设配,只用了一部分。STM32 有 84 个中断,包括 16 个内核中断和 68 个可屏蔽中断,具有 16 级可编程的中断优先级。常用的就是这 68 个可屏蔽中断,但是STM32 的 68 个可屏蔽中断在 STM32F103 系列上面又只有 60 个(在互联型产品上才有 68 个,比如 STM32F107)。

　　在 MDK 内,MDK 为与 NVIC 相关的寄存器定义了如下的结构体:

```
typedef struct
{
    __IO uint32_t ISER[8];        /*! < Interrupt Set Enable Register          */
         uint32_t RESERVED0[24];
    __IO uint32_t ICER[8];        /*! < Interrupt Clear Enable Register        */
         uint32_t RSERVED1[24];
    __IO uint32_t ISPR[8];        /*! < Interrupt Set Pending Register         */
         uint32_t RESERVED2[24];
    __IO uint32_t ICPR[8];        /*! < Interrupt Clear Pending Register       */
         uint32_t RESERVED3[24];
    __IO uint32_t IABR[8];        /*! < Interrupt Active bit Register          */
         uint32_t RESERVED4[56];
    __IO uint8_t  IP[240];        /*! < Interrupt Priority Register, 8Bit wide */
         uint32_t RESERVED5[644];
    __O  uint32_t STIR;           /*! < Software Trigger Interrupt Register     */
} NVIC_Type;
```

　　STM32 的中断在这些寄存器的控制下有序执行。只有了解这些中断寄存器,才能方便地使用 STM32 的中断。下面重点介绍这几个寄存器。

　　ISER[8]:Interrupt Set-Enable Registers,这是一个中断使能寄存器组。上面说了 Cortex - M3 内核支持 256 个中断,这里用 8 个 32 位寄存器来控制,每个位控制一个中断。但是 STM32 的可屏蔽中断最多只有 68 个(互联型),所以对我们来说,有用的就是 3 个(ISER[0~2]),总共可以表示 96 个中断,而 STM32 只用了其中的前 68 位。ISER[0] 的 bit0~31 分别对应中断 0~31,ISER[1] 的 bit0~32 对应中断32~63,ISER[2] 的 bit0~3 对应中断 64~67,这样总共 68 个中断就分别对应上了。要使能某个中断,必须设置相应的 ISER 位为 1,使该中断被使能(这里仅仅是使能,还要配合中断分组、屏蔽、I/O 口映射等设置才算是一个完整的中断设置)。具体每一位对应哪个中断请参考 stm32f10x.h 里面的第 170 行。

　　ICER[8]:Interrupt Clear-Enable Registers,是一个中断除能寄存器组。该寄存器组与 ISER 的作用恰好相反,用来清除某个中断的使能。其对应位的功能也和ICER 一样。这里要专门设置一个 ICER 来清除中断位,而不是向 ISER 写 0 来清除,是因为 NVIC 的这些寄存器都是写 1 有效的,写 0 是无效的。

ISPR[8]：Interrupt Set-Pending Registers,是一个中断挂起控制寄存器组。每个位对应的中断和 ISER 是一样的。通过置 1 可以将正在进行的中断挂起,而执行同级或更高级别的中断;写 0 是无效的。

ICPR[8]：Interrupt Clear-Pending Registers,是一个中断解挂控制寄存器组。其作用与 ISPR 相反,对应位也和 ISER 是一样的。通过置 1 可以将挂起的中断接挂,写 0 无效。

IABR[8]：Interrupt Active Bit Registers,是一个中断激活标志位寄存器组。对应位代表的中断和 ISER 一样,如果为 1,则表示该位所对应的中断正在被执行。这是一个只读寄存器,通过它可以知道当前在执行的中断是哪一个。中断执行完了由硬件自动清零。

IP[240]：Interrupt Priority Registers,是一个中断优先级控制的寄存器组。这个寄存器组相当重要。STM32 的中断分组与这个寄存器组密切相关。IP 寄存器组由 240 个 8 bit 的寄存器组成,每个可屏蔽中断占用 8 bit,这样总共可以表示 240 个可屏蔽中断。而 STM32 只用到了其中的 68 个。IP[67]～IP[0]分别对应中断 67～0。而每个可屏蔽中断占用的 8 bit 并没有全部使用,而是只用了高 4 位。这 4 位又分为抢占优先级和子优先级。抢占优先级在前,子优先级在后。而这两个优先级各占几个位又要根据 SCB→AIRCR 中的中断分组设置来决定。

这里简单介绍一下 STM32 的中断分组：STM32 将中断分为 5 个组,组 0～4。该分组的设置是由 SCB→AIRCR 寄存器的 bit10～8 来定义的。具体的分配关系如表 5.7 所列。

表 5.7　AIRCR 中断分组设置表

组	AIRCR[10：8]	bit[7：4]分配情况	分配结果
0	111	0：4	0 位抢占优先级,4 位响应优先级
1	110	1：3	1 位抢占优先级,3 位响应优先级
2	101	2：2	2 位抢占优先级,2 位响应优先级
3	100	3：1	3 位抢占优先级,1 位响应优先级
4	011	4：0	4 位抢占优先级,0 位响应优先级

通过这个表可以清楚地看到组 0～4 对应的配置关系,如组设置为 3,那么此时所有 68 个中断的每个中断的中断优先寄存器的高 4 位中的最高 3 位是抢占优先级,低 1 位是响应优先级。每个中断可以设置抢占优先级为 0～7,响应优先级为 1 或 0。抢占优先级的级别高于响应优先级。而数值越小所代表的优先级就越高。

这里需要注意两点：

第一,如果两个中断的抢占优先级和响应优先级一样,则看哪个中断先发生就先执行;

第二,高优先级的抢占优先级是可以打断正在进行的低抢占优先级中断的;而抢占优先级相同的中断,高优先级的响应优先级不可以打断低响应优先级的中断。

结合实例说明一下:假定设置中断优先级组为2,然后设置中断3(RTC中断)的抢占优先级为2,响应优先级为1。中断6(外部中断0)的抢占优先级为3,响应优先级为0。中断7(外部中断1)的抢占优先级为2,响应优先级为0。那么这3个中断的优先级顺序为:中断7>中断3>中断6。这个例子中的中断3和中断7都可以打断中断6的中断,而中断7和中断3却不可以相互打断。

接下来介绍如何使用函数实现以上中断设置,使得我们以后的中断设置简单化。

第一个介绍的是 NVIC 的分组函数 MY_NVIC_PriorityGroupConfig,该函数的参数 NVIC_Group 为要设置的分组号,可选范围为0~4,总共5组。如果参数非法,将可能导致不可预料的结果。MY_NVIC_PriorityGroupConfig 函数代码如下:

```
//设置 NVIC 分组,NVIC_Group:NVIC 分组 0~4 总共 5 组
void MY_NVIC_PriorityGroupConfig(u8 NVIC_Group)
{
    u32 temp,temp1;
    temp1 = (~NVIC_Group)&0x07;          //取后 3 位
    temp1<<= 8;
    temp = SCB->AIRCR;                    //读取先前的设置
    temp&= 0X0000F8FF;                    //清空先前分组
    temp| = 0X05FA0000;                   //写入钥匙
    temp| = temp1;
    SCB->AIRCR = temp;                    //设置分组
}
```

可见,STM32 的5个分组通过设置 SCB→AIRCR 的 BIT[10:8]来实现,而通过前面的介绍可知道 SCB→AIRCR 的修改需要通过在高16位写入 0X05FA 这个密钥才能修改,故在设置 AIRCR 之前应该把密钥加入到要写入内容的高16位,以保证能正常写入 AIRCR。修改 AIRCR 时一般采用"读→改→写"的步骤来实现,不改变 AIRCR 原来的其他设置。以上就是 MY_NVIC_PriorityGroupConfig 函数设置中断优先级分组的思路。

第二个函数是 NVIC 设置函数 MY_NVIC_Init,该函数有4个参数,分别为 NVIC_PreemptionPriority、NVIC_SubPriority、NVIC_Channel、NVIC_Group。第一个参数 NVIC_PreemptionPriority 为中断抢占优先级数值,第二个参数 NVIC_SubPriority 为中断子优先级数值,前两个参数的值必须在规定范围内,否则也可能产生意想不到的错误。第三个参数 NVIC_Channel 为中断的编号(范围为0~67),最后一个参数 NVIC_Group 为中断分组设置(范围为0~4)。该函数代码如下:

```
//设置 NVIC
//NVIC_PreemptionPriority:抢占优先级
```

```
//NVIC_SubPriority         :响应优先级
//NVIC_Channel             :中断编号(0~67)
//NVIC_Group               :中断分组 0~4
//注意优先级不能超过设定的组的范围,否则会有意想不到的错误
//组划分:组 0:0 位抢占优先级,4 位响应优先级;组 1:1 位抢占优先级,3 位响应优先级
//组 2:2 位抢占优先级,2 位响应优先级;组 3:3 位抢占优先级,1 位响应优先级;组 4:4 位
//抢占优先级,0 位响应优先级
//NVIC_SubPriority 和 NVIC_PreemptionPriority 的原则是,数值越小,越优先
void MY_NVIC_Init(u8 NVIC_PreemptionPriority,u8 NVIC_SubPriority,u8 NVIC_Channel,u8
                  NVIC_Group)
{
    u32 temp;
    MY_NVIC_PriorityGroupConfig(NVIC_Group);              //设置分组
    temp = NVIC_PreemptionPriority<<(4 - NVIC_Group);
    temp| = NVIC_SubPriority&(0x0f>>NVIC_Group);
    temp& = 0xf;//取低 4 位
    NVIC - >ISER[NVIC_Channel/32]| = (1<<NVIC_Channel % 32);
    //使能中断位(要清除的话,相反操作就 OK)
    NVIC - >IP[NVIC_Channel]| = temp<<4;                  //设置响应优先级和抢断优先级
}
```

通过前面的介绍可知,每个可屏蔽中断的优先级的设置是在 IP 寄存器组里面的,每个中断占 8 位,但只用了其中的 4 位,以上代码就是根据中断分组情况来设置每个中断对应的高 4 位数值的。当然,该函数里面还引用了 MY_NVIC_Priority-GroupConfig 函数来设置分组。其实,这个分组函数在每个系统里面只要设置一次就够了,设置多次则以最后的那一次为准。但是只要多次设置的组号都一样就没事,否则前面设置的中断会因为后面组的变化优先级而发生改变,这点使用时候要特别注意。一个系统代码里面,所有的中断分组都要统一,以上代码对要配置的中断号默认是开启中断的,也就是 ISER 中的值设置为 1 了。

通过以上两个函数就实现了对 NVIC 的管理和配置,但是外部中断的设置还需要配置相关寄存器才可以。下面就介绍外部中断的配置和使用。

STM32F103 的 EXTI 控制器支持 19 个外部中断/事件请求。每个中断设有状态位,每个中断/事件都有独立的触发和屏蔽设置。STM32F103 的 19 个外部中断为:线 0~15,对应外部 I/O 口的输入中断;线 16,连接到 PVD 输出;线 17,连接到 RTC 闹钟事件;线 18,连接到 USB 唤醒事件。

对于外部中断 EXTI 控制 MDK 定义了如下结构体:

```
typedef struct
{
    __IO uint32_t IMR;
```

```
    __IO uint32_t EMR;
    __IO uint32_t RTSR;
    __IO uint32_t FTSR;
    __IO uint32_t SWIER;
    __IO uint32_t PR;
} EXTI_TypeDef;
```

通过这些寄存器的设置就可以对外部中断进行详细设置了,下面重点介绍这些寄存器的作用。

IMR:中断屏蔽寄存器,32 位,但是只有前 19 位有效。当位 x 设置为 1 时,则开启这个线上的中断,否则关闭该线上的中断。

EMR:事件屏蔽寄存器,同 IMR,只是该寄存器是针对事件的屏蔽和开启。

RTSR:上升沿触发选择寄存器。该寄存器同 IMR,也是一个 32 位的寄存器,只有前 19 位有效。位 x 对应线 x 上的上升沿触发,如果设置为 1,则允许上升沿触发中断/事件;否则,不允许。

FTSR:下降沿触发选择寄存器。同 RTSR,不过这个寄存器是设置下降沿的。下降沿和上升沿可以同时设置,这样就变成了任意电平触发了。

SWIER:软件中断事件寄存器。通过向该寄存器的位 x 写入 1,在未设置 IMR 和 EMR 的时候,将设置 PR 中相应位挂起。如果设置了 IMR 和 EMR,则产生一次中断。被设置的 SWIER 位将会在 PR 中的对应位清除后清除。

PR:挂起寄存器。当外部中断线上发生了选择的边沿事件,该寄存器的对应位会被置为 1。为 0,表示对应线上没有发生触发请求。通过向该寄存器的对应位写入 1 可以清除该位。在中断服务函数里面经常会向该寄存器的对应位写 1 来清除中断请求。

与中断相关寄存器更详细的介绍请参考《STM32 参考手册》9.3 节。

通过以上配置就可以正常设置外部中断了,但是外部 I/O 口的中断还需要一个寄存器配置,也就是 I/O 复用里的外部中断配置寄存器 EXTICR。这是因为 STM32 任何一个 I/O 口都可以配置成中断输入口,但是 I/O 口的数目远大于中断线数(16 个)。于是 STM32 就这样设计,GPIOA～GPIOG 的[15:0]分别对应中断线 15～0。这样每个中断线对应了最多 7 个 I/O 口,以线 0 为例,它对应了 GPIOA.0、GPIOB.0、GPIOC.0、GPIOD.0、GPIOE.0、GPIOF.0、GPIOG.0。而中断线每次只能连接到一个 I/O 口上,这样就需要 EXTICR 来决定对应的中断线配置到哪个 GPIO 上了。

EXTICR 在 AFIO 的结构体中定义,如下:

```
typedef struct
{
    __IO uint32_t EVCR;
    __IO uint32_t MAPR;
    __IO uint32_t EXTICR[4];
```

```
} AFIO_TypeDef;
```

EXTICR 寄存器组总共有 4 个,因为编译器的寄存器组都是从 0 开始编号的,所以 EXTICR[0]~EXTICR[3]对应《STM32 参考手册》里的 EXTICR 1~EXTICR 4。每个 EXTICR 只用了其低 16 位。EXTICR[0]的分配如图 5.2 所示。

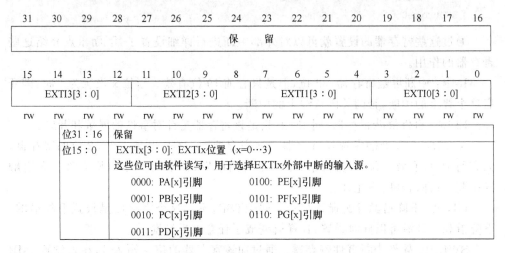

位31：16	保留
位15：0	EXTIx[3：0]：EXTIx位置 (x=0…3) 这些位可由软件读写,用于选择EXTIx外部中断的输入源。 0000: PA[x]引脚　　　　0100: PE[x]引脚 0001: PB[x]引脚　　　　0101: PF[x]引脚 0010: PC[x]引脚　　　　0110: PG[x]引脚 0011: PD[x]引脚

图 5.2　寄存器 EXTICR[0]各位定义

比如要设置 GPIOB.1 映射到 1,则只要设置 EXTICR[0]的 bit[7：4]为 0001 即可。默认都是 0000 即映射到 GPIOA。从图 5.2 可以看出,EXTICR[0]只管了 GPIO 的 0~3 端口,相应的其他端口由 EXTICR[1~3]管理。具体请参考《STM32 参考手册》第 126~128 页。

通过对上面的分析就可以完成对外部中断的配置了。该函数为 Ex_NVIC_Config,有 3 个参数：GPIOx 为 GPIOA~G(0~6),在 sys.h 里面有定义,代表要配置的 I/O 口；BITx 则代表这个 I/O 口的第几位；TRIM 为触发方式,低 2 位有效(0x01 代表下降触发；0x02 代表上升沿触发；0x03 代表任意电平触发)。代码如下：

```
//外部中断配置函数
//只针对 GPIOA~G;不包括 PVD、RTC 和 USB 唤醒这 3 个
//参数：GPIOx: 0~6,代表 GPIOA~G;BITx: 需要使能的位;TRIM: 触发模式,1,下升沿;2,上
//降沿;3,任意电平触发
//该函数一次只能配置 1 个 I/O 口,多个 I/O 口时需多次调用
//该函数会自动开启对应中断以及屏蔽线
void Ex_NVIC_Config(u8 GPIOx,u8 BITx,u8 TRIM)
{
    u8 EXTADDR;
    u8 EXTOFFSET;
    EXTADDR = BITx/4;                        //得到中断寄存器组的编号
    EXTOFFSET = (BITx % 4) * 4;
```

```
RCC ->APB2ENR| = 0x01;                              //使能 io 复用时钟
AFIO ->EXTICR[EXTADDR]| = GPIOx<<EXTOFFSET;         //EXTI.BITx 映射到 GPIOx.BITx
//自动设置
EXTI ->IMR| = 1<<BITx;                              //开启 line BITx 上的中断
EXTI ->EMR| = 1<<BITx;                              //不屏蔽 line BITx 上的事件
if(TRIM&0x01)EXTI ->FTSR| = 1<<BITx;                //line BITx 上事件下降沿触发
if(TRIM&0x02)EXTI ->RTSR| = 1<<BITx;                //line BITx 上事件上升降沿触发
}
```

Ex_NVIC_Config 完全是按照之前的分析来编写的。首先根据 GPIOx 的位得到中断寄存器组的编号，即 EXTICR 的编号，在 EXTICR 里面配置中断线应该配置到 GPIOx 的哪个位。然后使能该位的中断及事件，最后配置触发方式，这样就完成了外部中断的配置。从代码中可以看到该函数默认是开启中断和事件的。其次还要注意，该函数一次只能配置一个 I/O 口，如果有多个 I/O 口需要配置，则经多次调用这个函数。

至此，对 STM32 的中断管理就介绍结束了。中断响应函数这里没有介绍，在后面的实例中讲述。

5.3　usart 文件夹

usart 文件夹内包含了 usart.c 和 usart.h 共 2 个文件，用于串口的初始化和中断接收。这里只是针对串口 1，比如要用串口 2 或者其他的串口，只要对代码稍修改就可以了。usart.c 里面包含了 2 个函数，一个是 void USART1_IRQHandler (void)，另外一个是 void uart_init(u32 pclk2, u32 bound)，里面还有一段对串口 printf 的支持代码，去掉会导致 printf 无法使用；虽然软件编译不会报错，但是硬件上 STM32 是无法启动的，所以不要修改。

5.3.1　USART1_IRQHandler 函数

void USART1_IRQHandler(void)函数是串口 1 的中断响应函数，当串口 1 发生相应的中断后，就会跳到该函数执行。这里设计了一个小小的接收协议：通过这个函数，配合一个数组 USART_RX_BUF[]、一个接收状态寄存器 USART_RX_STA(此寄存器其实就是一个全局变量，由作者自行添加；由于它起到类似寄存器的功能，这里暂且称为寄存器)实现对串口数据的接收管理。USART_RX_BUF 的大小由 USART_REC_LEN 定义，也就是一次接收的数据最大不能超过 USART_REC_LEN 个字节。USART_RX_STA 是一个接收状态寄存器，各位定义如表 5.8 所列。

表 5.8　接收状态寄存器位定义表

位	bit15	bit14	bit13~0
说明	接收完成标志	接收到 0X0D 标志	接收到的有效数据个数

设计思路如下：

当接收到从计算机发过来的数据时，把接收到的数据保存在 USART_RX_BUF 中，同时在接收状态寄存器(USART_RX_STA)中计数接收到的有效数据个数；当收到回车(回车的表示由 2 个字节组成：0X0D 和 0X0A)的第一个字节 0X0D 时，计数器将不再增加，等待 0X0A 的到来。如果 0X0A 没有来到，则认为这次接收失败，重新开始下一次接收。如果顺利接收到 0X0A，则标记 USART_RX_STA 的第 15 位，这样完成一次接收，并等待该位被其他程序清除，从而开始下一次的接收；而如果迟迟没有收到 0X0D，那么在接收数据超过 USART_REC_LEN 的时候，则会丢弃前面的数据，重新接收。函数代码如下：

```
# if EN_USART1_RX                              //如果使能了接收
//串口 1 中断服务程序
//注意,读取 USARTx - >SR 能避免莫名其妙的错误
u8 USART_RX_BUF[USART_REC_LEN];                //接收缓冲,最大 USART_REC_LEN 个字节
//接收状态
//bit15,接收完成标志
//bit14,接收到 0x0d
//bit13~0,接收到的有效字节数目
u16 USART_RX_STA = 0;                          //接收状态标记
void USART1_IRQHandler(void)
{
    u8 res;
# ifdef OS_CRITICAL_METHOD                     //如果 OS_CRITICAL_METHOD 定义了,说明使用
    OSIntEnter();
# endif
    if(USART1 - >SR&(1<<5))                     //接收到数据
    {
        res = USART1 - >DR;
        if((USART_RX_STA&0x8000) == 0)          //接收未完成
        {
            if(USART_RX_STA&0x4000)             //接收到了 0x0d
            {
                if(res!= 0x0a)USART_RX_STA = 0;  //接收错误,重新开始
                else USART_RX_STA| = 0x8000;     //接收完成了
            }else                               //还没收到 0X0D
            {
```

```
            if(res == 0x0d)USART_RX_STA| = 0x4000;
            else
            {
                USART_RX_BUF[USART_RX_STA&0X3FFF] = res;
                USART_RX_STA ++ ;
                if(USART_RX_STA>(USART_REC_LEN - 1))USART_RX_STA = 0;
                                        //接收数据错误,重新开始接收
            }
        }
    }
}
# ifdef OS_CRITICAL_METHOD        //如果 OS_CRITICAL_METHOD 定义了,说明使用 μC/OS 了
    OSIntExit();
# endif
}
# endif
```

EN_USART1_RX 和 USART_REC_LEN 都是在 usart. h 文件里面定义的,当需要使用串口接收的时候,我们只要在 usart. h 里面设置 EN_USART1_RX 为 1 就可以了。不使用的时候设置 EN_USART1_RX 为 0 即可,这样可以省出部分 SRAM 和 FLASH,默认设置 EN_USART1_RX 为 1,也就是开启串口接收的。

OS_CRITICAL_METHOD 用来判断是否使用 μC/OS,如果使用了,则调用 OSIntEnter 和 OSIntExit 函数;如果没有使用 μC/OS,则不调用这两个函数(这两个函数用于实现中断嵌套处理,这里先不理会)。

5.3.2　uart_init 函数

void uart_init(u32 pclk2,u32 bound)函数是串口 1 初始化函数。该函数有 2 个参数,第一个为 pclk2,是系统的时钟频率;第二个参数为需要设置的波特率,例如 9 600、115 200 等。而这个函数的重点就是在波特率的设置,由于 STM32 采用了分数波特率,所以 STM32 的串口波特率设置范围很宽,而且误差很小。

STM32 的每个串口都有一个自己独立的波特率寄存器 USART_BRR,通过设置该寄存器就可以达到配置不同波特率的目的。各位描述如图 5.3 所示。

前面提到 STM32 的分数波特率概念,其实就是在这个寄存器(USART_BRR)里面体现的。USART_BRR 的最低 4 位(位[3∶0])用来存放小数部分 DIV_Fraction,紧接着的 12 位(位[15∶4])用来存放整数部分 DIV_Mantissa,最高 16 位未使用。

这里简单介绍波特率的计算,STM32 的串口波特率计算公式如下:

$$Tx/Rx \text{ 波特率} = \frac{f_{PCLKx}}{(16 \times USARTDIV)}$$

31	30	29	28	27	26	25	24	23	22	21	20	19	18	17	16
保　留															

15	14	13	12	11	10	9	8	7	6	5	4	3	2	1	0
DIV_Mantissa[11 : 0]												DIV_Fraction[3 : 0]			
rw	rw	rw	rw	rw	rw	rw	rw	rw	rw	rw	rw	rw	rw	rw	rw

位31 : 16	保留位,硬件强制为0
位15 : 4	DIV_Mantissa[11 : 0]: USARTDIV的整数部分 这12位定义了USART分频器除法因子(USARTDIV)的整数部分
位3 : 0	DIV_Fraction[3 : 0]: USARTDIV的小数部分 这4位定义了USART分频器除法因子(USARTDIV)的小数部分

图 5.3　寄存器 USART_BRR 各位描述

式中,f_{PCLKx} 是给串口的时钟(PCLK1 用于 USART2、3、4、5,PCLK2 用于 USART1),USARTDIV 是一个无符号定点数。只要得到 USARTDIV 的值,就可以得到串口波特率寄存器 USART1→BRR 的值;反过来,得到 USART1→BRR 的值也可以推出 USARTDIV 的值。但我们更关心的是如何从 USARTDIV 的值得到 USART_BRR 的值,因为一般知道的是波特率和 PCLKx 的时钟,要计算的就是 USART_BRR 的值。

下面介绍如何通过 USARTDIV 得到串口 USART_BRR 寄存器的值。假设串口 1 要设置为 9 600 的波特率,而 PCLK2 的时钟为 72 MHz。根据上面的公式有:

$$\text{USARTDIV} = 72\ 000\ 000/(9\ 600 \times 16) = 468.75$$

那么得到:

DIV_Fraction $= 16 \times 0.75 = 12 = 0\text{X}0\text{C}$　　DIV_Mantissa $= 468 = 0\text{X}1\text{D}4$

这样就得到了 USART1→BRR 的值为 0X1D4C。只要设置串口 1 的 BRR 寄存器值为 0X1D4C,就可以得到 9600 的波特率。

当然,并不是任何条件下都可以随便设置串口波特率的,在某些波特率和 PCLK2 频率下还是会存在误差的,具体可以参考《STM32 参考手册》的第 525 页。

接下来就可以初始化串口了,需要注意的是这里初始化串口是按 8 位数据格式、一位停止位、无奇偶校验位的。具体代码如下:

```
//初始化 I/O 串口1  pclk2:PCLK2 时钟频率(MHz);bound:波特率
void uart_init(u32 pclk2,u32 bound)
{
    float temp; u16 mantissa; u16 fraction;
    temp = (float)(pclk2 * 1000000)/(bound * 16);     //得到 USARTDIV
    mantissa = temp;                                  //得到整数部分
    fraction = (temp - mantissa) * 16;                //得到小数部分
    mantissa << = 4;
    mantissa += fraction;
```

```
    RCC - >APB2ENR| = 1<<2;                          //使能 PORTA 口时钟
    RCC - >APB2ENR| = 1<<14;                         //使能串口时钟
    GPIOA - >CRH& = 0XFFFFF00F;                       //IO 状态设置
    GPIOA - >CRH| = 0X000008B0;                       //IO 状态设置
    RCC - >APB2RSTR| = 1<<14;                         //复位串口 1
    RCC - >APB2RSTR& = ~(1<<14);                      //停止复位
    //波特率设置
    USART1 - >BRR = mantissa;                         //波特率设置
    USART1 - >CR1| = 0X200C;                          //1 位停止,无校验位
#if EN_USART1_RX                                      //如果使能了接收
    //使能接收中断
    USART1 - >CR1| = 1<<8;                            //PE 中断使能
    USART1 - >CR1| = 1<<5;                            //接收缓冲区非空中断使能
    MY_NVIC_Init(3,3,USART1_IRQn,2);                  //组 2,最低优先级
#endif
}
```

上面的代码就实现了对串口 1 波特率的设置。通过该函数的初始化,就可以得到在当前频率(pclk2)下得到想要的波特率。

第 3 篇　实战篇

　　经过前两篇的学习，我们对 STM32 开发的软件和硬件平台都有了个比较深入的了解，接下来将通过实例，由浅入深，带读者一步步地学习 STM32。

　　STM32 的内部资源非常丰富，对于初学者来说，一般不知道从何开始。本篇将从 STM32 最简单的外设说起，然后一步步深入。每一个实例都配有详细的代码及解释，手把手教你如何入手 STM32 的各种外设。

　　本篇总共分为 38 章，每一章即一个实例，下面就开始精彩的 STM32 之旅！

第 **6** 章

跑马灯实验

STM32 最简单的外设莫过于 I/O 口的高低电平控制了,本章将通过一个经典的跑马灯程序,带读者开启 STM32 之旅。通过本章的学习,读者将了解到 STM32 的 I/O 口作为输出使用的方法。本章通过代码控制 ALIENTEK MiniSTM32 开发板上的 2 个 LED(DS0 和 DS1)交替闪烁,实现类似跑马灯的效果。

6.1 STM32 的 I/O 简介

本章将要实现的是控制 ALIENTEK MiniSTM32 开发板上的 2 个 LED 实现一个类似跑马灯的效果,关键在于如何控制 STM32 的 I/O 口输出。了解了 STM32 的 I/O 口如何输出的,就可以实现跑马灯了。

STM32 的 I/O 口可以由软件配置成如下 8 种模式:输入浮空、输入上拉、输入下拉、模拟输入、开漏输出、推挽输出、推挽式复用功能及开漏复用功能。

每个 I/O 口可以自由编程,但 I/O 口寄存器必须要按 32 位字被访问。STM32 的很多 I/O 口都是 5 V 兼容的,且在与 5 V 电平的外设连接时很有优势。具体哪些 I/O 口是 5 V 兼容的,可以从该芯片的数据手册管脚描述章节查到(I/O Level 标 FT 的就是 5 V 电平兼容的)。

STM32 的每个 I/O 端口都由 7 个寄存器来控制,分别是配置模式的 2 个 32 位的端口配置寄存器 CRL 和 CRH、2 个 32 位的数据寄存器 IDR 和 ODR、一个 32 位的置位/复位寄存器 BSRR、一个 16 位的复位寄存器 BRR、一个 32 位的锁存寄存器 LCKR。这里仅介绍常用的 I/O 端口寄存器,即 CRL、CRH、IDR、ODR。CRL 和 CRH 控制着每个 I/O 口的模式及输出速率。STM32 的 I/O 口位配置表如表 6.1 所列。输出模式配置如表 6.2 所列。端口低配置寄存器 CRL 的描述如图 6.1 所示。

该寄存器的复位值为 0X4444 4444,从图 6.1 可以看到,复位值其实就是配置端口为浮空输入模式。从图 6.1 还可以得出,STM32 的 CRL 控制着每组 I/O 端口 (A~G)低 8 位的模式。每个 I/O 端口的位占用 CRL 的 4 个位,高两位为 CNF,低两位为 MODE。这里可以记住几个常用的配置,比如 0X0 表示模拟输入模式(ADC 用)、0X3 表示推挽输出模式(做输出口用,50M 速率)、0X8 表示上/下拉输入模式

（做输入口用）、0XB 表示复用输出（使用 I/O 口的第二功能,50M 速率）。

表 6.1　STM32 的 IO 口位配置表

配置模式		CNF1	CNF0	MODE1	MODE0	PxODR 寄存器
通用输出	推挽式(Puch-Pull)	0	0	01		0 或 1
	开端(Open-Drain)		1	10		0 或 1
复用功能输出	推挽式(Puch-Pull)	1	0	11 见表 6.2		不使用
	开端(Open-Drain)		1			不使用
输　入	模拟输入	0	0	00		不使用
	浮空输入		1			不使用
	下拉输入	1	0			0
	上拉输入		1			1

表 6.2　STM32 输出模式配置表

MODE[1:0]	意　义	MODE[1:0]	意　义
00	保留	10	最大输出速度 2 MHz
01	最大输出速度为 10 MHz	11	是大输出速度为 50 MHz

　　CRH 的作用和 CRL 完全一样,只是 CRL 控制的是低 8 位输出口,而 CRH 控制的是高 8 位输出口。这里就不对 CRH 做详细介绍了。

　　给个实例,比如我们要设置 PORTC 的 11 位为上拉输入,12 位为推挽输出,代码如下:

```
GPIOC ->CRH& = 0XFFF00FFF;   //清掉这 2 个位原来的设置,同时也不影响其他位的设置
GPIOC ->CRH| = 0X00038000;   //PC11 输入,PC12 输出
GPIOC ->ODR = 1<<11;         //PC11 上拉
```

　　通过这 3 句话的配置,我们就设置了 PC11 为上拉输入,PC12 为推挽输出。

　　IDR 是一个端口输入数据寄存器,只用了低 16 位。该寄存器为只读寄存器,并且只能以 16 位的形式读出,各位的描述如图 6.2 所示。

　　要想知道某个 I/O 口的状态,则只要读这个寄存器、再看某个位的状态就可以了。使用起来是比较简单的。

　　ODR 是一个端口输出数据寄存器,也只用了低 16 位。该寄存器为可读/写,读出来的数据可以用于判断当前 I/O 口的输出状态;而向该寄存器写数据,则可以控制某个 I/O 口的输出电平。该寄存器的各位描述如图 6.3 所示。

31	30	29	28	27	26	25	24	23	22	21	20	19	18	17	16
CNF7[1：0]		MODE7[1：0]		CNF6[1：0]		MODE6[1：0]		CNF5[1：0]		MODE5[1：0]		CNF4[1：0]		MODE4[1：0]	
rw	rw	rw	rw	rw	rw	rw	rw	rw	rw	rw	rw	rw	rw	rw	rw

15	14	13	12	11	10	9	8	7	6	5	4	3	2	1	0
CNF3[1：0]		MODE3[1：0]		CNF2[1：0]		MODE2[1：0]		CNF1[1：0]		MODE1[1：0]		CNF0[1：0]		MODE0[1：0]	
rw	rw	rw	rw	rw	rw	rw	rw	rw	rw	rw	rw	rw	rw	rw	rw

位31：30 27：26 23：22 19：18 15：14 11：10 7：6 3：2	CNFy[1：0]：端口x配置位(y=0…7) 软件通过这些位配置相应的I/O端口 在输入模式(MODE[1：0]=00)： 00：模拟输入模式 01：浮空输入模式(复位后的状态) 10：上拉/下拉输入模式 11：保留 在输出模式(MODE[1：0]>00)： 00：通用推挽输出模式 01：通用开漏输出模式 10：复用功能推挽输出模式 11：复用功能开漏输出模式
位29：28 25：24 21：20 17：16 13：12 9：8,5：4 1：0	MODEy[1：0]：端口x的模式位(y=0…7) 软件通过这些位配置相应的I/O端口 00：输入模式（复位后的状态） 01：输出模式，最大速度10 MHz 10：输出模式，最大速度2 MHz 11：输出模式，最大速度50 MHz

图 6.1　端口低配置寄存器 CRL 各位描述

31	30	29	28	27	26	25	24	23	22	21	20	19	18	17	16
保　留															

15	14	13	12	11	10	9	8	7	6	5	4	3	2	1	0
IDR15	IDR14	IDR13	IDR11	IDR11	IDR10	IDR9	IDR8	IDR7	IDR6	IDR5	IDR4	IDR3	IDR2	IDR1	IDR0
r	r	r	r	r	r	r	r	r	r	r	r	r	r	r	r

位31：16	保留，始终读为0
位15：0	IDRy[15：0]：端口输入数据(y=0:15) 这些位为只读并只能以字(16位)的形式读出。读出的值为对应I/O口的状态

图 6.2　端口输入数据寄存器 IDR 各位描述

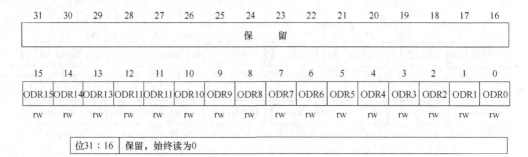

31	30	29	28	27	26	25	24	23	22	21	20	19	18	17	16
保　留															

15	14	13	12	11	10	9	8	7	6	5	4	3	2	1	0
ODR15	ODR14	ODR13	ODR11	ODR11	ODR10	ODR9	ODR8	ODR7	ODR6	ODR5	ODR4	ODR3	ODR2	ODR1	ODR0
rw	rw	rw	rw	rw	rw	rw	rw	rw	rw	rw	rw	rw	rw	rw	rw

位31：16	保留，始终读为0

图 6.3 端口输出数据寄存器 ODR 各位描述

6.2　硬件设计

本章用到的硬件只有 LED(DS0 和 DS1)，其电路在 ALIENTEK MiniSTM32 开发板上默认是已经连接好了的。DS0 接 PA8，DS1 接 PD2，所以在硬件上不需要动任何东西。连接原理图如图 6.4 所示。

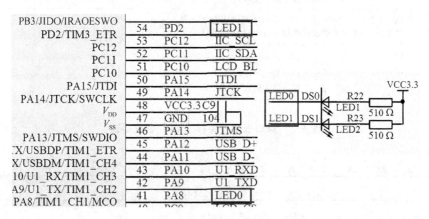

图 6.4 LED 与 STM32 连接原理图

6.3　软件设计

首先，找到之前新建的 TEST 工程，在该文件夹下面新建一个 HARDWARE 的文件夹，用来存储以后与硬件相关的代码。然后在 HARDWARE 文件夹下新建一个 LED 文件夹，用来存放与 LED 相关的代码。然后 USER 文件夹下的 TEST.Uv2 工程，单击█按钮新建一个文件，然后保存在 HARDWARE→LED 文件夹下面，保存为 led.c。在该文件中输入如下代码：

```
#include "led.h"
//初始化 PA8 和 PD2 为输出口.并使能这两个口的时钟
//LED IO 初始化
void LED_Init(void)
{
    RCC->APB2ENR| = 1<<2;              //使能 PORTA 时钟
    RCC->APB2ENR| = 1<<5;              //使能 PORTD 时钟
    GPIOA->CRH& = 0XFFFFFFF0;
    GPIOA->CRH| = 0X00000003;          //PA8 推挽输出
    GPIOA->ODR| = 1<<8;                //PA8 输出高
    GPIOD->CRL& = 0XFFFFF0FF;
    GPIOD->CRL| = 0X00000300;          //PD.2 推挽输出
    GPIOD->ODR| = 1<<2;                //PD.2 输出高
}
```

该代码里面就包含了一个函数 void LED_Init(void),功能就是用来实现配置 PA8 和 PD2 为推挽输出。注意,在配置 STM32 外设的时候,任何时候都要先使能该外设的时钟。APB2ENR 是 APB2 总线上的外设时钟使能寄存器,各位描述如图 6.5 所示。

31	30	29	28	27	26	25	24	23	22	21	20	19	18	17	16
							保 留								

15	14	13	12	11	10	9	8	7	6	5	4	3	2	1	0
ADC3 EN	USARTI EN	TIM8 EN	SPI1 EN	TIM1 EN	ADC2 EN	ADC1 EN	IOPG EN	IOPF EN	IOPE EN	IOPD EN	IOPC EN	IOPB EN	IOPA EN	保留	AFIO EN
rw	rw	rw	rw	rw	rw	rw	rw	rw	rw	rw	rw	rw	rw		rw

图 6.5 寄存器 APB2ENR 各位描述

要使能的 PORTA 和 PORTD 的时钟使能位(分别在 bit2 和 bit5),只要将这两位置 1 就可以了。该寄存器还包括了很多其他外设的时钟使能,详细说明在《STM32 参考手册》的第 70 页。

在设置完时钟之后就是配置完时钟,LED_Init 配置了 PA8 和 PD2 的模式为推挽输出,并且默认输出 1,这样就完成了对这两个 I/O 口的初始化。

保存 led.c 代码,然后按同样的方法新建一个 led.h 文件,也保存在 LED 文件夹下面。在 led.h 中输入如下代码:

```
#ifndef __LED_H
#define __LED_H
#include "sys.h"
//LED 端口定义
#define LED0 PAout(8)          //PA8
```

```
#define LED1 PDout(2)           //PD2
void LED_Init(void);            //初始化
#endif
```

这段代码里面最关键就是2个宏定义：

```
#define LED0 PAout(8)    //DS0
#define LED1 PDout(2)    //DS1
```

这里使用的是位带操作来实现操作某个 I/O 口的一个位的,关于位带操作前面已经有介绍,这里不再多说。需要说明的是,这里可以使用另外一种操作方式实现,如下：

```
#define     LED0 (1<<8)  //led0    PA8
#define     LED1 (1<<2)  //led1    PD2
#define LED0_SET(x) GPIOA->ODR = (GPIOA->ODR&~LED0)|(x ? LED0: 0)
#define LED1_SET(x) GPIOD->ODR = (GPIOD->ODR&~LED1)|(x ? LED1: 0)
```

后者通过 LED0_SET(0) 和 LED0_SET(1) 来控制 PA8 的输出 0 和 1。而前者的类似操作为 LED0＝0 和 LED0＝1。显然前者简单很多,因而可以看出位带操作带来的好处。以后像这样的 I/O 口操作都使用位带操作来实现,而不使用第二种方法。

将 led.h 也保存一下。接着,在 Manage Components 管理里面新建一个 HARDWARE 的组,并把 led.c 加入到这个组里面,如图 6.6 所示。

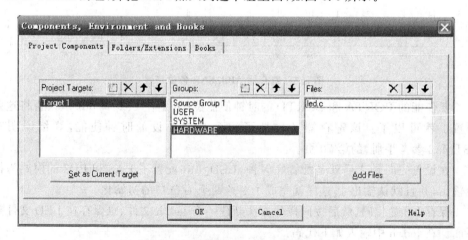

图 6.6　给工程新增 HARDWARE 组

单击 OK 回到工程,则发现在 Project Workspace 里面多了一个 HARDWARE 的组,且该组下面有一个 led.c 的文件,如图 6.7 所示。

然后用 3.2 节介绍的方法将 led.h 头文件的路径加入到工程里面。回到主界面,在 main 函数里面编写如下代码：

```
# include "sys.h"
# include "usart.h"
# include "delay.h"
# include "led.h"
int main(void)
{
    Stm32_Clock_Init(9);        //系统时钟设置
    delay_init(72);             //延时初始化
    LED_Init();                 //初始化与 LED 连接的
                                //硬件接口

    while(1)
    {
        LED0 = 0; LED1 = 1;
        delay_ms(300);
        LED0 = 1; LED1 = 0;
        delay_ms(300);
    }
}
```

图 6.7　新增 HARDWARE 组

代码包含了 #include "led.h" 这句,使得 LED0、LED1、LED_Init 等能在 main 函数里被调用。接下来,main 函数先配置系统时钟为 72 MHz,然后把延时函数初始化一下。接着就是调用 LED_Init 来初始化 PA8 和 PD2 为输出。最后在死循环里面实现 LED0 和 LED1 交替闪烁,间隔为 300 ms。然后单击 编译工程,得到结果如图 6.8 所示。可以看到,没有错误,也没有警告。接下来就先进行软件仿真,验证一下是否有错误的地方,然后下载到 MiniSTM32 看看实际运行的结果。

```
Build target 'Target 1'
linking...
Program Size: Code=1032 RO-data=336 RW-data=12 ZI-data=1836
FromELF: creating hex file...
"..\OBJ\test.axf" - 0 Error(s), 0 Warning(s).
```

图 6.8　编译结果

6.4　仿真与下载

这里先进行软件仿真,看看结果对不对,根据软件仿真的结果,然后再下载到 ALIENTEK MiniSTM32 板子上面看运行是否正确。

首先进行软件仿真(先确保 Options for Target 对话框中 Debug 选项卡里面已经设置为 Use Simulator)。先单击 开始仿真,接着单击 显示逻辑分析窗口,单击

图 6.9 逻辑分析设置

Setup 新建两个信号 PORTB. 5 和 PORTE. 5,如图 6.9 所示。Display Type 下拉列表框选择 bit,然后单击 Close 关闭该对话框,则可以看到逻辑分析窗口出来了两个信号,如图 6.10 所示。

接着单击圖开始运行,运行一段时间之后单击⊗按钮,暂停仿真回到逻辑分析窗口,则可以看到如图 6.11 所示的波形。

注意,Gird 要调节到 0.5 s 左右比较合适,可以通过 Zoom 里面的 In 按钮来放大波形,通过 Out 按钮来缩小波形,或者按 All 显示全部波形。从图 6.11 中可以看到 PORTA. 8 和 PORTD. 2 交替输出,周期可以通过中间那根竖线来测量。至此,软件仿真已经顺利通过。

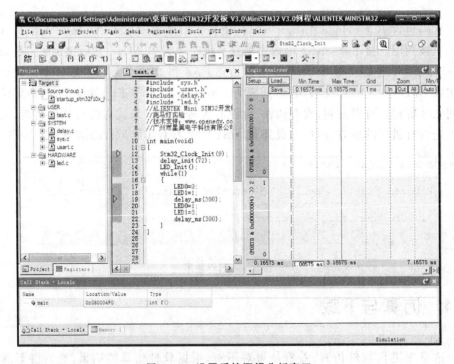

图 6.10 设置后的逻辑分析窗口

软件仿真没有问题之后,就可以把代码下载到开发板上看看运行结果是否与我们仿真的一致。运行结果如图 6.12 所示。

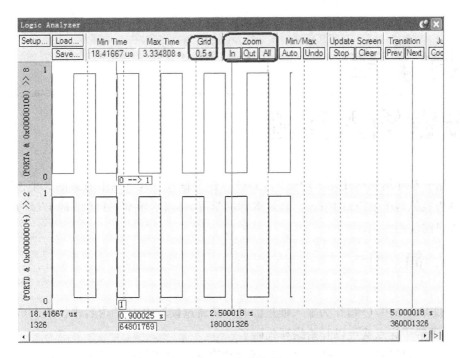

图 6.11　仿真波形

图 6.12　执行结果

至此,本章的学习就结束了。作为 STM32 的入门第一个例子,本章详细介绍了 STM32 的 I/O 口操作,同时巩固了前面的学习,并进一步介绍了 MDK 的软件仿真功能,希望读者好好理解。

第7章

按键输入实验

这一章介绍如何使用 STM32 的 I/O 口作为输入。这里利用板载的 3 个按键来控制板载的两个 LED 的亮灭。通过本章的学习,可以了解到 STM32 的 I/O 口作为输入口的使用方法。

7.1 简　介

STM32 的 I/O 口作为输入使用的时候是通过读取 IDR 的内容来读取 I/O 口状态的,了解了这点就可以开始编写代码了。

这一章将通过 MiniSTM32 开发板上载有的 3 个按钮(KEY0/KEY1/WK_UP)来控制板上的 2 个 LED,其中,KEY0 控制 DS0,按一次亮,再按一次就灭。KEY1 控制 DS1,效果同 KEY0。WK_UP 按键则同时控制 DS0 和 DS1,按一次则状态就翻转一次。

7.2 硬件设计

本实验用到的硬件资源有指示灯 DS0、DS1;3 个按键:KEY0、KEY1 和 KEY_UP。DS0、DS1 和 STM32 的连接在第 6 章已经介绍了,MiniSTM32 开发板上的按键 KEY0 连接在 PC5 上、KEY1 连接在 PA15 上、WK_UP 连接在 PA0 上,如图 7.1 所示。注意,KEY0 和 KEY1 是低电平有效的,而 WK_UP 是高电平有效的,除了

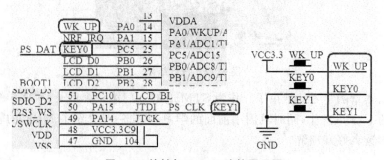

图 7.1　按键与 STM32 连接原理图

KEY1 有上拉电阻(与 JTDI 共用),其他两个都没有上下拉电阻,所以,需要在 STM32 内部设置上下拉。

7.3 软件设计

这里的代码设计是在之前的基础上继续编写,打开第 6 章的 TEST 工程,然后在 HARDWARE 文件夹下新建一个 KEY 文件夹,用来存放与按键相关的代码。然后打开 USER 文件夹下的 TEST.Uv2 工程,单击按钮新建一个文件,然后保存在 HARDWARE(KEY 文件夹下面,保存为 key.c。在该文件中输入如下代码:

```
# include "key.h"
# include "delay.h"
//按键初始化函数
//PA0.15 和 PC5  设置成输入
void KEY_Init(void)
{
    RCC - >APB2ENR| = 1<<2;                //使能 PORTA 时钟
    RCC - >APB2ENR| = 1<<4;                //使能 PORTC 时钟
    JTAG_Set(SWD_ENABLE);                  //关闭 JTAG,开启 SWD
    GPIOA - >CRL& = 0XFFFFFFF0;            //PA0 设置成输入
    GPIOA - >CRL| = 0X00000008;
    GPIOA - >CRH& = 0X0FFFFFFF;            //PA15 设置成输入
    GPIOA - >CRH| = 0X80000000;
    GPIOA - >ODR| = 1<<15;                 //PA15 上拉,PA0 默认下拉
    GPIOC - >CRL& = 0XFF0FFFFF;            //PC5 设置成输入
    GPIOC - >CRL| = 0X00800000;
    GPIOC - >ODR| = 1<<5;                  //PC5 上拉
}
//按键处理函数
//返回按键值:mode:0,不支持连续按;1,支持连续按
//返回值:0,没有任何按键按下
//KEY0_PRES(1),KEY0 按下;KEY1_PRES(2),KEY1 按下;WKUP_PRES(3),WK_UP 按下
//注意,此函数有响应优先级,KEY0>KEY1>WK_UP
u8 KEY_Scan(u8 mode)
{
    static u8 key_up = 1;                  //按键按松开标志
    if(mode)key_up = 1;                    //支持连按
    if(key_up&&(KEY0 == 0||KEY1 == 0||WK_UP == 1))
    {
        delay_ms(10);                      //去抖动
        key_up = 0;
```

```
            if(KEY0 == 0)return KEY0_PRES;
            else if(KEY1 == 0)return KEY1_PRES;
            else if(WK_UP == 1)return WKUP_PRES;
        }else if(KEY0 == 1&&KEY1 == 1&&WK_UP == 0)key_up = 1;
        return 0;                               //无按键按下
    }
```

这段代码包含 2 个函数,void KEY_Init(void)和 u8 KEY_Scan(u8 mode),KEY_Init 是用来初始化按键输入的 I/O 口的。实现 PA0、PA15 和 PC5 的输入设置时调用了 JTAG_Set 函数,用于禁止 JTAG,开启 SWD。因为 PA15 占用了 JTAG 的一个 I/O,所以要禁止 JTAG,从而让 PA15 用作普通 I/O 输入。

KEY_Scan 函数用来扫描这 3 个 I/O 口是否有按键按下,支持两种扫描方式,通过 mode 参数来设置。当 mode 为 0 的时候,KEY_Scan 函数不支持连续按,扫描某个按键,该按键按下之后必须要松开才能第二次触发,否则不会再响应这个按键;这样的好处就是可以防止按一次多次触发,而坏处就是在需要长按的时候就不合适了。当 mode 为 1 的时候,KEY_Scan 函数将支持连续按,如果某个按键一直按下,则会一直返回这个按键的键值,这样可以方便地实现长按检测。

注意,因为该函数里面有 static 变量,所以不是一个可重入函数,在有 OS 的情况下要留意下。还有一点要注意,该函数的按键扫描是有优先级的,最优先的是 KEY0,第二优先的是 KEY1,最后是 WK_UP 按键。该函数有返回值,如果有按键按下,则返回非 0 值;如果没有或者按键不正确,则返回 0。

保存 key.c 代码,然后按同样的方法新建一个 key.h 文件,也保存在 KEY 文件夹下面。在 key.h 中输入如下代码:

```
#ifndef __KEY_H
#define __KEY_H
#include "sys.h"
#define KEY0_PRES      1                //KEY0 按下
#define KEY1_PRES      2                //KEY1 按下
#define WKUP_PRES      3                //WK_UP 按下
#define KEY0   PCin(5)                  //PC5
#define KEY1   PAin(15)                 //PA15
#define WK_UP PAin(0)                   //PA0  WK_UP
void KEY_Init(void);                    //IO 初始化
u8 KEY_Scan(u8 mode);                   //按键扫描函数
#endif
```

这段代码里面最关键就是 3 个宏定义:

```
#define KEY0   PCin(5)                  //PC5
#define KEY1   PAin(15)                 //PA15
#define WK_UP PAin(0)                   //PA0  WK_UP
```

这里使用位带操作来实现读取某个 I/O 口的一个位。同输出一样,也有另外一种方法可以实现上面代码的功能,如下:

```
#define    KEY0    (1<<5)          //KEY0    PC5
#define    KEY1    (1<<15)         //KEY1    PA15
#define    WK_UP (1<<0)            //WK_UP   PA0
#define KEY0_GET()    ((GPIOC->IDR&(KEY0))? 1: 0)          //读取按键 0
#define KEY1_GET()    ((GPIOA->IDR&(KEY1))? 1: 0)          //读取按键 1
#define WKUP_GET()    ((GPIOA->IDR&( WK_UP))? 1: 0)        //读取按键 WK_UP
```

同输出一样,使用第一种方法比较简单,看起来也清晰明了,最重要的是修改起来比较方便,后续实例一般都使用第一种方法来实现输入口的读取。而第二种方法则适合在不同编译器之间移植,因为它不依靠处理器特性。具体选择哪种可以根据自己的喜好来决定。

key.h 中还定义了 KEY0_PRES、KEY1_PRES、KEYUP_PRES 这 3 个宏定义,分别对应开发板的 KEY0、KEY1 和 WK_UP 按键按下时 KEY_Scan 的返回值。将key.h 也保存一下。接着,把 key.c 加入到 HARDWARE 组里面,这一次通过双击的方式来增加新的.c 文件。双击 HARDWARE,找到 key.c,加入到 HARDWARE里面,如图 7.2 所示。可以看到,HARDWARE 文件夹里面多了一个 key.c 的文件,然后还是用老办法把 key.h 头文件所在的路径加入到工程里面。回到主界面,在test.c 里面编写如下代码:

```
#include "sys.h"
#include "usart.h"
#include "delay.h"
#include "led.h"
#include "key.h"
int main(void)
{
    u8 t;
    Stm32_Clock_Init(9);        //系统时钟设置
    delay_init(72);             //延时初始化
    LED_Init();                 //初始化与 LED 连接的硬件接口
    KEY_Init();                 //初始化与按键连接的硬件接口
    while(1)
    {
        t = KEY_Scan(0);        //得到键值
        switch(t)
        {
            case KEY0_PRES: LED0 = ! LED0; break;
```

```
            case KEY1_PRES: LED1 = ! LED1; break;
            case WKUP_PRES: LED0 = ! LED0; LED1 = ! LED1; break;
            default: delay_ms(10);
        }
    }
}
```

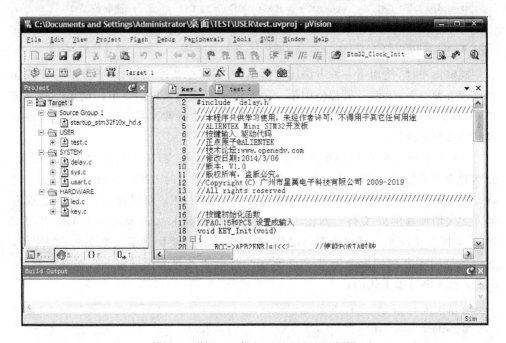

图 7.2　将 key.c 加入 HARDWARE 组下

注意,要将 KEY 文件夹加入头文件包含路径,不能少,否则编译的时候会报错。这段代码就实现 7.1 节所阐述的功能,相对比较简单。然后单击📖,编译工程,得到结果如图 7.3 所示。

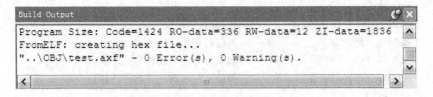

图 7.3　编译结果

可以看到没有错误,也没有警告。从编译信息可以看出,我们的代码占用 FLASH 大小为 1 760 字节(1 424+336),所用的 SRAM 大小为 1 848 字节(1 836+12)。

解释一下编译结果里面的几个数据的意义:

Code:表示程序所占用 FLASH 的大小(FLASH)。

RO-data：即 Read Only-data，表示程序定义的常量(FLASH)。

RW-data：即 Read Write-data，表示已被初始化的变量(SRAM)。

ZI-data：即 Zero Init-data，表示未被初始化的变量(SRAM)。

有了这个就可以知道当前使用的 FLASH 和 SRAM 大小了，所以，一定要注意的是程序的大小，不是.hex 文件的大小，而是编译后的 Code 和 RO-data 之和。另外，这里看到 SRAM 用了 1 848 字节，可能觉得有点大，其实 startup_stm32f10x_hd.s 里定义了堆栈(Heap+Stack)大小为 0X600，也就是 1 536 字节，usart.c 里面定义了 200 字节大小的接收缓冲，这样就省去 1 736 字节了，本例程实际没用到多少 SRAM。

7.4　仿真与下载

接下来，我们还是先进行软件仿真，验证一下是否有错误的地方，然后才下载到 MiniSTM32 开发板看看实际运行的结果。

首先进行软件仿真。先单击 开始仿真，接着单击 显示逻辑分析窗口，单击 Setup 新建 4 个信号 PORTA.8、PORTD.2、PORTC.5、PORTA.15 和 PORTA.0，如图 7.4 所示。然后再选择 Peripherals→General Purpose I/O→GPIOA，则弹出 GPIOA 的查看对话框，如图 7.5 所示。

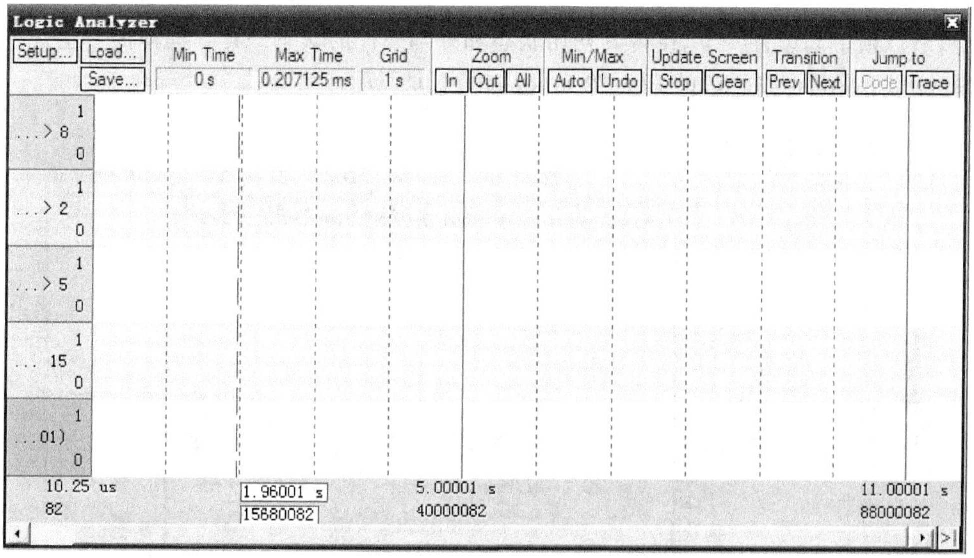

图 7.4　新建仿真信号

然后在"t＝KEY_Scan();"处设置一个断点，单击 直接执行到这里，然后在 General Purpose I/O A 窗口内的 Pins 里面选中第 15 位，第 0 位不选。这时虽然已经设置了这几个 I/O 口为上拉输入，但是 MDK 不会考虑 STM32 自带的上拉和下

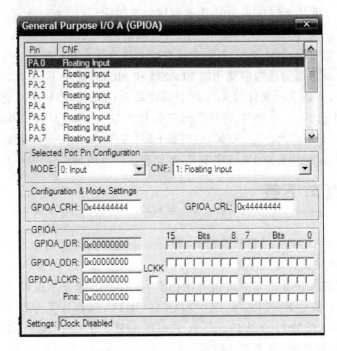

图 7.5 查看 GPIOA 寄存器

拉,所以须手动设置一下,使得其初始状态和外部硬件的状态一样。同样的方法选中 General Purpose I/O C 的 Pins 第 5 位,如图 7.6 所示。

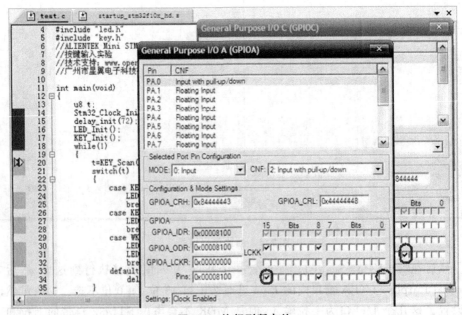

图 7.6 执行到断点处

接着执行过这句可以看到 t 的值依旧为 0，也就是没有任何按键按下。接着再单击图，再次执行到"t＝KEY_Scan();"，这次把 GPIOA→Pins 的 15 位取消，再次执行过这句，得到 t 的值为 2，如图 7.7 所示。

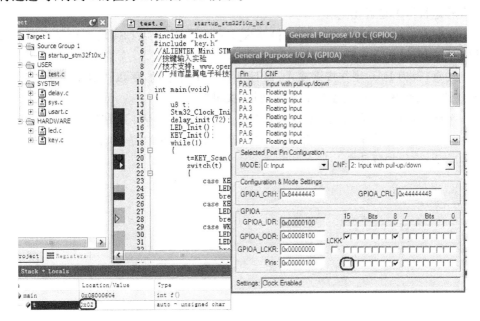

图 7.7　按键扫描结果

同样，选中 PA0(PA15 先还原)，再取消 PC5(PA0 先还原)，最后把 PC5 还原，可以看到逻辑分析窗口的波形如图 7.8 所示。

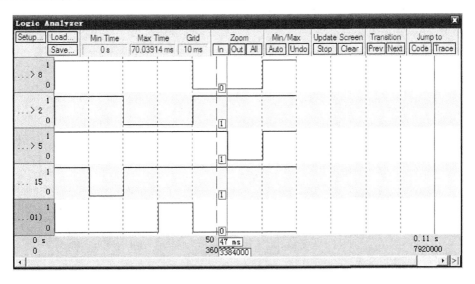

图 7.8　仿真波形

从图 7.8 可以看出,当 PA15(KEY1)按下的时候 PD2 翻转,PA0(WK_UP)按下的时候 PD2 和 PA8 都翻转,PC5(KEY0)按下的时候 PA8 翻转,是我们想要得到的结果。因此,可以确定软件仿真基本没有问题了。接下来可以把代码下载到开发板上看看运行结果是否正确。

下载完之后,按 KEY0、KEY1 和 WK_UP 来看看 DS0、DS1 的变化是否和仿真的结果一致(结果肯定是一致的)。

注意,因为 PA0 用作按键输入,而且是高电平有效的,所以一定不要把 PA0 和 1820 的跳线帽短接在一起了,否则会按键"失灵"。

至此,本章的学习就结束了。本章作为 STM32 的入门第二个例子,介绍了 STM32 的 I/O 作为输入的使用方法,同时巩固了前面的学习,希望读者在开发板上实际验证一下,加深印象。

第 **8** 章

串口实验

本章将介绍如何使用 STM32 的串口来发送和接收数据,实现如下功能:
STM32 通过串口和上位机的对话,使 STM32 在收到上位机发过来的字符串后原样
返回给上位机。

8.1 简　介

串口作为 MCU 的重要外部接口,同时也是软件开发重要的调试手段,重要性不
言而喻。现在基本上所有的 MCU 都会带有串口,STM32 自然也不例外。STM32
的串口资源相当丰富,功能也相当强劲。ALIENTEK MiniSTM32 开发板使用的
STM32F103RCT6 最多可提供 5 路串口,有分数波特率发生器、支持同步单线通信
和半双工单线通信、支持 LIN、支持调制解调器操作、智能卡协议和 IrDA SIR EN-
DEC 规范、具有 DMA 等。

接下来从寄存器层面介绍如何设置串口,以达到最基本的通信功能。本章将实
现利用串口 1 不停地打印信息到计算机上,同时接收从串口发过来的数据,把发送过
来的数据直接送回给计算机的功能。MiniSTM32 开发板板载了一个 USB 串口和一
个 RS232 串口,本章介绍的是通过 USB 串口和计算机通信。

串口最基本的设置就是波特率的设置。STM32 的串口使用起来还是蛮简单的,
只要开启了串口时钟,并设置相应 I/O 口的模式,然后配置一下波特率、数据位长
度、奇偶校验位等信息就可以使用了。下面简单介绍下这几个与串口基本配置直接
相关的寄存器。

① 串口时钟使能。串口作为 STM32 的一个外设,其时钟由外设时钟使能寄存
器控制,这里使用的串口 1 是在 APB2ENR 寄存器的第 14 位。APB2ENR 寄存器之
前已经介绍过了,这里不再介绍。只是说明一点,除了串口 1 的时钟使能在
APB2ENR 寄存器,其他串口的时钟使能位都在 APB1ENR 寄存器,而 APB2(72M)
的频率一般是 APB1(36 MHz)的一倍。

② 串口复位。当外设出现异常的时候,可以通过复位寄存器里面的对应位设置
实现该外设的复位,然后重新配置这个外设达到让其重新工作的目的。一般在系统
刚开始配置外设时,都会先执行复位该外设的操作。串口 1 的复位是通过配置

APB2RSTR 寄存器的第 14 位来实现的。APB2RSTR 寄存器的各位描述如图 8.1 所示。

31	30	29	28	27	26	25	24	23	22	21	20	19	18	17	16
							保	留							

15	14	13	12	11	10	9	8	7	6	5	4	3	2	1	0
ACD3 RST	USART1 RST	TIM8 RST	SPI1 RST	TIM1 RST	ADC2 RST	ADC1 RST	IOPG RST	IOPF RST	IOPE RST	IOPD RST	IOPC RST	IOPB RST	IOPA RST	保留	AFIO RST
rw	rw	rw	rw	rw	rw	rw	rw	rw	rw	rw	rw	rw	rw	res	rw

图 8.1　APB2RSTR 寄存器各位描述

从图 8.1 可知,串口 1 的复位设置位在 APB2RSTR 的第 14 位。通过向该位写 1 复位串口 1,写 0 结束复位。其他串口的复位位在 APB1RSTR 里面。

③ 串口波特率设置。每个串口都有一个自己独立的波特率寄存器 USART_BRR,通过设置该寄存器就可以达到配置不同波特率的目的。

④ 串口控制。STM32 的每个串口都有 3 个控制寄存器 USART_CR1~3,串口的很多配置都是通过这 3 个寄存器来设置的。这里只要用到 USART_CR1 就可以实现需要的功能了,该寄存器的各位描述如图 8.2 所示。

31	30	29	28	27	26	25	24	23	22	21	20	19	18	17	16
							保	留							

15	14	13	12	11	10	9	8	7	6	5	4	3	2	1	0
保留	UE	M	WAKE	PCE	PS	PEIE	TXEIE	TCIE	RXNE IE	IDLE IE	TE	RE	RWU	SBK
res	rw	rw	rw	rw	rw	rw	rw	rw	rw	rw	rw	rw	rw	rw

图 8.2　USART_CR 寄存器各位描述

该寄存器的高 18 位没有用到,低 14 位用于串口的功能设置。UE 为串口使能位,通过该位置 1 来使能串口。M 为字长选择位,当该位为 0 的时候设置串口为 8 个字长外加 n 个停止位,停止位的个数(n)是根据 USART_CR2 的[13：12]位设置来决定的,默认为 0。PCE 为校验使能位,设置为 0,则禁止校验,否则使能校验。PS 为校验位选择,设置为 0 则为偶校验,否则为奇校验。TXIE 为发送缓冲区空中断使能位,设置该位为 1;当 USART_SR 中的 TXE 位为 1 时,将产生串口中断。TCIE 为发送完成中断使能位,设置该位为 1;当 USART_SR 中的 TC 位为 1 时,将产生串口中断。RXNEIE 为接收缓冲区非空中断使能,设置该位为 1;当 USART_SR 中的 ORE 或者 RXNE 位为 1 时,将产生串口中断。TE 为发送使能位,设置为 1 将开启串口的发送功能。RE 为接收使能位,用法同 TE。其他位的设置就不一一列出来了,可以参考《STM32 参考手册》第 542 页。

⑤ 数据发送与接收。STM32 的发送与接收是通过数据寄存器 USART_DR 来实现的,这是一个双寄存器,包含了 TDR 和 RDR。当向该寄存器写数据的时候,串口就会自动发送;当收到数据的时候,也是存在该寄存器内。该寄存器的各位描述如图 8.3 所示。可以看出,虽然是一个 32 位寄存器,但是只用了低 9 位(DR[8：0]),其他都是保留。

31	30	29	28	27	26	25	24	23	22	21	20	19	18	17	16
保　留															

15	14	13	12	11	10	9	8	7	6	5	4	3	2	1	0
保　留							DR[8：0]								
							rw	rw	rw	rw	rw	rw	rw	rw	rw

图 8.3　USART_DR 寄存器各位描述

DR[8：0]为串口数据,包含了发送或接收的数据。由于它由两个寄存器组成,一个给发送用(TDR),一个给接收用(RDR),该寄存器兼具读和写的功能。TDR 寄存器提供了内部总线和输出移位寄存器之间的并行接口。RDR 寄存器提供了输入移位寄存器和内部总线之间的并行接口。

当使能校验位(USART_CR1 中 PCE 位被置位)进行发送时,写到 MSB 的值(根据数据的长度不同,MSB 是第 7 位或者第 8 位)会被后来的校验位取代。当使能校验位进行接收时,读到的 MSB 位是接收到的校验位。

⑥ 串口状态,可以通过状态寄存器 USART_SR 读取。USART_SR 的各位描述如图 8.4 所示。

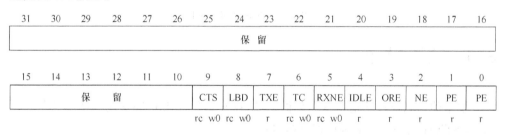

图 8.4　USART_SR 寄存器各位描述

RXNE(读数据寄存器非空),当该位被置 1 的时候,就是提示已经有数据被接收到了,并且可以读出来了。这时候我们要做的就是尽快去读取 USART_DR,通过读 USART_DR 可以将该位清零,也可以向该位写 0 直接清除。

TC(发送完成),当该位被置位的时候,表示 USART_DR 内的数据已经被发送完成了。如果设置了这个位的中断,则会产生中断。该位也有两种清零方式:① 读 USART_SR,写 USART_DR;② 直接向该位写 0。

通过以上寄存器的操作外以及 I/O 口的配置就可以达到串口最基本的配置了,
更详细的介绍可参考《STM32 参考手册》第 516～548 页。

8.2 硬件设计

本实验需要用到的硬件资源有:指示灯 DS0、串口 1。

串口 1 之前还没有介绍过,本实验用到的串口 1 与 USB 串口并没有在 PCB 上
连接在一起,需要通过跳线帽来连接一下。这里把 P4 的 RXD 和 TXD 用跳线帽与
PA9 和 PA10 连接起来,如图 8.5 所示。连接之后硬件上就设置完成了,可以开始软
件设计了。

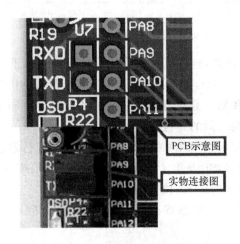

图 8.5 硬件连接图示意图

8.3 软件设计

本章的代码设计比前两章简单很多,串口初始化代码和接收代码就用之前介绍
的 SYSTEM 文件夹下的串口部分的内容。

打开上一章的 TEST 工程,因为本章用不到按键功能,所以把 key.c 从工程
HARDWARE 组里面删除,方法:光标放 key.c 上右击,在弹出的级联菜单中选择
Remove File 'key.c'即可删除,从而减少工程代码量。后续也这样,仅留下必须的.c
文件,无关的.c 文件尽量删掉,从而节省空间,加快编译速度。

然后在 SYSTEM 组下双击 usart.c,则可以看到该文件里面的代码。先介绍
uart_init 函数,代码如下:

```
//初始化 I/O 串口 1
//pclk2:PCLK2 时钟频率(Mhz);bound:波特率
```

```
void uart_init(u32 pclk2,u32 bound)
{
    float temp;
    u16 mantissa;
    u16 fraction;
    temp = (float)(pclk2 * 1000000)/(bound * 16);      //得到 USARTDIV
    mantissa = temp;                                    //得到整数部分
    fraction = (temp - mantissa) * 16;                  //得到小数部分
    mantissa << = 4;
    mantissa += fraction;
    RCC - >APB2ENR| = 1<<2;                             //使能 PORTA 口时钟
    RCC - >APB2ENR| = 1<<14;                            //使能串口时钟
    GPIOA - >CRH& = 0XFFFFF00F;                         //IO 状态设置
    GPIOA - >CRH| = 0X000008B0;                         //IO 状态设置
    RCC - >APB2RSTR| = 1<<14;                           //复位串口 1
    RCC - >APB2RSTR& = ~(1<<14);                        //停止复位
    //波特率设置
    USART1 - >BRR = mantissa;                           //波特率设置
    USART1 - >CR1| = 0X200C;                            //1 位停止,无校验位
# if EN_USART1_RX                                        //如果使能了接收
    //使能接收中断
    USART1 - >CR1| = 1<<8;                              //PE 中断使能
    USART1 - >CR1| = 1<<5;                              //接收缓冲区非空中断使能
    MY_NVIC_Init(3,3,USART1_IRQn,2);                    //组 2,最低优先级
# endif
}
```

从该代码可以看出,其初始化串口的过程和前面介绍的一致,先计算得到 US-ART1→BRR 的内容,然后开始初始化串口引脚,接着把 USART1 复位,再设置波特率和奇偶校验等。注意,因为使用到了串口的中断接收,所以必须在 usart.h 里面设置 EN_USART1_RX 为 1(默认设置就是 1),这样该函数才会配置中断使能以及开启串口 1 的 NVIC 中断。这里把串口 1 中断放在组 2,优先级设置为组 2 里面的最低。

回到 test.c,在里面编写 main 函数代码如下:

```
int main(void)
{
    u8 t; u8 len;
    u16 times = 0;
    Stm32_Clock_Init(9);                                //系统时钟设置
    delay_init(72);                                     //延时初始化
    uart_init(72,9600);                                //串口初始化为 9600
```

```
    LED_Init();                                    //初始化与 LED 连接的硬件接口
    while(1)
    {
        if(USART_RX_STA&0x8000)
        {
            len = USART_RX_STA&0x3fff;             //得到此次接收到的数据长度
            printf("\r\n 您发送的消息为:\r\n");
            for(t = 0;t<len;t++)
            {
                USART1->DR = USART_RX_BUF[t];
                while((USART1->SR&0X40) == 0);     //等待发送结束
            }
            printf("\r\n\r\n");                     //插入换行
            USART_RX_STA = 0;
        }else
        {
            times++;
            if(times % 5000 == 0)
            {
                printf("\r\nALIENTEK MiniSTM32 开发板 串口实验\r\n");
                printf("正点原子@ALIENTEK\r\n\r\n\r\n");
            }
            if(times % 200 == 0)printf("请输入数据,以回车键结束\r\n");
            if(times % 30 == 0)LED0 =! LED0;        //闪烁 LED,提示系统正在运行
            delay_ms(10);
        }
    }
}
```

这段代码比较简单,重点看下以下两句:

```
USART1->DR = USART_RX_BUF[t];
while((USART1->SR&0X40) == 0);       //等待发送结束
```

第一句其实就是发送一个字节到串口,通过直接操作寄存器来实现。第二句就是在写了一个字节在 USART1→DR 之后检测这个数据是否已经发送完成,通过检测 USART1→SR 的第 6 位是否为 1 来决定是否可以开始第二个字节的发送。

其他的代码比较简单,执行编译看看有没有错误,没有错误就可以开始仿真与调试了。整个工程的编译结果如图 8.6 所示。可以看到,编译没有任何错误和警告,下面可以开始下载验证了。

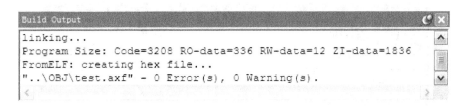

图 8.6 编译结果

8.4 下载验证

前面 2 章实例均介绍了软件仿真,仿真的基本技巧也差不多介绍完了,接下来将淡化这部分,因为代码都是经过作者检验,并且全部在 ALIENTEK MiniSTM32 开发板上验证了的,有兴趣的读者可以自己仿真看看,但是这里要说明几点:

① I/O 口复用的信号在逻辑分析窗口是不能显示出来的(看不到波形),这一点要注意,比如串口的输出、SPI、USB、CAN 等,仿真时候在该窗口看不到任何信息。遇到这样的情况就不得不准备一个逻辑分析仪,外加一个 ULINK 或者 JLINK 来做在线调试。但一般情况这些都是有现成的例子,不用这几个东西一般也能编出来。

② 仿真并不能代表实际情况。只能从某些方面给你一些启示,告诉读者大方向,不能尽信仿真,当然也不能完全没有仿真。比如上面 I/O 口的输出,仿真时其翻转速度可以达到很快,但是实际上 STM32 的 I/O 输出就达不到这个速度。

总之,要合理利用仿真,也不能过于依赖仿真。当仿真解决不了了,可以试试在线调试,在线调试一般都可以知道问题在哪个地方,但是问题要怎么解决还是得动脑筋、找资料了。

把程序下载到 MiniSTM32 开发板,可以看到,板子上的 DS0 开始闪烁,说明程序已经在跑了。串口调试助手使用 XCOM V1.4,该软件无须安装,直接可以运行,但是需要已安装了. NET Framework 4.0(WIN7 直接自带了)或以上版本的环境才可以,该软件的详细介绍请看 http://www.openedv.com/posts/list/22994.htm。

接着打开 XCOM V1.4,设置串口为开发板的 USB 转串口(CH340 虚拟串口,根据自己的计算机选择,笔者的计算机是 COM3),可以看到如图 8.7 所示信息。

从图 8.7 可以看出,STM32 的串口数据发送是没问题的了。但是,因为我们在程序上面设置了必须输入回车,串口才认可接收到的数据,所以必须在发送数据后再发送一个回车符。这里 XCOM 提供的发送方法是通过选中"发送新行"实现,如图 8.8 所示。只要选中了这个选项,每次发送数据后 XCOM 都自动多发一个回车(0X0D+0X0A)。设置好了发送新行,再在发送区输入想要发送的文字,然后单击"发送",则可以得到如图 8.8 所示结果。可以看到,发送的消息被发送回来了(图中圈圈内)。读者可以试试,如果不发送回车(取消发送新行),输入内容之后直接按发送是什么结果。

图 8.7　串口调试助手收到的信息

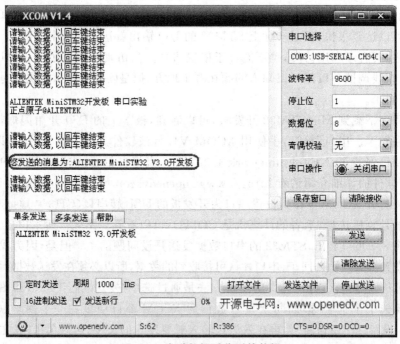

图 8.8　发送数据后收到的数据

第 9 章

外部中断实验

这一章介绍如何使用 STM32 的外部输入中断、如何将 STM32 的 I/O 口作为外部中断输入,且以中断的方式实现第 7 章实现的功能。

9.1　STM32 外部中断简介

STM32 的 I/O 口在第 6 章有详细介绍,而外部中断在第 5.2.6 小节也有详细阐述,这里将介绍如何将这两者结合起来,通过中断的功能达到第 7 章实验的效果,即通过板载的 3 个按键控制板载的两个 LED 的亮灭。

STM32 的每个 I/O 口都可以作为中断输入,具体实现有以下几个步骤:

① 初始化 I/O 口为输入。

这一步设置要作为外部中断输入的 I/O 口的状态,可以设置为上拉/下拉输入,也可以设置为浮空输入,但浮空的时候外部一定要带上拉或者下拉电阻,否则可能导致中断不停地触发。在干扰较大的地方,就算使用了上拉/下拉,也建议使用外部上拉/下拉电阻,这样可以一定程度防止外部干扰带来的影响。

② 开启 I/O 口复用时钟,设置 I/O 口与中断线的映射关系。

STM32 的 I/O 口与中断线的对应关系需要配置外部中断配置寄存器 EXTI-CR,因此要先开启复用时钟,然后配置 I/O 口与中断线的对应关系,才能把外部中断与中断线连接起来。

③ 开启与该 I/O 口相对的线上中断/事件,设置触发条件。

这一步要配置中断产生的条件,STM32 可以配置成上升沿触发、下降沿触发或者任意电平变化触发,但是不能配置成高电平触发和低电平触发。这里根据实际情况来配置,同时要开启中断线上的中断。这里需要注意的是,如果使用外部中断,并设置该中断的 EMR 位,则会引起软件仿真不能跳到中断,而硬件上是可以的。而不设置 EMR,软件仿真就可以进入中断服务函数,并且硬件上也是可以的。建议不要配置 EMR 位。

④ 配置中断分组(NVIC),并使能中断。

这一步就是配置中断的分组以及使能。对 STM32 的中断来说,只有配置了 NVIC 的设置并开启才能被执行,否则不执行到中断服务函数里面去。

⑤ 编写中断服务函数。

这是中断设置的最后一步,是必不可少的。如果在代码里面开启了中断,但是没编写中断服务函数,就可能引起硬件错误,从而导致程序崩溃。所以在开启了某个中断后,一定要记得为该中断编写服务函数。在中断服务函数里面编写要执行的中断后的操作。

通过以上几个步骤的设置就可以正常使用外部中断了。

本章要实现第 7 章的功能,但是这里使用中断来检测按键,还是 KEY0 控制 DS0,按一次亮,再按一次就灭。KEY1 控制 DS1,效果同 KEY0。WK_UP 按键则同时控制 DS0 和 DS1,按一次则状态就翻转一次。

9.2　硬件设计

本实验用到的硬件资源和第 7 章实验的一样,不再多做介绍了。

9.3　软件设计

软件设计还是在之前的工程上面增加,首先要将之前的 key.c 添加到 HARD-WARE 组下,然后在 HARDWARE 文件夹下新建 EXTI 的文件夹。然后打开 US-ER 文件夹下的工程,新建一个 exti.c 的文件和 exti.h 的头文件,保存在 EXTI 文件夹下,并将 EXTI 文件夹加入头文件包含路径(即设定编译器包含路径)。在 exti.c 里输入如下代码(未包括头文件):

```
//外部中断 0 服务程序
void EXTI0_IRQHandler(void)
{
    delay_ms(10);                        //消抖
    if(WK_UP == 1)                       //WK_UP 按键
    {
        LED0 = ! LED0;
        LED1 = ! LED1;
    }
    EXTI - >PR = 1<<0;                   //清除 LINE0 上的中断标志位
}
//外部中断 9~5 服务程序
void EXTI9_5_IRQHandler(void)
{
    delay_ms(10);                        //消抖
    if(KEY0 == 0) LED0 = ! LED0;         //按键 0
     EXTI - >PR = 1<<5;                  //清除 LINE5 上的中断标志位
```

```
}
//外部中断 15~10 服务程序
void EXTI15_10_IRQHandler(void)
{
    delay_ms(10);                              //消抖
    if(KEY1 == 0) LED1 = ! LED1;               //按键 1
     EXTI->PR = 1<<15;                         //清除 LINE15 上的中断标志位
}
//外部中断初始化程序
//初始化 PA0,PC5,PA15 为中断输入
void EXTI_Init(void)
{
    KEY_Init();                                //按键初始化
    Ex_NVIC_Config(GPIO_A,0,RTIR);             //上升沿触发
    Ex_NVIC_Config(GPIO_C,5,FTIR);             //下降沿触发
    Ex_NVIC_Config(GPIO_A,15,FTIR);            //下降沿触发
    MY_NVIC_Init(2,2,EXTI0_IRQn,2);            //抢占 2,子优先级 2,组 2
    MY_NVIC_Init(2,1,EXTI9_5_IRQn,2);          //抢占 2,子优先级 1,组 2
    MY_NVIC_Init(2,0,EXTI15_10_IRQn,2);        //抢占 2,子优先级 0,组 2
}
```

exti.c 文件总共包含 4 个函数:一个是外部中断初始化函数 void EXTI_Init (void),另外 3 个都是中断服务函数。void EXTI0_IRQHandler(void)是外部中断 0 的服务函数,负责 WK_UP 按键的中断检测;void EXTI9_5_IRQHandler(void)是外部中断 9~5 的服务函数,负责 KEY0 按键的中断检测;void EXTI15_10_IRQHandler(void)是外部中断 15~10 的服务函数,负责 KEY1 按键的中断检测。

首先是外部中断初始化函数 void EXTI_Init(void),该函数严格按照之前的步骤来初始化外部中断,首先调用 KEY_Init 函数来初始化外部中断输入的 I/O 口,接着调用了两个函数 Ex_NVIC_Config 和 MY_NVIC_Init。因为 WK_UP 按键是高电平有效的,而 KEY0 和 KEY1 是低电平有效的,所以设置 WK_UP 为上升沿触发中断,而 KEY0 和 KEY1 则设置为下降沿触发。这里把所有中断都分配到第二组,把按键的抢占优先级设置成一样,而子优先级不同,这 3 个按键 KEY1 的优先级最高。

接下来介绍各个按键的中断服务函数,一共 3 个。先看 WK_UP 的中断服务函数 void EXTI0_IRQHandler(void),该函数代码比较简单,先延时 10 ms 以消抖,再检测 WK_UP 是否还是为高电平,如果是,则执行此次操作(DS0&DS1 取反);如果不是,则直接跳过,最后通过"EXTI->PR = 1<<0;"清除已经发生的中断请求。同样可以发现,KEY0 和 KEY1 的中断服务函数和 WK_UP 按键的十分相似。

注意,STM32 的外部中断 0~4 都有单独的中断服务函数,但是从 5 开始就没有

单独的服务函数了,而是多个中断共用一个服务函数,比如外部中断 5～9 的中断服务函数为 void EXTI9_5_IRQHandler(void)。类似的,void EXTI15_10_IRQHandler(void)就是外部中断 10～15 的中断服务函数。

将 exti.c 文件保存,然后加入到 HARDWARE 组下。在 exti.h 文件里输入如下代码:

```
#ifndef __EXTI_H
#define __EXTI_H
void EXTI_Init(void);          //外部中断初始化
#endif
```

保存,接着在 test.c 里面修改 main 函数如下:

```
int main(void)
{
    Stm32_Clock_Init(9);        //系统时钟设置
    delay_init(72);             //延时初始化
    uart_init(72,9600);         //串口初始化
    LED_Init();                 //初始化与 LED 连接的硬件接口
    EXTI_Init();                //外部中断初始化
    LED0 = 0;                   //点亮 LED
    while(1)
    {
        printf("OK\r\n");
        delay_ms(1000);
    }
}
```

该部分代码很简单,初始化完中断后点亮 LED0,则进入死循环等待了。这里死循环里通过一个 printf 函数来告诉我们系统正在运行,中断发生后就执行相应的处理,从而实现第 7 章类似的功能。

9.4 下载验证

编译成功之后就可以下载代码到 MiniSTM32 开发板上,实际验证一下程序是否正确。下载代码后,在串口调试助手里面可以看到如图 9.1 所示信息。可以看出,程序已经在运行了,此时可以通过按下 KEY0、KEY1 和 WK_UP 来观察 DS0 和 DS1 是否跟着按键的变化而变化。

图 9.1　串口收到的数据

第 **10** 章

独立看门狗实验

这一章将介绍如何使用 STM32 的独立看门狗(以下简称 IWDG)。STM32 内部自带了 2 个看门狗:独立看门狗(IWDG)和窗口看门狗(WWDG)。这一章只介绍独立看门狗,窗口看门狗将在下一章介绍。本章将通过按键 WK_UP 来喂狗,然后通过 DS0 提示复位状态。

10.1　STM32 独立看门狗简介

STM32 的独立看门狗由内部专门的 40 kHz 低速时钟驱动,即使主时钟发生故障,它也仍然有效。注意,独立看门狗的时钟是一个内部 RC 时钟,所以并不是准确的 40 kHz,而是在 30～60 kHz 之间一个可变化的时钟,只是估算时以 40 kHz 的频率来计算。看门狗对时间的要求不是很精确,所以,时钟有些偏差都是可以接受的。

独立看门狗有几个寄存器与这节相关,首先是键值寄存器 IWDG_KR,各位描述如图 10.1 所示。

31	30	29	28	27	26	25	24	23	22	21	20	19	18	17	16
保　留															

15	14	13	12	11	10	9	8	7	6	5	4	3	2	1	0
KEY[15:0]															
w	w	w	w	w	w	w	w	w	w	w	w	w	w	w	w

位31:16	保留,始终读为0
位15:0	KEY[15:0]: 键值 (只写寄存器,读出值为0x0000) 软件必须以一定的间隔写入0xAAAA,否则,并计数器为0时,看门狗会产生复位 写入0x5555表示允许访问IWDG_PR和IWDG_RLR寄存器 写入0xCCCC,启动看门狗工作 (若选择了硬件看门狗则不受此命令字限制)

图 10.1　IWDG_KR 寄存器各位描述

在键寄存器中写入 0xCCCC,开始启用独立看门狗,此时计数器开始从其复位值 0xFFF 递减计数。当计数器计数到末尾 0x000 时,会产生一个复位信号(IWDG_RESET)。无论何时,只要寄存器 IWDG_KR 中写入 0xAAAA,IWDG_RLR 中的值就会被重新加载到计数器中来避免产生看门狗复位。

　　IWDG_PR 和 IWDG_RLR 寄存器具有写保护功能。要修改这两个寄存器的值,必须先向 IWDG_KR 寄存器中写入 0x5555。将其他值写入这个寄存器会打乱操作顺序,寄存器将重新被保护。重装载操作(即写入 0xAAAA)也会启动写保护功能。

　　接下来介绍预分频寄存器(IWDG_PR)。该寄存器用来设置看门狗时钟的分频系数,最低为 4,最高位 256,是一个 32 位的寄存器,但是我们只用了最低 3 位,其他都是保留位。预分频寄存器各位定义如图 10.2 所示。

31	30	29	28	27	26	25	24	23	22	21	20	19	18	17	16
保　留															

15	14	13	12	11	10	9	8	7	6	5	4	3	2	1	0
保　留													PR[2：0]		
													rw	rw	rw

位31：3	保留,始终读为0
位2：0	PR[2：0]：预分频因子 这些位具有写保护设置,上面已有介绍。通过设置这些位来选择计数器时钟的预分频因子。要改变预分频因子,IWDG_SR寄存器的PVU位必须为0。 000：预分频因子=4　　　　100：预分频因子=64 001：预分频因子=8　　　　101：预分频因子=128 010：预分频因子=16　　　110：预分频因子=256 011：预分频因子=32　　　111：预分频因子=256 注意：对此寄存器进行读操作,将从VDD电压域返回预分频值。如果写操作正在进行,则读回的值可能是无效的。因此,只有当IWDG_SR寄存器的PVU位为0时,读出的值才有效

图 10.2　IWDG_PR 寄存器各位描述

　　再介绍一下重装载寄存器。该寄存器用来保存重装载到计数器中的值,也是一个 32 位寄存器,但是只有低 12 位是有效的。该寄存器的各位描述如图 10.3 所示。

　　只要对以上 3 个寄存器进行相应的设置,就可以启动 STM32 的独立看门狗,启动过程可以按如下步骤实现:

　　① 向 IWDG_KR 写入 0X5555。

　　通过这步将取消 IWDG_PR 和 IWDG_RLR 的写保护,使后面可以操作这两个寄存器。然后设置 IWDG_PR 和 IWDG_RLR 的值。这两步设置看门狗的分频系数和重装载的值,由此就可以知道看门狗的喂狗时间(也就是看门狗溢出时间),计算公式为:

$$T_{out} = ((4 \times 2^{prer}) \times rlr) / 40$$

　　其中,T_{out} 为看门狗溢出时间(单位为 ms);prer 为看门狗时钟预分频值(IWDG_PR 值),范围为 0~7;rlr 为看门狗的重装载值(IWDG_RLR 的值)。比如设定 prer 值为 4,rlr 值为 625,那么就可以得到 $T_{out} = 64 \times 625 / 40 = 1\,000$ ms,这样,看门狗的

31	30	29	28	27	26	25	24	23	22	21	20	19	18	17	16
							保	留							

15	14	13	12	11	10	9	8	7	6	5	4	3	2	1	0
保		留		RL[11：0]											
				rw	rw	rw	rw	rw	rw	rw	rw	rw	rw	rw	rw

位31：12	保留，始终读为0
位11：0	RL[11：0]：看门狗计数器重装载值 这些位具有写保护功能，前面已有介绍，用于定义看门狗计数器的重装载值。每当向 IWDG_KR 寄存器写入0xAAAA时，重装载值会被传送到计数器中。随后计数器从这个值开始递减计数。看门狗超时周期可通过此重载值和时钟预分频值来计算。 只有当IWDG_SR寄存器中的RVU位为0时，才能对此寄存器进行修改。 注：对此寄存器进行读操作，将从VDD电压域返回预分频值。如果写操作正在进行，则读回的值可能是无效的。因些，只有当IWDG_SR寄存器的RVU位为0时，读出的值才有效

图 10.3　重装载寄存器各位描述

溢出时间就是 1 s；只要在 1 s 之内有一次写入 0XAAAA 到 IWDG_KR，就不会导致看门狗复位(当然写入多次也是可以的)。这里需要提醒的是，看门狗的时钟不是准确的 40 kHz，所以喂狗时最好不要太晚了，否则，有可能发生看门狗复位。

② 向 IWDG_KR 写入 0XAAAA。

通过这句将使 STM32 重新加载 IWDG_RLR 的值到看门狗计数器里面，即实现独立看门狗的喂狗操作。

③ 向 IWDG_KR 写入 0XCCCC。

通过这句来启动 STM32 的看门狗。注意，IWDG 一旦启用就不能再被关闭。想要关闭只能重启，并且重启之后不能打开 IWDG，否则问题依旧。所以如果不用 IWDG，就不要去打开它，免得麻烦。

通过上面 3 个步骤就可以启动 STM32 的看门狗了。使能了看门狗，则在程序里面就必须间隔一定时间喂狗，否则将导致程序复位。利用这一点本章将通过一个 LED 灯来指示程序是否重启，以验证 STM32 的独立看门狗。

配置看门狗后，DS0 将常亮，如果 WK_UP 按键按下就喂狗，只要 WK_UP 不停地按，看门狗就一直不会产生复位，且保持 DS0 的常亮；一旦超过看门狗定溢出时间(T_{out})还没按，则会导致程序重启，这将导致 DS0 熄灭一次。

10.2　硬件设计

本实验用到的硬件资源有：指示灯 DS0、WK_UP 按键及独立看门狗。前两个都介绍过，而独立看门狗实验的核心是在 STM32 内部进行，并不需要外部电路。但是考虑到指示当前状态和喂狗等操作，我们需要 2 个 I/O 口，一个用来输入喂狗信号,另外一个用来指示程序是否重启。喂狗采用板上的 WK_UP 键来操作,而程序重启则是通过 DS0 来指示的。

10.3　软件设计

软件设计依旧是在上一章代码的基础上修改,因为没用到外部中断,所以先去掉 exti.c(注意,此时 HARDWARE 组仅剩 led.c 和 key.c),然后在 HARDWARE 文件夹下面新建一个 WDG 的文件夹,用来保存与看门狗相关的代码。再打开工程,新建 wdg.c 和 wdg.h 这2个文件,并保存在 WDG 文件夹下,并将 WDG 文件夹加入头文件包含路径。

在 wdg.c 里面输入如下代码:

```
# include "wdg.h"
//初始化独立看门狗
//prer:分频数:0~7(只有低3位有效!),分频因子 = 4 * 2^prer.但最大值只能是256
//rlr:重装载寄存器值:低11位有效.时间计算(大概):Tout = ((4 * 2^prer) * rlr)/40 ms
void IWDG_Init(u8 prer,u16 rlr)
{
    IWDG - >KR = 0X5555;        //使能对 IWDG - >PR 和 IWDG - >RLR 的写
      IWDG - >PR = prer;        //设置分频系数
      IWDG - >RLR = rlr;        //从加载寄存器 IWDG - >RLR
    IWDG - >KR = 0XAAAA;        //reload
      IWDG - >KR = 0XCCCC;      //使能看门狗
}
//喂独立看门狗
void IWDG_Feed(void)
{
    IWDG - >KR = 0XAAAA;//reload
}
```

该代码就2个函数,void IWDG_Init(u8 prer,u16 rlr)是独立看门狗初始化函数,就是按照上面介绍的步骤来初始化独立看门狗的。该函数有2个参数,分别用来设置与预分频数与重装寄存器的值。通过这两个参数就可以大概知道看门狗复位的时间周期为多少了。

void IWDG_Feed(void)函数用来喂狗,因为 STM32 的喂狗只需要向键值寄存器写入 0XAAAA 即可,所以这个函数也很简单。保存 wdg.c,然后把该文件加入到 HARDWARE 组下。

在 wdg.h 里面输入如下内容:

```
#ifndef __WDG_H
#define __WDG_H
#include "sys.h"
void IWDG_Init(u8 prer,u16 rlr);
void IWDG_Feed(void);
#endif
```

保存这两个文件,再看主程序该如何写。在主程序里面先初始化系统代码,然后启动按键输入和看门狗。在看门狗开启后马上点亮 LED0(DS0),并进入死循环等待按键的输入。一旦 WK_UP 有按键,则喂狗,否则等待 IWDG 复位的到来。该部分代码如下:

```
int main(void)
{
    Stm32_Clock_Init(9);                 //系统时钟设置
    delay_init(72);                      //延时初始化
    uart_init(72,9600);                  //串口初始化
    LED_Init();                          //初始化与 LED 连接的硬件接口
    KEY_Init();                          //按键初始化
    delay_ms(300);                       //让人看得到灭
    IWDG_Init(4,625);                    //与分频数为 64,重载值为 625,溢出时间为 1 s
    LED0 = 0;                            //点亮 LED0
    while(1)
    {
        if(KEY_Scan(0) == WKUP_PRES)IWDG_Feed();   //如果 WK_UP 按下,则喂狗
        delay_ms(10);
    };
}
```

鉴于篇幅考虑,这里没有把头文件列出来(后续实例将采用类同的方式处理),因为以后包含的头文件会越来越多,详细代码可以参考本书配套资料。

10.4　下载验证

编译成功之后就可以下载代码到 MiniSTM32 开发板上,实际验证一下程序是否正确。下载代码后可以看到 DS0 不停闪烁,证明程序在不停复位,否则只会 DS0 常亮。这时如果不停地按 WK_UP 按键,就可以看到 DS0 常亮了,不会再闪烁,说明我们的实验是成功的。

第 **11** 章

窗口门狗实验

这一章将介绍如何使用 STM32 的另外一个看门狗,窗口看门狗(以下简称 WWDG)。本章使用窗口看门狗的中断功能来喂狗,通过 DS0 和 DS1 提示程序的运行状态。

11.1 STM32 窗口看门狗简介

窗口看门狗通常用来监测由外部干扰或不可预见的逻辑条件造成的应用程序背离正常的运行序列而产生的软件故障。除非递减计数器的值在 T6 位(WWDG→CR 的第 6 位)变成 0 前被刷新,看门狗电路在达到预置的时间周期时会产生一个 MCU 复位。在递减计数器达到窗口配置寄存器(WWDG→CFR)数值前,如果 7 位的递减计数器数值(在控制寄存器中)被刷新,那么也产生一个 MCU 复位。这表明递减计数器需要在一个有限的时间窗口中被刷新,关系可以用图 11.1 来说明。

图 11.1 中,T[6∶0]就是 WWDG_CR 的低 7 位,W[6∶0]即 WWDG→CFR 的低 7 位。T[6∶0]就是窗口看门狗的计数器,而 W[6∶0]则是窗口看门狗的上窗口,下窗口值是固定的(0X40)。当窗口看门狗的计数器在上窗口值之外被刷新,或者低于下窗口值都会产生复位。

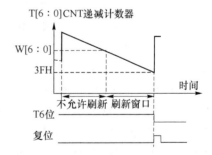

图 11.1 窗口看门狗工作示意图

上窗口值(W[6∶0])是由用户自己设定的,根据实际要求来设计窗口值,但是一定要确保窗口值大于 0X40,否则窗口就不存在了。窗口看门狗的超时公式如下:

$$T_{wwdg} = (4\,096 \times 2^{WDGTB} \times (T[5\colon0]+1))/F_{pclk1}$$

其中,T_{wwdg} 为 WWDG 超时时间(单位为 ms),F_{pclk1} 为 APB1 的时钟频率(单位为 kHz),WDGTB 为 WWDG 的预分频系数,T[5∶0]为窗口看门狗的计数器低 6 位。

根据上面的公式,假设 $F_{pclk1} = 36$ MHz,那么可以得到最小-最大超时时间表如表 11.1 所列。

表 11.1 36 MHz 时钟下窗口看门狗的最小最大超时表

WDGTB	最小超时值/μs	最大超时值/ms
0	113	7.28
1	227	14.56
2	455	29.12
3	910	58.25

接下来介绍窗口看门狗的 3 个寄存器。首先介绍控制寄存器(WWDG_CR),各位描述如图 11.2 所示。可以看出,这里的 WWDG_CR 只有低 8 位有效,T[6:0]用来存储看门狗的计数器值,随时更新,每个窗口看门狗计数周期(4 096×2^{WDGTB})减 1。当该计数器的值从 0X40 变为 0X3F 的时候,则产生看门狗复位。

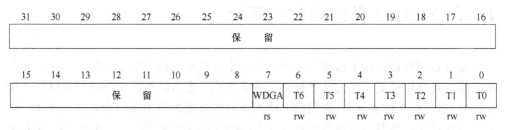

图 11.2 WWDG_CR 寄存器各位描述

WDGA 位则是看门狗的激活位,该位由软件置 1,以启动看门狗。注意,该位一旦设置,就只能在硬件复位后才能清零了。

窗口看门狗的第二个寄存器是配置寄存器(WWDG_CFR),各位及其描述如图 11.3 所示。该位中的 EWI 是提前唤醒中断,也就是在快要产生复位的前一段时间(T[6:0]=0X40)来提醒用户需要喂狗了,否则将复位。因此,一般用该位来设置中断。当窗口看门狗的计数器值减到 0X40 时,如果该位设置并开启了中断,则会产生中断,可以在中断里面向 WWDG_CR 重新写入计数器的值来达到喂狗的目的。注意,这里在进入中断后,必须在不大于一个窗口看门狗计数周期的时间(在 PCLK1 频率为 36 MHz 且 WDGTB 为 0 的条件下,该时间为 113 μs)内重新写 WWDG_CR,否则,看门狗将产生复位。

最后介绍状态寄存器(WWDG_SR),用来记录当前是否有提前唤醒的标志。该寄存器仅有位 0 有效,其他都是保留位。当计数器值达到 40h 时,此位由硬件置 1。它必须通过软件写 0 来清除,对此位写 1 无效。即使中断未被使能,在计数器的值达到 0X40 的时候,此位也会被置 1。

接下来介绍如何启用 STM32 的窗口看门狗,这里介绍的方法是用中断的方式来喂狗的,步骤如下:

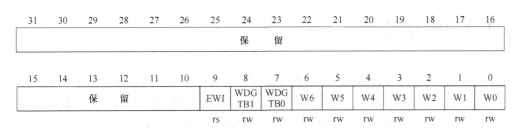

位31：8	保　留
位9	EWI：提前唤醒中断 此位若置1，则当计数器值达到40H，即产生中断 此中断只能由硬件在复位后清除
位8：7	WDGTB[1：0]：时基 预分频器的时基可根据如下修改： 00：CK计时器时钟(PCLK1除以4096)除以1 01：CK计时器时钟(PCLK1除以4096)除以2 10：CK计时器时钟(PCLK1除以4096)除以4 11：CK计时器时钟(PCLK1除以4096)除以8
位6：0	W[6：0]：7位窗口值 这些位包含了用来与递减计数器进行比较用的窗口值

图 11.3　WWDG_CFR 寄存器各位描述

1）使能 WWDG 时钟

WWDG 不同于 IWDG，IWDG 有自己独立的 40 kHz 时钟，不存在使能问题；而 WWDG 使用的是 PCLK1 的时钟，需要先使能时钟。

2）设置 WWDG_CFR 和 WWDG_CR 这 2 个寄存器

在时钟使能完后设置 WWDG 的 CFR 和 CR 这 2 个寄存器，对 WWDG 进行配置，包括使能窗口看门狗、开启中断、设置计数器的初始值、设置窗口值并设置分频数 WDGTB 等。

3）开启 WWDG 中断并分组

设置完 WWDG 后需要配置该中断的分组及使能，这通过之前所编写的 MY_NVIC_Init 函数实现就可以了。

4）编写中断服务函数

最后还要编写窗口看门狗的中断服务函数，通过该函数来喂狗；喂狗要快，否则当窗口看门狗计数器值减到 0X3F 的时候，就会引起软复位了。在中断服务函数里面也要将状态寄存器的 EWIF 位清空。

完成了以上 4 个步骤之后，就可以使用 STM32 的窗口看门狗了。这一章的实验将通过 DS0 来指示 STM32 是否被复位了，如果被复位了则点亮 300 ms。DS1 用来指示中断喂狗，每次中断喂狗翻转一次。

11.2　硬件设计

本实验用到的硬件资源有指示灯 DS0 和 DS1、窗口看门狗。指示灯前面介绍过了,窗口看门狗属于 STM32 的内部资源,只需要软件设置好即可正常工作。通过DS0 和 DS1 来指示 STM32 的复位情况和窗口看门狗的喂狗情况。

11.3　软件设计

这里仍在之前的 IWDG 看门狗实例内增添部分代码来实现这个实验,由于没有用到按键,所以去掉 HARDWARE 组里面的 key.c 文件(注意,此时 HARDWARE 组仅剩led.c)。首先打开上次的工程,然后在 wdg.c 加入如下代码(之前代码保留):

```
//保存 WWDG 计数器的设置值,默认为最大
u8 WWDG_CNT = 0x7f;
//初始化窗口看门狗
//tr     :T[6:0],计数器值
//wr     :W[6:0],窗口值
//fprer:分频系数(WDGTB),仅最低 2 位有效
//Fwwdg = PCLK1/(4096 * 2^fprer)
void WWDG_Init(u8 tr,u8 wr,u8 fprer)
{
    RCC - >APB1ENR| = 1<<11;              //使能 wwdg 时钟
    WWDG_CNT = tr&WWDG_CNT;               //初始化 WWDG_CNT
    WWDG - >CFR| = fprer<<7;              //PCLK1/4096 再除 2^fprer
    WWDG - >CFR& = 0XFF80;
    WWDG - >CFR| = wr;                    //设定窗口值
    WWDG - >CR| = WWDG_CNT;               //设定计数器值
    WWDG - >CR| = 1<<7;                   //开启看门狗
    MY_NVIC_Init(2,3,WWDG_IRQn,2);        //抢占 2,子优先级 3,组 2
    WWDG - >SR = 0X00;                    //清除提前唤醒中断标志位
    WWDG - >CFR| = 1<<9;                  //使能提前唤醒中断
}
//重设置 WWDG 计数器的值
void WWDG_Set_Counter(u8 cnt)
{
    WWDG - >CR = (cnt&0x7F);              //重设置 7 位计数器
}
//窗口看门狗中断服务程序
void WWDG_IRQHandler(void)
{
    WWDG_Set_Counter(WWDG_CNT);          //重设窗口看门狗的值
```

```
    WWDG->SR = 0X00;                    //清除提前唤醒中断标志位
    LED1 = ! LED1;
}
```

新增的这 3 个函数都比较简单,第一个函数 void WWDG_Init(u8 tr,u8 wr,u8 fprer)用来设置 WWDG 的初始化值,包括看门狗计数器的值和看门狗比较值等。该函数就是按照上面的 4 个思路设计出来的代码。注意,这里有个全局变量 WWDG_CNT,用来保存最初设置 WWDG_CR 计数器的值。在后续的中断服务函数里面又把该数值放回到 WWDG_CR 上。WWDG_Set_Counter 函数比较简单,就是用来重设窗口看门狗计数器的值。

最后在中断服务函数里面先重设窗口看门狗的计数器值,然后清除提前唤醒中断标志,再对 LED1(DS1)取反来监测中断服务函数的执行了状况。我们再把这几个函数名加入到头文件里面去,以方便其他文件调用。

然后回到主函数,输入如下代码:

```
int main(void)
{
    Stm32_Clock_Init(9);              //系统时钟设置
    delay_init(72);                   //延时初始化
    uart_init(72,9600);               //串口初始化
    LED_Init();                       //初始化与 LED 连接的硬件接口
    LED0 = 0;
    delay_ms(300);
    WWDG_Init(0X7F,0X5F,3);           //计数器值为 7f,窗口寄存器为 5f,分频数为 8
     while(1)
    {
        LED0 = 1;
    }
}
```

该函数通过 LED0(DS0)来指示是否正在初始化,而 LED1(DS1)用来指示是否发生了中断。我们先让 LED0 亮 300 ms,然后关闭以用于判断是否有复位发生了。在初始化 WWDG 之后回到死循环,关闭 LED1 并等待看门狗中断的触发/复位。

在编译完成之后就可以下载这个程序到 MiniSTM32 开发板上,看看结果是不是和我们设计的一样。

11.4　下载验证

将代码下载到 MiniSTM32 后可以看到,DS0 亮一下之后熄灭,紧接着 DS1 开始不停地闪烁。每秒钟闪烁 9 次左右,和预期的一致,说明实验是成功的。

第 **12** 章

定时器中断实验

这一章将介绍如何使用 STM32 的通用定时器。STM32 的定时器功能十分强大，有 TIME1 和 TIME8 等高级定时器，也有 TIME2～TIME5 等通用定时器，还有 TIME6 和 TIME7 等基本定时器。本章使用 TIM3 的定时器中断来控制 DS1 的翻转，在主函数用 DS0 的翻转来提示程序正在运行。本章会选择难度适中的通用定时器来介绍。

12.1 STM32 通用定时器简介

STM32 的通用定时器是一个通过可编程预分频器（PSC）驱动的 16 位自动装载计数器（CNT）构成。STM32 的通用定时器可以用于测量输入信号的脉冲长度（输入捕获）或者产生输出波形（输出比较和 PWM）等。使用定时器预分频器和 RCC 时钟控制器预分频器，脉冲长度和波形周期可以在几个微秒到几个毫秒间调整。STM32 的每个通用定时器都是完全独立的，没有互相共享的任何资源。

STM3 的通用 TIMx（TIM2、TIM3、TIM4 和 TIM5）定时器功能包括：

① 16 位向上、向下、向上/向下自动装载计数器（TIMx_CNT）。

② 16 位可编程（可以实时修改）预分频器（TIMx_PSC），计数器时钟频率的分频系数为 1～65 535 之间的任意数值。

③ 4 个独立通道（TIMx_CH1～4），这些通道可以用来作为输入捕获、输出比较、PWM 生成（边缘或中间对齐模式）、单脉冲模式输出。

④ 可使用外部信号（TIMx_ETR）控制定时器和定时器互连（可以用一个定时器控制另外一个定时器）的同步电路。

⑤ 如下事件发生时产生中断/DMA：

➢ 更新：计数器向上溢出/向下溢出，计数器初始化（通过软件或内部/外部触发）；

➢ 触发事件（计数器启动、停止、初始化或者由内部/外部触发计数）；

➢ 输入捕获；

➢ 输出比较；

➢ 支持针对定位的增量（正交）编码器和霍尔传感器电路；

➢ 触发输入作为外部时钟或者按周期的电流管理。

由于 STM32 通用定时器比较复杂,这里不多介绍,可直接参考《STM32 参考手册》第 253 页。下面介绍与这章实验密切相关的几个通用定时器的寄存器。

首先是控制寄存器 1(TIMx_CR1),各位描述如图 12.1 所示。

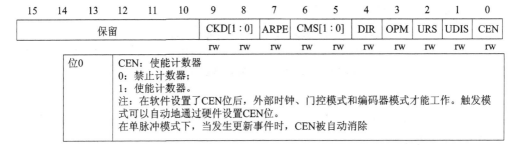

图 12.1 TIMx_CR1 寄存器各位描述

本实验只用到了 TIMx_CR1 的最低位(位 0),也就是计数器使能位;该位必须置 1,才能让定时器开始计数。接下来介绍第二个寄存器:DMA/中断使能寄存器(TIMx_DIER)。该寄存器是一个 16 位的寄存器,各位描述如图 12.2 所示。

15	14	13	12	11	10	9	8	7	6	5	4	3	2	1	0
保留	TDE	保留	CC4DE	CC3DE	CC2DE	CC1DE	UDE	保留	TIE	保留	CC4IE	CC3IE	CC2IE	CC1IE	UIE
	rw		rw	rw	rw	rw	rw		rw		rw	rw	rw	rw	rw

位0	UIE:允许更新中断(Update interrupt enable) 0:禁止更新中断; 1:允许更新中断

图 12.2 TIMx_ DIER 寄存器各位描述

这里同样仅关心它的最低位,该位是更新中断允许位,本章用到的是定时器的更新中断,所以该位要设置为 1 来允许由于更新事件产生的中断。

接下来看第 3 个与这章有关的寄存器:预分频寄存器(TIMx_PSC)。该寄存器用设置对时钟进行分频,然后提供给计数器,作为计数器的时钟。各位描述如图 12.3 所示。这里,定时器的时钟来源有 4 个:

➢ 内部时钟(CK_INT);

➢ 外部时钟模式 1:外部输入脚(TIx);

➢ 外部时钟模式 2:外部触发输入(ETR);

➢ 内部触发输入(ITRx):使用 A 定时器作为 B 定时器的预分频器(A 为 B 提供时钟)。

这些时钟具体选择哪个可以通过 TIMx_SMCR 寄存器的相关位来设置。这里的 CK_INT 时钟是从 APB1 倍频来的,STM32 中除非 APB1 的时钟分频数设置为 1,否则通用定时器 TIMx 的时钟是 APB1 时钟的 2 倍。当 APB1 的时钟不分频的时候,通用定时器 TIMx 的时钟就等于 APB1 的时钟。注意,高级定时器的时钟不是来

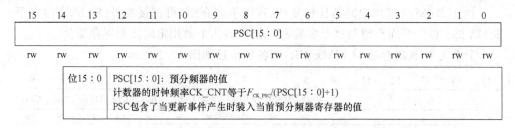

图 12.3　TIMx_ PSC 寄存器各位描述

自 APB1,而是来自 APB2 的。

　　顺带介绍一下 TIMx_CNT 寄存器。该寄存器是定时器的计数器,存储了当前定时器的计数值。

　　接着介绍自动重装载寄存器(TIMx_ARR)。该寄存器在物理上实际对应着 2 个寄存器。一个是程序员可以直接操作的,另外一个是程序员看不到的,这个看不到的寄存器在《STM32 参考手册》里面叫影子寄存器。事实上真正起作用的是影子寄存器。根据 TIMx_CR1 寄存器中 APRE 位的设置:APRE＝0 时,预装载寄存器的内容可以随时传送到影子寄存器,此时二者是连通的;而 APRE＝1 时,在每一次更新事件(UEV)时才把预装在寄存器的内容传送到影子寄存器。自动重装载寄存器的各位描述如图 12.4 所示。

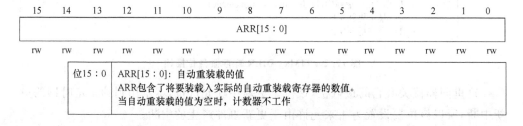

图 12.4　TIMx_ ARR 寄存器各位描述

　　最后介绍的是状态寄存器(TIMx_SR)。该寄存器用来标记当前与定时器相关的各种事件/中断是否发生,各位描述如图 12.5 所示。

　　TIMx_ SR 寄存器同样只用到了最低位,当计数器 CNT 被重新初始化的时候,产生更新中断标记,通过这个中断标志位就可以知道产生中断的类型。这些位的详细描述请参考《STM32 参考手册》第 282 页。只要对以上几个寄存器进行简单设置,就可以使用通用定时器了,并且可以产生中断。

　　这一章将使用定时器产生中断,然后在中断服务函数里面翻转 DS1 上的电平来指示定时器中断的产生。接下来以通用定时器 TIM3 为实例来说明要经过哪些步骤,才能达到这个要求并产生中断。

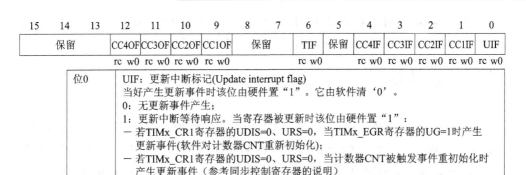

图 12.5　TIMx_SR 寄存器各位描述

1）TIM3 时钟使能

这里通过 APB1ENR 的第 1 位来设置 TIM3 的时钟，因为 Stm32_Clock_Init 函数里面把 APB1 的分频设置为 2 了，所以 TIM3 时钟就是 APB1 时钟的 2 倍，等于系统时钟（72 MHz）。

2）设置 TIM3_ARR 和 TIM3_PSC 的值

通过这两个寄存器来设置自动重装的值以及分频系数。这两个参数加上时钟频率就决定了定时器的溢出时间。

3）设置 TIM3_DIER 允许更新中断

因为要使用 TIM3 的更新中断，所以设置 DIER 的 UIE 位为 1，使能更新中断。

4）允许 TIM3 工作

光配置好定时器还不行，没有开启定时器照样不能用。配置完后要开启定时器，通过 TIM3_CR1 的 CEN 位来设置。

5）TIM3 中断分组设置

定时器配置完之后，因为要产生中断，必不可少地要设置 NVIC 相关寄存器，以使能 TIM3 中断。

6）编写中断服务函数

最后还要编写定时器中断服务函数，从而处理定时器产生的相关中断。在中断产生后，通过状态寄存器的值来判断此次产生的中断属于什么类型。然后执行相关的操作，这里使用的是更新（溢出）中断，所以在状态寄存器 SR 的最低位。处理完中断之后应该向 TIM3_SR 的最低位写 0，从而清除该中断标志。

通过以上几个步骤就可以达到我们的目的了，使用通用定时器的更新中断来控制 DS1 的亮灭。

12.2　硬件设计

本实验用到的硬件资源有指示灯 DS0 和 DS1、定时器 TIM3。本章将通过

TIM3 的中断来控制 DS1 的亮灭,DS0 和 DS1 的电路在前面已经有介绍了。而 TIM3 属于 STM32 的内部资源,只需要软件设置即可正常工作。

12.3 软件设计

软件设计在之前的工程上面增加,不过没用到看门狗,所以先去掉 wdg. c(注意,此时 HARDWARE 组仅剩 led. c)。首先在 HARDWARE 文件夹下新建 TIMER 的文件夹,然后打开 USER 文件夹下的工程,新建一个 timer. c 的文件和 timer. h 的头文件,保存在 TIMER 文件夹下,并将 TIMER 文件夹加入头文件包含路径。在 timer. c 里输入如下代码:

```
# include "timer.h"
# include "led.h"
//定时器 3 中断服务程序
void TIM3_IRQHandler(void)
{
    if(TIM3->SR&0X0001) LED1 =! LED1;    //溢出中断
    TIM3->SR& = ~(1<<0);                  //清除中断标志位
}
//通用定时器 3 中断初始化
//这里时钟选择为 APB1 的 2 倍,而 APB1 为 36M
//arr:自动重装值。
//psc:时钟预分频数
//这里使用的是定时器 3
void TIM3_Int_Init(u16 arr,u16 psc)
{
    RCC->APB1ENR| = 1<<1;                 //TIM3 时钟使能
    TIM3->ARR = arr;                      //设定计数器自动重装值//刚好 1 ms
    TIM3->PSC = psc;                      //预分频器 7200,得到 10 kHz 的计数时钟
    TIM3->DIER| = 1<<0;                   //允许更新中断
    TIM3->CR1| = 0x01;                    //使能定时器 3
    MY_NVIC_Init(1,3,TIM3_IRQn,2);        //抢占 1,子优先级 3,组 2
}
```

该文件下包含一个中断服务函数和一个定时器 3 中断初始化函数。中断服务函数比较简单,在每次中断后判断 TIM3 的中断类型,如果中断类型正确,则执行 LED1(DS1)的取反。

TIM3_Int_Init 函数就是执行我们上面介绍的 5 个步骤,使得 TIM3 开始工作,并开启中断。该函数的 2 个参数用来设置 TIM3 的溢出时间。因为 Stm32_Clock_ Init 函数里面已经初始化 APB1 的时钟为 2 分频,所以 APB1 的时钟为 36 MHz,而

从 STM32 的内部时钟树图得知,当 APB1 的时钟分频数为 1 的时候,TIM2～7 的时钟为 APB1 的时钟;而如果 APB1 的时钟分频数不为 1,那么 TIM2～7 的时钟频率将为 APB1 时钟的两倍。因此,TIM3 的时钟为 72 MHz,再根据设计的 arr 和 psc 的值就可以计算中断时间了,计算公式如下:

$$T_{out} = ((arr+1) \times (psc+1))/T_{clk}$$

其中,T_{clk} 为 TIM3 的输入时钟频率(单位为 MHz)。T_{out} 为 TIM3 溢出时间(单位为 μs)。将 timer. c 文件保存,然后加入到 HARDWARE 组下。接下来,在 timer. h 文件里输入如下代码:

```
# ifndef __TIMER_H
# define __TIMER_H
# include "sys. h"
void TIM3_Int_Init(u16 arr,u16 psc);
# endif
```

最后,在主程序里面输入如下代码:

```
int main(void)
{
    Stm32_Clock_Init(9);              //系统时钟设置
    delay_init(72);                   //延时初始化
    uart_init(72,9600);               //串口初始化
    LED_Init();                       //初始化与 LED 连接的硬件接口
    TIM3_Int_Init(5000,7199);         //10 kHz 的计数频率,计数到 5000 为 500 ms
        while(1)
    {
        LED0 = ! LED0;
        delay_ms(200);
    }
}
```

这里的代码和之前大同小异,此段代码对 TIM3 进行初始化之后进入死循环等待 TIM3 溢出中断,当 TIM3_CNT 的值等于 TIM3_ARR 的值时就会产生 TIM3 的更新中断,然后在中断里面取反 LED1,TIM3_CNT 再从 0 开始计数。

12.4　下载验证

完成软件设计之后,将编译好的文件下载到 MiniSTM32 开发板上,观看其运行结果是否与我们编写的一致。如果没有错误,则看到 DS0 不停闪烁(每 400 ms 闪烁一次),而 DS1 也是不停闪烁,但是闪烁时间较 DS0 慢(1 s 一次)。

第13章

PWM 输出实验

第 12 章介绍了 STM32 的通用定时器 TIM3,用该定时器的中断来控制 DS1 的闪烁,这一章将介绍如何使用 STM32 的定时器来产生 PWM 输出。本章将使用 TIM1 的通道 1 产生 PWM 来控制 DS0 的亮度。

13.1 PWM 简介

脉冲宽度调制(PWM)是英文 Pulse Width Modulation 的缩写,简称脉宽调制,是利用微处理器的数字输出来对模拟电路进行控制的一种非常有效的技术。简单一点,就是对脉冲宽度的控制,PWM 原理如图 13.1 所示。

图 13.1 就是一个简单的 PWM 原理示意图。图中,假定定时器工作在向上计数 PWM 模式,且当 CNT<CCRx 时,输出 0;当 CNT≥ CCRx 时,输出 1。那么就可以得到如图 13.1 所示的 PWM 示意图。当 CNT 值小于 CCRx 的时候,I/O 输出低电平(0);当 CNT 值大于等于 CCRx 的时候,I/O 输出高电平(1);当 CNT 达到 ARR 值的时候,重新归零,然后重新向上计数,依

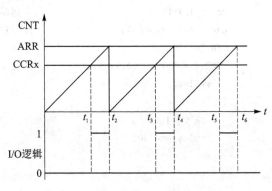

图 13.1　PWM 原理示意图

次循环。改变 CCRx 的值就可以改变 PWM 输出的占空比,改变 ARR 的值就可以改变 PWM 输出的频率,这就是 PWM 输出的原理。

除了 TIM6 和 TIM7,STM32 其他定时器都可以用来产生 PWM 输出。其中,高级定时器 TIM1 和 TIM8 可以同时产生 7 路 PWM 输出,而通用定时器也能同时产生 4 路 PWM 输出,这样,STM32 最多可以同时产生 30 路 PWM 输出。这里仅使用 TIM1 的 CH1 产生一路 PWM 输出;如果要产生多路输出,则可以根据我们的代码稍做修改即可。

要使 STM32 的高级定时器 TIM1 产生 PWM 输出,除了前面介绍的几个寄存

器(ARR、PSC、CR1 等)外,我们还会用到 4 个寄存器(通用定时器则只需要 3 个)来控制 PWM 的输出,分别是捕获/比较模式寄存器(TIMx_CCMR1/2)、捕获/比较使能寄存器(TIMx_CCER)、捕获/比较寄存器(TIMx_CCR1~4)以及刹车和死区寄存器(TIMx_BDTR)。

首先是捕获/比较模式寄存器(TIMx_CCMR1/2),共有 2 个,TIMx_CCMR1 和 TIMx_CCMR2。TIMx_CCMR1 控制 CH1 和 2,而 TIMx_CCMR2 控制 CH3 和 4。该寄存器的各位描述如图 13.2 所示。

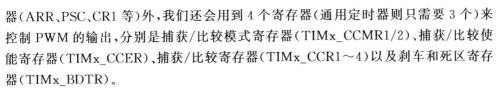

图 13.2　TIMx_CCMR1 寄存器各位描述

该寄存器的有些位在不同模式下功能不一样,所以图 13.2 把寄存器分了 2 层,上面一层对应输出时的设置而下面的则对应输入时的设置。关于该寄存器的详细说明请参考《STM32 参考手册》13.4.7 小节。这里需要说明的是模式设置位 OCxM,此部分由 3 位组成,总共可以配置成 7 种模式,这里使用的是 PWM 模式,这 3 位必须设置为 110/111。这两种 PWM 模式的区别就是输出电平的极性相反。另外,CCxS 用于设置通道的方向(输入/输出)默认设置为 0,就是设置通道作为输出使用。

接下来介绍捕获/比较使能寄存器(TIMx_CCER),该寄存器控制着各个输入输出通道的开关,各位描述如图 13.3 所示。

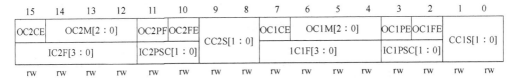

图 13.3　TIMx_CCER 寄存器各位描述

该寄存器比较简单,这里只用到了 CC1E 位,该位是输入/捕获 1 输出使能位,要想 PWM 从 I/O 口输出,这个位必须设置为 1,所以需要设置该位为 1。

最后介绍捕获/比较寄存器(TIMx_CCR1~4),该寄存器总共有 4 个,对应 4 个输通道 CH1~4。因为这 4 个寄存器都差不多,这里仅以 TIMx_CCR1 为例介绍,该寄存器的各位描述如图 13.4 所示。

在输出模式下,该寄存器的值与 CNT 的值比较,根据比较结果产生相应动作。利用这点通过修改这个寄存器的值就可以控制 PWM 的输出脉宽了。本章使用的是 TIM1 的通道 1,所以需要修改 TIM1_CCR1 以实现脉宽控制 DS0 的亮度。

如果是通用定时器,则配置以上 3 个寄存器就够了;但是如果是高级定时器,则还需要配置刹车和死区寄存器(TIMx_BDTR)。该寄存器各位描述如图 13.5 所示。

只需要关注该寄存器最高位:MOE 位,要想高级定时器 PWM 正常输出,则必

15	14	13	12	11	10	9	8	7	6	5	4	3	2	1	0
							CCR1[15：0]								
rw	rw	rw	rw	rw	rw	rw	rw	rw	rw	rw	rw	rw	rw	rw	rw

位15：0	CCR1[15：0]：捕获/比较1的值 若CC1通道配置为输出,则CCR1包含了装入当前捕获/比较1寄存器的值(预装载值) 如果在TIMx_CCMR1寄存器(OC1PE位)中未选择预装载特性,写入的数值会立即传输至当前 寄存器中。否则只有当更新事件发生时,此预装载值才传输至当前捕获/比较1寄存器中 当前捕获/比较寄存器参与同计数器TIMx_CNT的比较,并在OC1端口中产生输出信号 若CC1通道配置为输入,则CCR1包含了由上一次输入捕获1事件(IC1)传输的计数器值

图 13.4　寄存器 TIMx_ CCR1 各位描述

15	14	13	12	11	10	9	8	7	6	5	4	3	2	1	0
MOE	AOE	BKP	BKE	OSSR	OSSI	LOCK[1：0]				DTG[7：0]					
rw	rw	rw	rw	rw	rw	rw	rw	rw	rw	rw	rw	rw	rw	rw	rw

位15	MOE：主输出使能(Main output enable) 一旦刹车输入有效,该位被硬件异步清'0'。根据AOE位的设置值,该位可以由 软件清'0'或被自动置1。它仅对配置为输出的通道有效。 0：禁止OC和OCN输出或强制为空闲状态; 1：如果设置了相应的使能位(TIMx_CCER寄存器的CCxE、CCxNE位),则开启OC 和OCN输出

图 13.5　寄存器 TIMx_ BDTR 各位描述

须设置 MOE 位为 1,否则不会有输出。注意,通用定时器不需要配置这个。其他位详细介绍请参考《STM32 参考手册》第 248 页。

至此,我们把本章要用的几个相关寄存器都介绍完了,本章要实现通过 TIM1_CH1 输出 PWM 来控制 DS0 的亮度。配置步骤如下:

① 开启 TIM1 时钟,配置 PA8 为复用输出。

要使用 TIM1,则必须先开启 TIM1 的时钟(通过 APB2ENR 设置)。这里还要配置 PA8 为复用输出(当然还要时能 PORTA 的时钟),这是因为 TIM1_CH1 通道将使用 PA8 的复用功能作为输出。

② 设置 TIM3 的 ARR 和 PSC。

开启了 TIM1 的时钟之后,就要设置 ARR 和 PSC 两个寄存器的值来控制输出 PWM 的周期。当 PWM 周期太慢(低于 50 Hz)的时候,就会明显感觉到闪烁了。因此,PWM 周期在这里不宜设置得太小。

③ 设置 TIM1_CH1 的 PWM 模式及通道方向。

接下来要设置 TIM1_CH1 为 PWM 模式(默认是冻结的),因为 DS0 是低电平亮,而我们希望当 CCR1 的值小的时候 DS0 就暗,CCR1 值大的时候 DS0 就亮,所以要通过配置 TIM1_CCMR1 的相关位来控制 TIM1_CH1 的模式。另外,要配置 CH1 为输出,所以要设置 CC1S[1：0]为 00(寄存器默认就是 0,这里可以省略)。

④ 使能 TIM1 的 CH1 输出,使能 TIM1。

接下来需要开启 TIM1 的通道 1 的输出及 TIM1 的时钟。前者通过 TIM1_CCER 来设置,是单个通道的开关;而后者则通过 TIM1_CR1 来设置,是整个 TIM1 的总开关。只有设置了这两个寄存器,才可能在 TIM1 的通道 1 上看到 PWM 波输出。

⑤ 设置 MOE 输出,使能 PWM 输出。

普通定时器在完成以上设置了之后就可以输出 PWM 了,但是高级定时器还需要使能刹车和死区寄存器(TIM1_BDTR)的 MOE 位,以使能整个 OCx(即 PWM)输出。

⑥ 修改 TIM1_CCR1 来控制占空比。

最后,在经过以上设置之后,PWM 其实已经开始输出了,只是其占空比和频率都是固定的,通过修改 TIM1_CCR1 则可以控制 CH1 的输出占空比,继而控制 DS0 的亮度。

通过以上步骤就可以控制 TIM1 的 CH1 输出 PWM 波了。

13.2　硬件设计

本实验用到的硬件资源有指示灯 DS0、定时器 TIM3。这 2 个前面都有介绍,但是这里用到了 TIM1_CH1 通道的输出,从原理图(图 6.4)可以看到,TIM1_CH1 是和 PA8 相连的,所以电路上并没有任何变化。

13.3　软件设计

本章依旧是在前一章基础上修改代码,先打开之前的工程,然后在第 12 章基础上,在 timer.c 里面加入如下代码:

```
//TIM1_CH1 PWM 输出初始化,arr:自动重装值;psc:时钟预分频数
void TIM1_PWM_Init(u16 arr,u16 psc)
{
    RCC - >APB2ENR| = 1<<11;            //TIM1 时钟使能
    GPIOA - >CRH& = 0XFFFFFFF0;         //PA8 清除之前的设置
    GPIOA - >CRH| = 0X0000000B;         //复用功能输出
    TIM1 - >ARR = arr;                  //设定计数器自动重装值
    TIM1 - >PSC = psc;                  //预分频器设置
    TIM1 - >CCMR1| = 7<<4;              //CH1 PWM2 模式
    TIM1 - >CCMR1| = 1<<3;              //CH1 预装载使能
    TIM1 - >CCER| = 1<<0;               //OC1 输出使能
    TIM1 - >BDTR| = 1<<15;              //MOE 主输出使能
    TIM1 - >CR1 = 0x0080;               //ARPE 使能
    TIM1 - >CR1| = 0x01;                //使能定时器 1
}
```

此部分代码包含了上面介绍的 PWM 输出设置的前 5 个步骤。接着修改 timer. h 如下：

```
#ifndef __TIMER_H
#define __TIMER_H
#include "sys.h"
//通过改变 TIM1->CCR1 的值来改变占空比,从而控制 LED0 的亮度
#define LED0_PWM_VAL TIM1->CCR1
void TIM3_Int_Init(u16 arr,u16 psc);
void TIM1_PWM_Init(u16 arr,u16 psc);
#endif
```

这里头文件与上一章的不同是加入了 TIM1_PWM_Init 的声明以及宏定义了 TIM1 通道 1 的输入/捕获寄存器。通过这个宏定义,就可以在其他文件里面修改 LED0_PWM_VAL 的值,就可以达到控制 LED0 的亮度的目的,也就是实现了前面介绍的最后一个步骤。

接下来,修改主程序里面的 main 函数如下：

```
int main(void)
{
    u16 led0pwmval = 0;
    u8 dir = 1;
    Stm32_Clock_Init(9);           //系统时钟设置
    delay_init(72);                //延时初始化
    uart_init(72,9600);            //串口初始化
    LED_Init();                    //初始化与 LED 连接的硬件接口
    TIM1_PWM_Init(899,0);          //不分频。PWM 频率 = 72 000/(899 + 1) = 80 kHz
        while(1)
    {
        delay_ms(10);
        if(dir)led0pwmval ++ ;
        else led0pwmval -- ;
        if(led0pwmval>300)dir = 0;
        if(led0pwmval == 0)dir = 1;
        LED0_PWM_VAL = led0pwmval;
    }
}
```

从死循环函数可以看出,控制 LED0_PWM_VAL 的值从 0 变到 300,然后又从 300 变到 0,如此循环。因此 DS0 的亮度也会跟着从暗变到亮,然后又从亮变到暗。这里的值取 300 是因为 PWM 的输出占空比达到这个值的时候,我们的 LED 亮度变化就不大了(虽然最大值可以设置到 899),因此设计过大的值在这里是没必要的。至此,软件设计就完成了。

13.4　下载验证

在完成软件设计之后,将编译好
的文件下载到 MiniSTM32 开发板上,观看其运行结果是否与编写的一致。如果没
有错误,则将看到 DS0 不停地由暗变到亮,然后又从亮变到暗。每个过程持续时间
大概为 3 s。实际运行结果如图 13.5 所示。

图 13.5　PWM 控制 DS0 亮度

第 **14** 章

输入捕获实验

第13章介绍了STM32的定时器作为PWM输出的使用方法,这一章将介绍通用定时器作为输入捕获的使用。本章将用TIM2的通道1(PA0)来做输入捕获,捕获PA0上高电平的脉宽(用WK_UP按键输入高电平),通过串口打印高电平脉宽时间。

14.1 输入捕获简介

输入捕获模式可以用来测量脉冲宽度或者测量频率。这里以测量脉宽为例,用一个简图来说明输入捕获的原理,如图14.1所示。

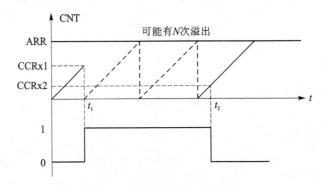

图 14.1 输入捕获脉宽测量原理

图14.1就是输入捕获测量高电平脉宽的原理。假定定时器工作在向上计数模式,图中 $t_1 \sim t_2$ 时间就是需要测量的高电平时间。测量方法如下:首先设置定时器通道x为上升沿捕获,这样 t_1 时刻就会捕获到当前的CNT值,然后立即清零CNT,并设置通道x为下降沿捕获;这样到 t_2 时刻又会发生捕获事件,得到此时的CNT值,记为CCRx2。这样,根据定时器的计数频率就可以算出 $t_1 \sim t_2$ 的时间,从而得到高电平脉宽。

在 $t_1 \sim t_2$ 之间可能产生 N 次定时器溢出,这就要求我们对定时器溢出做处理,防止高电平太长而导致数据不准确。如图14.1所示,$t_1 \sim t_2$ 之间,CNT计数的次数等于 $N \cdot ARR + CCRx2$。有了这个计数次数,再乘以CNT的计数周期,即可得到 $t_2 - t_1$ 的时间长度,即高电平持续时间。输入捕获的原理就介绍到这。

STM32 的定时器中,除了 TIM6 和 TIM7,其他定时器都有输入捕获功能。STM32 的输入捕获,简单说就是通过检测 TIMx_CHx 上的边沿信号,在边沿信号发生跳变(比如上升沿/下降沿)的时候将当前定时器的值(TIMx_CNT)存放到对应的通道的捕获/比较寄存器(TIMx_CCRx)里面完成一次捕获。同时,还可以配置捕获时是否触发中断/DMA 等。

本章用 TIM2_CH1 来捕获高电平脉宽,也就是要先设置输入捕获为上升沿检测,记录发生上升沿时 TIM2_CNT 的值。然后配置捕获信号为下降沿捕获,当下降沿到来时发生捕获,并记录此时的 TIM2_CNT 值。这样,前后两次 TIM2_CNT 之差就是高电平的脉宽,同时 TIM2 的计数频率我们是知道的,从而可以计算出高电平脉宽的准确时间。

接下来介绍本章需要用到的一些寄存器配置:TIMx_ARR、TIMx_PSC、TIMx_CCMR1、TIMx_CCER、TIMx_DIER、TIMx_CR1、TIMx_CCR1,这些寄存器前面都有提到(这里的 x＝2),这里就不再全部罗列了,只是针对性地介绍这几个寄存器的配置。

首先 TIMx_ARR 和 TIMx_PSC 寄存器,用来设自动重装载值和 TIMx 的时钟分频,用法同前面介绍的,这里不再介绍。

再来看看捕获/比较模式寄存器 1:TIMx_CCMR1,这个寄存器在输入捕获的时候非常有用,各位描述如图 14.2 所示。在输入捕获模式下使用的时候,对应图 14.2 的第二行描述。从图中可以看出,TIMx_CCMR1 明显是针对 2 个通道的配置,低 8 位[7∶0]用于捕获/比较通道 1 的控制,而高 8 位[15∶8]用于捕获/比较通道 2 的控制,因为 TIMx 还有 CCMR2 寄存器,所以可以知道 CCMR2 用来控制通道 3 和通道 4(详见《STM32 参考手册》290 页)。

15	14	13	12	11	10	9	8	7	5	6	4	3	2	1	0
OC2CE	OC2M[2∶0]			OC2PE	OCFPE	CC2S[1∶0]		OC1CE	OC1M[2∶0]			OC1PE	OC1FE	CC1S[1∶0]	
	IC2F[3∶0]			IC2PSC[1∶0]					IC1F[3∶0]			IC1PSC[1∶0]			
rw	rw	rw	rw	rw	rw	rw	rw	rw	rw	rw	rw	rw	rw	rw	rw

图 14.2　TIMx_CCMR1 寄存器各位描述

这里用到的是 TIM2 的捕获/比较通道 1,重点介绍 TIMx_CMMR1 的[7∶0]位(其实高 8 位配置类似),TIMx_CMMR1 的[7∶0]位详细描述如图 14.3 所示。

其中,CC1S[1∶0]位用于 CCR1 的通道方向配置,这里设置 IC1S[1∶0]＝01,也就是配置为输入,且 IC1 映射在 TI1 上(关于 IC1 可以看《STM32 参考手册》14.2 节的图 98,通用定时器框图),CC1 即对应 TIMx_CH1。

输入捕获 1 预分频器 IC1PSC[1∶0]比较好理解,这里是一次边沿就触发一次捕获,所以选择 00 就可以了。

输入捕获 1 滤波器 IC1F[3∶0]用来设置输入采样频率和数字滤波器长度。其中,f_{CK_INT} 是定时器的输入频率(TIMxCLK),一般为 72 MHz;而 f_{DTS} 则是根据

位7:4	IC1F[3:0]：输入捕获1滤波器(Input capture 1 filter)
	这几位定义了TI1输入的采样频率及数字滤波器长度。数字滤波器由一个事件计数器组成，它记录到N个事件后会产生一个输出的跳变： 0000：无滤波器，以f_{DTS}采样　　　　1000：采样频率$f_{SAMPLING}=f_{DTS}/8$，N=6 0001：采样频率$f_{SAMPLING}=f_{CK\_INT}$，N=2　　1001：采样频率$f_{SAMPLING}=f_{DTS}/8$，N=8 0010：采样频率$f_{SAMPLING}=f_{CK\_INT}$，N=4　　1010：采样频率$f_{SAMPLING}=f_{DTS}/16$，N=5 0011：采样频率$f_{SAMPLING}=f_{CK\_INT}$，N=8　　1011：采样频率$f_{SAMPLING}=f_{DTS}/16$，N=6 0100：采样频率$f_{SAMPLING}=f_{DTS}/2$，N=6　　1100：采样频率$f_{SAMPLING}=f_{DTS}/16$，N=8 0101：采样频率$f_{SAMPLING}=f_{DTS}/2$，N=8　　1101：采样频率$f_{SAMPLING}=f_{DTS}/32$，N=5 0110：采样频率$f_{SAMPLING}=f_{DTS}/4$，N=6　　1110：采样频率$f_{SAMPLING}=f_{DTS}/32$，N=6 0111：采样频率$f_{SAMPLING}=f_{DTS}/4$，N=8　　1111：采样频率$f_{SAMPLING}=f_{DTS}/32$，N=8 注：在现在的芯片版本中，当ICxF[3:0]=1、2或3时，公式中的f_{DTS}由CK_INT替代
位3:2	IC1PSC[1:0]：输入/捕获1预分频器(Input capture 1 prescaler) 这2位定义了CC1输入(IC1)的预分频系数。 一旦CC1E='0'(TIMx_CCER寄存器中)，则预分频器复位。 00：无预分频器，捕获输入口上检测到的每一个边沿都触发一次捕获； 01：每2个事件触发一次捕获； 10：每4个事件触发一次捕获； 11：每8个事件触发一次捕获
位1:0	CC1S[1:0]：捕获/比较1选择(Capture/Compare 1 selection) 这2位定义通道的方向(输入/输出)，及输入脚的选择： 00：CC1通道被配置为输出； 01：CC1通道被配置为输入，IC1映射在TI1上； 10：CC1通道被配置为输入，IC1映射在TI2上； 11：CC1通道被配置为输入，IC1映射在TRC上。此模式仅工作在内部触发器输入被选中时(由TIMx_SMCR寄存器的TS位选择)。 注：CC1S仅在通道关闭时(TIMx_CCER寄存器的CC1E='0')才是可写的

图 14.3　TIMx_CMMR1 [7:0]位详细描述

TIMx_CR1 的 CKD[1:0]的设置来确定的。如果 CKD[1:0]设置为 00，那么 $f_{DTS}=f_{CK\_INT}$。N 值就是滤波长度，举个简单的例子：假设 IC1F[3:0]=0011，并设置 IC1 映射到通道 1 上，且为上升沿触发，那么在捕获到上升沿的时候，再以 f_{CK_INT} 的频率连续采样到 8 次通道 1 的电平；如果都是高电平，则说明确实是一个有效的触发，就会触发输入捕获中断(如果开启了的话)。这样可以滤除那些高电平脉宽低于 8 个采样周期的脉冲信号，从而达到滤波的效果。这里不做滤波处理，所以设置 IC1F[3:0]=0000，只要采集到上升沿就触发捕获。

再来看看捕获/比较使能寄存器：TIMx_CCER，各位描述如图 13.3 所示。本章要用到这个寄存器的最低 2 位，CC1E 和 CC1P 位，如图 14.4 所示。所以，要使能输入捕获，必须设置 CC1E=1，而 CC1P 则根据自己的需要来配置。

接下来看看 DMA/中断使能寄存器：TIMx_DIER，各位描述如图 12.2 所示。本章需要用到中断来处理捕获数据，所以必须开启通道 1 的捕获比较中断，即 CC1IE

位1	CC1P：输入/捕获1输出极性(Capture/Compare 1 output polarity)
	CC1通道配置为输出：
	0：OC1高电平有效　　1：OC1低电平有效
	CC1通道配置为输入：该位选择是IC1还是IC1的反相信号作为触发或捕获信号。
	0：不反相：捕获发生在IC1的上升沿：当用作外部触发器时，IC1不反相。
	1：反相：捕获发生在IC1的下降沿：当用作外部触发器时，IC1反相
位0	CC1E：输入/捕获1输出使能(Caputre/Compare 1 output enable)
	CC1通道配置为输出：
	0：关闭，OC1禁止输出。　　1：开启，OC1信号输出到对应的输出引脚。
	CC1通道配置为输入：
	该位决定了计数器的值是否能捕获入TIMx_CCR1寄存器。
	0：捕获禁止；　　0：捕获使能

图 14.4　TIMx_CCER 最低 2 位描述

设置为 1。控制寄存器：TIMx_CR1,这里只用到了它的最低位,也就是用来使能定时器的。

最后再来看看捕获/比较寄存器 1：TIMx_CCR1,用来存储捕获发生时 TIMx_CNT 的值。从 TIMx_CCR1 就可以读出通道 1 捕获发生时刻的 TIMx_CNT 值,通过两次捕获(一次上升沿捕获,一次下降沿捕获)的差值就可以计算出高电平脉冲的宽度。

至此,本章要用的几个相关寄存器都介绍完了,本章要通过输入捕获来获取 TIM2_CH1(PA0)上面的高电平脉冲宽度,并从串口打印捕获结果。输入捕获的配置步骤如下：

① 开启 TIM2 时钟,配置 PA0 为下拉输入。

要使用 TIM2,则必须先开启 TIM2 的时钟(通过 APB1ENR 设置)。这里还要配置 PA0 为下拉输入,因为我们要捕获 TIM2_CH1 上面的高电平脉宽,而 TIM2_CH1 是连接在 PA0 上面的。

② 设置 TIM2 的 ARR 和 PSC。

开启 TIM2 的时钟后,我们要设置 ARR 和 PSC 两个寄存器的值来设置输入捕获的自动重装载值和计数频率。

③ 设置 TIM2 的 CCMR1。

TIM2_CCMR1 寄存器控制着输入捕获 1 和 2 的模式,包括映射关系、滤波和分频等。这里需要设置通道 1 为输入模式,且 IC1 映射到 TI1(通道 1)上面,并且不使用滤波(提高响应速度)器。

④ 设置 TIM2 的 CCER,开启输入捕获,并设置为上升沿捕获。

TIM2_CCER 寄存器是定时器的开关,并且可以设置输入捕获的边沿。只有 TIM2_CCER 寄存器使能了输入捕获,外部信号才能被 TIM2 捕获到,否则一切"白搭"。同时要设置好捕获边沿,才能得到正确的结果。

⑤ 设置 TIM2 的 DIER,使能捕获和更新中断,并编写中断服务函数。

因为要捕获高电平信号的脉宽,所以,第一次捕获是上升沿,第二次捕获时下降沿,必须在捕获上升沿之后设置捕获边沿为下降沿;如果脉宽比较长,那么定时器就会溢出,对溢出必须做处理,否则结果就不准了。这两件事都在中断里面做,所以必须开启捕获中断和更新中断。

设置了中断必须编写中断函数,否则可能导致死机。我们需要在中断函数里面完成数据处理和捕获设置等关键操作,从而实现高电平脉宽统计。

⑥ 设置 TIM2 的 CR1,使能定时器。

最后,必须打开定时器的计数器开关,通过设置 TIM2_CR1 的最低位为 1 来启动 TIM2 的计数器,开始输入捕获。

通过以上设置,定时器 2 的通道 1 就可以开始输入捕获了,同时因为还用到了串口输出结果,所以还需要配置一下串口。

14.2　硬件设计

本实验用到的硬件资源有指示灯 DS0、WK_UP 按键、串口、定时器 TIM3、定时器 TIM2。前面 4 个之前均有介绍。本节将捕获 TIM2_CH1(PA0)上的高电平脉宽,通过 WK_UP 按键输入高电平,并从串口打印高电平脉宽。同时,保留 14.1 节的 PWM 输出,读者也可以通过用杜邦线连接 PA8 和 PA0 来测量 PWM 输出的高电平脉宽。

14.3　软件设计

先打开之前的工程,然后在第 13 章的基础上,在 timer.c 里面加入如下代码:

```
//定时器2通道1输入捕获配置,arr:自动重装值,psc:时钟预分频数
void TIM2_Cap_Init(u16 arr,u16 psc)
{
    RCC - >APB1ENR| = 1<<0;              //TIM2 时钟使能
    RCC - >APB2ENR| = 1<<2;              //使能 PORTA 时钟
    GPIOA - >CRL& = 0XFFFFFFF0;          //PA0 清除之前设置
    GPIOA - >CRL| = 0X00000008;          //PA0 输入
    GPIOA - >ODR| = 0<<0;                //PA0 下拉
    TIM2 - >ARR = arr;                   //设定计数器自动重装值
    TIM2 - >PSC = psc;                   //预分频器
    TIM2 - >CCMR1| = 1<<0;               //CC1S = 01 选择输入端 IC1 映射到 TI1 上
    TIM2 - >CCMR1| = 1<<4;               //IC1F = 0001 配置滤波器以
                                         //Fck_int 采样,2 个事件后有效
    TIM2 - >CCMR1| = 0<<10;              //IC2PS = 00 配置输入分频,不分频
```

```
    TIM2 - >CCER| = 0<<1;                              //CC1P = 0 上升沿捕获
    TIM2 - >CCER| = 1<<0;                              //CC1E = 1 允许捕获计数器的值到捕获寄存器中
    TIM2 - >DIER| = 1<<1;                              //允许捕获中断
    TIM2 - >DIER| = 1<<0;                              //允许更新中断
    TIM2 - >CR1| = 0x01;                               //使能定时器 2
    MY_NVIC_Init(2,0,TIM2_IRQn,2);                     //抢占 2,子优先级 0,组 2
}
//捕获状态
//[7]:0,没有成功的捕获;1,成功捕获到一次[6]:0,还没捕获到高电平;1,已经捕获到高电
//平了;[5:0]:捕获高电平后溢出的次数
u8   TIM2CH1_CAPTURE_STA = 0;                          //输入捕获状态
u16    TIM2CH1_CAPTURE_VAL;                            //输入捕获值
//定时器 2 中断服务程序
void TIM2_IRQHandler(void)
{
    u16 tsr;
    tsr = TIM2 - >SR;
    if((TIM2CH1_CAPTURE_STA&0X80) == 0)               //还未成功捕获
    {
        if(tsr&0X01)                                  //溢出
        {
            if(TIM2CH1_CAPTURE_STA&0X40)              //已经捕获到高电平了
            {
                if((TIM2CH1_CAPTURE_STA&0X3F) == 0X3F)   //高电平太长了
                {
                    TIM2CH1_CAPTURE_STA| = 0X80;      //标记成功捕获了一次
                    TIM2CH1_CAPTURE_VAL = 0XFFFF;
                }else TIM2CH1_CAPTURE_STA ++ ;
            }
        }
        if(tsr&0x02)                                  //捕获 1 发生捕获事件
        {
            if(TIM2CH1_CAPTURE_STA&0X40)              //捕获到一个下降沿
            {
                TIM2CH1_CAPTURE_STA| = 0X80;          //标记成功捕获到一次高电平脉宽
                TIM2CH1_CAPTURE_VAL = TIM2 - >CCR1;   //获取当前的捕获值.
                 TIM2 - >CCER& = ~(1<<1);             //CC1P = 0 设置为上升沿捕获
            }else                                     //还未开始,第一次捕获上升沿
            {
                TIM2CH1_CAPTURE_VAL = 0;
                TIM2CH1_CAPTURE_STA = 0X40;           //标记捕获到了上升沿
                TIM2 - >CNT = 0;                      //计数器清空
```

```
            TIM2 - >CCER| = 1<<1;                    //CC1P = 1 设置为下降沿捕获
        }
      }
    }
    TIM2 - >SR = 0;                                  //清除中断标志位
}
```

此部分代码包含 2 个函数,其中 TIM2_Cap_Init 函数用于 TIM2 通道 1 的输入捕获设置,其设置和上面讲的步骤是一样的,这里重点来看看第二个函数。

TIM2_IRQHandler 是 TIM2 的中断服务函数,用到了两个全局变量,用于辅助实现高电平捕获。其中,TIM2CH1_CAPTURE_STA 用来记录捕获状态,类似 usart.c 里面自行定义的 USART_RX_STA 寄存器(其实就是个变量,只是我们把它当成一个寄存器那样来使用)。TIM2CH1_CAPTURE_STA 各位描述如下所示:

bit7	bit6	bit5~0
捕获完成标志	捕获到高电平标志	捕获高电平后定时器溢出的次数

另外一个变量 TIM2CH1_CAPTURE_VAL,用来记录捕获到下降沿的时候 TIM2_CNT 的值。

捕获高电平脉宽的思路:首先,设置 TIM2_CH1 捕获上升沿,这在 TIM2_Cap_Init 函数执行的时候就设置好了,然后等待上升沿中捕获端到来。当捕获到上升沿中断时,如果 TIM2CH1_CAPTURE_STA 的第 6 位为 0,则表示还没有捕获到新的上升沿,就先把 TIM2CH1_CAPTURE_STA、TIM2CH1_CAPTURE_VAL 和 TIM2→CNT 等清零;然后再设置 TIM2CH1_CAPTURE_STA 的第 6 位为 1,标记捕获到高电平;最后设置为下降沿捕获,等待下降沿到来。如果等待下降沿到来期间,定时器发生了溢出,则在 TIM2CH1_CAPTURE_STA 里面对溢出次数进行计数,当最大溢出次数来到的时候,就强制标记捕获完成(虽然此时还没有捕获到下降沿)。当下降沿到来的时候,先设置 TIM2CH1_CAPTURE_STA 的第 7 位为 1,标记成功捕获一次高电平,然后读取此时的定时器的捕获值到 TIM2CH1_CAPTURE_VAL 里面,最后设置为上升沿捕获,回到初始状态。

这样就完成一次高电平捕获了,只要 TIM2CH1_CAPTURE_STA 的第 7 位一直为 1,那么就不会进行第二次捕获,在 main 函数处理完捕获数据后,将 TIM2CH1_CAPTURE_STA 置零就可以开启第二次捕获。

接着修改 timer.h 如下:

```
#ifndef __TIMER_H
#define __TIMER_H
#include "sys.h"
//通过改变 TIM1 - >CCR1 的值来改变占空比,从而控制 LED0 的亮度
```

```
#define LED0_PWM_VAL TIM1 - >CCR1
void TIM3_Int_Init(u16 arr,u16 psc);
void TIM1_PWM_Init(u16 arr,u16 psc);
void TIM2_Cap_Init(u16 arr,u16 psc);
#endif
```

接下来修改主程序里面的 main 函数如下：

```
extern u8        TIM2CH1_CAPTURE_STA;        //输入捕获状态
extern u16       TIM2CH1_CAPTURE_VAL;        //输入捕获值
int main(void)
{
    u32 temp = 0;
    Stm32_Clock_Init(9);                //系统时钟设置
    uart_init(72,9600);                 //串口初始化为9600
    delay_init(72);                     //延时初始化
    LED_Init();                         //初始化与 LED 连接的硬件接口
    TIM1_PWM_Init(899,0);               //不分频。PWM 频率 = 72000/(899 + 1) = 80 kHz
    TIM2_Cap_Init(0XFFFF,72 - 1);       //以 1Mhz 的频率计数
    while(1)
    {
        delay_ms(10);
        LED0_PWM_VAL ++ ;
        if(LED0_PWM_VAL == 300)LED0_PWM_VAL = 0;
        if(TIM2CH1_CAPTURE_STA&0X80)        //成功捕获到了一次高电平
        {
            temp = TIM2CH1_CAPTURE_STA&0X3F;
            temp * = 65536;                 //溢出时间总和
            temp += TIM2CH1_CAPTURE_VAL;    //得到总的高电平时间
            printf("HIGH:%d us\r\n",temp);  //打印总的高点平时间
            TIM2CH1_CAPTURE_STA = 0;        //开启下一次捕获
        }
    }
}
```

该 main 函数是在 PWM 实验的基础上修改来的，我们保留了 PWM 输出，同时通过设置 TIM2_Cap_Init(0XFFFF,72−1) 将 TIM2_CH1 的捕获计数器设计为 1 μs 计数一次，并设置重装载值为最大，所以捕获时间精度为 1 μs。主函数通过 TIM2CH1_CAPTURE_STA 的第 7 位来判断有没有成功捕获到一次高电平，如果成功捕获，则将高电平时间通过串口输出到计算机。至此，软件设计就完成了。

14. 4   下载验证

完成软件设计后,将编译好的文件下载到 MiniSTM32 开发板上,则可以看到 DS0 的状态和 13 章差不多,由暗到亮地循环,说明程序已经正常在跑了。再打开串口调试助手选择对应的串口,然后按 WK_UP 按键,则可以看到串口打印的高电平持续时间,如图 14.4 所示。可以看出,正常按下按键的时间一般是 200 ms 以内。读者还可以用杜邦线连接 PA0 和 PA8,看看前面设置的 PWM 输出的高电平是如何变化的。

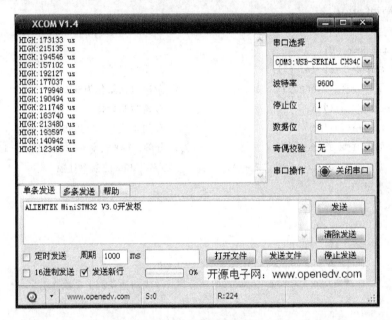

图 14. 4   PWM 控制 DS0 亮度

第 **15** 章

OLED 显示实验

前面几章的实例均没涉及液晶显示,这一章将介绍 OLED 的使用。本章将使用 MiniSTM32 开发板上的 OLED 模块接口来点亮 OLED,并实现 ASCII 字符的显示。

15.1 OLED 简介

OLED,即有机发光二极管(Organic Light-Emitting Diode),又称为有机电激光显示(Organic Electroluminesence Display,OELD)。OLED 由于同时具备自发光,不需背光源、对比度高、厚度薄、视角广、反应速度快、可用于挠曲性面板、使用温度范围广、构造及制程较简单等优异特性,被认为是下一代的平面显示器新兴应用技术。

LCD 都需要背光,而 OLED 不需要,因为它是自发光的。对于这样同样的显示,OLED 效果要好一些。以目前的技术,OLED 的尺寸还难以大型化,但是分辨率确可以做到很高。本章使用的是 ALINETEK 的 OLED 显示模块,特点如下:

① 模块有单色和双色两种可选,单色为纯蓝色,而双色则为黄蓝双色。

② 尺寸小,显示尺寸为 0.96 寸,而模块的尺寸仅为 27 mm×26 mm。

③ 高分辨率,该模块的分辨率为 128×64。

④ 多种接口方式,该模块提供了总共 4 种接口包括:6800、8080 这 2 种并行接口方式、4 线 SPI 接口方式以及 I^2C 接口方式(只需要 2 根线就可以控制 OLED 了)。

⑤ 不需要高压,直接接 3.3 V 就可以工作了。

这里要提醒大家的是,该模块不和 5.0 V 接口兼容,所以使用时一定要小心,别直接接到 5 V 的系统上,否则可能烧坏模块。以上 4 种模式通过模块的 BS1 和 BS2 设置,BS1 和 BS2 的设置与模块接口模式的关系如表 15.1 所列。其中,"1"代表接 VCC,而"0"代表接 GND。该模块的外观如图 15.1 所示。

表 15.1 OLED 模块接口方式设置表

接口方式	4 线 SPI	I^2C	8 位 6800	8 位 8080
BS1	0	1	0	1
BS2	0	0	1	1

图 15.1 ALIENTEK OLED 模块外观图

ALIENTEK OLED 模块默认设置是 BS1 和 BS2 接 VCC,即使用 8080 并口方式。如果想要设置为其他模式,则需要在 OLED 的背面用烙铁修改 BS1 和 BS2 的设置。模块的原理图如图 15.2 所示。

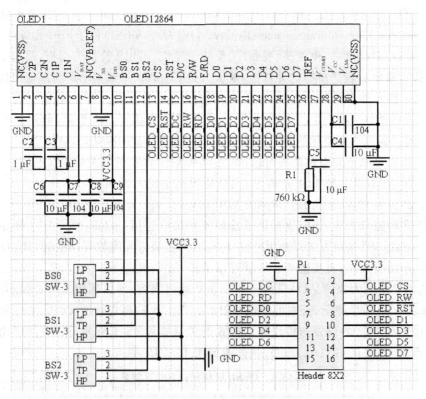

图 15.2 ALIENTEK OLED 模块原理图

该模块采用 8×2 的 2.54 排针与外部连接,总共有 16 个引脚,16 条线中这里只用了 15 条,有一个是悬空的。其中,电源和地线占了 2 条,还剩下 13 条信号线。不同模式下需要的信号线数量是不同的,在 8080 模式下,需要全部 13 条;而在 I²C 模式下,仅需要 2 条线就够了。这其中有一条是共同的,那就是复位线 RST(RES),RST 上的低电平将导致 OLED 复位,每次初始化前都应该复位 OLED 模块。

　　ALIENTEK OLED 模块的控制器是 SSD1306,本章将学习如何通过 STM32 来控制该模块显示字符和数字,本章的实例代码将可以支持两种方式与 OLED 模块连接,一种是 8080 的并口方式,另外一种是 4 线 SPI 方式。

　　首先介绍模块的 8080 并行接口。8080 并行接口的发明者是 INTEL,广泛应用于各类液晶显示器;ALIENTEK OLED 模块也提供了这种接口,使得 MCU 可以快速地访问 OLED。ALIENTEK OLED 模块的 8080 接口方式需要如下一些信号线:

> CS:OLED 片选信号。
> WR:向 OLED 写入数据。
> RD:从 OLED 读取数据。
> D[7:0]:8 位双向数据线。
> RST(RES):硬复位 OLED。
> DC:命令/数据标志(0,读/写命令;1,读写数据)。

　　模块的 8080 并口读/写的过程为:先根据要写入/读取的数据的类型设置 DC 为高(数据)/低(命令),然后拉低片选,选中 SSD1306;接着我们根据是读数据、还是要写数据置 RD/WR 为低,然后在 RD 的上升沿,使数据锁存到数据线(D[7:0])上。在 WR 的上升沿,使数据写入到 SSD1306 里面。SSD1306 的 8080 并口写时序图如图 15.3 所示。SSD1306 的 8080 并口读时序图如图 15.4 所示。SSD1306 的 8080 接口方式下,控制脚的信号状态对应的功能如表 15.2 所列。

表 15.2　控制脚信号状态功能表

功　能	RD	WR	CS	DC
写命令	H	↑	L	L
读状态	↑	H	L	L
写数据	H	↑	L	H
读数据	↑	H	L	H

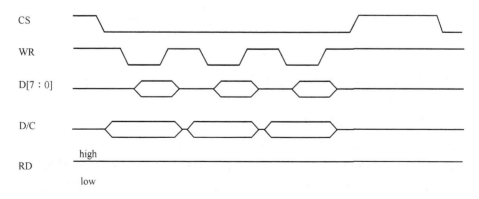

图 15.3　8080 并口写时序图

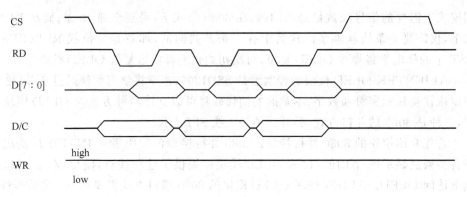

图 15.4　8080 并口读时序图

在 8080 方式下读数据操作的时候,有时候(如读显存的时候)需要一个假读命令 (Dummy Read),以使得微控制器的操作频率和显存的操作频率相匹配。在读取真正的数据之前有一个假读的过程。这里的假读其实就是第一个读到的字节丢弃不要,从第二个开始才是我们真正要读的数据。一个典型的读显存的时序如图 15.5 所示。可以看到,发送了列地址后开始读数据,第一个是 Dummy Read,也就是假读,从第二个开始才算是真正有效的数据。

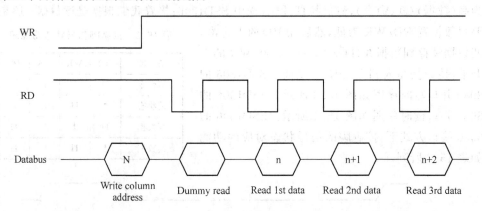

图 15.5　读显存时序图

接下来介绍一下 4 线串行(SPI)方式,4 线串口模式使用的信号线有如下几条:

➤ CS:OLED 片选信号。

➤ RST(RES):硬复位 OLED。

➤ DC:命令/数据标志(0,读/写命令;1,读/写数据)。

➤ SCLK:串行时钟线。在 4 线串行模式下,D0 信号线作为串行时钟线 SCLK。

➤ SDIN:串行数据线。在 4 线串行模式下,D1 信号线作为串行数据线 SDIN。

模块的 D2 需要悬空,其他引脚可以接到 GND。在 4 线串行模式下,只能往模块写数据而不能读数据。在 4 线 SPI 模式下,每个数据长度均为 8 位,在 SCLK 的上升沿,数据从 SDIN 移入到 SSD1306,并且是高位在前的。DC 线还是用作命令/数据的标志线。在 4 线 SPI 模式下,写操作的时序如图 15.6 所示。

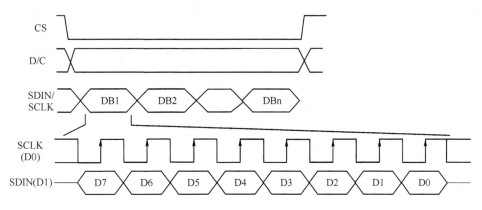

图 15.6　4 线 SPI 写操作时序图

接下来介绍模块的显存。SSD1306 的显存总共为 128×64 bit,SSD1306 将这些显存分为了 8 页,对应关系如表 15.3 所列。可以看出,SSD1306 的每页包含 128 字节,总共 8 页,刚好是 128×64 的点阵大小。因为每次写入都是按字节写入的,这就存在一个问题,如果使用只写方式操作模块,那么,每次要写 8 个点,这样在画点的时候,就必须把要设置的点所在字节的每个位都弄清楚当前的状态(0/1),否则写入的数据就会覆盖掉之前的状态,结果就是有些不需要显示的点显示出来了,或者该显示的没有显示了。这个问题在能读的模式下可以先读出来要写入的那个字节,得到当前状况,在修改了要改写的位之后再写进 GRAM,这样就不会影响到之前的状况了。但是这样需要能读 GRAM,对于 3 线或 4 线 SPI 模式,模块是不支持读的,而且"读→改→写"的方式速度也比较慢。所以这里采用的办法是在 STM32 的内部建立一个

表 15.3　SSD1306 显存与屏幕对应关系表

			行(COL0~127)				
	SEG0	SEG1	SEG2	……	SEG125	SEG126	SEG127
列 (COM0~63)	PAGE0						
	PAGE1						
	PAGE2						
	PAGE3						
	PAGE4						
	PAGE5						
	PAGE6						
	PAGE7						

OLED 的 GRAM(共 128×8 字节),每次修改的时候,只是修改 STM32 上的 GRAM (实际上就是 SRAM)。修改完之后,一次性把 STM32 上的 GRAM 写入到 OLED 的 GRAM。当然这个方法也有坏处,就是对于那些 SRAM 很小的单片机(比如 51 系列)就比较麻烦了。

SSD1306 的命令比较多,这里仅介绍几个比较常用的命令,如表 15.4 所列。

表 15.4　SSD1306 常用命令表

序号	指令	各位描述								命令	说明
	HEX	D7	D6	D5	D4	D3	D2	D1	D0		
0	81	1	0	0	0	0	0	0	1	设置对比度	A 的值越大屏幕越亮,A 的范围从 0X00～0XFF
	A[7：0]	A7	A6	A5	A4	A3	A2	A1	A0		
1	AE/AF	1	0	1	0	1	1	1	X0	设置显示开关	X0=0,关闭显示;X0=1,开启显示
2	8D	1	0	0	0	1	1	0	1	电荷泵设置	A2=0,关闭电荷泵 A2=1,开启电荷泵
	A[7：0]	*	*	0	1	0	A2	0	0		
3	B0～B7	1	0	1	1	0	X2	X1	X0	设置页地址	X[2：0]=0～7 对应页 0～7
4	00～0F	0	0	0	0	X3	X2	X1	X0	设置列地址低 4 位	设置 8 位起始列地址的低 4 位
5	10～1F	0	0	0	1	X3	X2	X1	X0	设置列地址高 4 位	设置 8 位起始列地址的高 4 位

第一个命令为 0X81,用于设置对比度,包含了两个字节,第一个 0X81 为命令,随后发送的一个字节为要设置的对比度的值。这个值设置得越大屏幕就越亮。

第二个命令为 0XAE/0XAF。0XAE 为关闭显示命令,0XAF 为开启显示命令。

第三个命令为 0X8D,该指令也包含 2 个字节,第一个为命令字,第二个为设置值,第二个字节的 BIT2 表示电荷泵的开关状态,该位为 1,则开启电荷泵,为 0 则关闭。在模块初始化的时候,这个必须要开启,否则是看不到屏幕显示的。

第四个命令为 0XB0～B7,用于设置页地址,其低 3 位的值对应着 GRAM 的页地址。

第五个指令为 0X00～0X0F,用于设置显示时的起始列地址低 4 位。第六个指令为 0X10～0X1F,用于设置显示时的起始列地址高 4 位。

最后再来介绍 OLED 模块的初始化过程。SSD1306 的典型初始化框图如图 15.7 所示。

要驱动 IC 的初始化代码,直接使用厂家推荐的设置就可以了,但要对细节部分进行一些修改,使其满足自己的要求,其他不需要变动。

接下来将使用 OLED 模块来显示字符和数字,步骤如下:

① 设置 STM32 与 OLED 模块相连接的 I/O。这一步先将与 OLED 模块相连的 I/O 口设置为输出,具体使用哪些 I/O 口需要根据连接电路以及 OLED 模块设置的通信模式来确定。这些将在硬件设计部分介绍。

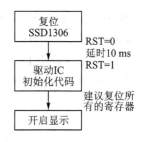

图 15.7　SSD1306 初始化框图

② 初始化 OLED 模块。其实这里就是图 15.7 初始化框图的内容,通过对 OLED 相关寄存器的初始化来启动 OLED 的显示,为后续显示字符和数字做准备。

③ 通过函数将字符和数字显示到 OLED 模块上。这里就是通过我们设计的程序,将要显示的字符送到 OLED 模块就可以了,这些函数将在软件设计部分介绍。

通过以上 3 步就可以使用 ALIENTEK OLED 模块来显示字符和数字了,在后面还将介绍显示汉字的方法。

15.2　硬件设计

本实验用到的硬件资源有指示灯 DS0、OLED 模块。

OLED 模块的电路在前面已有详细说明了,这里介绍 OLED 模块与 ALIETEK MiniSTM32 开发板的连接。MiniSTM32 开发板底板的 LCD 接口和 ALIENTEK OLED 模块直接可以对插(靠左插),连接如图 15.8 所示。

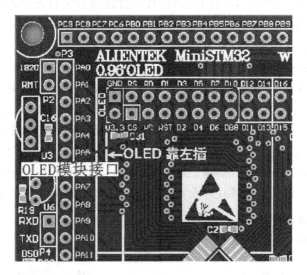

图 15.8　OLED 模块与开发板连接示意图

图中圈出来的部分就是连接 OLED 的接口,硬件上 OLED 与 MiniSTM32 开发板的 I/O 口对应关系为 OLED_CS 对应 PC9、OLED_RS 对应 PC8、OLED_WR 对应 PC7、OLED_RD 对应 PC6、OLED_D[7:0]对应 PB[7:0]。MiniSTM32 的内部已经将线连接好了,只需要将 OLED 模块插上去就好了。实物连接如图 15.9 所示。

图 15.9　OLED 模块与开发板连接实物图

15.3　软件设计

软件设计依旧在之前的工程上面增加,不过没用到定时器,所以先去掉 timer. c (注意,此时 HARDWARE 组仅剩 led. c)。然后,在 HARDWARE 文件夹下新建一个 OLED 的文件夹。然后打开 USER 文件夹下的工程,新建一个 oled. c 的文件和 oled. h 的头文件,保存在 OLED 文件夹下,并将 OLED 文件夹加入头文件包含路径。

oled. c 的代码由于比较长,这里就不贴出来了,仅介绍几个比较重要的函数。首先是 OLED_Init 函数。该函数的结构比较简单,开始是对 I/O 口的初始化,这里用了宏定义 OLED_MODE 来决定要设置的 I/O 口,其他就是一些初始化序列了,按照厂家提供的资料来做就可以。最后要说明一点的是,因为 OLED 是无背光的,初始化之后把显存都清空了,所以屏幕上看不到任何内容,跟没通电一样,不要以为这就是初始化失败,要写入数据模块才会显示的。OLED_Init 函数代码如下:

```
//初始化 SSD1306
void OLED_Init(void)
{
    RCC->APB2ENR| = 1<<3;                      //使能 PORTB 时钟
    RCC->APB2ENR| = 1<<4;                      //使能 PORTC 时钟
#if OLED_MODE == 1                             //使用 8080 并口模式
```

```
        JTAG_Set(SWD_ENABLE);
        GPIOB->CRL = 0X33333333;
        GPIOB->ODR| = 0XFFFF;
        GPIOC->CRH& = 0XFFFFFF00;
        GPIOC->CRL& = 0X00FFFFFF;
        GPIOC->CRH| = 0X00000033;
        GPIOC->CRL| = 0X33000000;
        GPIOC->ODR| = 0X03C0;
#else                                   //使用 4 线 SPI 串口模式
        GPIOB->CRL& = 0XFFFFFF00;
        GPIOB->CRL| = 0XF0000033;
        GPIOB->ODR| = 0X03;
        GPIOC->CRH& = 0XFFFFFF00;
        GPIOC->CRH| = 0X00000033;
        GPIOC->ODR| = 3<<8;
#endif
        //OLED_RST = 0;         //没有 I/O 连接在 OLED 的 RST 信号上,RST 和 STM32 的 RST 共用
        //delay_ms(100); OLED_RST = 1;
        OLED_WR_Byte(0xAE,OLED_CMD);        //关闭显示
        ……//省略部分代码
        OLED_WR_Byte(0xA6,OLED_CMD);        //设置显示方式;bit0:1,反相显示;0,正常显示
        OLED_WR_Byte(0xAF,OLED_CMD);        //开启显示
        OLED_Clear();}
```

接着要介绍的是 OLED_Refresh_Gram 函数。我们在 STM32 内部定义了一个块"GRAM:u8 OLED_GRAM[128][8];",此部分 GRAM 对应 OLED 模块上的 GRAM。在操作的时候,只要修改 STM32 内部的 GRAM 就可以了,然后通过 OLED_Refresh_Gram 函数把 GRAM 一次刷新到 OLED 的 GRAM 上。该函数代码如下:

```
//更新显存到 LCD
void OLED_Refresh_Gram(void)
{
    u8 i,n;
    for(i = 0;i<8;i++)
    {
        OLED_WR_Byte (0xb0 + i,OLED_CMD);       //设置页地址(0~7)
        OLED_WR_Byte (0x00,OLED_CMD);           //设置显示位置—列低地址
        OLED_WR_Byte (0x10,OLED_CMD);           //设置显示位置—列高地址
        for(n = 0;n<128;n++)OLED_WR_Byte(OLED_GRAM[n][i],OLED_DATA);
    }
}
```

OLED_Refresh_Gram 函数先设置页地址,再写入列地址(也就是纵坐标),然后从 0 开始写入 128 字节,写满该页;最后循环把 8 页的内容都写入就实现了整个从 STM32 显存到 OLED 显存的复制。

    OLED_Refresh_Gram 函数还用到了一个外部函数,也就是接着要介绍的函数 OLED_WR_Byte,该函数直接和硬件相关,代码如下:

```
# if OLED_MODE == 1
//向 SSD1306 写入一个字节
//dat:要写入的数据/命令;cmd:数据/命令标志 0,表示命令;1,表示数据
void OLED_WR_Byte(u8 dat,u8 cmd)
{
    DATAOUT(dat);
    OLED_RS = cmd;
    OLED_CS = 0;
    OLED_WR = 0; OLED_WR = 1;
    OLED_CS = 1;     OLED_RS = 1;
}
#else
//向 SSD1306 写入一个字节
//dat:要写入的数据/命令;cmd:数据/命令标志 0,表示命令;1,表示数据
void OLED_WR_Byte(u8 dat,u8 cmd)
{
    u8 i;
    OLED_RS = cmd;                          //写命令
    OLED_CS = 0;
    for(i = 0;i<8;i++)
    {
        OLED_SCLK = 0;
        if(dat&0x80)OLED_SDIN = 1;
        else OLED_SDIN = 0;
        OLED_SCLK = 1;
        dat<< = 1;
    }
    OLED_CS = 1;
    OLED_RS = 1;
}
#endif
```

    这里有两个一样的函数,通过宏定义 OLED_MODE 来决定使用哪一个。如果 OLED_MODE=1,就定义为并口模式,选择第一个函数;如果为 0,则为 4 线串口模式,选择第二个函数。这两个函数输入参数均为 2 个,即 dat 和 cmd,dat 为要写入的数据,cmd 则表明该数据是命令还是数据。这 2 个函数的时序操作就是根据上面对

8080 接口以及 4 线 SPI 接口的时序来编写的。

OLED_GRAM[128][8] 中的 128 代表列数（x 坐标），而 8 代表的是页，每页又包含 8 行，总共 64 行（y 坐标），从高到低对应行数从小到大。比如，要在 x＝100，y＝29 这个点写入 1，则可以用这个句子实现：

```
OLED_GRAM[100][4]|=1<<2;
```

一个通用的在点（x，y）置 1 表达式为：

```
OLED_GRAM[x][7-y/8]|=1<<(7-y%8);
```

其中，x 的范围为 0～127，y 的范围为 0～63。

因此，可以得出下一个将要介绍的函数：画点函数，void OLED_DrawPoint(u8 x，u8 y，u8 t)，代码如下：

```
void OLED_DrawPoint(u8 x,u8 y,u8 t)
{
    u8 pos,bx,temp=0;
    if(x>127||y>63)return;          //超出范围了
    pos=7-y/8;
    bx=y%8;
    temp=1<<(7-bx);
    if(t)OLED_GRAM[x][pos]|=temp;
    else OLED_GRAM[x][pos]&=~temp;
}
```

该函数有 3 个参数，前 2 个是坐标，第三个 t 为要写入 1 还是 0。该函数实现了我们在 OLED 模块上任意位置画点的功能。

接下来介绍显示字符函数，OLED_ShowChar。先来介绍一下字符（ASCII 字符集）是怎么显示在 OLED 模块上去的？要显示字符，先要有字符的点阵数据，ASCII 常用的字符集总共有 95 个，从空格符开始，分别为：!" ＃ $ % &'( ) * ＋，－0123456789：；＜＝＞? @ABCDEFGHIJKLMNOPQRSTUVWXYZ[\]ˆ_`abcdef-ghijklmnopqrstuvwxyz{|}～。

我们先要得到这个字符集的点阵数据，这里介绍一款很好的字符提取软件：PC-toLCD2002 完美版。该软件可以提供各种字符，包括汉字（字体和大小都可以自己设置）阵提取，且取模方式可以设置好几种，支持常用的取模方式。该软件还支持图形模式，也就是用户可以自定义图片的大小，然后画图，根据所画的图形再生成点阵数据，这功能在制作图标或图片的时候很有用。该软件的界面如图 15.10 所示。然后选择设置，在其中设置取模方式如图 15.11 所示。这里设置的取模方式在右上角的取模说明里面有，即从第一列开始向下每取 8 个点作为一个字节；如果最后不足 8 个点就补满 8 位。取模顺序是从高到低，即第一个点作为最高位。如 ∗------取为

10000000。其实就是按如图 15.12 所示的这种方式取模。

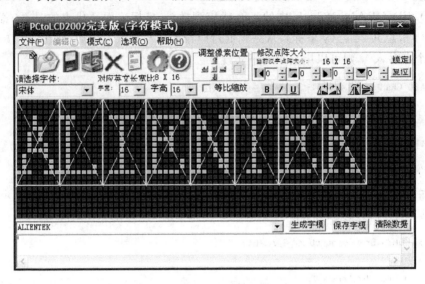

图 15.10　PCtoLCD2002 软件界面

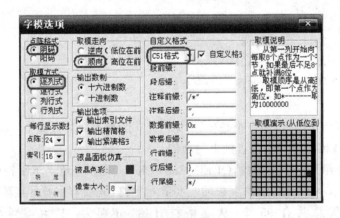

图 15.11　设置取模方式

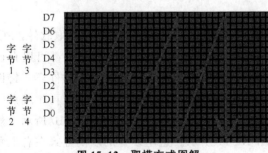

图 15.12　取模方式图解

从上到下，从左到右，高位在前。按这样的取模方式，然后把 ASCII 字符集按 12×6、16×8 和 24×12 大小取模出来（对应汉字大小为 12×12、16×16 和 24×24，字符的只有汉字的一半大），保存在 oledfont.h 里面，每个 12×6 的字符占用 12 字节，每个 16×8 的字符占用 16 字节，每个 24×12 的字符占用 36 字节，具体见 oledfont.h 部分代码(参考本例程源码)。

知道了取模方式之后就可以根据取模的方式来编写显示字符的代码了,这里针对以上取模方式的显示字符代码如下:

```
//在指定位置显示一个字符,包括部分字符
//x:0~127;y:0~63;mode:0,反白显示;1,正常显示;size:选择字体 12/16/24
void OLED_ShowChar(u8 x,u8 y,u8 chr,u8 size,u8 mode)
{
    u8 temp,t,t1;
    u8 y0 = y;
    u8 csize = (size/8 + ((size % 8)? 1:0)) * (size/2);  //得到字体一个字符对应点阵
                                                          //集所占的字节数
    chr = chr - '';//得到偏移后的值
    for(t = 0;t<csize;t ++ )
    {
        if(size == 12)temp = asc2_1206[chr][t];       //调用 1206 字体
        else if(size == 16)temp = asc2_1608[chr][t];  //调用 1608 字体
        else if(size == 24)temp = asc2_2412[chr][t];  //调用 2412 字体
        else return;                                  //没有的字库
        for(t1 = 0;t1<8;t1 ++ )
        {
            if(temp&0x80)OLED_DrawPoint(x,y,mode);
            else OLED_DrawPoint(x,y,! mode);
            temp<< = 1;
            y ++ ;
            if((y - y0) == size) { y = y0; x ++ ; break;}
        }
    }
}
```

该函数为字符以及字符串显示的核心部分,函数中"chr = chr - '';"是要得到在字符点阵数据里面的实际地址,因为取模是从空格键开始的,例如,oled_asc2_1206[0][0]代表的是空格符开始的点阵码。接下来的代码也是按照从上到小(先y++)、从左到右(再 x++)的取模方式来编写的,先得到最高位,然后判断是写 1还是 0,画点,接着读第二位,如此循环,直到一个字符的点阵全部取完为止。其中涉及列地址和行地址的自增,根据取模方式来理解就不难了。

oled.c 的内容就介绍到这里,将 oled.c 保存,然后加入到 HARDWARE 组下。接下来在 oled.h 中输入如下代码:

```
# ifndef __OLED_H
# define __OLED_H
# include "sys.h"
```

```
# include "stdlib.h"
//OLED 模式设置
//0：4 线串行模式(模块的 BS1,BS2 均接 GND)；1：并行 8080 模式(模块的 BS1,BS2 均接 VCC)
# define OLED_MODE        1
//OLED 端口定义
# define OLED_CS   PDout(6)
# define OLED_RST PGout(15)
# define OLED_RS   PDout(3)
# define OLED_WR   PGout(14)
# define OLED_RD   PGout(13)
//PC0~7,作为数据线
# define DATAOUT(x) GPIOC - >ODR = (GPIOC - >ODR&0xff00)|(x&0x00FF);  //输出
//使用 4 线 SPI 接口时使用
# define OLED_SCLK PCout(0)
# define OLED_SDIN PCout(1)
# define OLED_CMD    0                  //写命令
# define OLED_DATA 1                    //写数据
//OLED 控制用函数
void OLED_WR_Byte(u8 dat,u8 cmd);
……                                     //忽略部分函数声明
void OLED_ShowString(u8 x,u8 y,const u8 * p);
# endif
```

OLED_MODE 的定义也在这个文件里面,必须根据自己 OLED 模块 BS1 和 BS2 的设置(目前代码仅支持 8080 和 4 线 SPI)来确定 OLED_MODE 的值。

保存好 oled.h 之后就可以在主程序里面编写应用层代码了,代码如下:

```
int main(void)
{
    u8 t = 0;
    Stm32_Clock_Init(9);                //系统时钟设置
    delay_init(72);                     //延时初始化
    uart_init(72,9600);                 //串口初始化
    LED_Init();                         //初始化与 LED 连接的硬件接口
    OLED_Init();                        //初始化 OLED
    OLED_ShowString(0,0,"ALIENTEK",24);
    OLED_ShowString(0,24, "0.96 OLED TEST",16);
    OLED_ShowString(0,40,"ATOM 2014/3/7",12);
    OLED_ShowString(0,52,"ASCII:",12);
    OLED_ShowString(64,52,"CODE:",12);
    OLED_Refresh_Gram();                //更新显示到 OLED
    t = ' ';
```

```
    while(1)
    {
        OLED_ShowChar(36,52,t,12,1);       //显示 ASCII 字符
        OLED_ShowNum(94,52,t,3,12);        //显示 ASCII 字符的码值
        OLED_Refresh_Gram();               //更新显示到 OLED
        t ++ ;
        if(t>'~')t='';
        delay_ms(500);
        LED0 = ! LED0;
    }
}
```

该部分代码用于在 OLED 上显示一些字符,再从空格键开始不停地循环显示 ASCII 字符集,并显示该字符的 ASCII 值,然后编译此工程直到编译成功为止。

15.4　下载验证

将代码下载到 MiniSTM32 后可以看到,DS0 不停地闪烁,提示程序已经在运行了。同时可以看到,OLED 模块显示如图 15.13 所示。

图 15.13　OLED 显示效果

图中 OLED 显示了 3 种尺寸的字符:24×12(ALIENTEK)、16×8(0.96' OLED TEST)和 12×6(剩下的内容),说明我们的实验是成功的,实现了 3 种不同尺寸 ASCII 字符的显示,在最后一行不停地显示 ASCII 字符以及其码值。

通过这一章我们学会了 ALIENTEK OLED 模块的使用,在调试代码的时候又多了一种显示信息的途径,以后的程序编写时要好好利用。

第 **16** 章

TFT – LCD 显示实验

第 15 章介绍了 OLED 模块及其显示,但是该模块只能显示单色/双色,不能显示彩色,而且尺寸也较小。本章将介绍 ALIENTEK 2.8 寸 TFT – LCD 模块,其采用 TFT – LCD 面板,可以显示 16 位色的真彩图片。本章将使用 MiniSTM32 开发板上的 LCD 接口来点亮 TFT – LCD,并实现 ASCII 字符和彩色的显示等功能;并在串口打印 LCD 控制器 ID,同时在 LCD 上面显示。

16.1   TFT – LCD 简介

本章将通过 STM32 的 FSMC 接口来控制 TFT – LCD 的显示,所以本节分为两个部分,分别介绍 TFT – LCD 和 FSMC。

TFT – LCD 即薄膜晶体管液晶显示器,全称为 Thin Film Transistor-Liquid Crystal Display。TFT – LCD 与无源 TN – LCD、STN – LCD 的简单矩阵不同,它在液晶显示屏的每一个像素上都设置了一个薄膜晶体管(TFT),可有效克服非选通时的串扰,使显示液晶屏的静态特性与扫描线数无关,因此大大提高了图像质量。TFT – LCD 也叫真彩液晶显示器。

ALIENTEK TFT – LCD 模块特点如下:

➤ 2.4'/2.8'/3.5'/4.3'/7'这 5 种大小的屏幕可选。

➤ 320×240 的分辨率(3.5'分辨率为 320×480,4.3'和 7'分辨率为 800×480)。

➤ 16 位真彩显示。

➤ 自带触摸屏,可以用作控制输入。

本章以 2.8 寸的 ALIENTEK TFT – LCD 模块为例介绍,该模块支持 65K 色显示,显示分辨率为 320×240,接口为 16 位的 80 并口,自带触摸屏。该模块的外观如图 16.1 所示。原理图如图 16.2 所示。TFT – LCD 模块采用 2×17 的 2.54 公排针与外部连接,接口定义如图 16.3 所示。

从图 16.3 可以看出,ALIENTEK TFT – LCD 模块采用 16 位的并行方式与外部连接,之所以不采用 8 位的方式,是因为彩屏的数据量比较大,尤其在显示图片的时候,如果用 8 位数据线,就会比 16 位方式慢一倍以上,我们当然希望速度越快越好,所以选择 16 位的接口。图 16.3 还列出了触摸屏芯片的接口,本章不多介绍,后

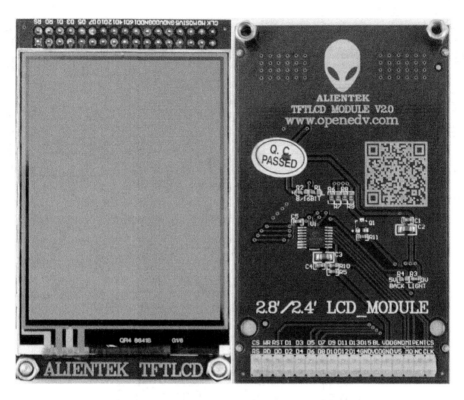

图 16.1　ALIENTEK 2.8 寸 TFT‑LCD 外观图

面的章节会有详细介绍。该模块的 80 并口有如下一些信号线：

> CS：TFT‑LCD 片选信号。

> WR：向 TFT‑LCD 写入数据。

> RD：从 TFT‑LCD 读取数据。

> D[15：0]：16 位双向数据线。

> RST：硬复位 TFT‑LCD。

> RS：命令/数据标志(0,读/写命令;1,读/写数据)。

80 并口已经有详细的介绍了,这里需要说明的是,TFT‑LCD 模块的 RST 信号线是直接接到 STM32 的复位脚上的,并不由软件控制,这样可以省下来一个 I/O口。另外我们还需要一个背光控制线来控制 TFT‑LCD 的背光。所以,总共需要的I/O 口数目为 21 个。注意,我们标注的 DB1～DB8、DB10～DB17 是相对于 LCD 控制 IC 标注的,实际上读者可以把它们就等同于 D0～D15(按从小到大顺序),这样理解起来简单点。

ALIENTEK 提供的 2.8 寸 TFT‑LCD 模块驱动芯片有很多种类型,比如ILI9341/ILI9325/RM68042/RM68021/ILI9320/ILI9328/LGDP4531/LGDP4535/SPFD5408/SSD1289/1505/B505/C505/NT35310/NT35510 等(具体的型号可以通

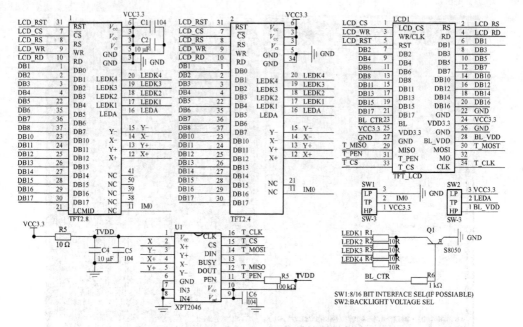

图 16.2　ALIENTEK 2.8 寸 TFTLCD 模块原理图

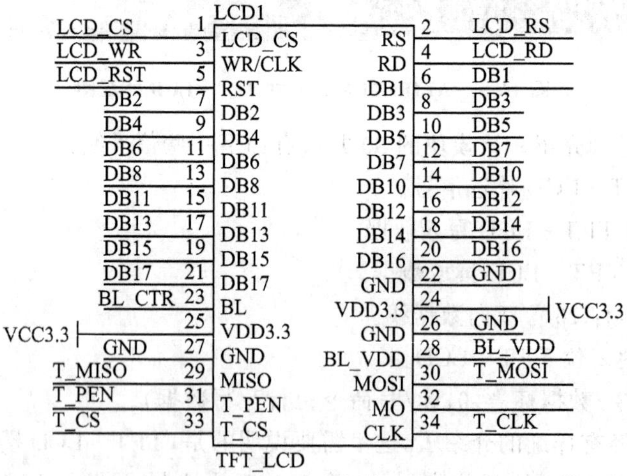

图 16.3　ALIENTEK 2.8 寸 TFT - LCD 模块接口图

过下载本章实验代码,通过串口或者 LCD 显示查看),这里仅以 ILI9341 控制器为例进行介绍,其他的控制基本类似。

ILI9341 液晶控制器自带显存,显存总大小为 172800(240×320×18/8),即 18位模式(26 万色)下的显存量。在 16 位模式下,ILI9341 采用 RGB565 格式存储颜色数据,此时 ILI9341 的 18 位数据线与 MCU 的 16 位数据线以及 LCD GRAM 的对应关系如图 16.4 所示。

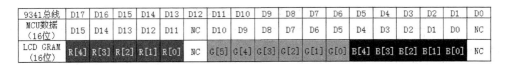

9341总线	D17	D16	D15	D14	D13	D12	D11	D10	D9	D8	D7	D6	D5	D4	D3	D2	D1	D0
MCU数据（16位）	D15	D14	D13	D12	D11	NC	D10	D9	D8	D7	D6	D5	D4	D3	D2	D1	D0	NC
LCD GRAM（16位）	R[4]	R[3]	R[2]	R[1]	R[0]	NC	G[5]	G[4]	G[3]	G[2]	G[1]	G[0]	B[4]	B[3]	B[2]	B[1]	B[0]	NC

图 16.4　16 位数据与显存对应关系图

从图 16.4 中可以看出,ILI9341 在 16 位模式下面,数据线有用的是 D17～D13 和 D11～D1,D0 和 D12 没有用到,实际上在我们 LCD 模块里面 ILI9341 的 D0 和 D12 压根就没有引出来,这样,ILI9341 的 D17～D13 和 D11～D1 对应 MCU 的 D15～D0。

这样 MCU 的 16 位数据,最低 5 位代表蓝色,中间 6 位为绿色,最高 5 位为红色。数值越大,表示该颜色越深。注意,ILI9341 所有指令都是 8 位的(高 8 位无效),且参数除了读/写 GRAM 的时候是 16 位,其他操作参数都是 8 位的,这和 ILI9320 等驱动器不一样。

接下来介绍 ILI9341 的几个重要命令。ILI9341 的命令很多,这里就不全部介绍了,读者可以找到 ILI9341 的 datasheet 看看。这里介绍 0XD3、0X36、0X2A、0X2B、0X2C、0X2E 这 6 条指令。

首先来看指令:0XD3,这是读 ID4 指令,用于读取 LCD 控制器的 ID,如表 16.1 所列。可以看出,0XD3 指令后面跟了 4 个参数,最后 2 个参数读出来是 0X93 和 0X41,刚好是控制器 ILI9341 的数字部分,通过该指令即可判别所用的 LCD 驱动器是什么型号。这样,我们的代码就可以根据控制器的型号去执行对应驱动 IC 的初始化代码,从而兼容不同驱动 IC 的屏,使得一个代码支持多款 LCD。

表 16.1　0XD3 指令描述

顺　序	控　制			各位描述									HEX
	RS	RD	WR	D15～D8	D7	D6	D5	D4	D3	D2	D1	D0	
指令	0	1	↑	XX	1	1	0	1	0	0	1	1	D3H
参数1	1	↑	1	XX	X	X	X	X	X	X	X	X	X
参数2	1	↑	1	XX	0	0	0	0	0	0	0	0	00H
参数3	1	↑	1	XX	1	0	0	1	0	0	1	1	93H
参数4	1	↑	1	XX	0	1	0	0	0	0	0	1	41H

接下来看指令:0X36,这是存储访问控制指令,可以控制 ILI9341 存储器的读/写方向,简单说,就是在连续写 GRAM 的时候,可以控制 GRAM 指针的增长方向,从而控制显示方式(读 GRAM 也是一样)。该指令如表 16.2 所列。从表 16.2 可以看出,0X36 指令后面紧跟一个参数,这里主要关注 MY、MX、MV 这 3 位。通过这 3 位的设置可以控制整个 ILI9341 的全部扫描方向,如表 16.3 所列。

表 16.2　0X36 指令描述

顺　序	控　制			各位描述									HEX
	RS	RD	WR	D15～D8	D7	D6	D5	D4	D3	D2	D1	D0	
指令	0	1	↑	XX	0	0	1	1	0	1	1	0	36H
参数	1	1	↑	XX	MY	MX	MV	ML	BGR	MH	0	0	0

表 16.3　MY、MX、MV 设置与 LCD 扫描方向关系表

控制位			效果 LCD 扫描方向(GRAM 自增方式)
MY	MX	MV	
0	0	0	从左到右,从上到下
1	0	0	从左到右,从下到上
0	1	0	从右到左,从上到下
1	1	0	从右到左,从下到上
0	0	1	从上到下,从左到右
0	1	1	从上到下,从右到左
1	0	1	从下到上,从左到右
1	1	1	从下到上,从右到左

　　这样,我们在利用 ILI9341 显示内容的时候就有很大灵活性了,比如显示 BMP 图片、BMP 解码数据,就是从图片的左下角开始,慢慢显示到右上角。如果设置 LCD 扫描方向为从左到右、从下到上,那么只需要设置一次坐标,然后就不停地往 LCD 填充颜色数据即可,从而大大提高显示速度。

　　接下来看指令:0X2A,这是列地址设置指令,在从左到右、从上到下的扫描方式 (默认)下面,该指令用于设置横坐标(x 坐标),如表 16.4 所列。

表 16.4　0X2A 指令描述

顺　序	控　制			各位描述									HEX
	RS	RD	WR	D15～D8	D7	D6	D5	D4	D3	D2	D1	D0	
指令	0	1	↑	XX	0	0	1	0	1	0	1	0	2AH
参数 1	1	1	↑	XX	SC15	SC14	SC13	SC12	SC11	SC10	SC9	SC8	SC
参数 2	1	1	↑	XX	SC7	SC6	SC5	SC4	SC3	SC2	SC1	SC0	
参数 3	1	1	↑	XX	EC15	EC14	EC13	EC12	EC11	EC10	EC9	EC8	EC
参数 4	1	1	↑	XX	EC7	EC6	EC5	EC4	EC3	EC2	EC1	EC0	

　　在默认扫描方式时,该指令用于设置 x 坐标。该指令带有 4 个参数,实际上是 2

个坐标值：SC 和 EC，即列地址的起始值和结束值，SC 必须小于等于 EC，且 0≤SC/EC≤239。一般在设置 x 坐标的时候，我们只需要带 2 个参数即可，也就是设置 SC 即可；因为如果 EC 没有变化，只需要设置一次即可（在初始化 ILI9341 的时候设置），从而提高速度。

与 0X2A 指令类似，指令 0X2B 是页地址设置指令，在从左到右、从上到下的扫描方式（默认）下面，用于设置纵坐标（y 坐标）。该指令如表 16.5 所列。

表 16.5 0X2B 指令描述

顺　序	控　制			各位描述									HEX
	RS	RD	WR	D15~D8	D7	D6	D5	D4	D3	D2	D1	D0	
指令	0	1	↑	XX	0	0	1	0	1	0	1	0	2BH
参数 1	1	1	↑	XX	SP15	SP14	SP13	SP12	SP11	SP10	SP9	SP8	SP
参数 2	1	1	↑	XX	SP7	SP6	SP5	SP4	SP3	SP2	SP1	SP0	
参数 3	1	1	↑	XX	EP15	EP14	EP13	EP12	EP11	EP10	EP9	EP8	EP
参数 4	1	1	↑	XX	EP7	EP6	EP5	EP4	EP3	EP2	EP1	EP0	

在默认扫描方式时，该指令用于设置 y 坐标。该指令带有 4 个参数，实际上是 2 个坐标值：SP 和 EP，即页地址的起始值和结束值，SP 必须小于等于 EP，且 0≤SP/EP≤319。一般在设置 y 坐标的时候，我们只需要带 2 个参数即可，也就是设置 SP 即可；因为如果 EP 没有变化，我们只需要设置一次即可（在初始化 ILI9341 的时候设置），从而提高速度。

接下来看指令 0X2C，是写 GRAM 指令。在发送该指令之后，我们便可以往 LCD 的 GRAM 里面写入颜色数据了。该指令支持连续写，描述如表 16.6 所列。

表 16.6 0X2C 指令描述

顺　序	控　制			各位描述									HEX
	RS	RD	WR	D15~D8	D7	D6	D5	D4	D3	D2	D1	D0	
指令	0	1	↑	XX	0	0	1	0	1	1	0	0	2CH
参数 1	1	1	↑	D1[15：0]									XX
……	1	1	↑	D2[15：0]									XX
参数 n	1	1	↑	Dn[15：0]									XX

从上表可知，在收到指令 0X2C 之后，数据有效位宽变为 16 位，我们可以连续写入 LCD GRAM 值，而 GRAM 的地址将根据 MY/MX/MV 设置的扫描方向进行自增。例如，假设设置的是从左到右、从上到下的扫描方式，那么设置好起始坐标（通过 SC，SP 设置）后，每写入一个颜色值，GRAM 地址将会自动自增 1（SC++）；如果碰到 EC，则回到 SC，同时 SP++，一直到坐标：EC，EP 结束，其间无须再次设置的坐标，可大大提高写入速度。

最后,来看看指令:0X2E。该指令是读 GRAM 指令,用于读取 ILI9341 的显存(GRAM)。该指令在 ILI9341 的数据手册上面的描述是有误的,真实的输出情况如表 16.7 所列。

表 16.7 0X2E 指令描述

顺 序	控 制			各位描述											HEX
	RS	RD	WR	D15~D11	D10	D9	D8	D7	D6	D5	D4	D3	D2	D1	D0	
指令	0	1	↑	XX				0	0	1	0	1	1	1	0	2EH
参数 1	1	↑	1	XX												dummy
参数 2	1	↑	1	R1[4:0]		XX		G1[5:0]					XX			R1G1
参数 3	1	↑	1	B1[4:0]		XX		R2[4:0]					XX			B1R2
参数 4	1	↑	1	G2[5:0]		XX		B2[4:0]					XX			G2B2
参数 5	1	↑	1	R3[4:0]		XX		G3[5:0]					XX			R3G3
参数 N	1	↑	1	按以上规律输出												

该指令用于读取 GRAM,如表 16.7 所列。ILI9341 在收到该指令后,第一次输出的是 dummy 数据,也就是无效的数据,第二次开始读取到的才是有效的 GRAM 数据(从坐标:SC,SP 开始),输出规律为:每个颜色分量占 8 个位,一次输出 2 个颜色分量。例如,第一次输出是 R1G1,随后的规律为:B1R2→G2B2→R3G3→B3R4→G4B4→R5G5…依此类推。如果只需要读取一个点的颜色值,那么只需要接收到参数 3 即可;如果要连续读取(利用 GRAM 地址自增,方法同上),那么就按照上述规律去接收颜色数据。

以上就是操作 ILI9341 的几个常用指令,通过这几个指令就可以很好地控制 ILI9341 显示我们所要显示的内容了。

一般 TFT-LCD 模块的使用流程如图 16.5 所示。

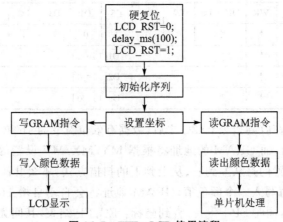

图 16.5 TFT - LCD 使用流程

对于任何 LCD,使用流程都可以简单地用以上流程图表示。其中,硬复位和初始化序列只需要执行一次即可。而画点流程就是：设置坐标→写 GRAM 指令→写入颜色数据,然后在 LCD 上面就可以看到对应的点显示我们写入的颜色了。读点流程为：设置坐标→读 GRAM 指令→读取颜色数据,这样就可以获取到对应点的颜色数据了。

以上只是最简单的操作,也是最常用的操作,有了这些操作,一般就可以正常使用 TFT － LCD 了。接下来用该模块来显示字符和数字,步骤如下：

① 设置 STM32 与 TFT － LCD 模块相连接的 I/O。这一步先将与 TFT － LCD 模块相连的 I/O 口进行初始化,以便驱动 LCD。这里需要根据连接电路以及 TFT － LCD 模块的设置来确定。

② 初始化 TFT － LCD 模块。即图 16.4 的初始化序列,这里没有硬复位 LCD,因为 MiniSTM32 开发板的 LCD 接口将 TFT － LCD 的 RST 同 STM32 的 RESET 连接在一起了,只要按下开发板的 RESET 键就会对 LCD 进行硬复位。初始化序列就是向 LCD 控制器写入一系列的设置值(比如伽马校准),这些初始化序列一般由 LCD 供应商提供给客户,我们直接使用即可,不需要深入研究。初始化之后 LCD 才可以正常使用。

③ 通过函数将字符和数字显示到 TFT － LCD 模块上。这一步则通过图 16.4 左侧的流程(即设置坐标→写 GRAM 指令→写 GRAM)来实现；但是这个步骤只是一个点的处理,要显示字符/数字就必须多次使用这个步骤,从而达到显示字符/数字的目标。所以需要设计一个函数来实现数字/字符的显示,之后调用该函数,就可以实现数字/字符的显示了。

16.2　硬件设计

本实验用到的硬件资源有指示灯 DS0、TFT － LCD 模块。其中,TFT － LCD 模块的电路前面已有详细说明了,这里介绍 TFT － LCD 模块与 ALIETEK MiniSTM32 开发板的连接。MiniSTM32 开发板底板的 LCD 接口和 ALIENTEK TFT － LCD 模块直接可以对插(靠右插),连接如图 16.6 所示。

图 16.6 中圈出来的部分就是连接 TFT － LCD 模块的接口,板上的接口比液晶模块的插针多 2 个口,液晶模块在这里是靠右插的。多出的 2 个口是给 OLED 用的,所以 OLED 模块在接这里的时候是靠左插的,这个要注意。在硬件上,TFT － LCD 模块与 MiniSTM32 开发板的 I/O 口对应关系如下：LCD_LED 对应 PC10,LCD_CS 对应 PC9,LCD _RS 对应 PC8,LCD _WR 对应 PC7,LCD _RD 对应 PC6,LCD _D[17：1]对应 PB[15：0]。MiniSTM32 开发板内部的这些线已经连接好了,我们只需要将 TFT － LCD 模块插上去就可以了。

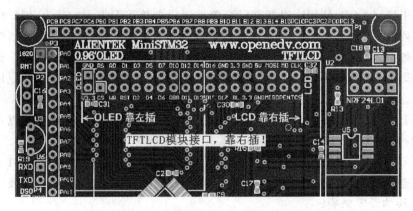

图 16.6　TFT－LCD 与开发板连接示意图

16.3　软件设计

软件设计依旧在之前的工程上面增加,不过没用到 OLED,所以先去掉 oled. c (注意,此时 HARDWARE 组仅剩 led. c),然后在 HARDWARE 文件夹下新建一个 LCD 的文件夹。然后打开 USER 文件夹下的工程,新建一个 ILI93xx. c 的文件和 lcd. h 的头文件,保存在 LCD 文件夹下,并将 LCD 文件夹加入头文件包含路径。

ILI93xx. c 里面要输入的代码比较多,这里只针对几个重要的函数进行讲解。完整版的代码见本书配套资料→4,程序源码→标准例程-寄存器版本→实验 11 TFTLCD 显示实验的 ILI93xx. c 文件。

首先介绍 lcd. h 里面的一个重要结构体:

```
//LCD 重要参数集
typedef struct
{
    u16 width;              //LCD 宽度
    u16 height;             //LCD 高度
    u16 id;                 //LCD ID
    u8  dir;                //横屏还是竖屏控制: 0,竖屏;1,横屏
    u16 wramcmd;            //开始写 gram 指令
    u16 setxcmd;            //设置 x 坐标指令
    u16 setycmd;            //设置 y 坐标指令
} _lcd_dev;
//LCD 参数
extern _lcd_dev lcddev;    //管理 LCD 重要参数
```

该结构体用于保存一些 LCD 重要参数信息,比如 LCD 的长宽、LCD ID(驱动 IC 型号)、LCD 横竖屏状态等。这个结构体虽然占用了 14 字节的内存,但是却可以让

驱动函数支持不同尺寸的 LCD,同时可以实现 LCD 横竖屏切换等重要功能,所以还是利大于弊的。下面开始介绍 ILI93xx.c 里面的一些重要函数。

第一个是 LCD_WR_DATA 函数,该函数在 lcd.h 里面,通过宏定义的方式申明。该函数通过 80 并口向 LCD 模块写入一个 16 位的数据,使用频率是最高的,这里采用宏定义的方式提高速度,代码如下:

```
//写数据函数
#define LCD_WR_DATA(data){\
LCD_RS_SET;\
LCD_CS_CLR;\
DATAOUT(data);\
LCD_WR_CLR;\
LCD_WR_SET;\
LCD_CS_SET;\
}
```

上面函数中的"\"是 C 语言中的一个转义字符,用来连接上下文。因为宏定义只能是一个串,串过长(超过一行的时候)就需要换行了,此时必须通过反斜杠来连接上下文。这里的"\"正是起这个作用。在上面的函数中,LCD_RS_SET/LCD_CS_CLR/LCD_WR_CLR/LCD_WR_SET/LCD_CS_SET 等是操作 RS/CS/WR 的宏定义,均是采用 STM32 的快速 I/O 控制寄存器实现的,从而提高速度。

第二个是 LCD_WR_DATAX 函数。该函数在 ILI93xx.c 里面定义,功能和 LCD_WR_DATA 一样,代码也一样(见本例程源码),只是没有用宏定义的方式。

我们知道,宏定义函数的好处就是速度快(直接嵌到被调用函数里面去),坏处就是占空间大。LCD_Init 函数里面有很多地方要写数据,如果全部用宏定义的 LCD_WR_DATA 函数,那么就会占用非常大的 FLASH,所以这里另外实现一个函数 LCD_WR_DATAX,专门给 LCD_Init 函数调用,从而大大减少 FLASH 占用量。

第三个是 LCD_WR_REG 函数。该函数是通过 8080 并口向 LCD 模块写入寄存器命令,因为该函数使用频率不高,我们不采用宏定义来做(宏定义占用 FLASH 较多),通过 LCD_RS 来标记是写入命令(LCD_RS＝0)还是数据(LCD_RS＝1)。该函数代码如下:

```
//写寄存器函数;data:寄存器值
void LCD_WR_REG(u16 data)
{
    LCD_RS_CLR;        //写地址
    LCD_CS_CLR;
    DATAOUT(data);
    LCD_WR_CLR;
    LCD_WR_SET;
```

```
    LCD_CS_SET;
}
```

既然有写寄存器命令函数,那就有读寄存器数据函数。接下来介绍 LCD_RD_DATA 函数。该函数用来读取 LCD 控制器的寄存器数据(非 GRAM 数据),代码如下:

```
//读 LCD 寄存器数据;返回值:读到的值
u16 LCD_RD_DATA(void)
{
    u16 t;
     GPIOB->CRL = 0X88888888;          //PB0~7 上拉输入
    GPIOB->CRH = 0X88888888;           //PB8~15 上拉输入
    GPIOB->ODR = 0X0000;               //全部输出 0
    LCD_RS_SET;
    LCD_CS_CLR;
    LCD_RD_CLR;                        //读取数据(读寄存器时,并不需要读 2 次)
    if(lcddev.id == 0X8989)delay_us(2); //FOR 8989,延时 2 μs
    t = DATAIN;
    LCD_RD_SET;
    LCD_CS_SET;
    GPIOB->CRL = 0X33333333;           //PB0~7 上拉输出
    GPIOB->CRH = 0X33333333;           //PB8~15 上拉输出
    GPIOB->ODR = 0XFFFF;               //全部输出高
    return t;
}
```

以上 4 个函数用于实现 LCD 基本的读/写操作,接下来介绍 2 个 LCD 寄存器操作的函数,LCD_WriteReg 和 LCD_ReadReg,代码如下:

```
//写寄存器
//LCD_Reg:寄存器编号;LCD_RegValue:要写入的值
void LCD_WriteReg(u16 LCD_Reg,u16 LCD_RegValue)
{
    LCD_WR_REG(LCD_Reg);
    LCD_WR_DATA(LCD_RegValue);
}
//读寄存器
//LCD_Reg:寄存器编号;返回值:读到的值
u16 LCD_ReadReg(u16 LCD_Reg)
{
    LCD_WR_REG(LCD_Reg);              //写入要读的寄存器号
    return LCD_RD_DATA();
}
```

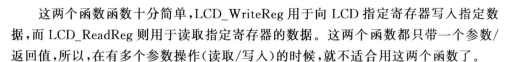

这两个函数函数十分简单,LCD_WriteReg 用于向 LCD 指定寄存器写入指定数据,而 LCD_ReadReg 则用于读取指定寄存器的数据。这两个函数都只带一个参数/返回值,所以,在有多个参数操作(读取/写入)的时候,就不适合用这两个函数了。

第七个要介绍的函数是坐标设置函数,代码如下:

```
//设置光标位置;Xpos:横坐标;Ypos:纵坐标
void LCD_SetCursor(u16 Xpos, u16 Ypos)
{
    if(lcddev.id == 0X9341||lcddev.id == 0X5310)
    {
        LCD_WR_REG(lcddev.setxcmd);
        LCD_WR_DATA(Xpos>>8);
        LCD_WR_DATA(Xpos&0XFF);
        LCD_WR_REG(lcddev.setycmd);
        LCD_WR_DATA(Ypos>>8);
        LCD_WR_DATA(Ypos&0XFF);
    }else if(lcddev.id == 0X6804)……;      //6804 驱动,省略部分代码
    else if(lcddev.id == 0X5510) ……;      //5510,省略部分代码
    else ……;                             //其他型号,省略部分代码
}
```

该函数实现将 LCD 的当前操作点设置到指定坐标(x,y)。因为不同 LCD 的设置方式不一定完全一样,所以代码里面有好几个判断,对不同的驱动 IC 进行不同的设置。

接下来介绍第 8 个函数:画点函数,代码如下:

```
//画点;x,y:坐标;POINT_COLOR:此点的颜色
void LCD_DrawPoint(u16 x,u16 y)
{
    LCD_SetCursor(x,y);                //设置光标位置
    LCD_WriteRAM_Prepare();            //开始写入 GRAM
    LCD_WR_DATA(POINT_COLOR);
}
```

该函数实现比较简单,就是先设置坐标,然后往坐标写颜色。其中,POINT_COLOR 是我们定义的一个全局变量,用于存放画笔颜色。顺带介绍一下另外一个全局变量:BACK_COLOR,该变量代表 LCD 的背景色。LCD_DrawPoint 函数虽然简单,但是至关重要,其他几乎所有上层函数都是通过调用这个函数实现的。

有了画点,当然还需要有读点的函数,第 9 个介绍的函数就是读点函数,用于读取 LCD 的 GRAM。这里说明一下,为什么 OLED 模块没做读 GRAM 的函数,而这

里做了。因为 OLED 模块是单色的,需要全部 GRAM 也就是 1 KB,而 TFT – LCD 模块为彩色的,点数也比 OLED 模块多很多,以 16 位色计算,一款 320×240 的液晶需要 320×240×2 个字节来存储颜色值,也就是需要 150 KB,这对任何一款单片机来说,都不是一个小数目了。而且在图形叠加的时候,可以先读回原来的值,然后写入新的值,完成叠加后又恢复原来的值,这样在做一些简单菜单的时候是很有用的。这里读取 TFT – LCD 模块数据的函数为 LCD_ReadPoint,其直接返回读到的 GRAM 值。该函数使用之前要先设置读取的 GRAM 地址,通过 LCD_SetCursor 函数来实现。LCD_ReadPoint 的代码如下:

```
//读取个某点的颜色值;x,y:坐标;返回值:此点的颜色
u16 LCD_ReadPoint(u16 x,u16 y)
{
    u16 r,g,b;
    LCD_SetCursor(x,y);
    if (lcddev. id == 0X9341||lcddev. id == 0X6804||lcddev. id == 0X5310)LCD_WR_REG
      (0X2E);
//9341/6804/5310 发送读 GRAM 指令
    else if(lcddev. id == 0X5510)LCD_WR_REG(0X2E00);       //5510 发送读 GRAM 指令
    else LCD_WR_REG(R34);                                  //其他 IC 发送读 GRAM 指令
    GPIOB – >CRL = 0X88888888;                             //PB0~7 上拉输入
    GPIOB – >CRH = 0X88888888;                             //PB8~15 上拉输入
    GPIOB – >ODR = 0XFFFF;                                 //全部输出高
    LCD_RS_SET;
    LCD_CS_CLR;
LCD_RD_CLR; delay_us(1);                                   //延时 1 μs
    LCD_RD_SET;                                            //读取数据(读 GRAM 时,第一次为假读)
    LCD_RD_CLR; delay_us(1);                               //延时 1 μs
    r = DATAIN;                                            //实际坐标颜色
    LCD_RD_SET;
    if(lcddev. id == 0X9341||lcddev. id == 0X5310||lcddev. id == 0X5510)
                                                          //这些要分 2 次读出
    {
        LCD_RD_CLR;
        b = DATAIN;//读取蓝色值
        LCD_RD_SET;
        g = r&0XFF;//对于 9341,第一次读取的是 RG 的值,R 在前,G 在后,各占 8 位
        g<< = 8;
    }else if(lcddev. id == 0X6804)……;                    //省略部分代码
    LCD_CS_SET;
    GPIOB – >CRL = 0X33333333;                             //PB0 – 7 上拉输出
    GPIOB – >CRH = 0X33333333;                             //PB8 – 15 上拉输出
```

```
    GPIOB->ODR = 0XFFFF;                                    //全部输出高
    if(lcddev.id == 0X9325||lcddev.id == 0X4535||lcddev.id == 0X4531||lcddev.id ==
0X8989||
  lcddev.id == 0XB505)return r;                            //这几种 IC 直接返回颜色值
    else if(lcddev.id == 0X9341||lcddev.id == 0X5310||lcddev.id == 0X5510)
  return (((r>>11)<<11)|((g>>10)<<5)|(b>>11)); //需要公式转换一下
    else return LCD_BGR2RGB(r);                             //其他 IC
}
```

在 LCD_ReadPoint 函数中,因为我们的代码不止支持一种 LCD 驱动器,所以,根据不同的 LCD 驱动器((lcddev.id)型号执行不同的操作,以实现对各个驱动器兼容,提高函数的通用性。

第 10 个要介绍的是字符显示函数 LCD_ShowChar,该函数同前面 OLED 模块的字符显示函数差不多,但是多了一个功能,就是可以以叠加方式显示,或者以非叠加方式显示。叠加方式显示多用于在显示的图片上再显示字符。非叠加方式一般用于普通的显示。该函数实现代码如下:

```
//在指定位置显示一个字符;x,y:起始坐标;num:要显示的字符:" "——>"~"
//size:字体大小 12/16/24;mode:叠加方式(1)还是非叠加方式(0)
void LCD_ShowChar(u16 x,u16 y,u8 num,u8 size,u8 mode)
{
    u8 temp,t1,t;
    u16 y0 = y;
    u8 csize = (size/8 + ((size%8)? 1:0)) * (size/2);      //得到字体一个字符对应点
                                                          //阵集所占字节数
    //设置窗口
    num = num - ' ';                                       //得到偏移后的值
    for(t = 0;t<csize;t ++ )
    {
        if(size == 12)temp = asc2_1206[num][t];           //调用 1206 字体
        else if(size == 16)temp = asc2_1608[num][t];      //调用 1608 字体
        else if(size == 24)temp = asc2_2412[num][t];      //调用 2412 字体
        else return;                                      //没有的字库
        for(t1 = 0;t1<8;t1 ++ )
        {
            if(temp&0x80)LCD_Fast_DrawPoint(x,y,POINT_COLOR);
            else if(mode == 0)LCD_Fast_DrawPoint(x,y,BACK_COLOR);
            temp<< = 1;
            y ++ ;
            if(x> = lcddev.width)return;                  //超区域了
            if((y - y0) == size)
            {
```

```
                y = y0; x ++ ;
                if(x> = lcddev.width)return;                    //超区域了
                break;
            }
        }
    }
}
```

在 LCD_ShowChar 函数里面,我们采用快速画点函数 LCD_Fast_DrawPoint 来画点显示字符;该函数同 LCD_DrawPoint 一样,只是带了颜色参数,且减少了函数调用的时间,详见本例程源码。该代码中用到了 3 个字符集点阵数据数组 asc2_2412、asc2_1206 和 asc2_1608,这几个字符集的点阵数据的提取方式同 15 章介绍的方法一样。

最后再介绍一下 TFT - LCD 模块的初始化函数 LCD_Init。该函数先初始化 STM32 与 TFT - LCD 连接的 I/O 口,并配置 FSMC 控制器,然后读取 LCD 控制器的型号,根据控制 IC 的型号执行不同的初始化代码,简化代码如下:

```
//该初始化函数可以初始化各种 ALIENTEK 出品的 LCD 液晶屏
//本函数占用较大 flash,可根据自己的实际情况,删掉未用到的 LCD 初始化代码.以节省空间
void LCD_Init(void)
{
    RCC - >APB2ENR| = 1<<3;              //先使能外设 PORTB 时钟
    RCC - >APB2ENR| = 1<<4;              //先使能外设 PORTC 时钟
    RCC - >APB2ENR| = 1<<0;              //开启辅助时钟
    JTAG_Set(SWD_ENABLE);               //开启 SWD
    GPIOC - >CRH& = 0XFFFFF000;          //PORTC6~10 复用推挽输出
    GPIOC - >CRH| = 0X00000333;
    GPIOC - >CRL& = 0X00FFFFFF;
    GPIOC - >CRL| = 0X33000000;
    GPIOC - >ODR| = 0X07C0;
    GPIOB - >CRH = 0X33333333;           //PORTB 推挽输出
    GPIOB - >CRL = 0X33333333;
    GPIOB - >ODR = 0XFFFF;
    delay_ms(50); //delay 50 ms
    LCD_WriteReg(0x0000,0x0001);         //可以去掉
    delay_ms(50); //delay 50 ms
    lcddev.id = LCD_ReadReg(0x0000);
    if(lcddev.id<0XFF||lcddev.id == 0XFFFF||lcddev.id == 0X9300)//读到 ID 不正确
    {
        //尝试 9341 ID 的读取
        LCD_WR_REG(0XD3);
        LCD_RD_DATA();                   //dummy read
```

```
        LCD_RD_DATA();                          //读到 0X00
        lcddev.id = LCD_RD_DATA();              //读取 93
        lcddev.id<< = 8;
      lcddev.id| = LCD_RD_DATA();               //读取 41
        if(lcddev.id!= 0X9341)                  //非 9341,尝试是不是 6804
    {
           LCD_WR_REG(0XBF);
         LCD_RD_DATA();                         //dummy read
         LCD_RD_DATA();                         //读回 0X01
         LCD_RD_DATA();                         //读回 0XD0
           lcddev.id = LCD_RD_DATA();           //这里读回 0X68
        lcddev.id<< = 8;
           lcddev.id| = LCD_RD_DATA();          //这里读回 0X04
        if(lcddev.id!= 0X6804)                  //也不是 6804,尝试看看是不是 NT35310
        {
            LCD_WR_REG(0XD4);
            LCD_RD_DATA();                       //dummy read
            LCD_RD_DATA();                       //读回 0X01
            lcddev.id = LCD_RD_DATA();           //读回 0X53
            lcddev.id<< = 8;
            lcddev.id| = LCD_RD_DATA();          //这里读回 0X10
            if(lcddev.id!= 0X5310)               //也不是 NT35310,尝试看看是不是 NT35510
            {
                LCD_WR_REG(0XDA00);
                LCD_RD_DATA();                   //读回 0X00
                LCD_WR_REG(0XDB00);
                lcddev.id = LCD_RD_DATA();       //读回 0X80
                lcddev.id<< = 8;
                LCD_WR_REG(0XDC00);
                lcddev.id| = LCD_RD_DATA();      //读回 0X00
                if(lcddev.id == 0x8000)lcddev.id = 0x5510;
                //NT35510 读回的 ID 是 8000H,为方便区分,我们强制设置为 5510
            }
        }
    }
}
printf(" LCD ID:% x\r\n",lcddev.id);           //打印 LCD ID
if(lcddev.id == 0X9341)                          //9341 初始化
{
    ……                                          //9341 初始化代码
}else if(lcddev.id == 0xXXXX) ……;               //其他 LCD 驱动 IC,初始化代码
LCD_Display_Dir(0);                              //默认为竖屏显示
```

```
    LCD_LED = 1;                              //点亮背光
    LCD_Clear(WHITE);
}
```

该函数先对 STM32 与 LCD 连接的相关 I/O 进行初始化,之后读取 LCD 控制器型号(LCD ID),根据读到的 LCD ID 对不同的驱动器执行不同的初始化代码。其中,else if(lcddev. id==0xXXXX)是省略写法,实际上代码里面有十几个这种 else if 结构,从而支持十多款不同的驱动 IC 执行初始化操作,大大提高了整个程序的通用性。

注意,本函数使用了 printf 来打印 LCD ID,所以,如果主函数里面没有初始化串口,那么将导致程序死在 printf 里面。如果不想用 printf,那么就注释掉它。

保存 ILI93xx. c,并将该代码加入到 HARDWARE 组下。然后在 lcd. h 里面输入如下内容:

```
#ifndef __LCD_H
#define __LCD_H
#include "sys.h"
#include "stdlib.h"
//LCD 重要参数集
typedef struct
{
    u16 width;          //LCD 宽度
    u16 height;          //LCD 高度
    u16 id;            //LCD ID
    u8 dir;            //横屏还是竖屏控制: 0,竖屏;1,横屏。
    u16 wramcmd;        //开始写 gram 指令
    u16 setxcmd;        //设置 x 坐标指令
    u16 setycmd;        //设置 y 坐标指令
}_lcd_dev;
//LCD 参数
extern _lcd_dev lcddev;     //管理 LCD 重要参数
//LCD 的画笔颜色和背景色
extern u16  POINT_COLOR;   //默认红色
extern u16  BACK_COLOR;    //背景颜色.默认为白色
//LCD 端口定义,使用快速 I/O 控制
#define     LCD_LED PCout(10)                    //LCD 背光        PC10
#define     LCD_CS_SET  GPIOC->BSRR = 1<<9    //片选端口     PC9
#define     LCD_RS_SET  GPIOC->BSRR = 1<<8    //数据/命令     PC8
#define     LCD_WR_SET  GPIOC->BSRR = 1<<7    //写数据       PC7
#define     LCD_RD_SET  GPIOC->BSRR = 1<<6    //读数据       PC6
```

```
#define     LCD_CS_CLR     GPIOC - >BRR = 1<<9     //片选端口           PC9
#define     LCD_RS_CLR     GPIOC - >BRR = 1<<8     //数据/命令          PC8
#define     LCD_WR_CLR     GPIOC - >BRR = 1<<7     //写数据             PC7
#define     LCD_RD_CLR     GPIOC - >BRR = 1<<6     //读数据             PC6
//PB0~15,作为数据线
#define DATAOUT(x) GPIOB - >ODR = x;               //数据输出
#define DATAIN      GPIOB - >IDR;                  //数据输入
//扫描方向定义
#define L2R_U2D    0                               //从左到右,从上到下
……//省略部分定义
#define D2U_R2L    7                               //从下到上,从右到左
#define DFT_SCAN_DIR  L2R_U2D                      //默认的扫描方向
//画笔颜色
#define WHITE                0xFFFF
……//省略部分代码
#define R229                0xE5
#endif
```

代码里面的_lcd_dev 结构体前面已有介绍,其他的相对就比较简单了。另外,这段代码对颜色和驱动器的寄存器进行了很多宏定义,限于篇幅这里没有完全贴出来。接下来,在 test.c 里面修改 main 函数如下:

```
int main(void)
{
u8 x = 0;
    u8 lcd_id[12];                              //存放 LCD ID 字符串
    Stm32_Clock_Init(9);                        //系统时钟设置
    uart_init(72,9600);                         //串口初始化为 9600
    delay_init(72);                             //延时初始化
    LED_Init();                                 //初始化与 LED 连接的硬件接口
    LCD_Init();
    POINT_COLOR = RED;
    sprintf((char *)lcd_id,"LCD ID:% 04X",lcddev.id);//将 LCD ID 打印到 lcd_id 数组
    while(1)
    {
        switch(x)
        {
            case 0:LCD_Clear(WHITE);break;
            case 1:LCD_Clear(BLACK);break;
            case 2:LCD_Clear(BLUE);break;
```

```
            case 3:LCD_Clear(RED);break;

            case 4:LCD_Clear(MAGENTA);break;

            case 5:LCD_Clear(GREEN);break;

            case 6:LCD_Clear(CYAN);break;

            case 7:LCD_Clear(YELLOW);break;

            case 8:LCD_Clear(BRRED);break;

            case 9:LCD_Clear(GRAY);break;

            case 10:LCD_Clear(LGRAY);break;

            case 11:LCD_Clear(BROWN);break;

        }

        POINT_COLOR = RED;

        LCD_ShowString(30,40,200,24,24,"Mini STM32 ^_^");

        LCD_ShowString(30,70,200,16,16,"TFTLCD TEST") ;

        LCD_ShowString(30,90,200,16,16,"ATOM@ALIENTEK");

         LCD_ShowString(30,110,200,16,16,lcd_id);              //显示 LCD ID

        LCD_ShowString(30,130,200,12,12,"2014/3/7");

        x ++ ;

        if(x == 12)x = 0;

        LED0 = ! LED0;

        delay_ms(1000);

    }

}
```

该部分代码将显示一些固定的字符,字体大小包括 24×12、16×8 和 12×6 这 3 种,同时显示 LCD 驱动 IC 的型号,然后不停地切换背景颜色,每 1 s 切换一次。而 LED0 也会不停地闪烁,指示程序已经在运行了。其中用到一个 sprintf 的函数,其用法同 printf,只是 sprintf 把打印内容输出到指定的内存区间上。

另外特别注意,uart_init 函数不能去掉,因为在 LCD_Init 函数里面调用了 printf,所以一旦去掉这个初始化,就会死机了。实际上,只要代码中用到 printf,就必须初始化串口,否则都会死机,即停在 usart.c 里面的 fputc 函数出不来。编译通过之后,我们开始下载验证代码。

16.4　下载验证

将程序下载到 MiniSTM32 后可以看到 DS0 不停地闪烁,提示程序已经在运行了,同时可以看到 TFT‐LCD 模块的显示如图 16.7 所示。可以看到,屏幕的背景是不停切换的,同时 DS0 不停闪烁,证明代码正确执行了,达到了我们预期目的。

图 16.7　TFT - LCD 显示效果图

最后，再说明一下，这个 TFT - LCD 例程支持 ALIENTEK 除 7 寸屏模块以外的其他所有 LCD 模块，自动兼容，比如 2.4 寸(320×240)、2.8 寸(320×240)、3.5 寸(480×320)、4.3 寸(800×480)等模块，直接插上去都是可以使用的。后续的例程也都兼容这 4 种尺寸的 TFT - LCD 模块，插上去都是直接可以使用的。

第 **17** 章

USMART 调试组件实验

本章将介绍一个十分重要的辅助调试工具：USMART 调试组件。该组件由 ALIENTEK 开发提供，功能类似 Linux 的 shell（RTT 的 finsh 也属于此类）。 USMART 最主要的功能就是通过串口调用单片机里面的函数并执行，对调试代码很有帮助。

17.1 USMART 调试组件简介

USMART 是由 ALIENTEK 开发的一个灵巧的串口调试互交组件，利用它可以通过串口助手调用程序里面的任何函数并执行。因此，可以随意更改函数的输入参数（支持数字（10/16 进制）、字符串、函数入口地址等作为参数）。单个函数最多支持 10 个输入参数，并支持函数返回值显示，目前最新版本为 V3.1。USMART 的特点如下：

> ➢ 可以调用绝大部分用户直接编写的函数。
> ➢ 资源占用极少（最少情况：FLASH：4 KB；SRAM：72 字节）。
> ➢ 支持参数类型多（数字（包含 10/16 进制）、字符串、函数指针等）。
> ➢ 支持函数返回值显示。
> ➢ 支持参数及返回值格式设置。
> ➢ 支持函数执行时间计算（V3.1 版本新特性）。
> ➢ 使用方便。

有了 USMART 就可以轻易修改函数参数、查看函数运行结果，从而快速分析解决问题。比如调试一个摄像头模块，需要修改其中的几个参数来得到最佳的效果，普通的做法：写函数→修改参数→下载→看结果→不满意→修改参数→下载→看结果→不满意…不停循环，直到满意为止。这样很麻烦，而且对单片机非常不利。

如果利用 USMART，则只需要在串口调试助手里面输入函数及参数，然后直接串口发送给单片机，就执行了一次参数调整，不满意则可以在串口调试助手修改参数再发送，直到满意为止。这样，修改参数十分方便，不需要编译、不需要下载、不会让单片机"折寿"。

USMART 支持的参数类型基本满足任何调试了，支持的类型有 10 或者 16 进制数字、字符串指针(如果该参数是用作参数返回,则可能会有问题)、函数指针等。因此,绝大部分函数可以直接被 USMART 调用。对于不能直接调用的,则只需要重写一个函数,把影响调用的参数去掉即可,重写后的函数即可被 USMART 调用。

USMART 的实现流程简单概括就是:第一步,添加需要调用的函数(在 usmart_config.c 里面的 usmart_nametab 数组里面添加);第二步,初始化串口;第三步,初始化 USMART(通过 usmart_init 函数实现);第四步,轮询 usmart_scan 函数,处理串口数据。

接下来简单介绍 USMART 组件的移植。USMART 组件共包含 6 个文件,如图 17.1 所示。

图 17.1　USMART 组件代码

其中,redeme.txt 是一个说明文件,不参与编译。usmart.c 负责与外部互交等。usmat_str.c 主要负责命令和参数解析。usmart_config.c 主要由用户添加需要由 usmart 管理的函数。usmart.h 和 usmart_str.h 是两个头文件,其中,usmart.h 里面含有几个用户配置宏定义,可以用来配置 USMART 的功能及总参数长度(直接和 SRAM 占用挂钩)、是否使能定时器扫描、是否使用读/写函数等。

USMART 的移植只需要实现 5 个函数。其中,4 个函数都在 usmart.c 里面,另外一个是串口接收函数,必须由用户自己实现,用于接收串口发送过来的数据。

第一个函数,串口接收函数。该函数是通过 SYSTEM 文件夹默认的串口接收来实现的。SYSTEM 文件夹里面的串口接收函数最大可以一次接收 200 字节,用于从串口接收函数名和参数等。如果在其他平台移植,则可以参考 SYSTEM 文件夹串口接收的实现方式进行移植。

第二个是 void usmart_init(void)函数,实现代码如下:

```
//初始化串口控制器;sysclk:系统时钟(MHz)
void usmart_init(u8 sysclk)
{
```

```
# if USMART_ENTIMX_SCAN == 1
    Timer4_Init(1000,(u32)sysclk * 100 - 1);    //分频,时钟为 10 kHz ,100 ms 中断一次
                                                 //注意,计数频率必须为 10 kHz,以和
                                                 //runtime 的单位(0.1 ms)同步
# endif
    usmart_dev.sptype = 1;                       //十六进制显示参数
}
```

该函数有一个参数 sysclk,就是用于定时器初始化。另外,USMART_ENTIMX_
SCAN 是在 usmart.h 里面定义的一个是否使能定时器中断扫描的宏定义。如果为
1,就初始化定时器中断,并在中断里面调用 usmart_scan 函数。如果为 0,那么需要
用户自行间隔一定时间(100 ms 左右为宜)调用一次 usmart_scan 函数,以实现串口
数据处理。注意,如果要使用函数执行时间统计功能(指令 runtime 1),则必须设置
USMART_ENTIMX_SCAN 为 1。另外,为了让统计时间精确到 0.1 ms,定时器的
计数时钟频率必须设置为 10 kHz,否则时间就不是 0.1 ms 了。

第三和第四个函数仅用于服务 USMART 的函数执行时间统计功能(串口指令
runtime 1),分别是 usmart_reset_runtime 和 usmart_get_runtime,代码如下:

```
//复位 runtime
//需要根据所移植到的 MCU 的定时器参数进行修改
void usmart_reset_runtime(void)
{
    TIM4 - >SR& = ~(1<<0);            //清除中断标志位
    TIM4 - >ARR = 0XFFFF;             //将重装载值设置到最大
    TIM4 - >CNT = 0;                  //清空定时器的 CNT
    usmart_dev.runtime = 0;
}
//获得 runtime 时间
//返回值:执行时间,单位: 0.1 ms,最大延时时间为定时器 CNT 值的 2 倍 × 0.1 ms
//需要根据所移植到的 MCU 的定时器参数进行修改
u32 usmart_get_runtime(void)
{
    if(TIM4 - >SR&0X0001)             //在运行期间,产生了定时器溢出
    {
        usmart_dev.runtime += 0XFFFF;
    }
    usmart_dev.runtime += TIM4 - >CNT;
    return usmart_dev.runtime;        //返回计数值
}
```

这里还是利用定时器 4 来做执行时间计算,usmart_reset_runtime 函数在每次
USMART 调用函数之前执行清除计数器,然后在函数执行完之后调用 usmart_get_

runtime 获取整个函数的运行时间。由于 USMART 调用的函数都是在中断里面执行的,所以不方便再用定时器的中断功能来实现定时器溢出统计,因此,USMART 的函数执行时间统计功能最多可以统计定时器溢出 1 次的时间。对 STM32 来说,定时器是 16 位的,最大计数是 65 535,而由于定时器设置的是 0.1 ms 一个计时周期(10 kHz),所以最长计时时间是 65 535×2×0.1 ms＝13.1 s。也就是说,如果函数执行时间超过 13.1 s,那么计时将不准确。

最后一个是 usmart_scan 函数,用于执行 USMART 扫描。该函数需要得到两个参量,第一个是从串口接收到的数组(USART_RX_BUF),第二个是串口接收状态(USART_RX_STA)。接收状态包括接收到的数组大小以及接收是否完成。该函数代码如下:

```
//usmart扫描函数,实现usmart的各个控制,且需要每隔一定时间被调用一次
//以及执行从串口发过来的各个函数
//本函数可以在中断里面调用,从而实现自动管理
//非 ALIENTEK 开发板用户,则 USART_RX_STA 和 USART_RX_BUF[]需要用户自己实现
void usmart_scan(void)
{
    u8 sta,len;
    if(USART_RX_STA&0x8000)                    //串口接收完成了吗
    {
        len = USART_RX_STA&0x3fff;             //得到此次接收到的数据长度
        USART_RX_BUF[len] = '\0';              //在末尾加入结束符
        sta = usmart_dev.cmd_rec(USART_RX_BUF);//得到函数各个信息
        if(sta == 0)usmart_dev.exe();          //执行函数
        else
        {
            len = usmart_sys_cmd_exe(USART_RX_BUF);
            if(len!= USMART_FUNCERR)sta = len;
            if(sta)
            {
                switch(sta)
                {
                    case USMART_FUNCERR: printf("函数错误! \r\n");break;
                    case USMART_PARMERR: printf("参数错误! \r\n");break;
                    case USMART_PARMOVER: printf("参数太多! \r\n");break;
                    case USMART_NOFUNCFIND: printf("未找到匹配函数! \r\n");break;
                }
            }
        }
        USART_RX_STA = 0;                      //状态寄存器清空
    }
}
```

该函数的执行过程：先判断串口接收是否完成(USART_RX_STA 的最高位是否为 1)，如果完成，则取得串口接收到的数据长度(USART_RX_STA 的低 14 位)，并在末尾增加结束符，再执行解析，解析完之后清空接收标记(USART_RX_STA 置零)。如果没执行完成，则直接跳过，不进行任何处理。

完成这几个函数的移植之后就可以使用 USMART 了。注意，USMART 同外部的交互一般是通过 usmart_dev 结构体实现的，所以 usmart_init 和 usmart_scan 的调用分别是通过 usmart_dev.init 和 usmart_dev.scan 实现的。

下面将在第 16 章实验的基础上移植 USMART，并通过 USMART 调用一些 TFT - LCD 的内部函数，让读者初步了解 USMART 的使用。

17.2　硬件设计

本实验用到的硬件资源有指示灯 DS0 和 DS1、串口、TFT - LCD 模块。

17.3　软件设计

打开第 16 章的工程，复制 USMART 文件夹(位置：书本配套资料→标准例程-寄存器版本→实验 12 USMART 调试组件实验)到本工程文件夹下面，如图 17.2 所示。图中的 keilkill.bat 是一个批处理文件，双击则可以删除 MDK 编译过程中产生的中间文件，从而大大减少整个工程所占用的空间，节省硬盘空间，方便传输。

图 17.2　复制 USMART 文件夹到工程文件夹下

接着，打开工程并新建 USMART 组，添加 USMART 组件代码，同时把 USMART 文件夹添加到头文件包含路径，在主函数里面加入 include"usmart.h"，如图 17.3 所示。

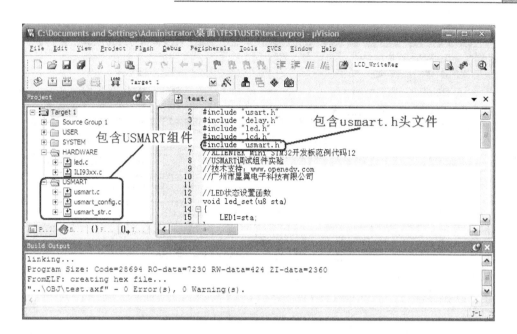

图 17.3　添加 USMART 组件代码

由于 USMART 默认提供了 STM32 的 TIM4 中断初始化设置代码，所以只需要在 usmart.h 里面设置 USMART_ENTIMX_SCAN 为 1，即可完成 TIM4 的设置。通过 TIM4 的中断服务函数调用 usmart_dev.scan()（就是 usmart_scan 函数）实现 usmart 的扫描。此部分代码请参考 usmart.c。

此时就可以使用 USMART 了，不过在主程序里面还得执行 USMART 的初始化，另外还需要针对自己想要被 USMART 调用的函数在 usmart_config.c 里面添加。下面先介绍如何添加自己想要被 USMART 调用的函数。打开 usmart_config.c，如图 17.4 所示。

这里的添加函数很简单，只要把函数所在头文件添加进来，并把函数名按图 17.4 所示的方式增加即可，默认添加了 2 个函数：delay_ms 和 delay_us。另外，read_addr 和 write_addr 属于 USMART 自带的函数，用于读/写指定地址的数据，通过配置 USMART_USE_WRFUNS 可以使能或者禁止这 2 个函数。

这里根据自己的需要按图 17.4 的格式添加其他函数，添加完之后如图 17.5 所示。图中添加了 lcd.h，并添加了很多 LCD 相关函数，注意，图中左侧有很多 MDK 动态语法检测的警告标志，不需要理会，这个编译完全是没有任何问题的。

最后，还添加了 led_set 和 test_fun 这 2 个函数，这两个函数在 test.c 里面实现，代码如下：

```
//LED 状态设置函数
void led_set(u8 sta)
```

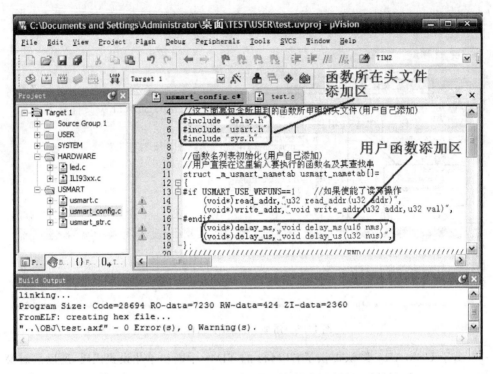

图 17.4　添加需要被 USMART 调用的函数

```
 5  #include "delay.h"
 6  #include "usart.h"
 7  #include "sys.h"
 8  #include "lcd.h"
 9
10  extern void led_set(u8 sta);
11  extern void test_fun(void(*ledset)(u8),u8 sta);
12  //函数名列表初始化(用户自己添加)
13  //用户直接在这里输入要执行的函数名及其查找串
14  struct _m_usmart_nametab usmart_nametab[]=
15 ⊟{
16 ⊟#if USMART_USE_WRFUNS==1    //如果使能了读写操作
17      (void*)read_addr,"u32 read_addr(u32 addr)",
18      (void*)write_addr,"void write_addr(u32 addr,u32 val)",
19  -#endif
20      (void*)delay_ms,"void delay_ms(u16 nms)",
21      (void*)delay_us,"void delay_us(u32 nus)",
22      (void*)LCD_Clear,"void LCD_Clear(u16 Color)",
23      (void*)LCD_Fill,"void LCD_Fill(u16 xsta,u16 ysta,u16 xend,u16 yend,u16 color)",
24      (void*)LCD_DrawLine,"void LCD_DrawLine(u16 x1, u16 y1, u16 x2, u16 y2)",
25      (void*)LCD_DrawRectangle,"void LCD_DrawRectangle(u16 x1, u16 y1, u16 x2, u16 y2)",
26      (void*)LCD_Draw_Circle,"void LCD_Draw_Circle(u16 x0,u16 y0,u8 r)",
27      (void*)LCD_ShowNum,"void LCD_ShowNum(u16 x,u16 y,u32 num,u8 len,u8 size)",
28      (void*)LCD_ShowString,"void LCD_ShowString(u16 x,u16 y,u16 width,u16 height,u8 size,u8 *p)",
29      (void*)led_set,"void led_set(u8 sta)",
30      (void*)test_fun,"void test_fun(void(*ledset)(u8),u8 sta)",
31      (void*)LCD_Fast_DrawPoint,"void LCD_Fast_DrawPoint(u16 x,u16 y,u16 color)",
32      (void*)LCD_ReadPoint,"u16 LCD_ReadPoint(u16 x,u16 y)",
33      (void*)LCD_Display_Dir,"void LCD_Display_Dir(u8 dir)",
34      (void*)LCD_ShowxNum,"void LCD_ShowxNum(u16 x,u16 y,u32 num,u8 len,u8 size,u8 mode)",
35  -};
36  ///////////////////////////////////////END//////////////////
```

图 17.5　添加函数后

```
{
    LED1 = sta;
}
//函数参数调用测试函数
void test_fun(void( * ledset)(u8),u8 sta)
{
    ledset(sta);
}
```

led_ set 函数用于设置 LED1 的状态，而第二个函数 test_ fun 则是测试 USMART 对函数参数的支持，test_fun 的第一个参数是函数，在 USMART 里面也是可以被调用的。添加完函数之后，修改 main 函数如下：

```
int main(void)
{
    Stm32_Clock_Init(9);              //系统时钟设置
    delay_init(72);                   //延时初始化
    uart_init(72,9600);               //串口 1 初始化为 9 600
    LED_Init();                       //初始化与 LED 连接的硬件接口
    LCD_Init();                       //初始化 LCD
    usmart_dev.init(72);              //初始化 USMART
    POINT_COLOR = RED;
    LCD_ShowString(30,50,200,16,16,"Mini STM32 ^_^");
    LCD_ShowString(30,70,200,16,16,"USMART TEST");
    LCD_ShowString(30,90,200,16,16,"ATOM@ALIENTEK");
    LCD_ShowString(30,110,200,16,16,"2014/3/8");
    while(1)
    {
        LED0 = ! LED0;
        delay_ms(500);
    }
}
```

此代码显示简单的信息后就是在死循环等待串口数据。至此，整个 USMART 的移植就完成了。编译成功后就可以下载程序到开发板，开始 USMART 的体验。

17.4　下载验证

将程序下载到 MiniSTM32 后可以看到 DS0 不停地闪烁，提示程序已经在运行了。同时，屏幕上显示了一些字符（就是主函数里面要显示的字符）。

打开串口调试助手 XCOM，选择正确的串口号→多条发送→选中"发送新行"（即发送回车键）选项，然后发送 list 指令即可打印所有 USMART 可调用函数，如

图 17.6 所示。图中 list、id、help、hex、dec 和 runtime 都属于 USMART 自带的系统命令,单击后方的数字按钮即可发送对应的指令。下面简单介绍下这几个命令:

list 命令,用于打印所有 USMART 可调用函数。发送该命令后,串口将收到所有能被 USMART 调用得到函数,如图 17.6 所示。

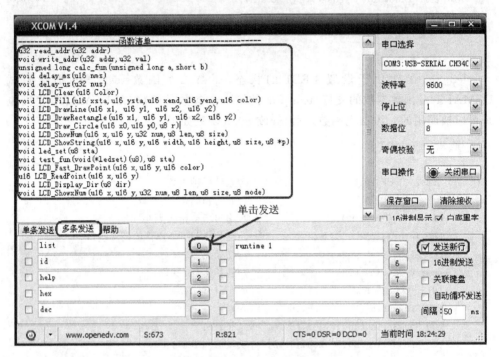

图 17.6　驱动串口调试助手

id 指令,用于获取各个函数的入口地址。比如前面写的 test_fun 函数就有一个函数参数,我们需要先通过 id 指令获取 ledset 函数的 id(即入口地址),然后将这个 id 作为函数参数,传递给 test_fun。

help(或者"?"也可以)指令,发送该指令后,串口将打印 USMART 使用的帮助信息。

hex 和 dec 指令,可以带参数,也可以不带参数。当不带参数的时候,hex 和 dec 分别用于设置串口显示数据格式为 16 进制/10 进制。当带参数的时候,hex 和 dec 就执行进制转换,比如输入 hex 1234,串口将打印 HEX:0X4D2,也就是将 1234 转换为 16 进制打印出来。又比如输入 dec 0X1234,串口将打印 DEC:4660,就是将 0X1234 转换为 10 进制打印出来。

runtime 指令,用于函数执行时间统计功能的开启和关闭,发送 runtime 1,可以开启函数执行时间统计功能;发送 runtime 0,可以关闭函数执行时间统计功能。函数执行时间统计功能,默认是关闭的。注意,所有的指令都是大小写敏感的。

接下来介绍如何调用 list 所打印的这些函数,先来看一个简单的 delay_ms 的调用。分别输入 delay_ms(1000)和 delay_ms(0x3E8),如图 17.7 所示。可以看出,delay_ms(1000)和 delay_ms(0x3E8)的调用结果是一样的,都是延时 1 000 ms,因为 USMART 默认设置的是 hex 显示,所以看到串口打印的参数都是 16 进制格式的,则可以通过发送 dec 指令切换为十进制显示。另外,由于 USMART 对调用函数的参数大小写不敏感,所以参数写成 0X3E8 或者 0x3e8 都是正确的。另外,发送 runtime 1,开启运行时间统计功能,从测试结果看,USMART 的函数运行时间统计功能,是相当准确的。

图 17.7　串口调用 delay_ms 函数

再看另外一个函数,LCD_ShowString 函数。该函数用于显示字符串,通过串口输入 LCD_ShowString(20,200,200,100,16,"This is a test for usmart!!"),如图 17.8 所示。

该函数用于在指定区域显示指定字符串,发送给开发板后则可以看到,LCD 在指定的地方显示了"This is a test for usmart!!"字符串。

其他函数的调用也是一样的方法,这里就不多介绍了,最后说一下带有函数参数的函数的调用。将 led_set 函数作为 test_fun 的参数,通过在 test_fun 里面调用 led_set 函数实现对 DS1(LED1)的控制。前面说过,要调用带有函数参数的函数就必须先得到函数参数的入口地址(id),通过输入 id 指令可以得到 led_set 的函数入口地址是 0X0800022D,所以,在串口输入 test_fun(0X0800022D,0)就可以控制 DS1 亮了,如图 17.9 所示。

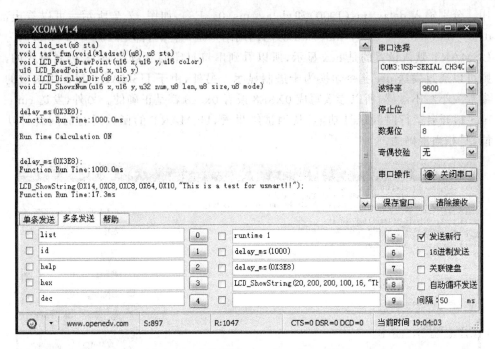

图 17.8　串口调用 LCD_ShowString 函数

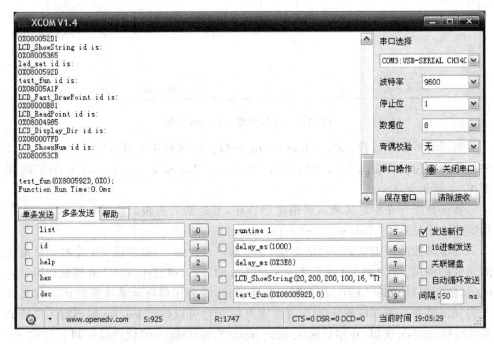

图 17.9　串口调用 test_fun 函数

在开发板上可以看到,收到串口发送的 test_fun(0X0800592D,0)后开发板的 DS1 亮了,然后可以通过发送 test_fun(0X0800592D,1)来关闭 DS1。说明我们成功地通过 test_fun 函数调用 led_set 实现了对 DS1 的控制,也就验证了 USMART 对函数参数的支持。

　　USMART 调试组件的使用就介绍到这里,这是一个非常不错的调试组件,希望读者能学会使用,可以达到事半功倍的效果。

第 **18** 章

RTC 实时时钟实验

本章将介绍 STM32 的内部实时时钟(RTC),将使用 ALIENTEK 2.8 寸 TFT-LCD 模块来显示日期和时间,从而实现一个简单的时钟。另外将介绍 BKP 的使用。

18.1 STM32 RTC 时钟简介

STM32 的实时时钟(RTC)是一个独立的定时器,拥有一组连续计数的计数器,在相应软件配置下可提供时钟日历的功能。修改计数器的值可以重新设置系统当前的时间和日期。

RTC 模块和时钟配置系统(RCC_BDCR 寄存器)是在后备区域,即在系统复位或从待机模式唤醒后 RTC 的设置和时间维持不变。但是在系统复位后自动禁止访问后备寄存器和 RTC,以防止对后备区域(BKP)的意外写操作。所以在要设置时间之前,先要取消备份区域(BKP)写保护。

RTC 的简化框图如图 18.1 所示。可见,RTC 由两个主要部分组成,第一部分(APB1 接口)用来和 APB1 总线相连。此单元还包含一组 16 位寄存器,可通过 APB1 总线对其进行读/写操作。APB1 接口由 APB1 总线时钟驱动,用来与 APB1 总线连接。另一部分(RTC 核心)由一组可编程计数器组成,分成两个主要模块。第一个模块是 RTC 的预分频模块,可编程产生 1 s 的 RTC 时间基准 TR_CLK。RTC 的预分频模块包含了一个 20 位的可编程分频器(RTC 预分频器)。如果在 RTC_CR 寄存器中设置了相应的允许位,则在每个 TR_CLK 周期中 RTC 产生一个中断(秒中断)。第二个模块是一个 32 位的可编程计数器,可被初始化为当前的系统时间,一个 32 位的时钟计数器,按秒钟计算,可以记录 4 294 967 296 s,约合 136 年,作为一般应用已经是足够了的。

RTC 还有一个闹钟寄存器 RTC_ALR,用于产生闹钟。系统时间按 TR_CLK 周期累加,并与存储在 RTC_ALR 寄存器中的可编程时间相比较,如果 RTC_CR 控制寄存器中设置了相应允许位,比较匹配时将产生一个闹钟中断。

RTC 内核完全独立于 RTC APB1 接口,而软件是通过 APB1 接口访问 RTC 的预分频值、计数器值和闹钟值的。但是相关可读寄存器只在 RTC APB1 时钟进行重新同步的 RTC 时钟的上升沿被更新,RTC 标志也是如此。这就意味着,如果 APB1

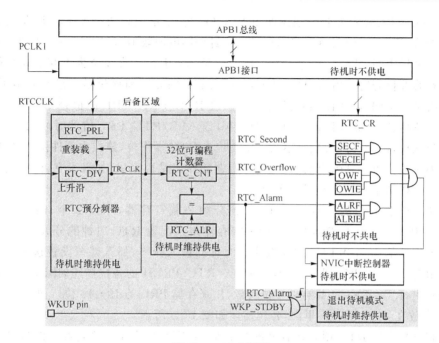

图 18.1　RTC 框图

接口刚刚被开启之后,在第一次的内部寄存器更新之前,从 APB1 上读取的 RTC 寄存器值可能被破坏了(通常读到 0)。因此,若在读取 RTC 寄存器曾经被禁止的 RTC APB1 接口,软件首先必须等待 RTC_CRL 寄存器的 RSF 位(寄存器同步标志位,bit3)被硬件置 1。

　　接下来介绍 RTC 相关的几个寄存器。首先要介绍的是 RTC 的控制寄存器。RTC 总共有 2 个控制寄存器 RTC_CRH 和 RTC_CRL,2 个都是 16 位的。RTC_CRH 的各位描如图 18.2 所示。该寄存器用来控制中断,本章要用到秒钟中断,所以在该寄存器必须设置最低位为 1,以允许秒钟中断。

15	14	13	12	11	10	9	8	7	6	5	4	3	2	1	0
保　　　　　　　　　留													OWIE	ALRIE	SECIE
													rw	rw	rw

位15:3	保留,被硬件强制为0
位2	OWIE: 允许溢出中断位 0:屏蔽(不允许)溢出中断 1:允许溢出中断
位1	ALRIE: 允许闹钟中断 0:屏蔽(不允许)闹钟中断 1:允许闹钟中断
位0	SECIE: 允许秒中断 0:屏蔽(不允许)秒中断 1:允许秒中断

图 18.2　RTC_CRH 寄存器各位描述

RTC_CRL 寄存器各位描述如图 18.3 所示。本章用到的是该寄存器的 0、3～5 这几个位,第 0 位是秒钟标志位,在进入闹钟中断的时候通过判断这位来决定是不是发生了秒钟中断,然后必须通过软件将该位清零(写 0)。第 3 位为寄存器同步标志位。在修改控制寄存器 RTC_CRH/CRL 之前必须先判断该位是否已经同步了,如果没有则等待同步,在没同步的情况下修改 RTC_CRH/CRL 的值是不行的。第 4 位为配置标位,在软件修改 RTC_CNT/RTC_ALR/RTC_PRL 值的时候,必须先软件置位该位,以允许进入配置模式。第 5 位为 RTC 操作位,该位由硬件操作,软件只读。通过该位可以判断上次对 RTC 寄存器的操作是否完成,如果没有,则必须等待上一次操作结束才能开始下一次操作。

第二个要介绍的寄存器是 RTC 预分频装载寄存器,也由 2 个寄存器组成,RTC_PRLH 和 RTC_PRLL。这两个寄存器用来配置 RTC 时钟的分频数的,比如我们使用外部 32.768 kHz 的晶振作为时钟的输入频率,那么就要设置这两个寄存器的值为 32 767,以得到 1 s 的计数频率。RTC_PRLH 的各位描述如图 18.4 所示。可以看出,RTC_PRLH 只有低 4 位有效,用来存储 PRL 的 19～16 位。而 PRL 的前 16 位存放在 RTC_PRLL 里面,各位描述如图 18.5 所示。

接下来介绍 RTC 预分频器余数寄存器。该寄存器也由 2 个寄存器组成,RTC_DIVH 和 RTC_DIVL,用来获得比秒钟更准确的时钟,比如可以得到 0.1 s,或者 0.01 s 等。该寄存器的值是自减的,用于保存还需要多少时钟周期获得一个秒信号。在一次秒钟更新后,由硬件重新装载。这两个寄存器和 RTC 预分频装载寄存器的各位是一样的。

接着要介绍的是 RTC 最重要的寄存器,RTC 计数器寄存器 RTC_CNT。该寄存器由 2 个 16 位的寄存器组成,RTC_CNTH 和 RTC_CNTL,总共 32 位,用来记录秒钟值(一般情况下)。注意,在修改这个寄存器的时候要先进入配置模式。

最后介绍 RTC 部分的最后一个寄存器,RTC 闹钟寄存器,也是由 2 个 16 位的寄存器组成,即 RTC_ALRH 和 RTC_ALRL。总共也是 32 位,用来标记闹钟产生的时间(以秒为单位)。如果 RTC_CNT 的值与 RTC_ALR 的值相等并使能了中断,则产生一个闹钟中断。该寄存器的修改也要进入配置模式才能进行。

因为我们使用到备份寄存器来存储 RTC 的相关信息(这里主要用来标记时钟是否已经经过了配置),这里顺便介绍 STM32 的备份寄存器。

备份寄存器是 42 个 16 位的寄存器(Mini 开发板就是大容量的),可用来存储 84 字节的用户应用程序数据。它们处在备份域里,当 VDD 电源被切断,它们仍然由 VBAT 维持供电。即使系统在待机模式下被唤醒或系统复位或电源复位时,它们也不会被复位。

此外,BKP 控制寄存器用来管理侵入检测和 RTC 校准功能,这里不介绍。

复位后,对备份寄存器和 RTC 的访问被禁止,并且备份域被保护以防止可能存在的意外的写操作。执行以下操作可以使能对备份寄存器和 RTC 的访问:

15	14	13	12	11	10	9	8	7	6	5	4	3	2	1	0
			保　　留							RTOFF	CNF	RSF	OWF	ALRF	SECF
										r	rw	rc w0	rc w0	rc w0	rc w0

位15:6	保留,被硬件强制为0
位5	RTOFF: RTC操作关闭 RTC模块利用这位来指示对其寄存器进行的最后一次操作的状态,指示操作是否完成。若此位为0,则表示无法对任何的RTC寄存器进行写操作。此位为只读位 0:上一次对RTC寄存器的写操作仍在进行 1:上一次对RTC寄存器的写操作已经完成
位4	CNF: 配置标志 此位必须由软件置"1"以进入配置模式,从而允许向RTC_CNT、RTC_ALR或RTC_PRL寄存器写入数据。只有当此位在被置1并重新由软件清0后,才会执行写操作 0:退出配置模式(开始更新RTC寄存器) 1:进入配置模式
位3	RSF: 寄存器同步标志 每当RTC_CNT寄存器和RTC_DIV寄存器由软件更新或清0时,此位由硬件置1。在APB1复位后,或APB1时钟停止后,此位必须由软件清0。要进行任何的读操作之前,用户程序必须等待这位被硬件置1,以确保RTC_CNT、RTC_ALR或RTC_PRL已经被同步 0:寄存器尚未被同步 1:寄存器已经被同步
位2	OWF: 溢出标志 当32位可编程计数器溢出时,此位由硬件置1。如果RTC_CRH寄存器中OWIE=1,则产生中断。此位只能由软件清0。对此位写1是无效的 0:无溢出 1:32位可编程计数器溢出
位1	ALRF: 闹钟标志 当32位可编程计数器达到RTC_ALR寄存器所设置的预定值,此位由硬件置1。如果RTC_CRH寄存器中ALRIE=1,则产生中断。此位只能由软件清0。对此位写1是无效的 0:无闹钟 1:有闹钟
位0	SECF: 秒标志 当32位可编程预分频器溢出时,此位由硬件置1同时RTC计数器加1。因此,此标志为分辨率可编程的RTC计数器提供一个周期性的信号(通常为1 s)。如果RTC_CRH寄存器中SECIE=1,则产生中断。此位只能由软件清除。对此位写1是无效的 0:秒标志条件不成立 1:秒标志条件成立

图 18.3　RTC_CRL 寄存器各位描述

15	14	13	12	11	10	9	8	7	6	5	4	3	2	1	0
			保　　留									PRL[19:16]			
												w	w	w	w

位15:6	保留,被硬件强制为0
位3:0	PRL[19:16]: RTC预分频装载值高位 根据以下公式,这些位用来定义计数器的时钟频率 fTR_CLK=fRTCCLK/(PRL[19:0]+1) 注:不推荐使用0值,否则无法正确的产生RTC中断和标志位

图 18.4　RTC_PRLH 寄存器各位描述

15	14	13	12	11	10	9	8	7	6	5	4	3	2	1	0
							PRL[15:0]								
w	w	w	w	w	w	w	w	w	w	w	w	w	w	w	w

位15:0	PRL[15:0]：RTC预分频装载值低位 根据以下公式，这些位用来定义计数器的时钟频率 $f_{TR\_CLK}=f_{RTCCLK}/(PRL[19:0]+1)$

图 18.5　RTC_PRLL 寄存器各位描述

① 通过设置寄存器 RCC_APB1ENR 的 PWREN 和 BKPEN 位来打开电源和后备接口的时钟。

② 电源控制寄存器(PWR_CR)的 DBP 位来使能对后备寄存器和 RTC 的访问。

一般用 BKP 来存储 RTC 的校验值或者记录一些重要的数据,相当于一个 EEPROM。不过这个 EEPROM 并不是真正的 EEPROM,而是需要电池来维持它的数据。关于 BKP 的详细介绍请看《STM32 参考手册》的 5.1 节。

最后介绍一下备份区域控制寄存器 RCC_BDCR,各位描述如图 18.6 所示。RTC 的时钟源选择及使能设置都是通过这个寄存器来实现的,所以 RTC 操作前先要通过这个寄存器选择 RTC 的时钟源,然后才能开始其他的操作。

RTC 正常工作的一般配置步骤如下:

① 使能电源时钟和备份区域时钟。前面已经介绍了,要访问 RTC 和备份区域就必须先使能电源时钟和备份区域时钟。这个通过 RCC_APB1ENR 寄存器来设置。

② 取消备份区写保护。要向备份区域写入数据,就要先取消备份区域写保护(写保护在每次硬复位之后被使能),否则是无法向备份区域写入数据的。我们需要用到向备份区域写入一个字节来标记时钟已经配置过了,这样避免每次复位之后重新配置时钟。

③ 复位备份区域,开启外部低速振荡器。在取消备份区域写保护之后,我们可以先对这个区域复位,以清除前面的设置。当然,这个操作不要每次都执行,因为备份区域的复位将导致之前存在的数据丢失,所以要不要复位要看情况而定。然后使能外部低速振荡器,注意,这里一般要先判断 RCC_BDCR 的 LSERDY 位来确定低速振荡器已经就绪了才开始下面的操作。

④ 选择 RTC 时钟并使能。这里通过 RCC_BDCR 的 RTCSEL 来选择选择外部 LSI 作为 RTC 的时钟,然后通过 RTCEN 位使能 RTC 时钟。

⑤ 设置 RTC 的分频以及配置 RTC 时钟。

开启了 RTC 时钟之后要做的就是设置 RTC 时钟的分频数,通过 RTC_PRLH 和 RTC_PRLL 来设置,然后等待 RTC 寄存器操作完成并同步之后,设置秒钟中断。然后设置 RTC 的允许配置位(RTC_CRH 的 CNF 位),设置时间(其实就是设置

31	30	29	28	27	26	25	24	23	22	21	20	19	18	17	16
						保　留									BDRST
															rw

15	14	13	12	11	10	9	8	7	6	5	4	3	2	1	0
RTC EN		保　留				RTCSEL[1:0]			保　留				LSE BYP	LSE RDY	LSEON
rw						rw	rw						rw	r	rw

位31:17	保留，始终读为0
位16	BDRST: 备份域软件复位 由软件置1或清0 0: 复位未激活 1: 复位整个备份域
位15	RTCEN: RTC时钟使能 由软件置1或清0 0: RTC时钟关闭 1: RTC时钟开启
位14:10	保留，始终读为0
位9:8	RTCSEL[1:0]: RTC时钟源选择 由软件设置来选择RTC时钟源。一旦RTC时钟源被选定，直到下次后备域被复位，它不能再改变。可通过设置BDRST位来清除 00: 无时钟 01: LSE振荡器作为RTC时钟 10: LSI振荡器作为RTC时钟 11: HSE振荡器在128分频后作为RTC时钟
位7:3	保留，始终读为0
位2	LSEBYP: 外部低速时钟振荡器旁路 在调试模式下由软件置1或清0来旁路LSE。只有在外部32 kHz振荡器关闭时，才能写入该位 0: LSE时钟未被旁路 1: LSE时钟被旁路
位1	LSERDY: 外部低速LSE就绪 由硬件置1或清0来指示是否外部32 kHz振荡器就绪。在LSEON被清0后，该位需要6个外部低速振荡器的周期才被清0 0: 外部32 kHz振荡器未就绪 1: 外部32 kHz振荡器就绪
位0	LSEON: 外部低速振荡器使能 由软件置1或清0 0: 外部32 kHz振荡器关闭 1: 外部32 kHz振荡器开启

图 18.6　RCC_BDCR 寄存器各位描述

RTC_CNTH 和 RTC_CNTL 两个寄存器)。

⑥ 更新配置,设置 RTC 中断。

在设置完时钟之后将配置更新,这里还是通过 RTC_CRH 的 CNF 来实现。在这之后我们在备份区域 BKP_DR1 中写入 0X5050 代表我们已经初始化过时钟了,下次开机(或复位)的时候先读取 BKP_DR1 的值,然后判断是否是 0X5050 来决定是不是要配置。接着配置 RTC 的秒钟中断并进行分组。

⑦ 编写中断服务函数。

最后编写中断服务函数,在秒钟中断产生的时候读取当前的时间值,并显示到

TFT - LCD 模块上。

通过以上几个步骤就完成了对 RTC 的配置,并通过秒钟中断来更新时间。

18.2　硬件设计

本实验用到的硬件资源有指示灯 DS0、串口、TFT - LCD 模块、RTC。前面 3 个都介绍过了,而 RTC 属于 STM32 内部资源,其配置也是通过软件设置好就可以了。不过 RTC 不能断电,否则数据就丢失了,我们如果想让时间在断电后还可以继续走,那么必须确保开发板的电池有电(ALIENTEK MiniSTM32 开发板标配是有电池的)。

18.3　软件设计

打开第 17 章的工程,首先在 HARDWARE 文件夹下新建一个 RTC 的文件夹。然后打开 USER 文件夹下的工程,新建一个 rtc. c 的文件和 rtc. h 的头文件,保存在 RTC 文件夹下,并将 RTC 文件夹加入头文件包含路径。

由于篇幅所限,rtc. c 中的代码不全部贴出了,这里针对几个重要的函数进行简要说明。首先是 RTC_Init,代码如下:

```
//实时时钟配置
//初始化 RTC 时钟,同时检测时钟是否工作正常
//BKP - >DR1 用于保存是否第一次配置的设置
//返回 0:正常;其他:错误代码
u8 RTC_Init(void)
{
    //检查是不是第一次配置时钟
    u8 temp = 0;
    if(BKP - >DR1!= 0X5050)                      //第一次配置
    {
        RCC - >APB1ENR| = 1<<28;                 //使能电源时钟
        RCC - >APB1ENR| = 1<<27;                 //使能备份时钟
        PWR - >CR| = 1<<8;                       //取消备份区写保护
        RCC - >BDCR| = 1<<16;                    //备份区域软复位
        RCC - >BDCR& = ~(1<<16);                 //备份区域软复位结束
        RCC - >BDCR| = 1<<0;                     //开启外部低速振荡器
        while((! (RCC - >BDCR&0X02))&&temp<250)  //等待外部时钟就绪
        {
            temp ++ ; delay_ms(10);
        };
```

```
        if(temp>=250)return 1;                    //初始化时钟失败,晶振有问题
        RCC->BDCR|=1<<8;                           //LSI 作为 RTC 时钟
        RCC->BDCR|=1<<15;                          //RTC 时钟使能
          while(!(RTC->CRL&(1<<5)));               //等待 RTC 寄存器操作完成
        while(!(RTC->CRL&(1<<3)));                 //等待 RTC 寄存器同步
        RTC->CRH|=0X01;                            //允许秒中断
        while(!(RTC->CRL&(1<<5)));                 //等待 RTC 寄存器操作完成
        RTC->CRL|=1<<4;                            //允许配置
        RTC->PRLH=0X0000;
        RTC->PRLL=32767;       //时钟周期设置(有待观察,看是否跑慢了)理论值:32767
        RTC_Set(2014,3,8,22,10,55);                //设置时间
        RTC->CRL&=~(1<<4);                         //配置更新
        while(!(RTC->CRL&(1<<5)));                 //等待 RTC 寄存器操作完成
        BKP->DR1=0X5050;
          printf("FIRST TIME\n");
    }else                                          //系统继续计时
    {
        while(!(RTC->CRL&(1<<3)));                 //等待 RTC 寄存器同步
        RTC->CRH|=0X01;                            //允许秒中断
        while(!(RTC->CRL&(1<<5)));                 //等待 RTC 寄存器操作完成
        printf("OK\n");
    }
    MY_NVIC_Init(0,0,RTC_IRQn,2);                  //优先级设置
    RTC_Get();                                     //更新时间
    return 0;                                       //ok
}
```

该函数用来初始化 RTC 时钟,但是只在第一次的时候设置时间,以后如果重新上电/复位都不会再进行时间设置了(前提是备份电池有电)。在第一次配置的时候,我们是按照上面介绍的 RTC 初始化步骤来做的,这里就不多说了,这里设置时间是通过时间设置函数 RTC_Set(2014,3,8,22,10,55) 来实现的,这里默认将时间设置为 2014 年 3 月 8 日 22 点 10 分 55 秒。在设置好时间之后,我们向 BKP→DR1 写入标志字 0X5050,用于标记时间已经被设置了。这样,再次发生复位的时候,该函数通过判断 BKP→DR1 的值来决定是不是需要重新设置时间,如果不需要设置,则跳过时间设置,仅仅使能秒钟中断一下就进行中断分组,然后返回了。这样不会重复设置时间,使得我们设置的时间不会因复位或者断电而丢失。

该函数还有返回值,返回值代表此次操作的成功与否,如果返回 0,则代表初始化 RTC 成功,如果返回值非零则代表错误代码了。

再介绍 RTC_Set 函数,代码如下:

```
//设置时钟,把输入的时钟转换为秒钟
```

```
//以 1970 年 1 月 1 日为基准,1970～2099 年为合法年份,返回值:0,成功;其他:错误代码
//平年的月份日期表
const u8 mon_table[12] = {31,28,31,30,31,30,31,31,30,31,30,31};
//syear,smon,sday,hour,min,sec:年月日时分秒
//返回值:设置结果。0,成功;1,失败
u8 RTC_Set(u16 syear,u8 smon,u8 sday,u8 hour,u8 min,u8 sec)
{
    u16 t;
    u32 seccount = 0;
    if(syear<1970||syear>2099)return 1;
    for(t = 1970;t<syear;t ++ )                    //把所有年份的秒钟相加
    {
        if(Is_Leap_Year(t))seccount += 31622400;   //闰年的秒钟数
        else seccount += 31536000;                 //平年的秒钟数
    }
    smon -= 1;
    for(t = 0;t<smon;t ++ )                         //把前面月份的秒钟数相加
    {
        seccount += (u32)mon_table[t] * 86400;     //月份秒钟数相加
        if(Is_Leap_Year(syear)&&t == 1)seccount += 86400;
                                                   //闰年 2 月份增加一天的秒钟数
    }
    seccount += (u32)(sday - 1) * 86400;           //把前面日期的秒钟数相加
    seccount += (u32)hour * 3600;                  //小时秒钟数
    seccount += (u32)min * 60;                     //分钟秒钟数
    seccount += sec;                               //最后的秒钟加上去
    RCC - >APB1ENR| = 1<<28;                       //使能电源时钟
    RCC - >APB1ENR| = 1<<27;                       //使能备份时钟
    PWR - >CR| = 1<<8;                             //取消备份区写保护
    //上面三步是必须的!
    RTC - >CRL| = 1<<4;                            //允许配置
    RTC - >CNTL = seccount&0xffff;
    RTC - >CNTH = seccount>>16;
    RTC - >CRL& = ~(1<<4);                         //配置更新
    while(! (RTC - >CRL&(1<<5)));                   //等待 RTC 寄存器操作完成
    RTC_Get();                                     //设置完之后更新一下数据
    return 0;
}
```

该函数用于设置时间,把输入的时间转换为以 1970 年 1 月 1 日 0 时 0 分 0 秒当作起始时间的秒钟信号,后续的计算都以这个时间为基准,由于 STM32 的秒钟计数器可以保存 136 年的秒钟数据,这样可以计时到 2106 年。

接着介绍一下 RTC_Get 函数,用于获取时间和日期等数据,代码如下:

```
//得到当前的时间,结果保存在 calendar 结构体里面
//返回值:0,成功;其他:错误代码
u8 RTC_Get(void)
{
    static u16 daycnt = 0;
    u32 timecount = 0; u32 temp = 0; u16 temp1 = 0;
    timecount = RTC - >CNTH;                      //得到计数器中的值(秒钟数)
    timecount<< = 16;
    timecount += RTC - >CNTL;
    temp = timecount/86400;                       //得到天数(秒钟数对应的)
    if(daycnt!= temp)                             //超过一天了
    {
        daycnt = temp;
        temp1 = 1970;                             //从 1970 年开始
        while(temp> = 365)
        {
            if(Is_Leap_Year(temp1))               //是闰年
            {
                if(temp> = 366)temp - = 366;//闰年的秒钟数
                else break;
            }
            else temp - = 365;                    //平年
            temp1 ++ ;
        }
        calendar.w_year = temp1;                  //得到年份
        temp1 = 0;
        while(temp> = 28)                         //超过了一个月
        {
            if(Is_Leap_Year(calendar.w_year)&&temp1 == 1)   //当年是不是闰年/2 月份
            {
                if(temp> = 29)temp - = 29;        //闰年的秒钟数
                else break;
            }
            else
            {
                if(temp> = mon_table[temp1])temp - = mon_table[temp1];//平年
                else break;
            }
```

```
                temp1 ++ ;
            }
        calendar.w_month = temp1 + 1;              //得到月份
        calendar.w_date = temp + 1;                //得到日期
    }
    temp = timecount % 86400;                      //得到秒钟数
    calendar.hour = temp/3600;                     //小时
    calendar.min = (temp % 3600)/60;               //分钟
    calendar.sec = (temp % 3600) % 60;             //秒钟
    calendar.week = RTC_Get_Week(calendar.w_year,calendar.w_month,calendar.w_date);
    return 0;
}
```

函数其实就是将存储在秒钟寄存器 RTC→CNTH 和 RTC→CNTL 中的秒钟数据转换为真正的时间和日期。该代码还用到了一个 calendar 的结构体,calendar 是 rtc.h 里面将要定义的一个时间结构体,用来存放时钟的年月日时分秒等信息。因为 STM32 的 RTC 只有秒钟计数器,而年月日、时分秒这些需要自己软件计算。把计算好的值保存在 calendar 里面,方便其他程序调用。

最后介绍秒钟中断服务函数,代码如下:

```
//RTC 时钟中断,每秒触发一次
void RTC_IRQHandler(void)
{
    if(RTC ->CRL&0x0001)                      //秒钟中断
    {
        RTC_Get();                            //更新时间
        //printf("sec:%d\r\n",calendar.sec);
    }
    if(RTC ->CRL&0x0002)                      //闹钟中断
    {
        RTC ->CRL& = ~(0x0002);               //清闹钟中断
        //printf("Alarm! \n");
    }
    RTC ->CRL& = 0X0FFA;                       //清除溢出,秒钟中断标志
    while(! (RTC ->CRL&(1<<5)));               //等待 RTC 寄存器操作完成
}
```

此部分代码比较简单,通过 RTC→CRL 的不同位来判断发生的是何种中断,如果是秒钟中断,则执行一次时间的计算,获得最新时间,从而可以在 calendar 里面读到时间、日期等信息。

rtc.c 的其他程序直接看本例程源码。保存 rtc.c,然后将 rtc.c 加入 HARD-WARE 组下,在 rtc.h 里面输入如下代码:

```
#ifndef __RTC_H
#define __RTC_H
//时间结构体
typedef struct
{
    vu8 hour;
    vu8 min;
    vu8 sec;
    //公历日月年周
    vu16 w_year;
    vu8  w_month;
    vu8  w_date;
    vu8  week;
}_calendar_obj;
extern _calendar_obj calendar;                    //日历结构体
void Disp_Time(u8 x,u8 y,u8 size);                //在制定位置开始显示时间
……//省略部分代码
u8 RTC_Set(u16 syear,u8 smon,u8 sday,u8 hour,u8 min,u8 sec);    //设置时间
#endif
```

从上面代码可以看到，_calendar_obj 结构体包含的是一个完整的公历信息，包括年、月、日、周、时、分、秒这 7 个元素。若已知当前时间，只需要通过 RTC_Get 函数，执行时钟转换，然后就可以从 calendar 里面读出当前的公历时间了。

在 test.c 里面修改代码如下：

```
int main(void)
{
    u8 t;
      Stm32_Clock_Init(9);               //系统时钟设置
    uart_init(72,9600);                  //串口初始化为 9600
    delay_init(72);                      //延时初始化
    LED_Init();                          //初始化与 LED 连接的硬件接口
     LCD_Init();                         //初始化 LCD
    usmart_dev.init(72);                 //初始化 USMART
    POINT_COLOR = RED;                   //设置字体为红色
    LCD_ShowString(60,50,200,16,16,"Mini STM32");
    LCD_ShowString(60,70,200,16,16,"RTC TEST");
    LCD_ShowString(60,90,200,16,16,"ATOM@ALIENTEK");
    LCD_ShowString(60,110,200,16,16,"2014/3/8");
    while(RTC_Init())                    //RTC 初始化，一定要初始化成功
```

```
        {
            LCD_ShowString(60,130,200,16,16,"RTC ERROR!    ");    delay_ms(800);
            LCD_ShowString(60,130,200,16,16,"RTC Trying...");
        }
        //显示时间
        POINT_COLOR = BLUE;                //设置字体为蓝色
        LCD_ShowString(60,130,200,16,16,"    -    -      ");
        LCD_ShowString(60,162,200,16,16,"    :    :    ");
        while(1)
        {
            if(t!= calendar.sec)
            {
                t = calendar.sec;
                LCD_ShowNum(60,130,calendar.w_year,4,16);
                LCD_ShowNum(100,130,calendar.w_month,2,16);
                LCD_ShowNum(124,130,calendar.w_date,2,16);
                switch(calendar.week)
                {
                    case 0: LCD_ShowString(60,148,200,16,16,"Sunday    "); break;
                    case 1: LCD_ShowString(60,148,200,16,16,"Monday    "); break;
                    case 2: LCD_ShowString(60,148,200,16,16,"Tuesday    "); break;
                    case 3: LCD_ShowString(60,148,200,16,16,"Wednesday");break;
                    case 4: LCD_ShowString(60,148,200,16,16,"Thursday ");break;
                    case 5: LCD_ShowString(60,148,200,16,16,"Friday    ");break;
                    case 6: LCD_ShowString(60,148,200,16,16,"Saturday ");break;
                }
                LCD_ShowNum(60,162,calendar.hour,2,16);
                LCD_ShowNum(84,162,calendar.min,2,16);
                LCD_ShowNum(108,162,calendar.sec,2,16);
                LED0 = ! LED0;
            }
            delay_ms(10);
        };
}
```

这部分代码不需要详细解释,在包含了 rtc.h 之后通过判断 calendar.sec 是否改变来决定要不要更新时间显示。同时,设置 LED0 每 2 s 闪烁一次,用来提示程序已经开始跑了。

为了方便设置时间,在 usmart_config.c 里面修改 usmart_nametab 如下:

```
struct _m_usmart_nametab usmart_nametab[] =
{
# if USMART_USE_WRFUNS == 1    //如果使能了读/写操作
    (void * )read_addr,"u32 read_addr(u32 addr)",
    (void * )write_addr,"void write_addr(u32 addr,u32 val)",
# endif
    (void * )delay_ms,"void delay_ms(u16 nms)",
    (void * )delay_us,"void delay_us(u32 nus)",
    (void * )RTC_Set,"u8 RTC_Set(u16 syear,u8 smon,u8 sday,u8 hour,u8 min,u8 sec)",
};
```

将 RTC_Set 加入了 USMART,同时去掉了第 17 章的一些函数(减少代码量),这样通过串口就可以直接设置 RTC 时间了。

至此,RTC 实时时钟的软件设计就完成了,接下来检验一下我们的程序是否正确了。

18.4 下载验证

将程序下载到 MiniSTM32 后可以看到 DS0 不停地闪烁,提示程序已经在运行了。同时可以看到 TFT - LCD 模块开始显示时间,实际显示效果如图 18.7 所示。如果时间不正确,则可以用前面介绍的方法,通过串口调用 RTC_Set 来设置当前时间,如图 18.8 所示。图中通过 USMART 设置时间为:2014 年 3 月 8 日,22 点 36 分 44 秒,执行完以后,可以在 LCD 上面看到时间变成了我们设置的时间。

图 18.7 RTC 实验测试图

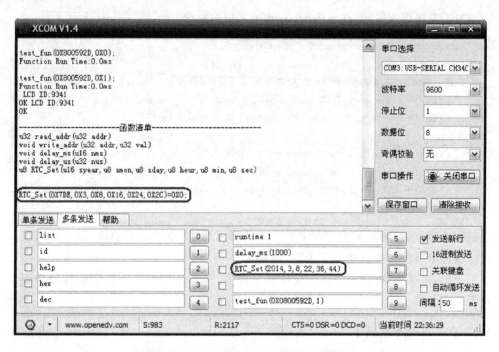

图 18.8　通过 USMART 设置 RTC 时间

第 **19** 章

待机唤醒实验

本章介绍 STM32 的待机唤醒功能,利用 WK_UP 按键来实现唤醒和进入待机模式的功能,然后使用 DS0 指示状态。

19.1　STM32 待机模式简介

很多单片机都有低功耗模式,STM32 也不例外。在系统或电源复位以后,微控制器处于运行状态。运行状态下的 HCLK 为 CPU 提供时钟,内核执行程序代码。当 CPU 不需继续运行时,可以利用多个低功耗模式来节省功耗,比如等待某个外部事件时。用户需要根据最低电源消耗、最快速启动时间和可用的唤醒源等条件,选定一个最佳的低功耗模式。STM32 的 3 种低功耗模式 5.2.4 小节有粗略介绍,这里再回顾一下。

STM32 的低功耗模式有 3 种:睡眠模式(Cortex - M3 内核停止,外设仍然运行)、停止模式(所有时钟都停止)、待机模式(1.8 V 内核电源关闭)。

在运行模式下,我们也可以通过降低系统时钟、关闭 APB 和 AHB 总线上未被使用的外设时钟来降低功耗。3 种低功耗模式说明如表 19.1 所列。

在这 3 种低功耗模式中,最低功耗的是待机模式,在此模式下,最低只需要 2 μA 左右的电流。停机模式是次低功耗的,典型的电流消耗在 20 μA 左右。最后就是睡眠模式了。

本章仅介绍 STM32 的待机模式。待机模式可实现 STM32 的最低功耗。该模式是在 Cortex - M3 深睡眠模式时关闭电压调节器。整个 1.8 V 供电区域被断电。PLL、HSI 和 HSE 振荡器也被断电,SRAM 和寄存器内容丢失,仅备份的寄存器和待机电路维持供电。那么我们如何进入待机模式呢?其实很简单,只要按图 19.1 所示的步骤执行就可以了。

图 19.1 还列出了退出待机模式的操作,可见,我们有 4 种方式可以退出待机模式,即当一个外部复位(NRST 引脚)、IWDG 复位、WKUP 引脚上的上升沿或 RTC 闹钟事件发生时,微控制器从待机模式退出。从待机唤醒后,除了电源控制/状态寄

存器(PWR_CSR),所有寄存器被复位。

表 19.1   STM32 低功耗一览表

模　式	进入操作	唤　醒	对 1.8 V 区域时钟的影响	对 VDD 区域时钟的影响	电压调节器
睡眠 (SLEEP – NOW 或 SLEEP – ON – EXIT)	WFI	任一中断	CPU 时钟关, 对其他时钟和 ADC 时钟无影响		开
	WFE	唤醒事件			
停机	PDDS 和 LPDS 位 ＋SLEEPDEEP 位 ＋WFI 或 WFE	任一外部中断(在外部中断寄存器中设置)	所有使用 1.8 V 的区域的时钟都已关闭, HSI 和 HSE 的振荡器关闭	无	在低功耗模式下可进行开/关设置(依据电源控制寄存器(PWR_CR)的设定)
待机	PDDS 位 ＋SLEEPDEEP 位 ＋WFI 或 WFE	WKUP 引脚的上升沿、RTC 警告事件、NRST 引脚上的外部复位、IWDG 复位			关

待机模式	说明
进入	在以下条件下执行WFI或WFE指令: — 设置Cortex–M3系统控制寄存器中的SLEEPDEEP位 — 设置电源控制寄存器(PWR_CR)中的PDDS位 — 清除电源控制/状态寄存器(PWR_CSR)中的WUF位
退出	WKUP引脚的上升沿、RTC闹钟、NRST引脚上外部复位、IWDG复位
唤醒延时	复位阶段时电压调节器的启动

图 19.1   STM32 进入及退出待机模式的条件

从待机模式唤醒后的代码执行等同于复位后的执行(采样启动模式引脚,读取复位向量等)。电源控制/状态寄存器(PWR_CSR)将会指示内核由待机状态退出。在进入待机模式后,除了复位引脚以及被设置为防侵入或校准输出时的 TAMPER 引脚和被使能的唤醒引脚(WK_UP 脚),其他的 I/O 引脚都将处于高阻态。

图 19.1 的进入待机模式的通用步骤中涉及 2 个寄存器,即电源控制寄存器(PWR_CR)和电源控制/状态寄存器(PWR_CSR)。电源控制寄存器(PWR_CR)的各位描述如图 19.2 所示。

这里通过设置 PWR_CR 的 PDDS 位,使 CPU 进入深度睡眠时进入待机模式,同时通过 CWUF 位清除之前的唤醒位。电源控制/状态寄存器(PWR_CSR)的各位描述如图 19.3 所示。

31	30	29	28	27	26	25	24	23	22	21	20	19	18	17	16
保留															

15	14	13	12	11	10	9	8	7	6	5	4	3	2	1	0
保留							DBP	PLS[2:0]			PVDE	CSBF	CWUF	PDDS	LPDS
							rw	rw	rw	rw	rw	rc_w1	rc_w1	rw	rw

位2	CWUF：清除唤醒位 始终读出为0 0：无功效　　1：2个系统时钟周期后清除WUF唤醒位(写)
位2	PDDS：掉电深睡眠 与LPDS位协同操作 0：当CPU进入深睡眠时进入停机模式，调压器的状态由LPDS位控制。 1：CPU进入深睡眠时进入待机模式

图 19.2　PWR_CR 寄存器各位描述

31	30	29	28	27	26	25	24	23	22	21	20	19	18	17	16
保留															

15	14	13	12	11	10	9	8	7	6	5	4	3	2	1	0
保留							EWUP	保留					PVDO	SBF	WUF
							rw						r	r	r

位8	EWUP：使能WKUP引脚 0：WKUP引脚为通用I/O。WKUP引脚上的事件不能将CPU从待机模式唤醒 1：WKUP引脚用于将CPU从待机模式唤醒，WKUP引脚被强置为输入下拉的配置 (WKUP引脚上的上升沿将系统从待机模式唤醒) 注：在系统复位时清除这一位
位0	WUF：唤醒标志 该位由硬件设置，并只能由POR/PDR(上电/掉电复位)或设置电源控制寄存器 (PWR_CR)的CWUF位清除。 0：没有发生唤醒事件 1：在WKUP引脚上发生唤醒事件或出现RTC闹钟事件。 注：当WKUP引脚已经是高电平时，在(通过设置EWUP位)使能WKUP引脚时会检测到一个额外的事件

图 19.3　PWR_CSR 寄存器各位描述

　　这里通过设置 PWR_CSR 的 EWUP 位来使能 WKUP 引脚用于待机模式唤醒。我们还可以从 WUF 来检查是否发生了唤醒事件，不过本章并没有用到。

　　通过以上介绍，我们了解了进入待机模式的方法，以及设置 WK_UP 引脚用于把 STM32 从待机模式唤醒的方法，具体步骤如下：

　　① 设置 SLEEPDEEP 位。该位在系统控制寄存器(SCB_SCR)的第二位(详见《ARM Cortex-M3 权威指南》第 182 页表 13.1)，设置该位是进入待机模式的第一步。

　　② 使能电源时钟，设置 WK_UP 引脚作为唤醒源。因为要配置电源控制寄存器，所以必须先使能电源时钟。然后再设置 PWR_CSR 的 EWUP 位，使能 WK_UP

用于将 CPU 从待机模式唤醒。

③ 设置 PDDS 位,执行 WFI 指令,进入待机模式。接着通过 PWR_CR 设置 PDDS 位,使得 CPU 进入深度睡眠时进入待机模式,最后执行 WFI 指令开始进入待机模式,并等待 WK_UP 中断的到来。

④ 最后编写 WK_UP 中断函数。因为我们通过 WK_UP 中断(PA0 中断)来唤醒 CPU,所以有必要设置一下该中断函数,同时也通过该函数进入待机模式。

通过以上步骤的设置就可以使用 STM32 的待机模式了,并且可以通过 WK_UP 来唤醒 CPU。我们最终要实现这样一个功能:通过长按(3 s)WK_UP 按键开机,并让 DS 闪烁,同时 TFT-LCD 模块显示一些信息,表示程序已经开始运行;再次长按该键,则进入待机模式,DS0 关闭,TFT-LCD 模块关闭,程序停止运行,类似于手机的开关机。

19.2　硬件设计

本实验用到的硬件资源有指示灯 DS0、WK_UP 按键、TFT-LCD 模块。本章使用 WK_UP 按键用于唤醒和进入待机模式,然后通过 DS0 和 TFT-LCD 模块指示程序是否在运行。这几个硬件的连接前面均有介绍。

19.3　软件设计

找到第 18 章的工程,把没用到.c 文件删掉,包括 USMART 相关代码以及 rtc.c (注意,此时 HARDWARE 组仅剩 led.c 和 ILI93xx.c)。然后在 HARDWARE 文件夹下新建一个 WKUP 的文件夹。打开 USER 文件夹下的工程,新建一个 wkup.c 的文件和 wkup.h 的头文件,保存在 WKUP 文件夹下,并将 WKUP 文件夹加入头文件包含路径。打开 wkup.c,输入如下代码:

```
#include "wkup.h"
//系统进入待机模式
void Sys_Enter_Standby(void)
{
    //关闭所有外设(根据实际情况写)
    RCC->APB2RSTR|=0X01FC;//复位所有 I/O 口
    Sys_Standby();//进入待机模式
}
//检测 WKUP 脚的信号,返回值 1:连续按下 3 s 以上;0:错误的触发
u8 Check_WKUP(void)
{
    u8 t=0;                            //记录按下的时间
```

```
        LED0 = 0;                               //亮灯 DS0
        while(1)
        {
            if(WKUP_KD)                         //已经按下了
            {
                t ++ ;    delay_ms(30);
                if(t> = 100) { LED0 = 0; return 1;}  //按下超过 3 s,点亮 DS0
            }else {LED0 = 1; return 0; }        //按下不足 3 s,关闭 DS0
        }
}
//中断,检测到 PA0 脚的一个上升沿
//中断线 0 线上的中断检测
void EXTI0_IRQHandler(void)
{
    EXTI - >PR = 1<<0;                          //清除 LINE10 上的中断标志位
    if(Check_WKUP())Sys_Enter_Standby();       //关机吗
}
//PA0 WKUP 唤醒初始化
void WKUP_Init(void)
{
    RCC - >APB2ENR| = 1<<2;                     //先使能外设 I/O PORTA 时钟
    RCC - >APB2ENR| = 1<<0;                     //开启辅助时钟
    GPIOA - >CRL& = 0XFFFFFFF0;                 //PA0 设置成输入
    GPIOA - >CRL| = 0X00000008;
    Ex_NVIC_Config(GPIO_A,0,RTIR);             //PA0 上升沿触发
    //(检查是否是正常开)机
    if(Check_WKUP() == 0)Sys_Standby();        //不是开机,进入待机模式
    MY_NVIC_Init(2,2,EXTI0_IRQn,2);            //抢占 2,子优先级 2,组 2
}
```

该部分代码比较简单,我们在这里说明两点:

① 在 void Sys_Enter_Standby(void)函数里面,要在进入待机模式前把所有开启的外设全部关闭,这里仅仅复位了所有的 I/O 口,使得 I/O 口全部为浮空输入。对于其他外设(比如 ADC 等),读者根据自己开启的情况一一关闭就可,这样才能达到最低功耗。

② 在 void WKUP_Init(void)函数里面,我们要先判断 WK_UP 是否按下了 3 s,从而决定要不要开机。如果没有按下 3 s,则程序直接就进入了待机模式,所以在下载完代码的时候是看不到任何反应的。我们必须先按 WK_UP 按键 3 s 开机,才能看到 DS0 闪烁。

保存 wkup.c,并加入到 HARDWARE 组下,然后在 wkup.h 里面加入如下代码:

```
# ifndef __WKUP_H
# define __WKUP_H
# include "sys.h"
# define WKUP_KD PAin(0)                    //PA0 检测是否外部 WK_UP 按键按下
u8 Check_WKUP(void);                        //检测 WKUP 脚的信号
void WKUP_Init(void);                       //PA0 WKUP 唤醒初始化
void Sys_Enter_Standby(void);               //系统进入待机模式
# endif
```

最后在 test.c 里面修改 main 函数如下：

```
int main(void)
{
    Stm32_Clock_Init(9);                    //系统时钟设置
    uart_init(72,9600);                     //串口初始化为 9600
    delay_init(72);                         //延时初始化
    LED_Init();                             //初始化与 LED 连接的硬件接口
    WKUP_Init();                            //初始化 WK_UP 按键,同时检测是否正常开机
    LCD_Init();                             //初始化 LCD
    POINT_COLOR = RED;
    LCD_ShowString(30,50,200,16,16,"Mini STM32");
    LCD_ShowString(30,70,200,16,16,"WKUP TEST");
    LCD_ShowString(30,90,200,16,16,"ATOM@ALIENTEK");
    LCD_ShowString(30,110,200,16,16,"2014/3/8");
    while(1)
    {
        LED0 = ! LED0;
        delay_ms(250);
    }
}
```

这里先初始化 LED 和 WK_UP 按键(通过 WKUP_Init()函数初始化),如果检测到有长按 WK_UP 按键 3 s 以上,则开机,并执行 LCD 初始化,在 LCD 上面显示一些内容。如果没有长按,则在 WKUP_Init 里面调用 Sys_Enter_Standby 函数,直接进入待机模式了。

开机后,在死循环里面等待 WK_UP 中断的到来,得到中断后,在中断函数里面判断 WK_UP 按下的时间长短来决定是否进入待机模式。如果按下时间超过 3 s,则进入待机;否则退出中断,继续执行 main 函数的死循环等待,同时不停地取反 LED0,让红灯闪烁。

注意,下载代码后一定要长按 WK_UP 按键来开机,否则将直接进入待机模式,无任何现象。

19.4　下载与测试

在代码编译成功之后,下载代码到 ALIENTEK MiniSTM32 开发板上,此时可以看到开发板 DS0 亮了一下(Check_WKUP 函数执行了 LED0＝0 的操作)就没有反应了。其实这是正常的,在程序下载完之后,开发板检测不到 WK_UP 的持续按下(3 s 以上),所以直接进入待机模式,看起来和没有下载代码一样。此时长按 WK_UP 按键 3 s 左右,则可以看到 DS0 开始闪烁。然后再长按 WK_UP,DS0 会灭掉,程序再次进入待机模式。

第 **20** 章

ADC 实验

本章介绍 STM32 的 ADC 功能,使用 STM32 的 ADC1 通道 1 来采样外部电压值,并在 TFT – LCD 模块上显示出来。

20.1　STM32 ADC 简介

STM32 拥有 1～3 个 ADC(STM32F101/102 系列只有一个 ADC),这些 ADC 可以独立使用,也可以使用双重模式(提高采样率)。STM32 的 ADC 是 12 位逐次逼近型的模拟数字转换器,有 18 个通道,可测量 16 个外部和 2 个内部信号源。各通道的 A/D 转换可以单次、连续、扫描或间断模式执行。ADC 的结果可以左对齐或右对齐方式存储在 16 位数据寄存器中。模拟看门狗特性允许应用程序检测输入电压是否超出用户定义的高/低阈值。

STM32F103 系列最少都拥有 2 个 ADC,这里选择的 STM32F103RCT 包含有 3 个 ADC。STM32 的 ADC 最大的转换速率为 1 MHz,也就是转换时间为 1 μs(在 ADCCLK＝14 MHz,采样周期为 1.5 个 ADC 时钟下得到),不要让 ADC 的时钟超过 14 MHz,否则将导致结果准确度下降。

STM32 将 ADC 的转换分为 2 个通道组:规则通道组和注入通道组。规则通道相当于正常运行的程序,而注入通道就相当于中断。在程序正常执行的时候,中断是可以打断程序执行的。同样,注入通道的转换可以打断规则通道的转换,在注入通道被转换完成后规则通道才得以继续转换。

通过一个形象的例子可以说明:假如院子内放了 5 个温度探头,室内放了 3 个温度探头,需要时刻监视室外温度即可,但偶尔想看室内的温度,因此可以使用规则通道组循环扫描室外的 5 个探头并显示 A/D 转换结果。当想看室内温度时,通过一个按钮启动注入转换组(3 个室内探头)并暂时显示室内温度;放开这个按钮后,系统又回到规则通道组继续检测室外温度。从系统设计上,测量并显示室内温度的过程中断了测量并显示室外温度的过程,但程序设计上可以在初始化阶段分别设置好不同的转换组,系统运行中不必再变更循环转换的配置,从而达到两个任务互不干扰和快速切换的结果。可以设想一下,如果没有规则组和注入组的划分,当按下按钮后需要重新配置 A/D 循环扫描的通道,释放按钮后再次配置 A/D 循环扫描的通道。

上面的例子因为速度较慢,不能完全体现这样区分(规则通道组和注入通道组)的好处,但在工业应用领域中有很多检测和监视探头需要较快地处理,这样对 A/D 转换的分组将简化事件处理的程序并提高事件处理的速度。

STM32 的 ADC 的规则通道组最多包含 16 个转换,而注入通道组最多包含 4 个通道。这两个通道组的详细介绍请参考《STM32 参考手册的》第 155 页,第 11 章。

STM32 的 ADC 可以进行很多种不同的转换模式,参见《STM32 参考手册》的第 11 章。本章仅介绍如何使用规则通道的单次转换模式。STM32 的 ADC 在单次转换模式下只执行一次转换,该模式可以通过 ADC_CR2 寄存器的 ADON 位(只适用于规则通道)启动,也可以通过外部触发启动(适用于规则通道和注入通道),这时 CONT 位为 0。

以规则通道为例,一旦选择的通道转换完成,转换结果将被存在 ADC_DR 寄存器中,EOC(转换结束)标志将被置位。如果设置了 EOCIE,则会产生中断。然后 ADC 将停止,直到下次启动。

接下来介绍一下执行规则通道的单次转换需要用到的 ADC 寄存器。第一个要介绍的是 ADC 控制寄存器(ADC_CR1 和 ADC_CR2),各位描述如图 20.1 所示。

31	30	29	28	27	26	25	24	23	22	21	20	19	18	17	16
			保　　留					AWDEN	AWD ENJ	保　留		DUALMOD[3 : 0]			
								rw	rw			rw	rw	rw	rw

15	14	13	12	11	10	9	8	7	6	5	4	3	2	1	0
DISCNUM[2 : 0]			DISC ENJ	DISC EN	JAUTO	AWD SGL	SCAN	JEOC IE	AWDIE	EOCIE		AWDCH[4 : 0]			
rw	rw	rw	rw	rw	rw	rw	rw	rw	rw	rw	rw	rw	rw	rw	rw

图 20.1　ADC_CR1 寄存器各位描述

这里只抽出几个本章要用到的位进行针对性地介绍,详细的说明参考《STM32 参考手册》第 11 章的相关章节。

ADC_CR1 的 SCAN 位用于设置扫描模式,由软件设置和清除,如果设置为 1,则使用扫描模式;如果为 0,则关闭扫描模式。在扫描模式下,由 ADC_SQRx 或 ADC_JSQRx 寄存器选中的通道被转换。如果设置了 EOCIE 或 JEOCIE,只在最后一个通道转换完毕后才会产生 EOC 或 JEOC 中断。ADC_CR1[19:16]用于设置 ADC 的操作模式,详细的对应关系如图 20.2 所示。

本章使用的是独立模式,所以设置这几位为 0 就可以了。接着介绍 ADC_CR2,该寄存器的各位描述如图 20.3 所示。

其中,ADON 位用于开关 A/D 转换器。而 CONT 位用于设置是否进行连续转换,这里使用单次转换,所以 CONT 位必须为 0。CAL 和 RSTCAL 用于 A/D 校准。ALIGN 用于设置数据对齐,这里使用右对齐,该位设置为 0。

EXTSEL[2:0]用于选择启动规则转换组转换的外部事件,详细的设置关系如图 20.4 所示。这里使用的是软件触发(SWSTART),所以设置这 3 个位为 111。

位19：16	DUALMOD[3：0]：双模式选择
	软件使用这些选择操作模式
	0000：独立模式
	0001：混合的同步规则+注入同步模式
	0010：混合的同步规则+交替触发模式
	0011：混合的同步规则+快速交替模式
	0100：混合的同步规则+慢速交替模式
	0101：注入同步模式
	0110：规则同步模式
	0111：快速交替模式
	1000：慢速交替模式
	1001：交替触发模式
	注：在ADC2和ADC3中这些位为保留位
	在双模式中，改变通道的配置会产生一个重新开始的条件，这将导致同步丢失。建议
	在进行任何配置改变前关闭双模式

图 20.2　ADC 操作模式

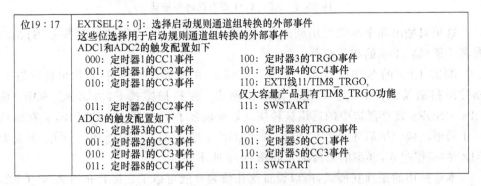

图 20.3　ADC_CR2 寄存器操作模式

ADC_CR2 的 SWSTART 位用于开始规则通道的转换，每次转换(单次转换模式下)都需要向该位写 1。AWDEN 为用于使能温度传感器和 Vrefint。STM32 内部的温度传感器我们将在下一节介绍。

位19：17	EXTSEL[2：0]：选择启动规则通道组转换的外部事件
	这些位选择用于启动规则通道组转换的外部事件
	ADC1和ADC2的触发配置如下
	000：定时器1的CC1事件　　　　　100：定时器3的TRGO事件
	001：定时器1的CC2事件　　　　　101：定时器4的CC4事件
	010：定时器1的CC3事件　　　　　110：EXTI线11/TIM8_TRGO,
	仅大容量产品具有TIM8_TRGO功能
	011：定时器2的CC2事件　　　　　111：SWSTART
	ADC3的触发配置如下
	000：定时器3的CC1事件　　　　　100：定时器8的TRGO事件
	001：定时器2的CC3事件　　　　　101：定时器5的CC1事件
	010：定时器1的CC3事件　　　　　110：定时器5的CC3事件
	011：定时器8的CC1事件　　　　　111：SWSTART

图 20.4　ADC 选择启动规则转换事件设置

　　第二个要介绍的是 ADC 采样事件寄存器(ADC_SMPR1 和 ADC_SMPR2)，用于设置通道 0～17 的采样时间,每个通道占用 3 个位。ADC_SMPR1 的各位描述如图 20.5 所示。ADC_SMPR2 的各位描述如图 20.6 所示。

　　对于每个要转换的通道,采样时间建议尽量长一点,以获得较高的准确度,但是

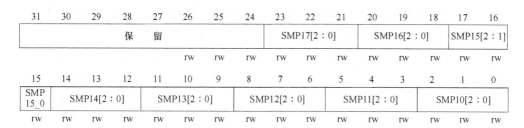

31	30	29	28	27	26	25	24	23	22	21	20	19	18	17	16
保　　　留								SMP17[2：0]			SMP16[2：0]			SMP15[2：1]	
					rw	rw	rw	rw	rw	rw	rw	rw	rw	rw	rw

15	14	13	12	11	10	9	8	7	6	5	4	3	2	1	0
SMP 15_0	SMP14[2：0]			SMP13[2：0]			SMP12[2：0]			SMP11[2：0]			SMP10[2：0]		
rw	rw	rw	rw	rw	rw	rw	rw	rw	rw	rw	rw	rw	rw	rw	rw

位31：24	保留。必须保持为0
位23：0	SMPx[2：0]：选择通道x的采样时间 这些位用于独立地选择每个通道的采样时间。在采样周期中通道选择位必须保护不变 　000：1.5周期　　　　　　　100：41.5周期 　001：7.5周期　　　　　　　101：55.5周期 　010：13.5周期　　　　　　110：71.5周期 　011：28.5周期　　　　　　111：239.5周期 注： - ADC1的模拟输入通道16和通道17在芯片内部分别连到了温度传感器和V_{refint} - ADC2的模拟输入通道16和通道17在芯片内部连到了V_{ss} - ADC3模拟输入通道14、15、16、17与V_{ss}相连

图 20.5　ADC_SMPR1 寄存器各位描述

31	30	29	28	27	26	25	24	23	22	21	20	19	18	17	16
保留		SMP9[2：0]			SMP8[2：0]			SMP7[2：0]			SMP6[2：0]			SMP5[2：1]	
		rw	rw	rw	rw	rw	rw	rw	rw	rw	rw	rw	rw	rw	rw

15	14	13	12	11	10	9	8	7	6	5	4	3	2	1	0
SMP 5_0	SMP4[2：0]			SMP3[2：0]			SMP2[2：0]			SMP1[2：0]			SMP0[2：0]		
rw	rw	rw	rw	rw	rw	rw	rw	rw	rw	rw	rw	rw	rw	rw	rw

位31：30	保留。必须保持为0
位29：0	SMPx[2：0]：选择通道x的采样时间 这些位用于独立地选择每个通道的采样时间。在采样周期中通道选择位必须保护不变 　000：1.5周期　　　　　　　100：41.5周期 　001：7.5周期　　　　　　　101：55.5周期 　010：13.5周期　　　　　　110：71.5周期 　011：28.5周期　　　　　　111：239.5周期 注：ADC3模拟输入通道9与V_{ss}相连

图 20.6　ADC_SMPR2 寄存器各位描述

这样会降低 ADC 的转换速率。ADC 的转换时间可以由以下公式计算：

$$T_{\text{covn}} = 采样时间 + 12.5 \text{ 个周期}$$

其中，T_{covn} 为总转换时间，采样时间是根据每个通道 SMP 位的设置来决定的。例如，当 ADCCLK＝14 MHz 的时候，设置 1.5 个周期的采样时间，则得到 T_{covn}＝1.5＋12.5＝14 个周期＝1 μs。

第三个要介绍的是 ADC 规则序列寄存器(ADC_SQR1~3),该寄存器总共有 3 个,功能差不多,这里仅介绍 ADC_SQR1,各位描述如图 20.7 所示。

31	30	29	28	27	26	25	24	23	22	21	20	19	18	17	16
保 留								L[3:0]				SQ16[4:1]			
								rw	rw	rw	rw	rw	rw	rw	rw

15	14	13	12	11	10	9	8	7	6	5	4	3	2	1	0
SQ16_0	SQ15[4:0]						SQ14[4:0]					SQ13[4:0]			
rw	rw	rw	rw	rw	rw	rw	rw	rw	rw	rw	rw	rw	rw	rw	rw

位31:24	保留。必须保持为0
位23:20	L[3:0]:规则通道序列长度 这些位定义了在规则通道转换序列中转换总数 0000:1个转换 0001:2个转换 …… 1111:16个转换
位19:15	SQ16[4:0]:规则序列中的第16个转换 这些位定义了转换序列中的第16个转换通道的编号(0~17)
位14:10	SQ15[4:0]:规则序列中的第15个转换
位9:5	SQ14[4:0]:规则序列中的第14个转换
位4:0	SQ13[4:0]:规则序列中的第13个转换

图 20.7 ADC_ SQR1 寄存器各位描述

L[3:0]用于存储规则序列的长度,这里只用了一个,所以设置这几个位的值为 0。其他的 SQ13~16 则存储了规则序列中第 13~16 通道的编号(编号范围:0~17)。另外两个规则序列寄存器同 ADC_SQR1 大同小异,这里就不再介绍了。注意,这里选择的是单次转换,所以只有一个通道在规则序列里面,这个序列就是 SQ1,通过 ADC_SQR3 的最低 5 位(也就是 SQ1)设置。

第四个要介绍的是 ADC 规则数据寄存器(ADC_DR)。规则序列中的 A/D 转化结果都将被存在这个寄存器里面,而注入通道的转换结果被保存在 ADC_JDRx 里面。ADC_DR 的各位描述如图 20.8 所示。注意,该寄存器的数据可以通过 ADC_CR2 的 ALIGN 位设置左对齐还是右对齐。在读取数据的时候要注意。

最后一个要介绍的 ADC 寄存器为 ADC 状态寄存器(ADC_SR),该寄存器保存了 ADC 转换时的各种状态,各位描述如图 20.9 所示。

这里要用到 EOC 位,我们通过判断该位来决定是否此次规则通道的 A/D 转换已经完成。如果完成了则从 ADC_DR 中读取转换结果,否则等待转换完成。

通过以上介绍,我们了解了 STM32 的单次转换模式下的相关设置,本章使用 ADC1 的通道 1 来进行 A/D 转换,详细设置步骤如下:

31	30	29	28	27	26	25	24	23	22	21	20	19	18	17	16
							ADC2DATA[15：0]								
r	r	r	r	r	r	r	r	r	r	r	r	r	r	r	r

15	14	13	12	11	10	9	8	7	6	5	4	3	2	1	0
							DATA[15：0]								
r	r	r	r	r	r	r	r	r	r	r	r	r	r	r	r

位31：16	ADC2DATA[15：0]：ADC2转换的数据 - 在ADC1中：在双模式下，这些位包含了ADC2转换的规则通道数据 - 在ADC1中：不用这些位
位15：0	DATA[15：0]：规则转换的数据 这些位为只读，包含了规则通道的转换结果

图 20.8　ADC_JDRx 寄存器各位描述

31	30	29	28	27	26	25	24	23	22	21	20	19	18	17	16
							保留								

15	14	13	12	11	10	9	8	7	6	5	4	3	2	1	0
					保留						STRT	JSTRT	JEOC	EOC	AWD
											rc w0	rc w0	rc w0	rc w0	rc w0

位1	EOC：转换结束位(End of conversion) 该位由硬件在(规则或注入)通道组转换结束时设置，由软件清除或由读取 ADC_DR时清除 0：转换未完成；　1：转换完成

图 20.9　ADC_SR 寄存器各位描述

① 开启 PA 口时钟，设置 PA1 为模拟输入。STM32F103RCT6 的 ADC 通道 1 在 PA1 上，所以先使能 PORTA 的时钟，然后设置 PA1 为模拟输入。

② 使能 ADC1 时钟，并设置分频因子。要使用 ADC1，第一步就是要使能 ADC1 的时钟，之后进行一次 ADC1 的复位。接着就可以通过 RCC_CFGR 设置 ADC1 的分频因子。分频因子要确保 ADC1 的时钟（ADCCLK）不要超过 14 MHz。

③ 设置 ADC1 的工作模式。设置完分频因子之后就可以开始 ADC1 的模式配置了。设置单次转换模式、触发方式选择、数据对齐方式等都在这一步实现。

④ 设置 ADC1 规则序列的相关信息。这里只有一个通道，并且是单次转换的，所以设置规则序列中通道数为 1（ADC_SQR1[23：20]＝0000），然后设置通道 1 的采样周期（通过 ADC_SMPR2[5：3]设置）。

⑤ 开启 A/D 转换器并校准。设置完以上信息后，我们就开启 A/D 转换器，执行复位校准和 A/D 校准，注意这两步是必须的，不校准将导致结果很不准确。

⑥ 读取 ADC 值。上面的校准完成之后，ADC 就准备好了。接下来要做的就是设置规则序列 1 里面的通道（通过 ADC_SQR3[4：0]设置），然后启动 ADC 转换。

在转换结束后,读取 ADC1_DR 里面的值就可以了。

这里还需要说明一下 ADC 的参考电压,MiniSTM32 开发板使用的是 STM32F103RCT6,该芯片没有外部参考电压引脚,ADC 的参考电压直接取自 VD-DA,也就是 3.3 V。

通过以上步骤的设置,我们就能正常地使用 STM32 的 ADC1 来执行 A/D 转换操作了。

20.2 硬件设计

本实验用到的硬件资源有指示灯 DS0、TFT‐LCD 模块、ADC、杜邦线。前面两个均已介绍过,而 ADC 属于 STM32 内部资源,实际上只需要软件设置就可以正常工作,不过我们需要在外部连接其端口到被测电压上面。本章通过 ADC1 的通道 1(PA1)来读取外部电压值,MiniSTM32 开发板没有设计参考电压源在上面,但是板上有几个可以提供测试的地方:① 3.3 V 电源;② GND;③ 后备电池。注意,这里不能接到板上 5 V 电源上去测试,这可能会烧坏 ADC。

因为要连接到其他地方测试电压,所以需要一根杜邦线或者自备的连接线也可以,一头插在 PA1 排针上(在 P3 上),另外一头就接要测试的电压点(确保该电压不大于 3.3 V 即可)。如果是测量外部电压,则还需要和开发板共地,开发板上有很多 GND 的排针,随便连接一个共地即可。

20.3 软件设计

找到第 19 章的工程,把没用到的 wkup.c 删掉(注意,此时 HARDWARE 组仅剩 led.c 和 ILI93xx.c)。然后,在 HARDWARE 文件夹下新建一个 ADC 的文件夹。打开 USER 文件夹下的工程,新建一个 adc.c 的文件和 adc.h 的头文件,保存在 ADC 文件夹下,并将 ADC 文件夹加入头文件包含路径。

打开 adc.c,输入如下代码:

```
# include "adc.h"
//初始化 ADC,这里仅以规则通道为例,默认仅开启通道 1
void  Adc_Init(void)
{
    RCC - >APB2ENR| = 1<<2;              //使能 PORTA 口时钟
    GPIOA - >CRL& = 0XFFFFFF0F;          //PA1 anolog 输入
    RCC - >APB2ENR| = 1<<9;              //ADC1 时钟使能
    RCC - >APB2RSTR| = 1<<9;             //ADC1 复位
    RCC - >APB2RSTR& = ~(1<<9);          //复位结束
    RCC - >CFGR& = ~(3<<14);             //分频因子清零
```

```
//SYSCLK/DIV2 = 12M ADC 时钟设置为 12 MHz,ADC 最大时钟不能超过 14 MHz
RCC -> CFGR| = 2<<14;
ADC1 -> CR1& = 0XF0FFFFF;                    //工作模式清零
ADC1 -> CR1| = 0<<16;                        //独立工作模式
ADC1 -> CR1& = ~(1<<8);                      //非扫描模式
ADC1 -> CR2& = ~(1<<1);                      //单次转换模式
ADC1 -> CR2& = ~(7<<17);
ADC1 -> CR2| = 7<<17;                        //软件控制转换
ADC1 -> CR2| = 1<<20;                        //必须使用外部触发(SWSTART)
                                             //必须使用一个事件来触发
ADC1 -> CR2& = ~(1<<11);                     //右对齐
ADC1 -> SQR1& = ~(0XF<<20);
ADC1 -> SQR1| = 0<<20;                       //1 个转换在规则序列中也就是只转换
                                             //规则序列 1
//设置通道 1 的采样时间
ADC1 -> SMPR2& = ~(7<<3);                    //通道 1 采样时间清空
 ADC1 -> SMPR2| = 7<<3;                      //通道 1   239.5 周期,提高采样时间
                                             //可以提高精确度
ADC1 -> CR2| = 1<<0;                         //开启 A/D 转换器
ADC1 -> CR2| = 1<<3;                         //使能复位校准
while(ADC1 -> CR2&1<<3);                     //等待校准结束
//该位由软件设置并由硬件清除。在校准寄存器被初始化后该位将被清除
ADC1 -> CR2| = 1<<2;                         //开启 A/D 校准
while(ADC1 -> CR2&1<<2);                     //等待校准结束
}
//获得 ADC 值
//ch:通道值 0~16
//返回值:转换结果
u16 Get_Adc(u8 ch)
{
    //设置转换序列
    ADC1 -> SQR3& = 0XFFFFFFE0;              //规则序列 1 通道 ch
    ADC1 -> SQR3| = ch;
    ADC1 -> CR2| = 1<<22;                    //启动规则转换通道
    while(! (ADC1 -> SR&1<<1));              //等待转换结束
    return ADC1 -> DR;                       //返回 adc 值
}
//获取通道 ch 的转换值,取 times 次,然后平均
//ch:通道编号
//times:获取次数
//返回值:通道 ch 的 times 次转换结果平均值
u16 Get_Adc_Average(u8 ch,u8 times)
```

```
{
    u32 temp_val = 0; u8 t;
    for(t = 0;t<times;t ++){ temp_val += Get_Adc(ch); delay_ms(5); }
    return temp_val/times;
}
```

此部分代码就 3 个函数,Adc_Init 函数用于初始化 ADC1。这里基本上是按上面的步骤来初始化的,这里仅开通了一个通道,即通道 1。第二个函数 Get_Adc,用于读取某个通道的 ADC 值,比如读取通道 1 上的 ADC 值就可以通过 Get_Adc(1)得到。最后一个函数 Get_Adc_Average,用于多次获取 ADC 值,取平均,用来提高准确度。

保存 adc.c 代码,并将该代码加入 HARDWARE 组下。接下来在 adc.h 文件里面输入如下代码:

```
# ifndef __ADC_H
# define __ADC_H
# include "sys.h"
# define ADC_CH1   1                        //通道 1
void Adc_Init(void);                        //ADC 通道初始化
u16   Get_Adc(u8 ch);                       //获得某个通道值
u16 Get_Adc_Average(u8 ch,u8 times);        //得到某个通道 10 次采样的平均值
# endif
```

这里定义 ADC_CH1 为 1,即通道 1 的编号宏定义,我们在 main 函数将会用到这个宏定义。接下来在 test.c 里面修改 main 函数如下:

```
int main(void)
{
    u16 adcx; float temp;
    Stm32_Clock_Init(9);                    //系统时钟设置
    uart_init(72,9600);                     //串口初始化为 9600
    delay_init(72);                         //延时初始化
    LED_Init();                             //初始化与 LED 连接的硬件接口
    LCD_Init();                             //初始化 LCD
    Adc_Init();                             //ADC 初始化
    POINT_COLOR = RED;                      //设置字体为红色
    LCD_ShowString(60,50,200,16,16,"Mini STM32");
    LCD_ShowString(60,70,200,16,16,"ADC TEST");
    LCD_ShowString(60,90,200,16,16,"ATOM@ALIENTEK");
    LCD_ShowString(60,110,200,16,16,"2014/3/9");
    //显示提示信息
    POINT_COLOR = BLUE;                     //设置字体为蓝色
    LCD_ShowString(60,130,200,16,16,"ADC_CH0_VAL:");
```

```
LCD_ShowString(60,150,200,16,16,"ADC_CH0_VOL:0.000V");
while(1)
{
    adcx = Get_Adc_Average(ADC_CH1,10);
    LCD_ShowxNum(156,130,adcx,4,16,0);        //显示 ADC 的值
    temp = (float)adcx * (3.3/4096);
    adcx = temp;
    LCD_ShowxNum(156,150,adcx,1,16,0);        //显示电压值
    temp - = adcx;
    temp * = 1000;
    LCD_ShowxNum(172,150,temp,3,16,0X80);
    LED0 = ! LED0; delay_ms(250);
}
}
```

　　运行此部分代码,则在 TFT – LCD 模块上显示一些提示信息后,将每隔 250 ms 读取一次 ADC 通道 0 的值,并显示读到的 ADC 值(数字量)以及其转换成模拟量后的电压值。同时,控制 LED0 闪烁,以提示程序正在运行。

20.4　下载验证

　　在代码编译成功之后,通过下载代码到 ALIENTEK MiniSTM32 开发板上,则可以看到,LCD 显示如图 20.10 所示。图中已经拔了 RMT 和 PA1 的跳线帽,PA1 处于浮空状态,容易受干扰,所以电压是不定的,这个是正常的现象。然后用杜邦线连接 PA1 到其他地方即可进行 A/D 测试,但是一定别接到超过 3.3 V 的电压上面去,否则可能烧坏 ADC。

　　通过这一章的学习,我们了解了 STM32 ADC 的使用,但这仅仅是 STM32 强大 ADC 功能的一小点应用。STM32 的 ADC 在很多地方都可以用到,有兴趣的读者可以深入研究,相信会给以后的开发带来方便。

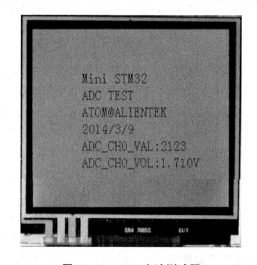

图 20.10　ADC 实验测试图

第**21**章

内部温度传感器实验

本章介绍 STM32 的内部温度传感器,利用 STM32 的内部温度传感器来读取温度值,并在 TFT‐LCD 模块上显示出来。

21.1　STM32 内部温度传感器简介

STM32 有一个内部的温度传感器,可以用来测量 CPU 及周围的温度(TA)。该温度传感器在内部和 ADCx_IN16 输入通道相连接,此通道把传感器输出的电压转换成数字值。温度传感器模拟输入推荐采样时间是 17.1 μs。STM32 的内部温度传感器支持的温度范围为−40～125℃,精度为±1.5℃左右(实际效果不理想)。

STM32 内部温度传感器的使用很简单,只要设置一下内部 ADC,并激活其内部通道就差不多了。接下来介绍一下和温度传感器设置相关的 2 个地方。

第一个地方,要使用 STM32 的内部温度传感器必须先激活 ADC 的内部通道,这里通过 ADC_CR2 的 AWDEN 位(bit23)设置。设置该位为 1 则启用内部温度传感器。

第二个地方,STM32 的内部温度传感器固定地连接在 ADC 的通道 16 上,所以,设置好 ADC 之后只要读取通道 16 的值,就是温度传感器返回来的电压值了。根据这个值就可以计算出当前温度。计算公式如下:

$$T = \{(V25 - Vsense)/Avg\_Slope\} + 25$$

式中,V25＝Vsense 在 25℃ 时的数值(典型值为 1.43),Avg_Slope＝温度与 Vsense 曲线的平均斜率(单位:mV/℃或 uv/℃)(典型值:4.3 mV/℃),这样就可以方便地计算出当前温度传感器的温度了。

现在就可以总结一下 STM32 内部温度传感器使用的步骤了,如下:

① 设置 ADC,并开启 ADC_CR2 的 AWDEN 位。这里采用与第 20 章一样的设置,只要增加使能 AWDEN 位这一句就可以了。

② 读取通道 16 的 A/D 值,并计算结果。设置完就可以读取温度传感器的电压值了,于是就可以用上面的公式计算温度值了。

21.2 硬件设计

本实验用到的硬件资源有指示灯 DS0、TFT - LCD 模块、ADC、内部温度传感器。前 3 个之前均有介绍，而内部温度传感器也是在 STM32 内部，不需要外部设置，我们只需要软件设置就可以了。

21.3 软件设计

打开第 20 章的工程，打开 adc.c，修改 Adc_Init 函数代码如下：

```
void  Adc_Init(void)
{
    ……//同上一章 Adc_Init 代码。
    ADC1 - >CR2& = ~(1<<11);  //右对齐
    ADC1 - >CR2| = 1<<23;      //使能温度传感器
    ADC1 - >SQR1& = ~(0XF<<20);
    ADC1 - >SQR1| = 0<<20;     //一个转换在规则序列中也就是只转换规则序列 1
    //设置通道 1&16 的采样时间
    ADC1 - >SMPR2& = ~(7<<3);  //通道 1 采样时间清空
    ADC1 - >SMPR2| = 7<<3;     //通道 1   239.5 周期，提高采样时间可以提高精确度
    ADC1 - >SMPR1& = ~(7<<18); //清除通道 16 原来的设置
    ADC1 - >SMPR1| = 7<<18;    //通道 16   239.5 周期，提高采样时间可以提高精确度
    ……//同上一章 Adc_Init 代码。
}
```

这部分代码与 20 章的 Adc_Init 代码几乎一样，仅仅在里面增加了如下 3 句代码：

```
ADC1 - >CR2| = 1<<23;      //使能温度传感器
ADC1 - >SMPR1& = ~(7<<18); //清除通道 16 原来的设置
ADC1 - >SMPR1| = 7<<18;    //通道 16   239.5 周期，提高采样时间可以提高精确度
```

其中第一句是使能内部温度传感器，剩下的两句就是设置通道 16，也就是温度传感器通道的采样时间。然后保存该文件，接着打开 adc.h，增加一行代码如下：

```
#define ADC_CH_TEMP       16       //温度传感器通道
```

其他代码同 20 章一样，只是宏定义多增加了一个温度传感器通道 TEMP_CH。接下来就可以开始读取温度传感器的电压了。在 test.c 文件里面修改 main 函数如下：

```
int main(void)
{
    u16 adcx;
    float temp; float temperate;
      Stm32_Clock_Init(9);                              //系统时钟设置
    uart_init(72,9600);                                 //串口初始化为 9600
    delay_init(72);                                     //延时初始化
    LED_Init();                                         //初始化与 LED 连接的硬件接口
     LCD_Init();                                        //初始化 LCD
     Adc_Init();                                        //ADC 初始化
    POINT_COLOR = RED;                                  //设置字体为红色
    LCD_ShowString(60,50,200,16,16,"Mini STM32");
    LCD_ShowString(60,70,200,16,16,"Temperature TEST");
    LCD_ShowString(60,90,200,16,16,"ATOM@ALIENTEK");
    LCD_ShowString(60,110,200,16,16,"2014/3/9");
    //显示提示信息
    POINT_COLOR = BLUE;                                 //设置字体为蓝色
    LCD_ShowString(60,130,200,16,16,"TEMP_VAL:");
    LCD_ShowString(60,150,200,16,16,"TEMP_VOL:0.000V");
    LCD_ShowString(60,170,200,16,16,"TEMPERATE:00.00C");
    while(1)
    {
        adcx = Get_Adc_Average(ADC_CH_TEMP,10);
        LCD_ShowxNum(132,130,adcx,4,16,0);              //显示 ADC 的值
        temp = (float)adcx * (3.3/4096);
        temperate = temp;                               //保存温度传感器的电压值
        adcx = temp;
        LCD_ShowxNum(132,150,adcx,1,16,0);              //显示电压值整数部分
        temp - = (u8)temp;                              //减掉整数部分
        LCD_ShowxNum(148,150,temp * 1000,3,16,0X80);        //显示电压小数部分
         temperate = (1.43 - temperate)/0.0043 + 25;        //计算出当前温度值
        LCD_ShowxNum(140,170,(u8)temperate,2,16,0);         //显示温度整数部分
        temperate - = (u8)temperate;
        LCD_ShowxNum(164,170,temperate * 100,2,16,0X80);    //显示温度小数部分
        LED0 = ! LED0;
        delay_ms(250);
    }
}
```

    这里同第 20 章的主函数大同小异,上面的代码将温度传感器得到的电压值换算成温度值,然后在 TFT – LCD 模块上显示出来。

21.4 下载验证

代码编译成功后通过下载代码到 ALIENTEK MiniSTM32 开发板上就可以看到,LCD 显示如图 21.1 所示。伴随 DS0 的不停闪烁,提示程序在运行。大家可以看看你的温度值与实际是否相符合(因为芯片会发热,而且准确度也不太好,所以一般会比实际温度偏高)?

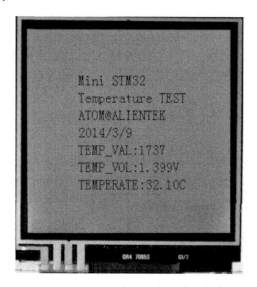

图 21.1 内部温度传感器实验测试图

第 **22** 章

DAC 实验

本章介绍 STM32 的 DAC 功能,利用按键(或 USMART)控制 STM32 内部 DAC1 来输出电压,通过 ADC1 的通道 1 采集 DAC 的输出电压,在 LCD 模块上面显示 ADC 获取到的电压值以及 DAC 的设定输出电压值等信息。

22.1 STM32 DAC 简介

大容量的 STM32F103 具有内部 DAC。MiniSTM32 选择的是 STM32F103RCT6,属于大容量产品,所以是带有 DAC 模块的。STM32 的 DAC 模块(数字/模拟转换模块)是 12 位数字输入,电压输出型的 DAC。DAC 可以配置为 8 位或 12 位模式,也可以与 DMA 控制器配合使用。DAC 工作在 12 位模式时,数据可以设置成左对齐或右对齐。DAC 模块有 2 个输出通道,每个通道都有单独的转换器。在双 DAC 模式下,2 个通道可以独立转换,也可以同时转换并同步更新 2 个通道的输出。STM32 的 DAC 模块主要特点有:

➢ 2 个 DAC 转换器:每个转换器对应一个输出通道;

➢ 8 位或者 12 位单调输出;

➢ 12 位模式下数据左对齐或者右对齐;

➢ 同步更新功能;

➢ 噪声波形生成;

➢ 三角波形生成;

➢ 双 DAC 通道同时或者分别转换;

➢ 每个通道都有 DMA 功能。

单个 DAC 通道的框图如图 22.1 所示。图中,V_{DDA} 和 V_{SSA} 为 DAC 模块模拟部分的供电,V_{REF+} 是参考电压输入引脚,不过我们使用的 STM32F103RCT6 只有 64 引脚,没有 V_{REF+} 引脚,参考电压直接来自 VDDA,也就是固定为 3.3 V。DAC_OUTx 就是 DAC 的输出通道了(对应 PA4 或者 PA5 引脚)。

从图 22.1 可以看出,DAC 输出是受 DORx 寄存器直接控制的,但是不能直接往 DORx 寄存器写入数据,而是通过 DHRx 间接地传给 DORx 寄存器,实现对 DAC 输出的控制。STM32 的 DAC 支持 8/12 位模式,8 位模式的时候是固定右对齐的,而

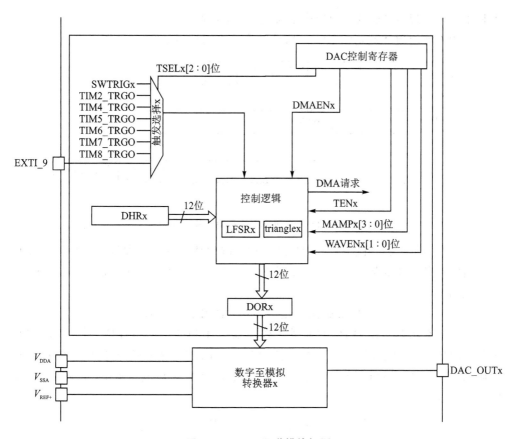

图 22.1　DAC 通道模块框图

12 位模式又可以设置左对齐/右对齐。单 DAC 通道 x,总共有 3 种情况:

① 8 位数据右对齐:用户将数据写入 DAC_DHR8Rx[7:0]位(实际是存入 DHRx[11:4]位)。

② 12 位数据左对齐:用户将数据写入 DAC_DHR12Lx[15:4]位(实际是存入 DHRx[11:0]位)。

③ 12 位数据右对齐:用户将数据写入 DAC_DHR12Rx[11:0]位(实际是存入 DHRx[11:0]位)。

本章使用的就是单 DAC 通道 1,采用 12 位右对齐格式,所以采用第③种情况。

如果没有选中硬件触发(寄存器 DAC_CR1 的 TENx 位置 0),存入寄存器 DAC_DHRx 的数据会在一个 APB1 时钟周期后自动传至寄存器 DAC_DORx。如果选中硬件触发(寄存器 DAC_CR1 的 TENx 位置 1),数据传输在触发发生以后 3 个 APB1 时钟周期后完成。一旦数据从 DAC_DHRx 寄存器装入 DAC_DORx 寄存器,在经过时间 $t_{SETTLING}$ 之后,输出即有效,这段时间的长短依电源电压和模拟输出负载的不同会有所变化。从 STM32F103RCT6 的数据手册查到,$t_{SETTLING}$ 的典型值为 3 μs,最大是 4 μs。所以,DAC 的转换速度最快是 250K 左右。

本章不使用硬件触发(TEN=0),其转换的时间框图如图 22.2 所示。

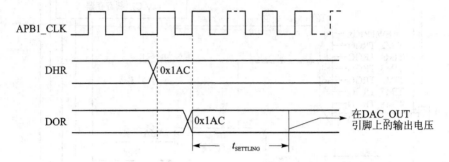

图 22.2 TEN＝0 时 DAC 模块转换时间框图

当 DAC 的参考电压为 V_{REF+} 的时候(对 STM32F103RC 来说就是 3.3 V),DAC 的输出电压是线性的从 $0 \sim V_{REF+}$,12 位模式下 DAC 输出电压与 V_{REF+}、DORx 的计算公式如下:

$$DACx\ 输出电压＝V_{ref} \cdot (DORx/4\ 095)$$

接下来介绍要实现 DAC 的通道 1 输出需要用到的一些寄存器。首先是 DAC 控制寄存器 DAC_CR,各位描述如图 22.3 所示。DAC_CR 的低 16 位用于控制通道 1,而高 16 位用于控制通道 2,这里仅列出比较重要的最低 8 位的详细描述,如图 22.4 所示。

31	30	29	28	27	26	25	24	23	22	21	20	19	18	17	16
保留			DMAEN2	MAMP2[3:0]				WAVE2[2:0]		TSEL2[2:0]			TEN2	BOFF2	EN2
			rw	rw	rw	rw	rw	rw	rw	rw	rw	rw	rw	rw	rw

15	14	13	12	11	10	9	8	7	6	5	4	3	2	1	0
保留			DMAEN1	MAMP13:0]				WAVE1[2:0]		TSEL1[2:0]			TEN1	BOFF1	EN1
			rw	rw	rw	rw	rw	rw	rw	rw	rw	rw	rw	rw	rw

图 22.3 寄存器 DAC_CR 各位描述

首先来看 DAC 通道 1 使能位(EN1),该位用来控制 DAC 通道 1 的使能,本章就是用的 DAC 通道 1,所以该位设置为 1。

再看关闭 DAC 通道 1 输出缓存控制位(BOFF1),这里 STM32 的 DAC 输出缓存做得有些不好,如果使能,虽然输出能力强一点,但是输出没法到 0,这是个很严重的问题。所以本章不使用输出缓存,即设置该位为 1。

DAC 通道 1 触发使能位(TEN1),该位用来控制是否使用触发,这里不使用触发,所以设置该位为 0。DAC 通道 1 触发选择位(TSEL1[2:0]),这里没用到外部触发,所以设置这几个位为 0 就行了。DAC 通道 1 噪声/三角波生成使能位(WAVE1[1:0]),这里同样没用到波形发生器,故也设置为 0 即可。DAC 通道 1 屏蔽/复制选择器(MAMP[3:0]),这些位仅在使用了波形发生器的时候才有用,本章没有用到波形发生器,故设置为 0 就可以了。最后是 DAC 通道 1 DMA 使能位 (DMAEN1),本章没有用到 DMA 功能,故还是设置为 0。

位 7：6	WAVE1[1：0]：DAC 通道 1 噪声/三角波生成使能(DAC channel1 noise/triangle wave generation enable),由软件设置和清除。 00:关闭波形生成； 10:使能噪声波形发生器； 1x:使能三角波发生器
位 5：3	TSEL1[2：0]：DAC 通道 1 触发选择(DAC channel1 trigger selection) 该位用于选择 DAC 通道 1 的外部触发事件。 000:TIM6 TRGO 事件； 001:对于互联型产品是 TIM3 TRGO 事件,对于大容易产品是 TIM8 TRGO 事件； 010:TIM7 TRGO 事件； 011:TIM5 TRGO 事件； 100:TIM2 TRGO 事件； 101:TIM4 TRGO 事件； 110:外部中断线 9； 111:软件触发。 注意,该位只能在 TEN1=1(DAC 通道 1 触发使能)时设置
位 2	TEN1:DAC 通道 1 触发使能(DAC channel1 trigger enable) 该位由软件设置和清除,用来使能/关闭 DAC 通道 1 的触发。 0:关闭 DAC 通道 1 触发,写入寄存器 DAC_DHRx 的数据在一个 APB1 时钟周期后传入寄存器 DAC_DOR1； 1:使能 DAC 通道 1 触发,写入寄存器 DAC_DHRx 的数据在 3 个 APB1 时钟周期后传入寄存器 DAC_DOR1。 注意:如果选择软件触发,写入寄存器 DAC_DHRx 的数据只需要一个 APB1 时钟周期就可以传入寄存器 DAC_DOR1
位 1	BOFF1:关闭 DAC 通道 1 输出缓存(DAC channel1 output buffer disable) 该位由软件设置和清除,用来使能/关闭 DAC 通道 1 的输出缓存。 0:使能 DAC 通道 1 输出缓存； 1:关闭 DAC 通道 1 输出缓存
位 0	EN1:DAC 通道 1 使能(DAC channel1 enable) 该位由软件设置和清除,用来使能/失能 DAC 通道 1。 0:关闭 DAC 通道 1； 1:使能 DAC 通道 1

图 22.4 寄存器 DAC_CR 低 8 位详细描述

通道 2 的情况和通道 1 一样,这里就不细说了。DAC_CR 设置好之后,DAC 就可以正常工作了,我们仅需要再设置 DAC 的数据保持寄存器的值,就可以在 DAC 输出通道得到想要的电压了(对应 I/O 口设置为模拟输入)。本章用的是 DAC 通道 1 的 12 位右对齐数据保持寄存器 DAC_DHR12R1,各位描述如图 22.5 所示。该寄存器用来设置 DAC 输出,通过写入 12 位数据到该寄存器就可以在 DAC 输出通道 1 (PA4)得到想要的结果。

本章使用 DAC 模块的通道 1 来输出模拟电压,详细设置步骤如下:

① 开启 PA 口时钟,设置 PA4 为模拟输入。STM32F103RCT6 的 DAC 通道 1 是接在 PA4 上的,所以先使能 PORTA 的时钟,然后设置 PA4 为模拟输入(虽然是

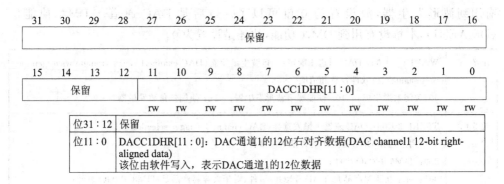

31	30	29	28	27	26	25	24	23	22	21	20	19	18	17	16
保留															

15	14	13	12	11	10	9	8	7	6	5	4	3	2	1	0
保留				DACC1DHR[11:0]											
				rw	rw	rw	rw	rw	rw	rw	rw	rw	rw	rw	rw

位31:12	保留
位11:0	DACC1DHR[11:0]：DAC通道1的12位右对齐数据(DAC channel1 12-bit right-aligned data) 该位由软件写入，表示DAC通道1的12位数据

图 22.5　寄存器 DAC_DHR12R1 各位描述

输入，但是 STM32 内部会连接在 DAC 模拟输出上)。

② 使能 DAC1 时钟。同其他外设一样，要想使用，必须先开启相应的时钟。STM32 的 DAC 模块时钟是由 APB1 提供的，所以先要在 APB1ENR 寄存器里面设置 DAC 模块的时钟使能。

③ 设置 DAC 的工作模式。该部分设置全部通过 DAC_CR 设置实现，包括 DAC 通道 1 使能、DAC 通道 1 输出缓存关闭、不使用触发、不使用波形发生器等设置。

④ 设置 DAC 的输出值。通过前面 3 个步骤的设置，DAC 就可以开始工作了，这里使用 12 位右对齐数据格式，所以通过设置 DHR12R1 就可以在 DAC 输出引脚(PA4)得到不同的电压值了。

注意，MiniSTM32 开发板的参考电压直接就是 VDDA，即 3.3 V。通过以上几个步骤的设置就能正常地使用 STM32 的 DAC 通道 1 来输出不同的模拟电压了。

22.2　硬件设计

本章用到的硬件资源有指示灯 DS0、WK_UP 和 KEY0 按键、串口、TFT - LCD 模块、ADC、DAC。

本章使用 DAC 通道 1 输出模拟电压，然后通过 ADC1 的通道 1 对该输出电压进行读取，并显示在 LCD 模块上面，DAC 的输出电压通过按键(或 USMART)进行设置。我们需要用 ADC 采集 DAC 的输出电压，所以需要在硬件上把它们短接起来。ADC 和 DAC 的连接原理图如图 22.6 所示。现只需要通过杜邦线将 PA4 和 PA1 连接起来就可以了。

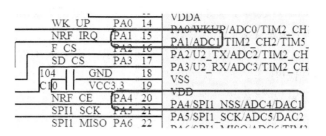

图 22.6　ADC、DAC 与 STM32 连接原理图

22.3　软件设计

找到第 21 章的工程,由于本章要用到按键以及 USMART 组件,所以先添加 key.c 到 HARDWARE 组,并把 USMART 组件添加进来。然后,在 HARDWARE 文件夹下新建一个 DAC 的文件夹,打开 USER 文件夹下的工程,新建一个 dac.c 的文件和 dac.h 的头文件,保存在 DAC 文件夹下,并将 DAC 文件夹加入头文件包含路径。打开 dac.c,输入如下代码:

```
#include "dac.h"
//DAC 通道 1 输出初始化
void Dac1_Init(void)
{
    RCC->APB2ENR|=1<<2;              //使能 PORTA 时钟
    RCC->APB1ENR|=1<<29;             //使能 DAC 时钟
    GPIOA->CRL&=0XFFF0FFFF;
    GPIOA->CRL|=0X00000000;          //PA4 模拟输入
    DAC->CR|=1<<0;                   //使能 DAC1
    DAC->CR|=1<<1;                   //DAC1 输出缓存不使能 BOFF1=1
    DAC->CR|=0<<2;                   //不使用触发功能 TEN1=0
    DAC->CR|=0<<3;                   //DAC TIM6 TRGO,不过要 TEN1=1 才行
    DAC->CR|=0<<6;                   //不使用波形发生
    DAC->CR|=0<<8;                   //屏蔽、幅值设置
    DAC->CR|=0<<12;                  //DAC1 DMA 不使能
    DAC->DHR12R1=0;
}
//设置通道 1 输出电压,vol:0~3300,代表 0~3.3 V
void Dac1_Set_Vol(u16 vol)
{
    float temp=vol; temp/=1000;
    temp=temp*4096/3.3;
    DAC->DHR12R1=temp;
}
```

其中,Dac1_Init 函数用于初始化 DAC 通道 1。这里基本上是按上面的步骤来初始化的,经过这个初始化之后就可以正常使用 DAC 通道 1 了。Dac1_Set_Vol 函数用于设置 DAC 通道 1 的输出电压,通过 USMART 调用该函数就可以随意设置 DAC 通道 1 的输出电压了。

保存 dac.c 代码,并将该代码加入 HARDWARE 组下。接下来在 dac.h 文件里面输入如下代码:

```
# ifndef __DAC_H
# define __DAC_H
# include "sys.h"
void Dac1_Init(void);              //DAC 通道 1 初始化
void Dac1_Set_Vol(u16 vol);        //设置通道 1 输出电压
# endif
```

接下来在 test.c 里面修改 main 函数如下:

```
int main(void)
{
    u16 adcx; u16 dacval = 0;
    float temp; u8 t = 0; u8 key;
    Stm32_Clock_Init(9);              //系统时钟设置
    uart_init(72,9600);               //串口初始化为 9600
    delay_init(72);                   //延时初始化
    LED_Init();                       //初始化与 LED 连接的硬件接口
    LCD_Init();                       //初始化 LCD
    KEY_Init();                       //按键初始化
    Adc_Init();                       //ADC 初始化
    Dac1_Init();                      //DAC 通道 1 初始化
    usmart_dev.init(72);              //USMART 初始化
    POINT_COLOR = RED;                //设置字体为红色
    LCD_ShowString(60,50,200,16,16,"Mini STM32");
    LCD_ShowString(60,70,200,16,16,"DAC TEST");
    LCD_ShowString(60,90,200,16,16,"ATOM@ALIENTEK");
    LCD_ShowString(60,110,200,16,16,"2014/3/9");
    LCD_ShowString(60,130,200,16,16,"WK_UP:+   KEY0:-");
    //显示提示信息
    POINT_COLOR = BLUE;               //设置字体为蓝色
    LCD_ShowString(60,150,200,16,16,"DAC VAL:");
    LCD_ShowString(60,170,200,16,16,"DAC VOL:0.000V");
    LCD_ShowString(60,190,200,16,16,"ADC VOL:0.000V");
    DAC->DHR12R1 = dacval;            //初始值为 0
    while(1)
    {
```

```
        t ++ ;
        key = KEY_Scan(0);
        if(key == WKUP_PRES)
        {
            if(dacval<4000)dacval += 200;
            DAC - >DHR12R1 = dacval;          //输出
        }else if(key == KEY0_PRES)
        {
            if(dacval>200)dacval - = 200;
            else dacval = 0;
            DAC - >DHR12R1 = dacval;          //输出
        }
        if(t == 10||key == KEY0_PRES||key ==  WKUP_PRES) //WKUP/KEY0/时间到
        {
            adcx = DAC - >DHR12R1;
            LCD_ShowxNum(124,150,adcx,4,16,0);        //显示 DAC 寄存器值
            temp = (float)adcx * (3.3/4096);          //得到 DAC 电压值
            adcx = temp;
            LCD_ShowxNum(124,170,temp,1,16,0);        //显示电压值整数部分
            temp - = adcx; temp * = 1000;
            LCD_ShowxNum(140,170,temp,3,16,0X80);     //显示电压值的小数部分
            adcx = Get_Adc_Average(ADC_CH1,10);       //得到 ADC 转换值
            temp = (float)adcx * (3.3/4096);          //得到 ADC 电压值
            adcx = temp;
            LCD_ShowxNum(124,190,temp,1,16,0);        //显示电压值整数部分
            temp - = adcx; temp * = 1000;
            LCD_ShowxNum(140,190,temp,3,16,0X80);     //显示电压值的小数部分
            LED0 = ! LED0; t = 0;
        }
        delay_ms(10);
    }
}
```

　　运行此部分代码时先对需要用到的模块进行初始化,然后显示一些提示信息,本章通过 WK_UP 和 KEY0 来实现对 DAC 输出的幅值控制。按下 WK_UP 则增加,按 KEY0 则减小。同时,在 LCD 上面显示 DHR12R1 寄存器的值、DAC 设计输出电压以及 ADC 采集到的 DAC 输出电压。

　　本章还可以利用 USMART 来设置 DAC 的输出电压值,故需要将 Dac1_Set_Vol 函数加入 USMART 控制,可以自行添加,或者直接查看本例程源码。另外,按键设置输出电压的时候每次都是以 0.161 V(即(200/4 096)×3.3)递增或递减的,而通过 USMART 调用 Dac1_Set_Vol 函数则可以实现任意电平输出控制(当然得在 DAC 可控范围内)。

22.4 下载验证

代码编译成功后通过下载代码到 ALIENTEK MiniSTM32 开发板上,则可以看到 LCD 显示如图 22.7 所示。伴随 DS0 的不停闪烁,提示程序在运行。此时按 WK_UP 按键可以看到输出电压增大,按 KEY0 则变小。

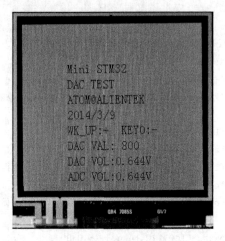

图 22.7 DAC 实验测试图

读者可以试试在 USMART 调用 Dac1_Set_Vol 函数来设置 DAC 通道 1 的输出电压,如图 22.8 所示。

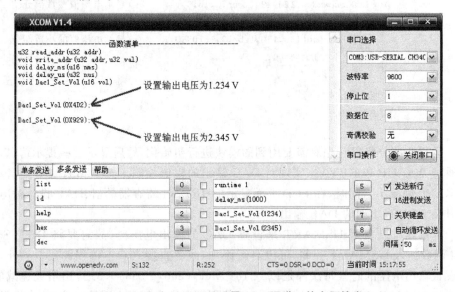

图 22.8 通过 USMART 设置 DAC 通道 1 的电压输出

第 23 章

DMA 实验

本章介绍 STM32 的 DMA,利用它来实现串口数据传送,并在 TFT‐LCD 模块上显示当前的传送进度。

23.1　STM32 DMA 简介

DMA 全称为 Direct Memory Access,即直接存储器访问。DMA 传输方式无须 CPU 直接控制传输,也没有中断处理方式那样保留现场和恢复现场的过程,通过硬件为 RAM 与 I/O 设备开辟一条直接传送数据的通路,使 CPU 的效率大大提高。

STM32 最多有 2 个 DMA 控制器(DMA2 仅存在大容量产品中),DMA1 有 7 个通道,DMA2 有 5 个通道,每个通道专门用来管理来自于一个或多个外设对存储器访问的请求。还有一个仲裁器来协调各个 DMA 请求的优先权。

STM32 的 DMA 有以下一些特性:

➢ 每个通道都直接连接专用的硬件 DMA 请求,且都同样支持软件触发。这些功能通过软件来配置。

➢ 在 7 个请求间的优先权可以通过软件编程设置(共有 4 级:很高、高、中等和低),在相等优先权时由硬件决定(请求 0 优先于请求 1,依此类推)。

➢ 独立的源和目标数据区的传输宽度(字节、半字、全字),模拟打包和拆包的过程。源和目标地址必须按数据传输宽度对齐。

➢ 支持循环的缓冲器管理。

➢ 每个通道都有 3 个事件标志(DMA 半传输、DMA 传输完成和 DMA 传输出错),这 3 个事件标志逻辑或成为一个单独的中断请求。

➢ 存储器和存储器间的传输。

➢ 外设和存储器,存储器和外设的传输。

➢ 闪存、SRAM、外设的 SRAM、APB1 APB2 和 AHB 外设均可作为访问的源和目标。

➢ 可编程的数据传输数目最大为 65 536。

STM32F103RCT6 有 2 个 DMA 控制器,DMA1 和 DMA2,本章仅介绍 DMA1。

从外设(TIMx、ADC、SPIx、I2Cx 和 USARTx)产生的 DMA 请求通过逻辑"或"输入

到 DMA 控制器,这就意味着同时只能有一个请求有效。外设的 DMA 请求可以通过设置相应的外设寄存器中的控制位被独立地开启或关闭。表 23.1 是 DMA1 各通道一览表。

表 23.1　DMA1 各通道一览表

外　设	通道 1	通道 2	通道 3	通道 4	通道 5	通道 6	通道 7
ADC	ADC1						
SPI		SPI1_RX	SPI1_TX	SPI2_RX	SPI2_TX		
USATR		USART3_TX	USART3_RX	USART1_TX	USART1_RX	USART2_RX	USART2_TX
I^{2}C				I2C2_TX	I2C2_RX	I2C1_TX	I2C1_TX
TIM1		TIM1_CH1	TIM1_CH2	TIM1_TX4 TIM1_TRIG TIM1_COM	TIM1_UP	TIM1_CH3	
TIM2	TIM2_CH3	TIM2_UP			TIM2_CH1		TIM2_CH2 TIM2_CH4
TIM3			TIM3_CH3	TIM3_CH4 TIM3_UP		TIM3_CH1 TIM3_TRIG	
TIM4	TIM4_CH1			TIM4_CH2	TIM4_CH3		TIM4_UP

这里解释一下上面说的逻辑"或",例如,通道 1 的几个 DMA1 请求(ADC1、TIM2_CH3、TIM4_CH1)是通过逻辑"或"到通道 1 的,这样同一时间就只能使用其中的一个。其他通道也是类似的。这里要使用的是串口 1 的 DMA 传送,也就是要用到通道 4。接下来介绍 DMA 设置相关的几个寄存器。

第一个是 DMA 中断状态寄存器(DMA_ISR),各位描述如图 23.1 所示。

如果开启了 DMA_ISR 中这些中断,在达到条件后就会跳到中断服务函数里面去,即使没开启,也可以通过查询这些位来获得当前 DMA 传输的状态。这里常用的是 TCIFx,即通道 DMA 传输完成与否的标志。注意,此寄存器为只读寄存器,所以这些位被置位后只能通过其他的操作来清除。

第二个是 DMA 中断标志清除寄存器(DMA_IFCR),各位描述如图 23.2 所示。

DMA_IFCR 的各位就是通过写 0 来清除 DMA_ISR 对应位。在 DMA_ISR 被置位后,必须通过向该位寄存器对应的位写入 0 来清除。

第三个是 DMA 通道 x 配置寄存器(DMA_CCRx)(x=1~7,下同),内容详见《STM32 参考手册》第 150 页。该寄存器控制着 DMA 的很多相关信息,包括数据宽度、外设及存储器的宽度、通道优先级、增量模式、传输方向、中断允许、使能等都是通过该寄存器来设置的。所以 DMA_CCRx 是 DMA 传输的核心控制寄存器。

第四个是 DMA 通道 x 传输数据量寄存器(DMA_CNDTRx),用来控制 DMA

31	30	29	28	27	26	25	24	23	22	21	20	19	18	17	16
保留				TEIF7	HTIF7	TCIF7	GIF7	TEIF6	HTIF6	TCIF6	GIF6	TEIF5	HTIF5	TCIF5	GIF5
				r	r	r	r	r	r	r	r	r	r	r	r

15	14	13	12	11	10	9	8	7	6	5	4	3	2	1	0
TEIF4	HTIF4	TCIF4	GIF4	TEIF3	HTIF3	TCIF3	GIF3	TEIF2	HTIF2	TCIF2	GIF2	TEIF1	HTIF1	TCIF1	GIF1
r	r	r	r	r	r	r	r	r	r	r	r	r	r	r	r

位31：28	保留，始终读为0
位27，23，19，15，11，7，3	TEIFx：通道x的传输错误标志(x=1:7) 硬件设置这些位。在DMA_IFCR寄存器的相应位写入'1'可以清除这里对应的标志位。 0：在通道x没有传输错误(TE) 1：在通道x发生了传输错误(TE)
位26，22，18，14，10，6，2	HTIFx：通道x的半传输标志(x=1:7) 硬件设置这些位。在DMA_IFCR寄存器的相应位写入'1'可以清除这里对应的标志位。 0：在通道x没有半传输事件(HT) 1：在通道x发生了半传输事件(HT)
位25，21，17，13，9，5，1	TCIFx：通道x的传输完成标志(x=1:7) 硬件设置这些位。在DMA_IFCR寄存器的相应位写入'1'可以清除这里对应的标志位。 0：在通道x没有传输完成事件(TC) 1：在通道x产生了传输完成事件(TC)
位24，20，16，12，8，4，0	GIFx：通道x的全局中断标志(x=1:7) 硬件设置这些位。在DMA_IFCR寄存器的相应位写入'1'可以清除这里对应的标志位。 0：在通道x没有TE、HT或TC事件 1：在通道x产生了TE、HT或TC事件

图 23.1　DMA_ISR 寄存器各位描述

31	30	29	28	27	26	25	24	23	22	21	20	19	18	17	16
保留				CTEIF7	CHTIF7	CTCIF7	CGIF7	CTEIF6	CHTIF6	CTCIF6	CGIF6	CTEIF5	CHTIF5	CTCIF5	CGIF5
				rw	rw	rw	rw	rw	rw	rw	rw	rw	rw	rw	rw

15	14	13	12	11	10	9	8	7	6	5	4	3	2	1	0
CTEIF4	CHTIF4	CTCIF4	CGIF4	CTEIF3	CHTIF3	CTCIF3	CGIF3	CTEIF2	CHTIF2	CTCIF2	CGIF2	CTEIF1	CHTIF1	CTCIF1	CGIF1
rw	rw	rw	rw	rw	rw	rw	rw	rw	rw	rw	rw	rw	rw	rw	rw

位31：28	保留，始终读为0
位27，23，19，15，11，7，3	CTEIFx：清除通道x的传输错误标志(x=1:7) 这些位由软件设置和清除 0：不起作用　　1：清除DMA_ISR寄存器中的对应TEIF标志
位26，22，18，14，10，6，2	CHTIFx：清除通道x的半传输标志(x=1:7) 这些位由软件设置和清除 0：不起作用　　1：清除DMA_ISR寄存器中的对应HTIF标志
位25，21，17，13，9，5，1	CTCIFx：清除通道x的传输完成标志(x=1:7) 这些位由软件设置和清除 0：不起作用　　1：清除DMA_ISR寄存器中的对应TCIF标志
位24，20，16，12，8，4，0	CGIFx：清除通道x的全部中断标志(x=1:7) 这些位由软件设置和清除 0：不起作用　　1：清除DMA_ISR寄存器中的对应的GIF、TEIF、HTIF和TCIF标志

图 23.2　DMA_IFCR 寄存器各位描述

通道 x 的每次传输所要传输的数据量。其设置范围为 0～65 535。并且该寄存器的值会随着传输的进行而减少,当该寄存器的值为 0 时代表此次数据传输已经全部发送完成了,所以可以通过这个寄存器的值来知道当前 DMA 传输的进度。

第五个是 DMA 通道 x 的外设地址寄存器(DMA_CPARx),用来存储 STM32 外设的地址,比如我们使用串口 1,那么该寄存器必须写入 0x40013804(其实就是 &USART1_DR)。如果使用其他外设,就修改成相应外设的地址就行了。

最后一个是 DMA 通道 x 的存储器地址寄存器(DMA_CMARx)。该寄存器和 DMA_CPARx 差不多,但是是用来放存储器地址的。比如使用 SendBuf[5200]数组来做存储器,那么在 DMA_CMARx 中写入 &SendBuff 就可以了。

这里要用到串口 1 的发送,属于 DMA1 的通道 4,接下来就介绍下 DMA1 通道 4 的配置步骤:

① 设置外设地址。设置外设地址通过 DMA1_CPAR4 来设置,我们只要在这个寄存器里面写入 &USART1_DR 的值就可以了。该地址将作为 DMA 传输的目标地址。

② 设置存储器地址。通过 DMA1_CMAR4 来设置设置存储器地址,假设要把数组 SendBuf 作为存储器,那么在该寄存器写入 &SendBuf 就可以了。该地址将作为 DMA 传输的源地址。

③ 设置传输数据量。通过 DMA1_CNDTR4 来设置 DMA1 通道 4 的数据传输量,其中写入此次要传输的数据量就可以了,也就是 SendBuf 的大小。该寄存器的数值将在 DMA 启动后自减,每次新的 DMA 传输都重新向该寄存器写入要传输的数据量。

④ 设置通道 4 的配置信息。配置信息通过 DMA1_CCR4 来设置。这里设置存储器和外设的数据位宽均为 8,且模式是存储器到外设的存储器增量模式。优先级可以随便设置,因为只有一个通道被开启。假设有多个通道开启(最多 7 个),那么就要设置优先级了,DMA 仲裁器将根据这些优先级的设置来决定先执行哪个通道的 DMA。优先级越高的越早执行,当优先级相同的时候,根据硬件上的编号来决定哪个先执行(编号越小越优先)。

⑤ 使能 DMA1 通道 4,启动传输。

在以上配置都完成了之后,我们就使能 DMA1_CCR4 的最低位开启 DMA 传输,这里注意要设置 USART1 的使能 DMA 传输位,通过 USART1→CR3 的第七位来设置。这样,就可以启动一次 USART1 的 DMA 传输了。

23.2 硬件设计

所以本章用到的硬件资源有指示灯 DS0、KEY0 按键、串口、TFT - LCD 模块、DMA。本章利用外部按键 KEY0 来控制 DMA 的传送,每按一次 KEY0,DMA 就传

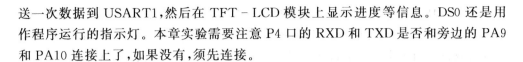

送一次数据到 USART1,然后在 TFT - LCD 模块上显示进度等信息。DS0 还是用作程序运行的指示灯。本章实验需要注意 P4 口的 RXD 和 TXD 是否和旁边的 PA9 和 PA10 连接上了,如果没有,须先连接。

23.3　软件设计

打开第 22 章的工程,先把没用到. c 文件删掉,包括 USMART 相关代码以及 adc. c、dac. c 等(注意,此时 HARDWARE 组剩下 led. c、key. c 和 ILI93xx. c)。然后,在 HARDWARE 文件夹下新建一个 DMA 的文件夹,新建一个 dma. c 的文件和 dma. h 的头文件,保存在 DMA 文件夹下,并将 DMA 文件夹加入头文件包含路径。打开 dma. c 文件,输入如下代码:

```
#include "dma.h"
#include "delay.h"
u16 DMA1_MEM_LEN;                          //保存 DMA 每次数据传送的长度
//DMA1 的各通道配置,这里的传输形式是固定的,这点要根据不同的情况来修改
//从存储器->外设模式/8 位数据宽度/存储器增量模式
//DMA_CHx:DMA 通道 CHx,cpar:外设地址,cmar:存储器地址,cndtr:数据传输量
void MYDMA_Config(DMA_Channel_TypeDef * DMA_CHx,u32 cpar,u32 cmar,u16 cndtr)
{
    RCC->AHBENR| = 1<<0;                   //开启 DMA1 时钟
    delay_ms(5);                          //等待 DMA 时钟稳定
    DMA_CHx->CPAR = cpar;                 //DMA1 外设地址
    DMA_CHx->CMAR = (u32)cmar;            //DMA1,存储器地址
    DMA1_MEM_LEN = cndtr;                 //保存 DMA 传输数据量
    DMA_CHx->CNDTR = cndtr;               //DMA1,传输数据量
    DMA_CHx->CCR = 0X00000000;            //复位
    DMA_CHx->CCR| = 1<<4;                 //从存储器读
    DMA_CHx->CCR| = 0<<5;                 //普通模式
    DMA_CHx->CCR| = 0<<6;                 //外设地址非增量模式
    DMA_CHx->CCR| = 1<<7;                 //存储器增量模式
    DMA_CHx->CCR| = 0<<8;                 //外设数据宽度为 8 位
    DMA_CHx->CCR| = 0<<10;                //存储器数据宽度 8 位
    DMA_CHx->CCR| = 1<<12;                //中等优先级
    DMA_CHx->CCR| = 0<<14;                //非存储器到存储器模式
}
//开启一次 DMA 传输
void MYDMA_Enable(DMA_Channel_TypeDef * DMA_CHx)
{
    DMA_CHx->CCR& = ~(1<<0);              //关闭 DMA 传输
    DMA_CHx->CNDTR = DMA1_MEM_LEN;        //DMA1,传输数据量
    DMA_CHx->CCR| = 1<<0;                 //开启 DMA 传输
}
```

其中,MYDMA_Config 函数基本上就是按照上面介绍的步骤初始化 DMA 的,其外部只能修改通道、源地址、目标地址和传输数据量等几个参数,更多的其他设置只能在该函数内部修改。MYDMA_Enable 函数用来产生一次 DMA 传输,每执行一次,DMA 就发送一次。保存 dma.c,并把 dma.c 加入到 HARDWARE 组下,接下来打开 dma.h,输入如下内容:

```c
#ifndef __DMA_H
#define     __DMA_H
#include "sys.h"
void MYDMA_Config(DMA_Channel_TypeDef * DMA_CHx,u32 cpar,u32 cmar,u16 cndtr);
//配置 DMA1_CHx
void MYDMA_Enable(DMA_Channel_TypeDef * DMA_CHx);//使能 DMA1_CHx
#endif
```

保存 dma.h,最后在 test.c 里面修改 main 函数如下:

```c
u8 SendBuff[5168];
const u8 TEXT_TO_SEND[] = {"ALIENTEK Mini STM32 DMA 串口实验"};
#define TEXT_LENTH   sizeof(TEXT_TO_SEND) - 1           //字符串长度(不含结束符)
u8 SendBuff[(TEXT_LENTH + 2) * 100];
int main(void)
{
    u16 i;u8 t = 0;
    float pro = 0;                                      //进度
    Stm32_Clock_Init(9);                                //系统时钟设置
    uart_init(72,9600);                                 //串口初始化为 9600
    delay_init(72);                                     //延时初始化
    LED_Init();                                         //初始化与 LED 连接的硬件接口
    LCD_Init();                                         //初始化 LCD
    KEY_Init();                                         //按键初始化
    MYDMA_Config(DMA1_Channel4,(u32)&USART1 - >DR,(u32)SendBuff,(TEXT_LENTH
+ 2) * 100);//DMA1 通道 4,外设为串口 1,存储器为 SendBuff,长(TEXT_LENTH + 2) × 100
    POINT_COLOR = RED;                                  //设置字体为红色
    LCD_ShowString(60,50,200,16,16,"Mini STM32");
    LCD_ShowString(60,70,200,16,16,"DMA TEST");
    LCD_ShowString(60,90,200,16,16,"ATOM@ALIENTEK");
    LCD_ShowString(60,110,200,16,16,"2014/3/9");
    LCD_ShowString(60,130,200,16,16,"KEY0:Start");
    for(i = 0;i<(TEXT_LENTH + 2) * 100;i++)             //填充 ASCII 字符集数据
    {
        if(t> = TEXT_LENTH)                             //加入换行符
```

```
                {
                    SendBuff[i ++ ] = 0x0d;
                    SendBuff[i] = 0x0a;
                    t = 0;
                }else SendBuff[i] = TEXT_TO_SEND[t ++ ];        //复制 TEXT_TO_SEND 语句
        }
        POINT_COLOR = BLUE;                                      //设置字体为蓝色
        i = 0;
        while(1)
        {
            t = KEY_Scan(0);
            if(t == KEY0_PRES)                                  //KEY0 按下
            {
                LCD_ShowString(60,150,200,16,16,"Start Transimit....");
                LCD_ShowString(60,170,200,16,16,"    %");  //显示百分号
                printf("\r\nDMA DATA:\r\n ");
                USART1 - >CR3 = 1<<7;                           //使能串口 1 的 DMA 发送
                MYDMA_Enable(DMA1_Channel4);                    //开始一次 DMA 传输
                //等待 DMA 传输完成,此时我们来做另外一些事:点灯
                //实际应用中,传输数据期间,可以执行另外的任务
                while(1)
                {
                    if(DMA1 - >ISR&(1<<13))                     //等待通道 4 传输完成
                    {
                        DMA1 - >IFCR| = 1<<13;                  //清除通道 4 传输完成标志
                        break;
                    }
                    pro = DMA1_Channel4 - >CNDTR;               //得到当前还剩余多少个数据
                    pro = 1 - pro/((TEXT_LENTH + 2) * 100);     //得到百分比
                    pro * = 100;                                //扩大 100 倍
                    LCD_ShowNum(60,170,pro,3,16);
                }
                LCD_ShowNum(60,170,100,3,16);                   //显示 100%
                LCD_ShowString(60,150,200,16,16,"Transimit Finished!");//传送完成
            }
            i ++ ; delay_ms(10);
            if(i == 20) { LED0 = ! LED0;i = 0;}                 //提示系统正在运行
        }
    }
```

至此,DMA 串口传输的软件设计就完成了。

23.4 下载验证

代码编译成功之后,通过串口下载代码到 ALIENTEK MiniSTM32 开发板上,则可以看到 DS0 开始闪烁,同时 LCD 显示一些信息;然后按 KEY0 按键,开发板就开始通过 DMA 发送数据到串口,并在 TFT - LCD 上显示进度等信息,如图 23.3 所示。

图 23.3　DMA 实验测试图

打开串口调试助手,则可以看到串口显示如图 23.4 所示的内容。可以看出,我们收到了来自开发板的串口数据。至此,整个 DMA 实验就结束了,希望读者通过本章的学习能掌握 STM32 的 DMA 使用。DMA 不但能减轻 CPU 负担,还能提高数据传输速度,合理地应用 DMA 往往能让程序设计变得简单。

图 23.4　串口收到的数据内容

第 **24** 章

I²C 实验

本章介绍如何使用 STM32 的普通 I/O 口模拟 I²C 时序,并实现和 24C02 之间的双向通信,并将结果显示在 TFT-LCD 模块上。

24.1 I²C 简介

I²C(Inter-Integrated Circuit)总线是一种由 PHILIPS 公司开发的两线式串行总线,用于连接微控制器及其外围设备,是由数据线 SDA 和时钟 SCL 构成的串行总线,可发送和接收数据。在 CPU 与被控 IC 之间、IC 与 IC 之间进行双向传送,高速 I²C 总线一般可达 400 kbps 以上。

I²C 总线在传送数据过程中共有 3 种类型信号,分别是开始信号、结束信号和应答信号。

➢ 开始信号:SCL 为高电平时,SDA 由高电平向低电平跳变,开始传送数据。

➢ 结束信号:SCL 为高电平时,SDA 由低电平向高电平跳变,结束传送数据。

➢ 应答信号:接收数据的 IC 在接收到 8 bit 数据后,向发送数据的 IC 发出特定的低电平脉冲,表示已收到数据。CPU 向受控单元发出一个信号后,等待受控单元发出一个应答信号,CPU 接收到应答信号后,根据实际情况做出是否继续传递信号的判断。若未收到应答信号,则判断为受控单元出现故障。

这些信号中起始信号是必需的,结束信号和应答信号都可以不要。I²C 总线时序如图 24.1 所示。

ALIENTEK MiniSTM32 开发板板载的 EEPROM 芯片型号为 24C02。该芯片的总容量是 256 字节,该芯片通过 I²C 总线与外部连接,本章就通过 STM32 来实现 24C02 的读/写。

目前大部分 MCU 都带有 I²C 总线接口,STM32 也不例外。但是这里不使用 STM32 的硬件 I²C 来读/写 24C02,而是通过软件模拟。STM32 的硬件 I²C 非常复杂,更重要的是不稳定,故不推荐使用,所以这里就通过模拟来实现了。

本章实验功能简介:开机的时候先检测 24C02 是否存在,然后在主循环里面检测 2 个按键,其中,一个按键(WK_UP)用来执行写入 24C02 的操作,另外一个按键(KEY0)用来执行读出操作,在 TFT-LCD 模块上显示相关信息。同时,用 DS0 提

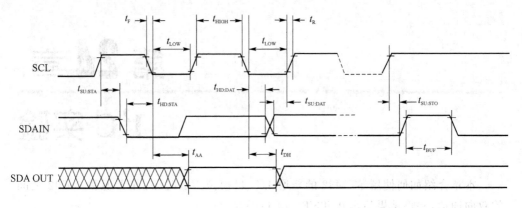

图 24.1 I²C 总线时序图

示程序正在运行。

24.2 硬件设计

本章需要用到的硬件资源有指示灯 DS0、WK_UP 和 KEY0 按键、串口（USMART 使用）、TFT-LCD 模块、24C02。前面 4 部分的资源已经介绍了，这里只介绍 24C02 与 STM32 的连接，24C02 的 SCL 和 SDA 分别连在 STM32 的 PC12 和 PC11 上的，连接关系如图 24.2 所示。

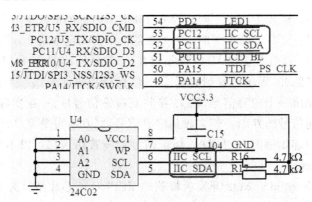

图 24.2 STM32 与 24C02 连接图

24.3 软件设计

打开第 23 章的工程，由于本章要用到 USMART 组件且没有用到 dma.c，所以，先去掉 dma.c，然后添加 USMART 组件。然后，在 HARDWARE 文件夹下新建一个 24CXX 的文件夹。新建一个 24cxx.c、myiic.c 的文件和 24cxx.h、myiic.h 的头文

件,保存在 24CXX 文件夹下,并将 24CXX 文件夹加入头文件包含路径。打开 myiic.c
文件,输入如下代码:

```c
# include "myiic.h"
# include "delay.h"
//初始化 I²C
void IIC_Init(void)
{
    RCC->APB2ENR |= 1<<4;            //先使能外设 I/O PORTC 时钟
    GPIOC->CRH&= 0XFFF00FFF;         //PC11/12 推挽输出
    GPIOC->CRH |= 0X00033000;
    GPIOC->ODR |= 3<<11;            //PC11,12 输出高
}
//产生 I²C 起始信号
void IIC_Start(void)
{
    SDA_OUT();                       //sda 线输出
    IIC_SDA = 1;
    IIC_SCL = 1; delay_us(4);
     IIC_SDA = 0; delay_us(4);       //IIC START: when CLK is high,DATA
                                     //change form high to low
    IIC_SCL = 0;                     //钳住 I²C 总线,准备发送或接收数据
}
//产生 I²C 停止信号
void IIC_Stop(void)
{
    SDA_OUT();                       //sda 线输出
    IIC_SCL = 0; IIC_SDA = 0;
    delay_us(4);
    IIC_SCL = 1;                     //STOP:when CLK is high DATA change
form low to high
     delay_us(4);
    IIC_SDA = 1;                     //发送 I²C 总线结束信号
}
//等待应答信号到来
//返回值:1,接收应答失败;0,接收应答成功
u8 IIC_Wait_Ack(void)
{
    u8 ucErrTime = 0;
    SDA_IN();                        //SDA 设置为输入
    IIC_SDA = 1;delay_us(1);
    IIC_SCL = 1;delay_us(1);
```

```
        while(READ_SDA)
        {
            ucErrTime ++ ;
            if(ucErrTime>250) { IIC_Stop();return 1; }
        }
        IIC_SCL = 0;                                    //时钟输出 0
        return 0;
}
//产生 ACK 应答
void IIC_Ack(void)
{
        IIC_SCL = 0;
        SDA_OUT();
        IIC_SDA = 0; delay_us(2);
        IIC_SCL = 1; delay_us(2);
        IIC_SCL = 0;
}
//不产生 ACK 应答
void IIC_NAck(void)
{
        IIC_SCL = 0;
        SDA_OUT();
        IIC_SDA = 1; delay_us(2);
        IIC_SCL = 1; delay_us(2);
        IIC_SCL = 0;
}
//I²C 发送一个字节,返回从机有无应答,1,有应答;0,无应答
void IIC_Send_Byte(u8 txd)
{
        u8 t;
        SDA_OUT();
        IIC_SCL = 0;                                    //拉低时钟开始数据传输
        for(t = 0;t<8;t ++ )
        {
            IIC_SDA = (txd&0x80)>>7;
            txd<< = 1; delay_us(2);
            IIC_SCL = 1; delay_us(2);
            IIC_SCL = 0; delay_us(2);
        }
}
//读 1 个字节,ack = 1 时,发送 ACK,ack = 0,发送 nACK
u8 IIC_Read_Byte(unsigned char ack)
```

```
{
    unsigned char i,receive = 0;
    SDA_IN();                                //SDA 设置为输入
    for(i = 0;i<8;i++ )
    {
        IIC_SCL = 0; delay_us(2);
        IIC_SCL = 1;
        receive<< = 1;
        if(READ_SDA)receive++ ;
        delay_us(1);
    }
    if (! ack) IIC_NAck();                   //发送 nACK
    else IIC_Ack();                          //发送 ACK
    return receive;
}
```

该部分为 I²C 驱动代码，实现包括 I²C 的初始化（I/O 口）、I²C 开始、I²C 结束、ACK、I²C 读/写等功能。在其他函数里只需要调用相关的 I²C 函数就可以和外部 I²C 器件通信了，这里并不局限于 24C02，该段代码可以用在任何 I²C 设备上。

保存该部分代码，把 myiic.c 加入到 HARDWARE 组下面，然后在 myiic.h 里面输入如下代码：

```
#ifndef __MYIIC_H
#define __MYIIC_H
#include "sys.h"
//I/O 方向设置
#define SDA_IN()  {GPIOC->CRH& = 0XFFFF0FFF;GPIOC->CRH| = 8<<12;}
#define SDA_OUT() {GPIOC->CRH& = 0XFFFF0FFF;GPIOC->CRH| = 3<<12;}
//I/O 操作函数
#define IIC_SCL    PCout(12)                 //SCL
#define IIC_SDA    PCout(11)                 //SDA
#define READ_SDA   PCin(11)                  //输入 SDA
//I²C 所有操作函数
void IIC_Init(void);                         //初始化 IIC 的 IO 口
……//省略部分代码
u8 IIC_Read_One_Byte(u8 daddr,u8 addr);
#endif
```

该部分代码的 SDA_IN() 和 SDA_OUT() 分别用于设置 IIC_SDA 接口为输入和输出。注意，CRL/CRH 寄存器每 4 个位控制一个 I/O。接下来在 24cxx.c 文件里面输入如下代码：

```
#include "24cxx. h"
#include "delay. h"
//初始化 I²C 接口
void AT24CXX_Init(void)
{
    IIC_Init();
}
//在 AT24CXX 指定地址读出一个数据 ReadAddr:开始读数的地址;返回值:读到的数据
u8 AT24CXX_ReadOneByte(u16 ReadAddr)
{
    u8 temp = 0;
    IIC_Start();
    if(EE_TYPE>AT24C16)
    {
        IIC_Send_Byte(0XA0);                        //发送写命令
        IIC_Wait_Ack();
        IIC_Send_Byte(ReadAddr>>8);                 //发送高地址
    }else IIC_Send_Byte(0XA0 + ((ReadAddr/256)<<1));//发送器件地址 0XA0,写数据
    IIC_Wait_Ack();
    IIC_Send_Byte(ReadAddr % 256);                  //发送低地址
    IIC_Wait_Ack();
    IIC_Start();
    IIC_Send_Byte(0XA1);                            //进入接收模式
    IIC_Wait_Ack();
    temp = IIC_Read_Byte(0);
    IIC_Stop();                                     //产生一个停止条件
    return temp;
}
//在 AT24CXX 指定地址写入一个数据,WriteAddr:写入数据的目的地址;DataToWrite:要写
//入的数据
void AT24CXX_WriteOneByte(u16 WriteAddr,u8 DataToWrite)
{
    IIC_Start();
    if(EE_TYPE>AT24C16)
    {
        IIC_Send_Byte(0XA0);                        //发送写命令
        IIC_Wait_Ack();
        IIC_Send_Byte(WriteAddr>>8);                //发送高地址
    }else IIC_Send_Byte(0XA0 + ((WriteAddr/256)<<1));//发送器件地址 0XA0,写数据
    IIC_Wait_Ack();
    IIC_Send_Byte(WriteAddr % 256);                 //发送低地址
    IIC_Wait_Ack();
    IIC_Send_Byte(DataToWrite);                     //发送字节
```

```
        IIC_Wait_Ack();
        IIC_Stop();                                    //产生一个停止条件
        delay_ms(10);                    //对于 EEPROM 器件,每写一次要等待一段时间,否则写失败
}
//在 AT24CXX 里面的指定地址开始写入长度为 Len 的数据
//该函数用于写入 16bit 或者 32bit 的数据.WriteAddr:开始写入的地址;DataToWrite:数据
//数组首地址;Len:要写入数据的长度 2,4
void AT24CXX_WriteLenByte(u16 WriteAddr,u32 DataToWrite,u8 Len)
{
        u8 t;
        for(t=0;t<Len;t++) AT24CXX_WriteOneByte(WriteAddr+t,(DataToWrite>>(8*
t))&0xff);
}
//在 AT24CXX 里面的指定地址开始读出长度为 Len 的数据
//该函数用于读出 16bit 或者 32bit 的数据
//ReadAddr:开始读出的地址;返回值:数据;Len:要读出数据的长度 2,4
u32 AT24CXX_ReadLenByte(u16 ReadAddr,u8 Len)
{
        u8 t; u32 temp=0;
        for(t=0;t<Len;t++)
        {
                temp<<=8;
                temp += AT24CXX_ReadOneByte(ReadAddr+Len-t-1);
        }
        return temp;
}
//检查 AT24CXX 是否正常,这里用了 24XX 的最后一个地址(255)来存储标志字
//如果用其他 24C 系列,这个地址要修改    返回1:检测失败;返回0:检测成功
u8 AT24CXX_Check(void)
{
        u8 temp;
        temp = AT24CXX_ReadOneByte(255);                    //避免每次开机都写 AT24CXX
        if(temp == 0X55)return 0;
        else//排除第一次初始化的情况
        {
                AT24CXX_WriteOneByte(255,0X55);
                temp = AT24CXX_ReadOneByte(255);
                if(temp == 0X55)return 0;
        }
        return 1;
}
//在 AT24CXX 里面的指定地址开始读出指定个数的数据
```

```
//ReadAddr :开始读出的地址;对 24c02 为 0~255
//pBuffer:数据数组首地址;NumToRead:要读出数据的个数
void AT24CXX_Read(u16 ReadAddr,u8 * pBuffer,u16 NumToRead)
{
    while(NumToRead)
    {
        * pBuffer ++= AT24CXX_ReadOneByte(ReadAddr ++ );
        NumToRead -- ;
    }
}
//在 AT24CXX 里面的指定地址开始写入指定个数的数据
//WriteAddr :开始写入的地址,对 24c02 为 0~255
//pBuffer:数据数组首地址;NumToWrite:要写入数据的个数
void AT24CXX_Write(u16 WriteAddr,u8 * pBuffer,u16 NumToWrite)
{
    while(NumToWrite -- )
    {
        AT24CXX_WriteOneByte(WriteAddr, * pBuffer);
        WriteAddr ++ ;
        pBuffer ++ ;
    }
}
```

这部分代码理论上是可以支持 24Cxx 所有系列芯片的(地址引脚必须都设置为 0),但是我们只测试了 24C02,其他器件有待测试。读者也可以验证一下,24CXX 的型号定义在 24cxx.h 文件里面,通过 EE_TYPE 设置。

保存该部分代码,把 24cxx.c 加入到 HARDWARE 组下面,然后在 24cxx.h 里面输入如下代码:

```
# ifndef __24CXX_H
# define __24CXX_H
# include "myiic.h"
# define AT24C01        127
……//省略部分定义
# define AT24C512       65535
//Mini STM32 开发板使用的是 24c02,所以定义 EE_TYPE 为 AT24C02
# define EE_TYPE AT24C02
u8 AT24CXX_ReadOneByte(u16 ReadAddr);        //指定地址读取一个字节
……//省略部分代码
void AT24CXX_Init(void); //初始化 I²C
# endif
```

最后,在 test.c 里面修改 main 函数如下:

```
//要写入到 24c02 的字符串数组
const u8 TEXT_Buffer[] = {"MiniSTM32 IIC TEST"};
#define SIZE sizeof(TEXT_Buffer)
int main(void)
{
    u8 key;
    u16 i = 0;
    u8 datatemp[SIZE];
    Stm32_Clock_Init(9);                    //系统时钟设置
    uart_init(72,9600);                     //串口初始化为 9 600
    delay_init(72);                         //延时初始化
    LED_Init();                             //初始化与 LED 连接的硬件接口
    LCD_Init();                             //初始化 LCD
    usmart_dev.init(72);                    //初始化 USMART
    KEY_Init();                             //按键初始化
    AT24CXX_Init();                         //I²C 初始化
    POINT_COLOR = RED;                      //设置字体为红色
    LCD_ShowString(60,50,200,16,16,"Mini STM32");
    LCD_ShowString(60,70,200,16,16,"IIC TEST");
    LCD_ShowString(60,90,200,16,16,"ATOM@ALIENTEK");
    LCD_ShowString(60,110,200,16,16,"2014/3/9");
    LCD_ShowString(60,130,200,16,16,"WK_UP:Write  KEY0:Read");//显示提示信息
    while(AT24CXX_Check())//检测不到 24c02
    {
        LCD_ShowString(60,150,200,16,16,"24C02 Check Failed!");
        delay_ms(500);
        LCD_ShowString(60,150,200,16,16,"Please Check!       ");
        delay_ms(500);
        LED0 = ! LED0;                      //DS0 闪烁
    }
    LCD_ShowString(60,150,200,16,16,"24C02 Ready!");
    POINT_COLOR = BLUE;                     //设置字体为蓝色
    while(1)
    {
        key = KEY_Scan(0);
        if(key == WKUP_PRES)//WK_UP 按下,写入 24C02
        {
            LCD_Fill(0,170,239,319,WHITE); //清除半屏
            LCD_ShowString(60,170,200,16,16,"Start Write 24C02....");
            AT24CXX_Write(0,(u8 * )TEXT_Buffer,SIZE);
            LCD_ShowString(60,170,200,16,16,"24C02 Write Finished!");
                                            //提示传送完成
        }
        if(key == KEY0_PRES)               //KEY0 按下,读取字符串并显示
        {
```

```
        LCD_ShowString(60,170,200,16,16,"Start Read 24C02.... ");
        AT24CXX_Read(0,datatemp,SIZE);
        LCD_ShowString(60,170,200,16,16,"The Data Readed Is:  ");
                                         //提示传送完成
        LCD_ShowString(60,190,200,16,16,datatemp);  //显示读到的字符串
    }
    i++;
    delay_ms(10);
    if(i==20) { LED0 = ! LED0; i = 0; }        //提示系统正在运行
  }
}
```

该段代码通过 KEY_UP 按键来控制 24C02 的写入,通过另外一个按键 KEY0 来控制 24C02 的读取,并在 LCD 模块上面显示相关信息。

最后,将 AT24CXX_WriteOneByte 和 AT24CXX_ReadOneByte 函数加入 USMART 控制,这样就可以通过串口调试助手读/写任何一个 24C02 的地址,方便测试。至此,软件设计部分就结束了。

24.4　下载验证

代码编译成功之后通过下载代码到 ALIENTEK MiniSTM32 开发板上,先按 WK_UP 按键写入数据,然后按 KEY0 读取数据,得到如图 24.3 所示效果。同时, DS0 不停闪烁,提示程序正在运行。程序在开机的时候会检测 24C02 是否存在,如果不存在,则会在 TFT-LCD 模块上显示错误信息,同时 DS0 慢闪。读者可以通过跳线帽把 PC11 和 PC12 短接就可以看到报错了。

图 24.3　I²C 实验程序运行效果图

USMART 测试 24C02 的任意地址（地址范围：0～255）读/写如图 24.4 所示。图中，我们先通过 AT24CXX_ReadOneByte(123) 读取地址 123 的值，为 0。然后，通过 AT24CXX_WriteOneByte(123,0X32) 往地址 123 写入数值 0X32，也就是 50。之后，再次调用 AT24CXX_ReadOneByte(123)，得到新写入的值 50，表明我们的例程操作 24C02 是正常的。

图 24.4　USMART 控制 24C02 读/写

第 **25** 章

SPI 实验

本章介绍 STM32 的 SPI 功能,利用 STM32 自带的 SPI 来实现对外部 FLASH (W25Q64)的读/写,并将结果显示在 TFT-LCD 模块上。

25.1 SPI 简介

SPI 是 Serial Peripheral Interface 的缩写,顾名思义就是串行外围设备接口,是原 Freescale 首先在其 MC68HCXX 系列处理器上定义的。SPI 接口主要应用在 EEPROM、FLASH、实时时钟、A/D 转换器,还有数字信号处理器和数字信号解码器之间。SPI 是一种高速的、全双工、同步的通信总线,并且在芯片的管脚上只占用 4 根线,节约了芯片的管脚,同时为 PCB 的布局上节省空间提供方便。正是出于这种简单易用的特性,现在越来越多的芯片集成了这种通信协议,STM32 也有 SPI 接口。SPI 接口一般使用 4 条线通信:

- ➢ MISO 主设备数据输入,从设备数据输出。
- ➢ MOSI 主设备数据输出,从设备数据输入。
- ➢ SCLK 时钟信号,由主设备产生。
- ➢ CS 从设备片选信号,由主设备控制。

SPI 主要特点有:可以同时发出和接收串行数据,可以当作主机或从机工作,提供频率可编程时钟,发送结束中断标志,写冲突保护,总线竞争保护等。

SPI 模块为了和外设进行数据交换,根据外设工作要求,其输出串行同步时钟极性和相位可以进行配置,时钟极性(CPOL)对传输协议没有重大的影响。如果 CPOL=0,串行同步时钟的空闲状态为低电平;如果 CPOL=1,串行同步时钟的空闲状态为高电平。时钟相位(CPHA)能够配置用于选择两种不同的传输协议之一进行数据传输。如果 CPHA=0,在串行同步时钟的第一个跳变沿(上升或下降)数据被采样;如果 CPHA=1,在串行同步时钟的第二个跳变沿(上升或下降)数据被采样。SPI 主模块和与之通信的外设时钟相位和极性应该一致。不同时钟相位下的总线数据传输时序如图 25.1 所示。

STM32 的 SPI 功能很强大,SPI 时钟最多可以到 18 MHz,支持 DMA,可以配置为 SPI 协议或者 I^2S 协议(仅大容量型号支持)。本章使用 STM32 的 SPI 来读取外

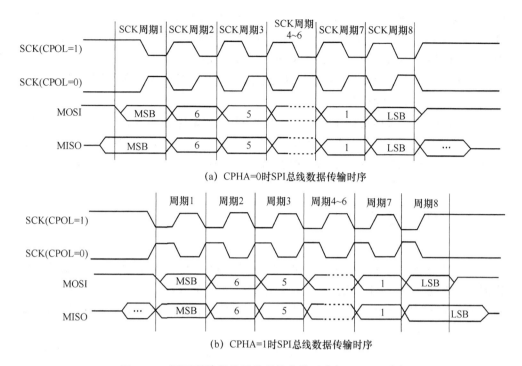

（a）CPHA=0时SPI总线数据传输时序

（b）CPHA=1时SPI总线数据传输时序

图 25.1　不同时钟相位下的总线传输时序（CPHA＝0/1）

部 SPI FLASH 芯片（W25Q64），实现类似第 24 章的功能。这里只简单介绍一下 SPI 的使用，详细介绍请参考《STM32 参考手册》第 457 页，然后再介绍 SPI FLASH 芯片。

　　这里使用 STM32 的 SPI1 的主模式，下面就来看看 SPI1 部分的设置步骤。 STM32 的主模式配置步骤如下：

　　① 配置相关引脚的复用功能，使能 SPI1 时钟。

　　要用 SPI1，第一步就要使能 SPI1 的时钟，SPI1 的时钟通过 APB2ENR 的第 12 位来设置。其次要设置 SPI1 的相关引脚为复用输出，这样才会连接到 SPI1 上，否则 这些 I/O 口还是默认的状态，也就是标准输入输出口。这里使用的是 PA5、6、7 这 3 个（SCK、MISO、MOSI，CS 使用软件管理方式），所以设置这 3 个为复用 I/O。

　　② 设置 SPI1 工作模式。这一步全部是通过 SPI1_CR1 来设置，设置 SPI1 为主 机模式，设置数据格式为 8 位，然后通过 CPOL 和 CPHA 位来设置 SCK 时钟极性及 采样方式；并设置 SPI1 的时钟频率（最大 18 MHz）以及数据的格式（MSB 在前还是 LSB 在前）。

　　③ 使能 SPI1。这一步通过 SPI1_CR1 的 bit6 来设置，以启动 SPI1，之后就可以 开始 SPI 通信了。

　　接下来介绍 W25Q64。W25Q64 是华邦公司推出的大容量 SPI FLASH 产品， 容量为 64 Mbit，该系列还有 W25Q80/16/32 等。MiniSTM32 V3.0 开发板所选择

的 W25Q64 容量为 64 Mbit,也就是 8 MB。W25Q64 将 8 MB 的容量分为 128 个块 (Block),每个块大小为 64 KB,每个块又分为 16 个扇区(Sector),每个扇区 4 KB。W25Q64 的最少擦除单位为一个扇区,也就是每次必须擦除 4 KB。这样我们需要给 W25Q64 开辟一个至少 4 KB 的缓存区,这样对 SRAM 要求比较高,要求芯片必须有 4 KB 以上 SRAM 才能很好地操作。

W25Q64 的擦写周期达 10W 次,具有 20 年的数据保存期限,支持电压为 2.7~3.6 V,支持标准的 SPI,支持双输出/四输出的 SPI,最大 SPI 时钟可以到 80 MHz (双输出时相当于 160 MHz,四输出时相当于 320 MHz)。更多的 W25Q64 的介绍请参考 DATASHEET。

25.2 硬件设计

本章实验功能简介:开机的时候先检测 W25Q64 是否存在,然后在主循环里面检测 2 个按键,其中一个按键(WK_UP)用来执行写入 W25Q64 的操作,另外一个按键(KEY0)用来执行读出操作,在 TFT – LCD 模块上显示相关信息。同时,用 DS0 提示程序正在运行。

所要用到的硬件资源有指示灯 DS0、WK_UP 和 KEY0 按键、TFT – LCD 模块、SPI、W25Q64。这里只介绍 W25Q64 与 STM32 的连接,板上的 W25Q64 是直接连在 STM32 的 SPI1 上的,连接关系如图 25.2 所示。注意,图中还有 NRF_CS/SD_CS 等片选信号,它们和 W25Q64 一样,都是使用的 SPI1;也就是说,这 3 个器件共用一个 SPI,所以在使用的时候,必须分时复用(通过片选控制)。

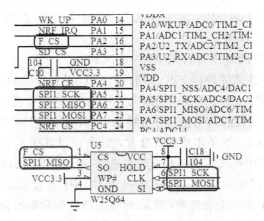

图 25.2 STM32 与 W25Q64 连接电路图

25.3　软件设计

打开第 24 章的工程,由于本章不要用到 I²C 相关代码和 USMART 组件,所以,先去掉 myiic. c、24cxx. c 以及 USMART 组件相关代码。然后在 HARDWARE 文件夹下新建一个 FLASH 的文件夹和 SPI 的文件夹,再新建一个 flash. c 和 flash. h 的文件保存在 FLASH 文件夹下;新建 spi. c 和 spi. h 的文件,保存在 SPI 文件夹下,并将这两个文件夹加入头文件包含路径。打开 spi. c 文件,输入如下代码:

```
#include "spi.h"
//SPI 口初始化
void SPI1_Init(void)
{
    RCC->APB2ENR| = 1<<2;                   //PORTA 时钟使能
    RCC->APB2ENR| = 1<<12;                  //SPI1 时钟使能
    //这里只针对 SPI 口初始化
    GPIOA->CRL& = 0X000FFFFF;
    GPIOA->CRL| = 0XBBB00000;               //PA5.6.7 复用
    GPIOA->ODR| = 0X7<<5;                   //PA5.6.7 上拉
    SPI1->CR1| = 0<<10;                     //全双工模式
    SPI1->CR1| = 1<<9;                      //软件 nss 管理
    SPI1->CR1| = 1<<8;
    SPI1->CR1| = 1<<2;                      //SPI 主机
    SPI1->CR1| = 0<<11;                     //8bit 数据格式
    SPI1->CR1| = 1<<1;                      //空闲模式下 SCK 为 1 CPOL = 1
    SPI1->CR1| = 1<<0;                      //数据采样从第二个时间边沿开始,CPHA = 1
    SPI1->CR1| = 7<<3;                      //Fsck = Fcpu/256
    SPI1->CR1| = 0<<7;                      //MSBfirst
    SPI1->CR1| = 1<<6;                      //SPI 设备使能
    SPI1_ReadWriteByte(0xff)                //启动传输(主要作用:维持 MOSI 为高)
}
//SPI1 速度设置函数,SpeedSet:0~7;SPI 速度 = fAPB2/2^(SpeedSet + 1);APB2 时钟一般为
//72 MHz
void SPI1_SetSpeed(u8 SpeedSet)
{
    SpeedSet& = 0X07;                       //限制范围
    SPI1->CR1& = 0XFFC7;
    SPI1->CR1| = SpeedSet<<3;               //设置 SPI1 速度
    SPI1->CR1| = 1<<6;                      //SPI 设备使能
}
//SPI1 读写一个字节,TxData:要写入的字节;返回值:读取到的字节
```

```
u8 SPI1_ReadWriteByte(u8 TxData)
{
    u16 retry = 0;
    while((SPI1 - >SR&1<<1) == 0)              //等待发送区空
    {
        retry ++ ;
        if(retry>0XFFFE)return 0;
    }
    SPI1 - >DR = TxData;                        //发送一个 byte
    retry = 0;
    while((SPI1 - >SR&1<<0) == 0)              //等待接收完一个 byte
    {
        retry ++ ;
        if(retry>0XFFFE)return 0;
    }
    return SPI1 - >DR;                          //返回收到的数据
}
```

此部分代码主要初始化 SPI,这里选择 SPI1,所以在 SPI1_Init 函数里面的相关操作都是针对 SPI1 的,其初始化步骤和上面介绍的一样。初始化之后就可以开始使用 SPI1 了。注意,SPI 初始化函数的最后有一个启动传输,最大的作用就是维持 MOSI 为高电平,而且这句话也不是必须的,可以去掉。

在 SPI2_Init 函数里面,把 SPI2 的频率设置成了最低(36 MHz, 256 分频)。外部函数通过 SPI1_SetSpeed 来设置 SPI1 的速度,而数据发送和接收则通过 SPI1_ReadWriteByte 函数来实现。

保存 spi.c,并把该文件加入 HARDWARE 组下面,然后打开 spi.h 在里面输入如下代码:

```
# ifndef __SPI_H
# define __SPI_H
# include "sys.h"
//SPI 总线速度设置
# define SPI_SPEED_2            0
……//省略部分定义
# define SPI_SPEED_256          7
void SPI1_Init(void);                       //初始化 SPI 口
void SPI1_SetSpeed(u8 SpeedSet);            //设置 SPI 速度
u8 SPI1_ReadWriteByte(u8 TxData);          //SPI 总线读/写一个字节
# endif
```

然后,保存 spi.h,打开 flash.c,在里面编写与 W25Q64 操作相关的代码。由于篇幅所限,详细代码就不贴出了,这里仅介绍几个重要的函数。首先是 SPI_Flash_

Read 函数,用于从 W25Q64 的指定地址读出指定长度的数据,代码如下:

```
//读取 SPI FLASH
//在指定地址开始读取指定长度的数据
//pBuffer:数据存储区;ReadAddr:开始读取的地址(24 bit);NumByteToRead:要读取的字节
//数(最大 65 535)
void SPI_Flash_Read(u8 * pBuffer,u32 ReadAddr,u16 NumByteToRead)
{
    u16 i;
    SPI_FLASH_CS = 0;                                   //使能器件
    SPI1_ReadWriteByte(W25X_ReadData);                 //发送读取命令
    SPI1_ReadWriteByte((u8)((ReadAddr)>>16));          //发送 24bit 地址
    SPI1_ReadWriteByte((u8)((ReadAddr)>>8));
    SPI1_ReadWriteByte((u8)ReadAddr);
    for(i = 0;i<NumByteToRead;i ++ ) pBuffer[i] = SPI1_ReadWriteByte(0XFF);
                                                        //循环读数
    SPI_FLASH_CS = 1;                                   //取消片选
}
```

由于 W25Q64 支持以任意地址(但是不能超过 W25Q64 的地址范围)开始读取数据,所以,这个代码相对来说就比较简单了。发送 24 位地址之后,程序就可以开始循环读数据了,其地址会自动增加的。注意,不能读的数据不能超过 W25Q64 的地址范围;否则,读出来的数据就不是想要的数据了。

接下来介绍 SPI_Flash_Write 函数,作用与 SPI_Flash_Read 的作用类似,不过是用来写数据到 W25Q64 里面的,代码如下:

```
//写 SPI FLASH
//在指定地址开始写入指定长度的数据,该函数带擦除操作
//pBuffer:数据存储区;WriteAddr:开始写入的地址(24 bit);NumByteToWrite:要写入的字节
//数(最大 65 535)
u8 SPI_FLASH_BUFFER[4096];
void SPI_Flash_Write(u8 * pBuffer,u32 WriteAddr,u16 NumByteToWrite)
{
    u32 secpos; u16 secoff;
    u16 secremain; u16 i;
    secpos = WriteAddr/4096;                           //扇区地址
    secoff = WriteAddr % 4096;                          //在扇区内的偏移
    secremain = 4096 - secoff;                          //扇区剩余空间大小
    if(NumByteToWrite< = secremain)secremain = NumByteToWrite;//不大于 4 096 字节
    while(1)
    {
        SPI_Flash_Read(SPI_FLASH_BUF,secpos * 4096,4096);//读出整个扇区的内容
```

```
        for(i = 0;i<secremain;i ++ )                    //校验数据
        {
            if(SPI_FLASH_BUF[secoff + i]! = 0XFF)break;//需要擦除
        }
        if(i<secremain)                                 //需要擦除
        {
            SPI_Flash_Erase_Sector(secpos);             //擦除这个扇区
            for(i = 0;i<secremain;i ++ ) SPI_FLASH_BUF[i + secoff] = pBuffer[i];
                                                        //复制
            SPI_Flash_Write_NoCheck(SPI_FLASH_BUF,secpos * 4096,4096);//写整个扇区
        }else SPI_Flash_Write_NoCheck(pBuffer,WriteAddr,secremain);
                                                        //写已经擦除了的
        if(NumByteToWrite == secremain)break;           //写入结束了
        else                                            //写入未结束
        {
            secpos ++ ;                                 //扇区地址增 1
            secoff = 0;                                 //偏移位置为 0
                pBuffer += secremain;                   //指针偏移
            WriteAddr += secremain;                     //写地址偏移
                NumByteToWrite - = secremain;           //字节数递减
            if(NumByteToWrite>4096)secremain = 4096;    //下一个扇区还是写不完
            else secremain = NumByteToWrite;            //下一个扇区可以写完了
        }
    };
}
```

该函数可以在 W25Q64 的任意地址开始写入任意长度(必须不超过 W25Q64 的容量)的数据。思路:先获得首地址(WriteAddr)所在的扇区,并计算在扇区内的偏移,然后判断要写入的数据长度是否超过本扇区所剩下的长度,如果不超过,再先看看是否要擦除,如果不要,则直接写入数据即可;如果要,则读出整个扇区,在偏移处开始写入指定长度的数据,然后擦除这个扇区,再一次性写入。当需要写入的数据长度超过一个扇区的长度的时候,则先按照前面的步骤把扇区剩余部分写完,再在新扇区内执行同样的操作,如此循环,直到写入结束。

保存 falsh.c,然后加入到 HARDWARE 组下面,再打开 flahs.h,在该文件里面输入如下代码:

```
#ifndef __FLASH_H
#define __FLASH_H
# include "sys.h"
//W25X 系列/Q 系列芯片列表
#define W25Q80    0XEF13    //W25Q80 ID    0XEF13
```

```
#define W25Q16      0XEF14    //W25Q16 ID   0XEF14
#define W25Q32      0XEF15    //W25Q32 ID   0XEF15
#define W25Q64      0XEF16    //W25Q64 ID   0XEF16
extern u16 SPI_FLASH_TYPE;                //定义我们使用的 flash 芯片型号
#define     SPI_FLASH_CS PAout(2)         //选中 FLASH
//指令表
#define W25X_WriteEnable            0x06
……//省略部分指令
#define W25X_JedecDeviceID          0x9F
void SPI_Flash_Init(void);
……//省略部分代码
void SPI_Flash_WAKEUP(void);              //唤醒#endif
```

这里面定义了一些与 W25Q64 操作相关的命令(部分省略了),详细参考 W25Q64 的数据手册。然后,保存此部分代码。最后,在 test.c 里面修改 main 函数如下:

```
//要写入到 W25Q64 的字符串数组
const u8 TEXT_Buffer[] = {"WarShipSTM32 SPI TEST"};
#define SIZE sizeof(TEXT_Buffer)
int main(void)
{
    u8 key; u16 i = 0;
    u8 datatemp[SIZE];
    u32 FLASH_SIZE;
    Stm32_Clock_Init(9);                //系统时钟设置
    uart_init(72,9600);                 //串口初始化为 9600
    delay_init(72);                     //延时初始化
    LED_Init();                         //初始化与 LED 连接的硬件接口
    LCD_Init();                         //初始化 LCD
    KEY_Init();                         //按键初始化
    SPI_Flash_Init();                   //SPI FLASH 初始化
    POINT_COLOR = RED;                  //设置字体为红色
    LCD_ShowString(60,50,200,16,16,"Mini STM32");
    LCD_ShowString(60,70,200,16,16,"SPI TEST");
    LCD_ShowString(60,90,200,16,16,"ATOM@ALIENTEK");
    LCD_ShowString(60,110,200,16,16,"2014/3/9");
    LCD_ShowString(60,130,200,16,16,"WK_UP:Write  KEY0:Read"); //显示提示信息
    while(SPI_Flash_ReadID()!= W25Q64)                        //检测不到 W25Q64
    {
        LCD_ShowString(60,150,200,16,16,"25Q64 Check Failed!");
        delay_ms(500);
```

```
        LCD_ShowString(60,150,200,16,16,"Please Check!        ");
        delay_ms(500);
        LED0 = ! LED0;                      //DS0 闪烁
}
LCD_ShowString(60,150,200,16,16,"25Q64 Ready!");
FLASH_SIZE = 8 * 1024 * 1024;              //FLASH 大小为 8 MB
  POINT_COLOR = BLUE;                      //设置字体为蓝色
while(1)
{
    key = KEY_Scan(0);
    if(key == WKUP_PRES)                   //WK_UP 按下,写入 W25Q64
    {
        LCD_Fill(0,170,239,319,WHITE);   //清除半屏
         LCD_ShowString(60,170,200,16,16,"Start Write W25Q64....");
        SPI_Flash_Write((u8 *)TEXT_Buffer,FLASH_SIZE - 100,SIZE);
        LCD_ShowString(60,170,200,16,16,"W25Q64 Write Finished!");
                                           //提示传送完成
    }
    if(key == KEY0_PRES)                   //KEY0 按下,读取字符串并显示
    {
         LCD_ShowString(60,170,200,16,16,"Start Read W25Q64.... ");
        SPI_Flash_Read(datatemp,FLASH_SIZE - 100,SIZE);//从指定地址读 SIZE 字节
        LCD_ShowString(60,170,200,16,16,"The Data Readed Is:   ");
                                           //提示传送完成
        LCD_ShowString(60,190,200,16,16,datatemp);        //显示读到的字符串
    }
    i ++ ;
    delay_ms(10);
    if(i == 20) { LED0 = ! LED0; i = 0; }//提示系统正在运行
    }
}
```

这部分代码和 I²C 实验那部分代码大同小异,功能也和 I²C 差不多,不过此次写入和读出的是 SPI FLASH,而不是 EEPROM。

25.4　下载验证

在代码编译成功之后通过下载代码到 ALIENTEK MiniSTM32 开发板上,通过先按 WK_UP 按键写入数据,然后按 KEY0 读取数据,则得到如图 25.3 所示效果。同时,伴随 DS0 的不停闪烁,提示程序在运行。程序开机时检测 W25Q64 是否存在,如果不存在,则在 TFT-LCD 模块上显示错误信息,同时 DS0 慢闪。读者可以通过

跳线帽把 PA5 和 PA6 短接就可以看到报错了。

图 25.3　SPI 实验程序运行效果图

第 **26** 章

触摸屏实验

本章介绍如何使用 STM32 来驱动触摸屏，ALIENTEK MiniSTM32 开发板本身并没有触摸屏控制器，但是支持触摸屏，可以通过外接带触摸屏的 LCD 模块（比如 ALIENTEK TFT‐LCD 模块）来实现触摸屏控制。本章将介绍 STM32 控制 ALIENTKE TFT‐LCD 模块（包括电阻触摸与电容触摸）实现触摸屏驱动，最终实现一个手写板的功能。

26.1 触摸屏简介

目前最常用的触摸屏有两种：电阻式触摸屏与电容式触摸屏。

1. 电阻式触摸屏

在 IPhone 面世之前，几乎清一色的手机都是使用电阻式触摸屏，利用压力感应进行触点检测控制，需要直接应力接触，通过检测电阻来定位触摸位置。ALIEN‐TEK 2.4/2.8/3.5 寸 TFT‐LCD 模块自带的触摸屏都属于电阻式触摸屏。

电阻触摸屏的主要部分是一块与显示器表面非常配合的电阻薄膜屏，这是一种多层的复合薄膜，以一层玻璃或硬塑料平板作为基层，表面涂有一层透明氧化金属（透明的导电电阻）导电层，上面再盖有一层外表面硬化处理、光滑防擦的塑料层，它的内表面也涂有一层涂层、它们之间有许多细小的（小于 1/1 000 英寸）的透明隔离点把两层导电层隔开绝缘。当手指触摸屏幕时，两层导电层在触摸点位置就有了接触，电阻发生变化，在 X 和 Y 两个方向上产生信号，然后送触摸屏控制器。控制器侦测到这一接触并计算出(X,Y)的位置，再根据获得的位置模拟鼠标的方式运作。这就是电阻技术触摸屏的最基本的原理。电阻触摸屏的优点：精度高、价格便宜、抗干扰能力强、稳定性好；缺点：容易被划伤、透光性不太好、不支持多点触摸。

从以上介绍可知，触摸屏都需要一个 A/D 转换器，一般来说是需要一个控制器的。ALIENTEK TFT‐LCD 模块选择的是四线电阻式触摸屏，这种触摸屏的控制芯片有很多，包括 ADS7843、ADS7846、TSC2046、XPT2046 和 AK4182 等。这几款芯片的驱动基本上是一样的，也就是说，只要写出了 ADS7843 的驱动，则这个驱动对其他几个芯片也是有效的；而且封装也有一样的，完全 PIN TO PIN 兼容，所以替换起来很方便。

ALIENTEK TFT – LCD 模块自带的触摸屏控制芯片为 XPT2046。XPT2046 是一款 4 导线制触摸屏控制器、内含 12 位分辨率 125 kHz 转换速率逐步逼近型 A/D 转换器。XPT2046 支持 1.5～5.25 V 的低电压 I/O 接口。XPT2046 能通过执行两次 A/D 转换查出被按的屏幕位置，除此之外，还可以测量加在触摸屏上的压力。内部自带 2.5 V 参考电压可以作为辅助输入、温度测量和电池监测模式之用，电池监测的电压范围可以从 0～6 V。XPT2046 片内集成有一个温度传感器。在 2.7 V 的典型工作状态下，关闭参考电压，功耗可小于 0.75 mW。XPT2046 采用微小的封装形式：TSSOP – 16、QFN – 16(0.75 mm 厚度) 和 VFBGA – 48，工作温度范围为 −40～+85℃。该芯片完全兼容 ADS7843 和 ADS7846，详细使用可以参考这两个芯片的 datasheet。

2. 电容式触摸屏

现在几乎所有智能手机包括平板电脑都采用电容屏作为触摸屏，电容屏是利用人体感应进行触点检测控制，不需要直接接触或只需要轻微接触，通过检测感应电流来定位触摸坐标。ALIENTEK 4.3/7 寸 TFT – LCD 模块自带的触摸屏采用的是电容式触摸屏。电容式触摸屏主要分为两种：

(1) 表面电容式触摸屏

表面电容式触摸屏技术是利用 ITO(铟锡氧化物，是一种透明的导电材料)导电膜，通过电场感应方式感测屏幕表面的触摸行为。但是表面电容式触摸屏有一些局限性，它只能识别一个手指或者一次触摸。

(2) 透射式电容触摸屏

透射式电容触摸屏是传感器利用触摸屏电极发射出静电场线。一般用于透射电容传感技术的电容类型有两种：自我电容和交互电容。

自我电容又称绝对电容，是最广为采用的一种方法，通常是指扫描电极与地构成的电容。在玻璃表面有用 ITO 制成的横向与纵向的扫描电极，这些电极和地之间就构成一个电容的两极。当用手或触摸笔触摸的时候就会并联一个电容到电路中去，从而使该条扫描线上的总体电容量有所改变。在扫描的时候，控制 IC 依次扫描纵向和横向电极，并根据扫描前后的电容变化来确定触摸点坐标位置。笔记本电脑触摸输入板就是采用这种方式，其输入板采用 X×Y 的传感电极阵列形成一个传感格子，当手指靠近触摸输入板时，在手指和传感电极之间产生一个小量电荷。采用特定的运算法则处理来自行、列传感器的信号，从而确定手指的位置。

交互电容又叫做跨越电容，是在玻璃表面的横向和纵向的 ITO 电极的交叉处形成电容。交互电容的扫描方式就是扫描每个交叉处的电容变化来判定触摸点的位置。当触摸的时候就会影响到相邻电极的耦合，从而改变交叉处的电容量，交互电容的扫描方法可以侦测到每个交叉点的电容值和触摸后电容变化，因而需要的扫描时间与自我电容的扫描方式相比要长一些,需要扫描检测 $X \times Y$ 根电极。目前,智能手机/平板电脑等的触摸屏都是采用交互电容技术。

ALIENTEK 选择的电容触摸屏也采用的是透射式电容屏(交互电容类型),所以后面仅介绍透射式电容屏。

透射式电容触摸屏采用纵横两列电极组成感应矩阵来感应触摸。以两个交叉的电极矩阵,即 X 轴电极和 Y 轴电极,来检测每一格感应单元的电容变化,如图 26.1 所示。图中的电极实际是透明的,这样表示是为了方便读者理解。图中,X、Y 轴的透明电极电容屏的精度、分辨率与 X、Y 轴的通道数有关,通道数越多,精度越高。电容触摸屏的优缺点:

➤ 电容触摸屏的优点:手感好、无须校准、支持多点触摸、透光性好。

➤ 电容触摸屏的缺点:成本高、精度不高、抗干扰能力差。

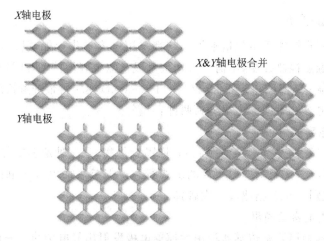

图 26.1　透射式电容屏电极矩阵示意图

注意,电容触摸屏对工作环境的要求是比较高的,在潮湿、多尘、高低温环境下面都不适合使用电容屏。

电容触摸屏一般都需要一个驱动 IC 来检测电容触摸,且一般是通过 I^2C 接口输出触摸数据的。ALIENTEK 7' TFT‑LCD 模块的电容触摸屏采用的是 15×10 的驱动结构(10 个感应通道,15 个驱动通道),采用 GT811 作为驱动 IC。ALIENTEK 4.3' TFT‑LCD 模块采用的是 13×8 的驱动结构(8 个感应通道,13 个驱动通道),采用 OTT2001A 作为驱动 IC。

这两个模块都只支持最多 5 点触摸,本例程仅支持 ALIENTEK 4.3 寸 TFT‑LCD 电容触摸屏模块,所以这里仅介绍 OTT2001A。GT811 的驱动方法同 OTT2001A 是类似的,可以参考着学习。

OTT2001A 是中国台湾旭曜科技生产的一颗电容触摸屏驱动 IC,最多支持 208 个通道;支持 SPI/I^2C 接口,在 ALIENTEK 4.3' TFT‑LCD 电容触摸屏上,

OTT2001A 只用了 104 个通道,采用 I²C 接口。I²C 接口模式下,该驱动 IC 与 STM32 的连接仅需要 4 根线:SDA、SCL、RST 和 INT,SDA 和 SCL 是 I²C 通信用的,RST 是复位脚(低电平有效),INT 是中断输出信号。

OTT2001A 的器件地址为 0X59(不含最低位,换算成读/写命令则是读:0XB3,写:0XB2),接下来介绍 OTT2001A 的几个重要的寄存器。

(1) 手势 ID 寄存器

手势 ID 寄存器(00H)用于告诉 MCU 哪些点有效、哪些点无效,从而读取对应的数据,各位描述如表 26.1 所列。OTT2001A 支持最多 5 点触摸,所以表中只有 5 个位用来表示对应点坐标是否有效,其余位为保留位(读为 0)。通过读取该寄存器可以知道哪些点有数据、哪些点无数据,如果读到的全是 0,则说明没有任何触摸。

表 26.1　手势 ID 寄存器

位	BIT8	BIT6	BIT5	BIT4
说明	保留	保留	保留	0,(X1,Y1)无效 1,(X1,Y1)有效
位	BIT3	BIT2	BIT1	BIT0
说明	0,(X4,Y4)无效 1,(X4,Y4)有效	0,(X3,Y3)无效 1,(X3,Y3)有效	0,(X2,Y2)无效 1,(X2,Y2)有效	0,(X1,Y1)无效 1,(X1,Y1)有效

(2) 传感器控制寄存器(0DH)

传感器控制寄存器(0DH)也是 8 位,仅最高位有效,其他位都是保留。当最高位为 1 时,打开传感器(开始检测);当最高位设置为 0 的时候,关闭传感器(停止检测)。

(3) 坐标数据寄存器(共 20 个)

坐标数据寄存器总共有 20 个,每个坐标占用 4 个寄存器。坐标寄存器与坐标的对应关系如表 26.2 所列。可以看出,每个坐标的值可以通过 4 个寄存器读出,比如读取坐标1(X1,Y1),则可以读取 01H～04H,从而知道当前坐标 1 的具体数值。这里也可以只发送寄存器 01,然后连续读取 4 字节,也可以正常读取坐标 1,寄存器地址会自动增加,从而提高读取速度。

表 26.2　坐标寄存器与坐标对应表

寄存器编号	01H	02H	03H	04H
坐标 1	X1[15:8]	X1[7:0]	Y1[15:8]	Y1[7:0]
寄存器编号	05H	06H	07H	08H
坐标 2	X2[15:8]	X2[7:0]	Y2[15:8]	Y2[7:0]

寄存器编号	10H	11H	12H	13H
坐标 3	X3[15∶8]	X3[7∶0]	Y3[15∶8]	Y3[7∶0]
寄存器编号	14H	15H	16H	17H
坐标 4	X4[15∶8]	X4[7∶0]	Y4[15∶8]	Y4[7∶0]
寄存器编号	18H	19H	1AH	1BH
坐标 5	X5[15∶8]	X5[7∶0]	Y5[15∶8]	Y5[7∶0]

OTT2001A 相关寄存器的介绍就介绍到这里,更详细的资料请参考"OTT2001A IIC 协议指导. pdf"文档。OTT2001A 只需要经过简单的初始化就可以正常使用了,初始化流程:复位→延时 100 ms→释放复位→设置传感器控制寄存器的最高位为 1,开启传感器检查。然后就可以正常使用了。

最后,OTT2001A 有两个地方需要特别注意一下:

① OTT2001A 的寄存器是 8 位的,但是发送的时候要发送 16 位(高 8 位有效)才可以正常使用。

② OTT2001A 的输出坐标默认是以 X 坐标最大值是 2 700、Y 坐标最大值是 1 500 的分辨率输出的,也就是输出范围为 X:0~2 700,Y:0~1 500。MCU 在读取到坐标后,必须根据 LCD 分辨率做一个换算,才能得到真实的 LCD 坐标。

26.2　硬件设计

本章实验功能简介:开机的时候先初始化 LCD,读取 LCD ID,随后,根据 LCD ID 判断是电阻触摸屏还是电容触摸屏。如果是电阻触摸屏,则先读取 24C02 的数据判断触摸屏是否已经校准过,如果没有校准,则执行校准程序,校准过后再进入电阻触摸屏测试程序;如果已经校准了,就直接进入电阻触摸屏测试程序;如果是电容触摸屏,则执行 OTT2001A 的初始化代码,初始化电容触摸屏,随后进入电容触摸屏测试程序(电容触摸屏无须校准)。

电阻触摸屏测试程序和电容触摸屏测试程序基本一样,只是电容触摸屏支持最多 5 点同时触摸,电阻触摸屏只支持一点触摸,其他完全一样。测试界面的右上角会有一个清空的操作区域(RST),单击这个地方就会将输入全部清除,恢复白板状态。使用电阻触摸屏的时候可以通过按 KEY0 来实现强制触摸屏校准,只要按下 KEY0 就会进入强制校准程序。

要用到的硬件资源如下:指示灯 DS0、KEY0 按键、TFT - LCD 模块(带电阻/电容式触摸屏)、24C02。所有这些资源与 STM32 的连接图前面都已经介绍了,这里只针对 TFT - LCD 模块与 STM32 的连接端口再说明一下。TFT - LCD 模块的触摸屏(电阻触摸屏)总共有 5 根线与 STM32 连接,连接电路如图 26.2 所示。可以看出，T_MOSI、T_MISO、T_SCK、T_CS 和 T_PEN 分别连接在 STM32 的 PC3、PC2、PC0、PC13 和 PC1 上。

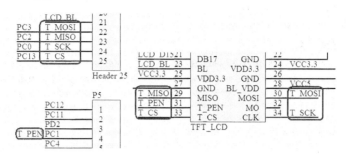

图 26.2　触摸屏与 STM32 的连接图

　　如果是电容式触摸屏,则接口和电阻式触摸屏一样(图 26.2 右侧接口),只是没有用到 5 根线了,而是 4 根线,分别是 T_PEN(CT_INT)、T_CS(CT_RST)、T_CLK(CT_SCL)和 T_MOSI(CT_SDA)。其中,CT_INT、CT_RST、CT_SCL 和 CT_SDA 分别是 OTT2001A 的:中断输出信号、复位信号、I^2C 的 SCL 和 SDA 信号。这里用查询的方式读取 OTT2001A 的数据,没有用到中断信号(CT_INT),所以同 STM32 的连接只需要 3 根线即可。

26.3　软件设计

　　打开第 25 章的工程,由于本章不要用到 FLASH 和 SPI 相关代码,所以先去掉 flash. c 和 spi. c 这两个代码(此时 HARDWARE 组剩下 led. c、ILI93xx. c 和 key. c)。然后,在 HARDWARE 文件夹下新建一个 TOUCH 文件夹。再新建 touch. c、touch. h、ctiic. c、ctiic. h、ott2001a. c 和 ott2001a. h 这 6 个文件,并保存在 TOUCH 文件夹下,再将这个文件夹加入头文件包含路径。其中,touch. c 和 touch. h 是电阻触摸屏部分的代码,兼电容触摸屏的管理控制,其他则是电容触摸屏部分的代码。

　　打开 touch. c 文件,在里面输入与触摸屏相关的代码(主要是电阻触摸屏的代码),这里不全部贴出,仅介绍几个重要的函数。首先要介绍的是 TP_Read_XY2 函数。该函数专门用于从电阻式触摸屏控制 IC 读取坐标的值(0~4095),TP_Read_XY2 的代码如下:

```
//连续 2 次读取触摸屏 IC,且这两次的偏差不能超过
//ERR_RANGE 满足条件,则认为读数正确,否则读数错误
//该函数能大大提高准确度,x,y:读取到的坐标值    返回值:0,失败;1,成功
#define ERR_RANGE 50 //误差范围
u8 TP_Read_XY2(u16 * x,u16 * y)
{
    u16 x1,y1; u16 x2,y2;
```

```
        u8 flag;
    flag = TP_Read_XY(&x1,&y1);
    if(flag == 0)return(0);
    flag = TP_Read_XY(&x2,&y2);
    if(flag == 0)return(0);
    if(((x2<=x1&&x1<x2+ERR_RANGE)||(x1<=x2&&x2<x1+ERR_RANGE))//两次对比
    &&((y2<=y1&&y1<y2+ERR_RANGE)||(y1<=y2&&y2<y1+ERR_RANGE)))
    {
        *x = (x1+x2)/2;
        *y = (y1+y2)/2;
        return 1;
    }else return 0;
}
```

该函数采用了一个非常好的办法来读取屏幕坐标值,就是连续读两次,两次读取的值之差不能超过一个特定的值(ERR_RANGE),通过这种方式可以大大提高触摸屏的准确度。另外,该函数调用的 TP_Read_XY 函数用于单次读取坐标值。TP_Read_XY 也采用了一些软件滤波算法,具体见本例程源码。接下来介绍另外一个函数 TP_Adjust,源码如下:

```
//校准点参数：(0,1)与(2,3),(0,2)与(1,3),(1,2)与(0,3),这三组点的距离
const u8 TP_ADJDIS_TBL[3][4] = {{0,1,2,3},{0,2,1,3},{1,2,0,3}};//校准距离计算表
//触摸屏校准代码,得到 4 个校准参数
void TP_Adjust(void)
{
    u16 pos_temp[4][2];                //坐标缓存值
    u8   cnt = 0; u16 d1,d2;
    float fac; u16 outtime = 0;
    u32 tem1,tem2;
    LCD_Clear(WHITE);                  //清屏
    POINT_COLOR = BLUE;                //蓝色
    LCD_ShowString(40,40,160,100,16,(u8 *)TP_REMIND_MSG_TBL);//显示提示信息
    TP_Drow_Touch_Point(20,20,RED);    //画点 1
    tp_dev.sta = 0;                    //消除触发信号
    tp_dev.xfac = 0;                   //xfac用来标记是否校准过,所以校准之前
                                       //必须清掉,以免错误
    while(1)                           //如果连续 10 s 没有按下,则自动退出
    {
READJ:
        tp_dev.scan(1);                //扫描物理坐标
        if((tp_dev.sta&0xc0) == TP_CATH_PRES)//按键按下了一次(此时按键松开了)
        {
```

```
outtime = 0;
tp_dev.sta& = ～(1<<6);        //标记按键已经被处理过了
pos_temp[cnt][0] = tp_dev.x[0];
pos_temp[cnt][1] = tp_dev.y[0];
cnt ++ ;
switch(cnt)
{
    case 1:
        TP_Drow_Touch_Point(20,20,WHITE);                      //清除点 1
        TP_Drow_Touch_Point(lcddev.width－20,20,RED);         //画点 2
        break;
    case 2:
        TP_Drow_Touch_Point(lcddev.width－20,20,WHITE);  //清除点 2
        TP_Drow_Touch_Point(20,lcddev.height－20,RED);        //画点 3
        break;
    case 3:
        TP_Drow_Touch_Point(20,lcddev.height－20,WHITE); /清除点 3
        TP_Drow_Touch_Point(lcddev.width－20,lcddev.height－20,RED);
                                                                //点 4

        break;
    case 4:                        //全部 4 个点已经得到
        for(cnt = 0;cnt<3;cnt ++ )
                                    //计算 3 组点的距离是否在允许范围内
        {
            tem1 = abs(pos_temp[TP_ADJDIS_TBL[cnt][0]][0] - pos_temp
[TP_ADJDIS_TBL[cnt][1]][0]);//x1－x2/x1－x3/x2－x3
            tem2 = abs(pos_temp[TP_ADJDIS_TBL[cnt][0]][1] - pos_temp
[TP_ADJDIS_TBL[cnt][1]][1]);//y1－y2/y1－y3/y2－y3
            tem1 * = tem1; tem2 * = tem2;
            d1 = sqrt(tem1 + tem2);//得到两点之间的距离
            tem1 = abs(pos_temp[TP_ADJDIS_TBL[cnt][2]][0] - pos_temp
[TP_ADJDIS_TBL[cnt][3]][0]);//x3－x4/x2－x4/x1－x4
            tem2 = abs(pos_temp[TP_ADJDIS_TBL[cnt][2]][1] - pos_temp
[TP_ADJDIS_TBL[cnt][3]][1]);//y3－y4/y2－y4/y1－y4
            tem1 * = tem1; tem2 * = tem2;
            d2 = sqrt(tem1 + tem2);//得到两点之间的距离
            fac = (float)d1/d2;
            if(fac<0.95||fac>1.05||d1 == 0||d2 == 0)//不合格
            {
                cnt = 0;
                TP_Drow_Touch_Point(lcddev.width－20,lcddev.height－20,
                WHITE);               //清除点 4
```

```
                          TP_Drow_Touch_Point(20,20,RED);//画点1
                          TP_Adj_Info_Show(pos_temp[0][0],pos_temp[0][1],
pos_temp[1][0],pos_temp[1][1],pos_temp[2][0],
pos_temp[2][1],pos_temp[3][0],pos_temp[3][1],fac*100);
                          goto READJ;          //不合格,重新校准
                      }
                  }
                  //正确了
                  tp_dev.xfac = (float)(lcddev.width-40)/(pos_temp[1][0]-
pos_temp[0][0]);                          //得到 xfac
                  tp_dev.xoff = (lcddev.width-tp_dev.xfac*(pos_temp[1][0]+
pos_temp[0][0]))/2;                       //得到 xoff
                   tp_dev.yfac = (float)(lcddev.height-40)/(pos_temp[2][1]-
pos_temp[0][1]);                          //得到 yfac
                  tp_dev.yoff = (lcddev.height-tp_dev.yfac*(pos_temp[2][1]+
pos_temp[0][1]))/2;                       //得到 yoff
                  if(abs(tp_dev.xfac)>2||abs(tp_dev.yfac)>2)
                                             //触屏和预设的相反了
                  {
                      cnt = 0;
                       TP_Drow_Touch_Point(lcddev.width-20,lcddev.height-20,
WHITE);                             //清除点4
                      TP_Drow_Touch_Point(20,20,RED);      //画点1
                  LCD_ShowString(40,26,lcddev.width,lcddev.height,16,
"TP Need readjust!");
                      tp_dev.touchtype = ! tp_dev.touchtype;//修改触屏类型.
                      if(tp_dev.touchtype)      //X,Y方向与屏幕相反
                      {
                          CMD_RDX = 0X90; CMD_RDY = 0XD0;
                      }else { CMD_RDX = 0XD0; CMD_RDY = 0X90; }//与屏相同
                      continue;
                  }
                  POINT_COLOR = BLUE;
                  LCD_Clear(WHITE);              //清屏
                  LCD_ShowString(35,110,lcddev.width,lcddev.height,16,
"Touch Screen Adjust OK!");    //校正完成
                  delay_ms(1000); TP_Save_Adjdata();
                  LCD_Clear(WHITE);              //清屏
                  return;                   //校正完成
              }
          }
      delay_ms(10); outtime ++ ;
```

```
        if(outtime>1000) { TP_Get_Adjdata();break; }
    }
}
```

　　TP_Adjust 是此部分最核心的代码,这里介绍一下使用的触摸屏校正原理:传统的鼠标是一种相对定位系统,只和前一次鼠标的位置坐标有关。而触摸屏则是一种绝对坐标系统,要选哪就直接点哪,与相对定位系统有着本质的区别。绝对坐标系统的特点是每一次定位坐标与上一次定位坐标没有关系,每次触摸的数据通过校准转为屏幕上的坐标,不管在什么情况下,触摸屏这套坐标在同一点的输出数据是稳定的。不过由于技术原理的原因,并不能保证同一点触摸每一次采样数据相同,不能保证绝对坐标定位,点不准,这就是触摸屏最怕出现的问题:漂移。对于性能质量好的触摸屏来说,漂移的情况出现并不是很严重。所以很多应用触摸屏的系统启动后,进入应用程序前,先要执行校准程序。通常,应用程序中使用的 LCD 坐标是以像素为单位的。比如说:左上角的坐标是一组非 0 的数值,比如(20,20),而右下角的坐标为(220,300)。这些点的坐标都是以像素为单位的,而从触摸屏中读出的是点的物理坐标,其坐标轴的方向、XY 值的比例因子、偏移量都与 LCD 坐标不同,所以,需要在程序中把物理坐标首先转换为像素坐标,然后再赋给 POS 结构,达到坐标转换的目的。

　　校正思路:在了解了校正原理之后,我们可以得出下面的一个从物理坐标到像素坐标的转换关系式:

$$LCDx = xfac \times Px + xoff; LCDy = yfac \times Py + yoff;$$

　　其中,(LCDx,LCDy)是在 LCD 上的像素坐标,(Px,Py)是从触摸屏读到的物理坐标。xfac、yfac 分别是 X 轴方向和 Y 轴方向的比例因子,而 xoff 和 yoff 则是这两个方向的偏移量。这样只要事先在屏幕上面显示 4 个点(这 4 个点的坐标是已知的),分别按这 4 个点就可以从触摸屏读到 4 个物理坐标,这样就可以通过待定系数法求出 xfac、yfac、xoff、yoff 这 4 个参数。保存好这 4 个参数,在以后的使用中,我们把所有得到的物理坐标都按照这个关系式来计算,得到的就是准确的屏幕坐标,达到了触摸屏校准的目的。

　　TP_Adjust 就是根据上面的原理设计的校准函数,注意该函数里面多次使用了 lcddev. width 和 lcddev. height,用于坐标设置,主要是为了兼容不同尺寸的 LCD(比如 320×240、480×320 和 800×480 的屏都可以兼容)。

　　接下来看看触摸屏初始化函数:TP_Init,该函数根据 LCD 的 ID(即 lcddev. id)判别是电阻屏还是电容屏,执行不同的初始化,代码如下:

```
//触摸屏初始化,返回值:0,没有进行校准;1,进行过校准
u8 TP_Init(void)
{
    if(lcddev.id == 0X5510)                    //电容触摸屏
```

```
        {
            OTT2001A_Init();
            tp_dev.scan = CTP_Scan;                 //扫描函数指向电容触摸屏扫描
            tp_dev.touchtype| = 0X80;               //电容屏
            tp_dev.touchtype| = lcddev.dir&0X01;    //横屏还是竖屏
            return 0;
        }else
        {
            //注意,时钟使能之后,对 GPIO 的操作才有效
            //所以上拉之前,必须使能时钟.才能实现真正的上拉输出
            RCC - >APB2ENR| = 1<<4;                 //PC 时钟使能
            RCC - >APB2ENR| = 1<<0;                 //开启辅助时钟
            GPIOC - >CRL& = 0XFFFF0000;//PC0～3
            GPIOC - >CRL| = 0X00003883;
            GPIOC - >CRH& = 0XFF0FFFFF;//PC13
            GPIOC - >CRH| = 0X00300000;             //PC13 推挽输出
            GPIOC - >ODR| = 0X200f;                 //PC0～3 13 全部上拉
            TP_Read_XY(&tp_dev.x[0],&tp_dev.y[0]);  //第一次读取初始化
            AT24CXX_Init();                         //初始化 24CXX
            if(TP_Get_Adjdata())return 0;           //已经校准
            else                                    //未校准吗
            {
                LCD_Clear(WHITE);                   //清屏
                TP_Adjust();                        //屏幕校准
                TP_Save_Adjdata();
            }
            TP_Get_Adjdata();
        }
        return 1;
    }
```

其中,tp_dev.scan 结构体函数指针默认指向 TP_Scan,如果是电阻屏,则用默认的即可;如果是电容屏,则指向新的扫描函数 CTP_Scan,执行电容触摸屏的扫描函数。

保存 touch.c 文件,并把该文件加入到 HARDWARE 组下。接下来打开 touch.h 文件,在该文件里面输入如下代码:

```
# ifndef __TOUCH_H__
# define __TOUCH_H__
# include "sys.h"
# include "ott2001a.h"
# define TP_PRES_DOWN 0x80      //触屏被按下
```

```
#define TP_CATH_PRES 0x40              //有按键按下了
//触摸屏控制器
typedef struct
{
    u8 ( * init)(void);                //初始化触摸屏控制器
    u8 ( * scan)(u8);                  //扫描触摸屏.0,屏幕扫描;1,物理坐标
    void ( * adjust)(void);            //触摸屏校准
    u16 x[OTT_MAX_TOUCH];              //当前坐标
    u16 y[OTT_MAX_TOUCH];              //电容屏有最多5组坐标,电阻屏则用x[0],y[0]代表
                                       //此次扫描时,触屏的坐标,用x[4],y[4]存储第一次按下时的坐标
    u8   sta;    //笔的状态,b7:按下1/松开0;b6:0,没有按键按下;1,有按键按下;b5:保
                 //留;b4~b0:电容触摸屏按下的点数(0,未按下,1按下)
    float xfac;
    float yfac;
    short xoff;
    short yoff;
//新增的参数,当触摸屏的左右上下完全颠倒时需要用到
//b0:0,竖屏(适合左右为X坐标,上下为Y坐标的TP);1,横屏(适合左右为Y坐标,上下为X
//坐标的TP)
//b1~6:保留;b7:0,电阻屏,1,电容屏
    u8 touchtype;
}_m_tp_dev;
extern _m_tp_dev tp_dev;               //触屏控制器在touch.c里面定义
//与触摸屏芯片连接引脚
#define PEN   PCin(1)                   //PC1   INT
#define DOUT PCin(2)                    //PC2   MISO
#define TDIN PCout(3)                   //PC3   MOSI
#define TCLK PCout(0)                   //PC0   SCLK
#define TCS   PCout(13)                 //PC13 CS
//电阻屏函数
void TP_Write_Byte(u8 num);            //向控制芯片写入一个数据
……//省略部分代码
u8 TP_Init(void);                      //初始化
#endif
```

其中,_m_tp_dev结构体用于管理和记录触摸屏(包括电阻触摸屏与电容触摸屏)相关信息。其中,OTT_MAX_TOUCH是在ott2001a.h定义的一个宏,表示支持的最大触摸点数,多点触摸仅电容屏有效。通过结构体,在使用的时候,我们一般直接调用tp_dev的相关成员函数/变量屏即可达到需要的效果,简化了接口,且方便管理和维护。

ctiic.c和ctiic.h是电容触摸屏的I²C接口部分代码,与第24章的myiic.c和

myiic.h 基本一样。注意,记得把 ctiic.c 加入 HARDWARE 组下。接下来看看 ott2001a.c,在该文件输入如下代码:

```
//向 OTT2001A 写入一次数据
//reg:起始寄存器地址;buf:数据缓缓存区;len:写数据长度;返回值:0,成功;1,失败
u8 OTT2001A_WR_Reg(u16 reg,u8 * buf,u8 len)
{
    u8 i; u8 ret = 0;
    CT_IIC_Start();
     CT_IIC_Send_Byte(OTT_CMD_WR);CT_IIC_Wait_Ack();       //发送写命令
    CT_IIC_Send_Byte(reg>>8); CT_IIC_Wait_Ack();          //发送高 8 位地址
    CT_IIC_Send_Byte(reg&0XFF); CT_IIC_Wait_Ack();        //发送低 8 位地址
    for(i = 0;i<len;i ++ )
    {
        CT_IIC_Send_Byte(buf[i]);                          //发数据
        ret = CT_IIC_Wait_Ack();
        if(ret)break;
    }
    CT_IIC_Stop();                                         //产生一个停止条件
    return ret;
}
//从 OTT2001A 读出一次数据
//reg:起始寄存器地址;buf:数据缓缓存区;len:读数据长度
void OTT2001A_RD_Reg(u16 reg,u8 * buf,u8 len)
{
    u8 i;
     CT_IIC_Start();
    CT_IIC_Send_Byte(OTT_CMD_WR); CT_IIC_Wait_Ack();      //发送写命令
    CT_IIC_Send_Byte(reg>>8); CT_IIC_Wait_Ack();          //发送高 8 位地址
     CT_IIC_Send_Byte(reg&0XFF); CT_IIC_Wait_Ack();       //发送低 8 位地址
     CT_IIC_Start();
    CT_IIC_Send_Byte(OTT_CMD_RD); CT_IIC_Wait_Ack();      //发送读命令
    for(i = 0;i<len;i ++ ) buf[i] = CT_IIC_Read_Byte(i == (len - 1)? 0:1);
                                                          //发数据
    CT_IIC_Stop();                                         //产生一个停止条件
}
//传感器打开/关闭操作;cmd:1,打开传感器;0,关闭传感器
void OTT2001A_SensorControl(u8 cmd)
{
    u8 regval = 0X00;
    if(cmd)regval = 0X80;
    OTT2001A_WR_Reg(OTT_CTRL_REG,&regval,1);
```

```
}
//初始化触摸屏,返回值:0,初始化成功;1,初始化失败
u8 OTT2001A_Init(void)
{
    u8 regval = 0;
    RCC - >APB2ENR| = 1<<4;                      //先使能外设 IO PORTC 时钟
    GPIOC - >CRL& = 0XFFFFFF0F;                   //PC1 输入
    GPIOC - >CRL| = 0X00000080;
    GPIOC - >ODR| = 1<<1;                         //PC1 上拉
    GPIOC - >CRH& = 0XFF0FFFFF;                   //PC13 推挽输出
    GPIOC - >CRH| = 0X00300000;
    GPIOC - >ODR| = 1<<13;                        //PC13 推挽输出
    CT_IIC_Init();                               //初始化电容屏的 I²C 总线
    OTT_RST = 0; delay_ms(100);                  //复位
    OTT_RST = 1;                                 //释放复位
    OTT2001A_SensorControl(1);                   //打开传感器
    OTT2001A_RD_Reg(OTT_CTRL_REG,&regval,1);     //读寄存器,以判断 I²C 通信是否正常
    printf("CTP ID: % x\r\n",regval);
    if(regval&0x80)return 0;
    return 1;
}
//电容触摸屏 5 个坐标数据寄存器的首地址
const u16 OTT_TPX_TBL[5] = {OTT_TP1_REG,OTT_TP2_REG,OTT_TP3_REG,
OTT_TP4_REG,OTT_TP5_REG};
//扫描触摸屏(采用查询方式),mode:0,正常扫描.返回值:当前触屏状态.0,触屏无触摸
//1,触屏有触摸
u8 CTP_Scan(u8 mode)
{
    u8 buf[4]; u8 i = 0; u8 res = 0;
    static u8 t = 0;                             //控制查询间隔,从而降低 CPU 占用率
    t ++;
    if((t % 10) == 0||t<10) //空闲时,每进入 10 次进入才检测 1 次,从而节省 CPU 使用率
    {
        OTT2001A_RD_Reg(OTT_GSTID_REG,&mode,1);              //读取触摸点的状态
        if(mode&0X1F)
        {
            tp_dev.sta = (mode&0X1F)|TP_PRES_DOWN|TP_CATH_PRES;
            for(i = 0;i<5;i ++)
            {
                if(tp_dev.sta&(1<<i))                        //触摸有效吗
                {
                    OTT2001A_RD_Reg(OTT_TPX_TBL[i],buf,4);   //读取 XY 坐标值
```

```
                    if(tp_dev.touchtype&0X01)        //横屏
                    {
                        tp_dev.y[i] = (((u16)buf[2]<<8) + buf[3]) * OTT_SCAL_Y;
                        tp_dev.x[i] = 800 - ((((u16)buf[0]<<8) + buf[1]) * OTT_
SCAL_X);
                    }else
                    {
                        tp_dev.x[i] = (((u16)buf[2]<<8) + buf[3]) * OTT_SCAL_Y;
                        tp_dev.y[i] = (((u16)buf[0]<<8) + buf[1]) * OTT_SCAL_X;
                    }
                }
            }
            res = 1;
            if(tp_dev.x[0] == 0 && tp_dev.y[0] == 0)mode = 0;
                                        //读到都是 0,则忽略此次数据
            t = 0;                      //触发一次,则会最少连续监测 10 次,从而提高命中率
        }
    }
    if((mode&0X1F) == 0)                //无触摸点按下
    {
        if(tp_dev.sta&TP_PRES_DOWN)     //之前是被按下的
        {
            tp_dev.sta& = ~(1<<7);      //标记按键松开
        }else                           //之前就没有被按下
        {
            tp_dev.x[0] = 0xffff;
            tp_dev.y[0] = 0xffff;
            tp_dev.sta& = 0XE0;         //清除点有效标记
        }
    }
    if(t>240)t = 10;                    //重新从 10 开始计数
    return res;
}
```

　　此部分总共 5 个函数,其中,OTT2001A_WR_Reg 和 OTT2001A_RD_Reg 分别用于读/写 OTT2001A 芯片。注意,寄存器地址是 16 位的,与 OTT2001A 手册介绍的是有出入的,必须 16 位才能正常操作。另外,CTP_Scan 函数用于扫描电容触摸屏是否有按键按下,由于我们用的不是中断方式来读取 OTT2001A 的数据的,而是采用查询的方式,所以这里使用了一个静态变量来提高效率,无触摸时尽量减少对 CPU 的占用,有触摸时又保证能迅速检测到。至于对 OTT2001A 数据的读取,则完全是上面介绍的方法,先读取手势 ID 寄存器(OTT_GSTID_REG)判断是不是有有

效数据,如果有,则读取;否则,直接忽略,继续后面的处理。

保存 ott2001a.c 文件,并把该文件加入到 HARDWARE 组下。接下来打开 ott2001a.h 文件,在该文件里面输入如下代码:

```
//I/O 操作函数
#define OTT_RST              PCout(13)      //OTT2001A 复位引脚
#define OTT_INT              PCin(1)        //OTT2001A 中断引脚
//通过 OTT_SET_REG 指令可以查询到这个信息
//注意,这里的 X,Y 和屏幕的坐标系刚好是反的
#define OTT_MAX_X            2700           //TP X 方向的最大值(竖方向)
#define OTT_MAX_Y            1500           //TP Y 方向的最大值(横方向)
 //缩放因子
#define OTT_SCAL_X           0.2963         //屏幕的纵坐标/OTT_MAX_X
#define OTT_SCAL_Y           0.32           //屏幕的横坐标/OTT_MAX_Y
//I²C 读/写命令
#define OTT_CMD_WR           0XB2           //写命令
#define OTT_CMD_RD           0XB3           //读命令
//寄存器地址
#define OTT_GSTID_REG        0X0000         //OTT2001A 当前检测到的触摸情况
#define OTT_TP1_REG          0X0100         //第一个触摸点数据地址
……//省略部分代码
u8 OTT2001A_Init(void);                     //电容触摸屏始化函数
```

这段代码比较简单,重点注意一下 OTT_SCAL_X 和 OTT_SCAL_Y 的由来。前面说了,OTT2001A 输出 X 范围固定为 0~2700,Y 范围固定为 0~1 500,所以,要根据屏幕的分辨率(4.3 寸电容屏触摸屏分辨率为 800×480)进行一次换算,得到 LCD 坐标与 OTT2001A 坐标的比例关系:

OTT_SCAL_X=800/2700=0.2963   OTT_SCAL_Y=480/1500=0.32

这样,我们只需要将 OTT2001A 的输出坐标乘以比例因子,就可以得到真实的 LCD 坐标。最后打开 test.c,修改部分代码。代码这里就不全部贴出来了,仅介绍 3 个重要的函数:

```
//5 个触控点的颜色
//电阻触摸屏测试函数
void rtp_test(void)
{
    u8 key; u8 i = 0;
    while(1)
    {
        key = KEY_Scan(0);
        tp_dev.scan(0);
```

```
            if(tp_dev.sta&TP_PRES_DOWN)                  //触摸屏被按下
            {
                if(tp_dev.x[0]<lcddev.width&&tp_dev.y[0]<lcddev.height)
                {
                    if(tp_dev.x[0]>(lcddev.width - 24)&&tp_dev.y[0]<16)Load_Drow_
                        Dialog();
                    else TP_Draw_Big_Point(tp_dev.x[0],tp_dev.y[0],RED);        //画图
                }
            }else delay_ms(10);                          //没有按键按下的时候
            if(key == KEY0_PRES)                         //KEY0 按下,则执行校准程序
            {
                LCD_Clear(WHITE);                        //清屏
                TP_Adjust();                             //屏幕校准
                TP_Save_Adjdata();
                Load_Drow_Dialog();
            }
            i ++ ;
            if(i % 20 == 0)LED0 = ! LED0;
    }
}
const u16 POINT_COLOR_TBL[OTT_MAX_TOUCH] =
{RED,GREEN,BLUE,BROWN,GRED};
//电容触摸屏测试函数
void ctp_test(void)
{
    u8 t = 0; u8 i = 0;
    u16 lastpos[5][2];                                   //最后一次的数据
    while(1)
    {
        tp_dev.scan(0);
        for(t = 0;t<OTT_MAX_TOUCH;t ++ )                 //最多 5 点触摸
        {
            if((tp_dev.sta)&(1<<t))                      //判断是否有点触摸
            {
                if(tp_dev.x[t]<lcddev.width&&tp_dev.y[t]<lcddev.height)
                                                         //在 LCD 范围内
                {
                    if(lastpos[t][0] == 0XFFFF)
                    {
                        lastpos[t][0] = tp_dev.x[t];
                        lastpos[t][1] = tp_dev.y[t];
                    }
```

```
                lcd_draw_bline(lastpos[t][0],lastpos[t][1],tp_dev.x[t],tp_
                        dev.y[t],2,
                POINT_COLOR_TBL[t]);
                lastpos[t][0] = tp_dev.x[t];
                lastpos[t][1] = tp_dev.y[t];
                if(tp_dev.x[t]>(lcddev.width-24)&&tp_dev.y[t]<16)
                {
                    Load_Drow_Dialog();     //清除
                }
            }
        }else lastpos[t][0] = 0XFFFF;
    }
    delay_ms(5);i++;
    if(i%20 == 0)LED0 = ! LED0;
    }
}
int main(void)
{
    Stm32_Clock_Init(9);                //系统时钟设置
    uart_init(72,9600);                 //串口初始化为9600
    delay_init(72);                     //延时初始化
    LED_Init();                         //初始化与 LED 连接的硬件接口
    LCD_Init();                         //初始化 LCD
    KEY_Init();                         //按键初始化
    tp_dev.init();                      //触摸屏初始化
    POINT_COLOR = RED;                  //设置字体为红色
    LCD_ShowString(60,50,200,16,16,"Mini STM32");
    LCD_ShowString(60,70,200,16,16,"TOUCH TEST");
    LCD_ShowString(60,90,200,16,16,"ATOM@ALIENTEK");
    LCD_ShowString(60,110,200,16,16,"2014/3/11");
    if(tp_dev.touchtype! = 0XFF)LCD_ShowString(60,130,200,16,16,"Press KEY0 to
        Adjust");
    delay_ms(1500);
    Load_Drow_Dialog();
    if(tp_dev.touchtype&0X80)ctp_test();    //电容屏测试
    else rtp_test();                        //电阻屏测试
}
```

rtp_test 函数,用于电阻触摸屏的测试。该函数代码比较简单,就是扫描按键和触摸屏,如果触摸屏有按下,则在触摸屏上面划线,如果按中 RST 区域,则执行清屏;如果按键 KEY0 按下,则执行触摸屏校准。

ctp_test 函数,用于电容触摸屏的测试。由于我们采用 tp_dev.sta 来标记当前按下的触摸屏点数,所以判断是否有电容触摸屏按下,也就是判断 tp_dev. sta 的最低 5 位,如果有数据,则划线;如果没数据则忽略,且 5 个点划线的颜色各不一样,方便区分。另外,电容触摸屏不需要校准,所以没有校准程序。

  main 函数比较简单,初始化相关外设,然后根据触摸屏类型去选择执行 ctp_test 还是 rtp_test。

26.4   下载验证

  在代码编译成功之后通过下载代码到 ALIENTEK MiniSTM32 开发板上,电阻触摸屏得到如图 26.3 所示界面。其中,图 26.3(a)表示已经校准过了,并且可以在屏幕触摸画图了。图 26.3(b)则是校准界面程序界面,用于校准触摸屏(可以按 KEY0 进入校准)。如果是电容触摸屏,测试界面如图 26.4 所示。

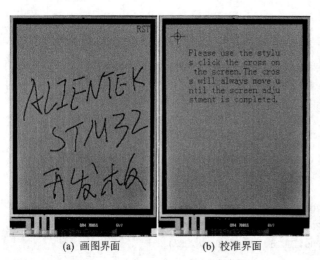

(a) 画图界面   (b) 校准界面

图 26.3   电阻触摸屏测试程序运行效果

图 26.4   电容触摸屏测试界面

第 **27** 章

红外遥控实验

本章介绍如何通过 STM32 解码红外遥控器的信号。ALIENTEK MiniSTM32 开发板标配了红外接收头和一个小巧的红外遥控器。本章利用 STM32 的输入捕获功能解码开发板标配的这个红外遥控器的编码信号,并将解码后的键值在 TFT – LCD 模块上显示出来。

本实验采用定时器的输入捕获功能实现红外解码,功能简介:开机在 LCD 上显示一些信息之后即进入等待红外触发,如果接收到正确的红外信号则解码,并在 LCD 上显示键值、代表的意义以及按键次数等信息。同样,也用 LED0 来指示程序正在运行。

遥控器属于外部器件,遥控接收头在板子上,与 MCU 的连接原理如图 27.1 所示。红外遥控接收头通过 P2 与 P3 连接在 STM32 的 PA1(TIM5_CH2)上。硬件上,我们只需要拿一个跳线帽把 RMT 和 PA1 短接即可(默认已经短接),然后,程序将 TIM5_CH2 设计为输入捕获,再将收到的脉冲信号解码就可以了。开发板配套的红外遥控器外观如图 27.2 所示。本章的详细软硬件设计及代码详解请看书本配套资料→书本补充章节→红外遥控实验.pdf。

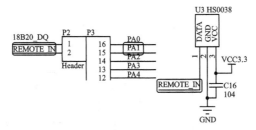

图 27.1 红外遥控接收头与 STM32 的连接电路图

图 27.2 红外遥控器

第 28 章

DS18B20 数字温度传感器实验

虽然 STM32 内部自带了温度传感器,但是因为芯片温升较大等问题,与实际温度差别较大,所以本章介绍如何通过 STM32 来读取外部数字温度传感器的温度,以得到较为准确的环境温度。本章将学习使用单总线技术,通过它来实现 STM32 和外部温度传感器(DS18B20)的通信,并把从温度传感器得到的温度显示在 TFT - LCD 模块上。

28.1 DS18B20 简介

DS18B20 是由 DALLAS 半导体公司推出的一种的"一线总线"接口的温度传感器。与传统的热敏电阻等测温元件相比,它是一种新型的体积小、适用电压宽、与微处理器接口简单的数字化温度传感器。一线总线结构具有简洁且经济的特点,可使用户轻松地组建传感器网络,从而为测量系统的构建引入全新概念,测量温度范围为 $-55 \sim +125\,^\circ\!\text{C}$,精度为 $\pm 0.5\,^\circ\!\text{C}$。现场温度直接以一线总线的数字方式传输,大大提高了系统的抗干扰性。它能直接读出被测温度,并且可根据实际要求通过简单的编程实现 $9 \sim 12$ 位的数字值读数方式。它工作在 $3 \sim 5.5$ V 的电压范围,采用多种封装形式,从而使系统设计灵活、方便,设定分辨率及用户设定的报警温度存储在 EE-PROM 中,掉电后依然保存。其内部结构如图 28.1 所示。

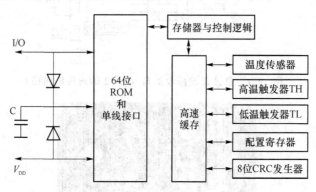

图 28.1 DS18B20 内部结构图

ROM 中的 64 位序列号是出厂前被标记好的,可以看作是该 DS18B20 的地址序列码,每 DS18B20 的 64 位序列号均不相同。64 位 ROM 的排列是:前 8 位是产品家族码,接着 48 位是 DS18B20 的序列号,最后 8 位是前面 56 位的循环冗余校验码(CRC＝X8＋X5＋X4＋1)。ROM 作用是使每一个 DS18B20 都各不相同,这样就可实现一根总线上挂接多个。

所有的单总线器件要求采用严格的信号时序,以保证数据的完整性。DS18B20 共有 6 种信号类型:复位脉冲、应答脉冲、写 0、写 1、读 0 和读 1。所有这些信号,除了应答脉冲以外,都由主机发出同步信号,并且发送所有的命令和数据都是字节的低位在前。这里简单介绍这几个信号的时序:

① 复位脉冲和应答脉冲。

单总线上的所有通信都是以初始化序列开始。主机输出低电平,保持低电平时间至少 480 μs,以产生复位脉冲。接着主机释放总线,4.7 kΩ 的上拉电阻将单总线拉高,延时 15～60 μs,并进入接收模式(Rx)。接着 DS18B20 拉低总线 60～240 μs,以产生低电平应答脉冲,若为低电平,再延时 480 μs。

② 写时序。

写时序包括写 0 时序和写 1 时序。所有写时序至少需要 60 μs,且在 2 次独立的写时序之间至少需要 1 μs 的恢复时间,两种写时序均起始于主机拉低总线。写 1 时序:主机输出低电平,延时 2 μs,然后释放总线,延时 60 μs。写 0 时序:主机输出低电平,延时 60 μs,然后释放总线,延时 2 μs。

③ 读时序。

单总线器件仅在主机发出读时序时才向主机传输数据,所以,在主机发出读数据命令后,必须马上产生读时序,以便从机能够传输数据。所有读时序至少需要 60 μs,且在 2 次独立的读时序之间至少需要 1 μs 的恢复时间。每个读时序都由主机发起,至少拉低总线 1 μs。主机在读时序期间必须释放总线,并且在时序起始后的 15 μs 之内采样总线状态。典型的读时序过程为:主机输出低电平延时 2 μs,之后主机转入输入模式延时 12 μs,再读取单总线当前的电平,然后延时 50 μs。

了解了单总线时序之后来看看 DS18B20 的典型温度读取过程,DS18B20 的典型温度读取过程为:复位→发 SKIP ROM 命令(0XCC)→发开始转换命令(0X44)→延时→复位→发送 SKIP ROM 命令(0XCC)→发读存储器命令(0XBE)→连续读出两个字节数据(即温度)→结束。

28.2　硬件设计

由于开发板上标准配置是没有 DS18B20 这个传感器的,只有接口,所以要做本章的实验就必须找一个 DS18B20 插在预留的 18B20 接口上。本章实验功能简介:开机的时候先检测是否有 DS18B20 存在,如果没有,则提示错误。只有在检测到

DS18B20 之后才开始读取温度并显示在 LCD 上,如果发现了 DS18B20,则程序每隔 100 ms 左右读取一次数据,并把温度显示在 LCD 上。同样也是用 DS0 来指示程序正在运行。

所要用到的硬件资源如下:指示灯 DS0、TFT - LCD 模块、DS18B20 温度传感器。前两部分已经介绍过了,而 DS18B20 温度传感器属于外部器件(板上没有直接焊接),但是在我们开发板上是有 DS18B20 接口(U6)的,直接插上 DS18B20 即可使用。开发板上 DS18B20 接口和 STM32 的连接电路如图 28.2 所示。

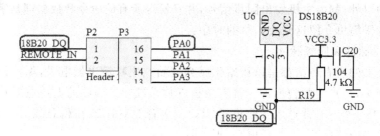

图 28.2 DS18B20 接口与 STM32 的连接电路图

从图 28.2 可以看出,这里使用 STM32 的 PA0 来连接 DS18B20 的(U6)的 DQ 引脚,图中 U6 为 DS18B20 的插口(3 脚圆孔座)。将 DS18B20 传感器插入到这个上面,并用跳线帽短接 18B20 与 PA0,就可以通过 STM32 来读取 DS18B20 的温度了。连接示意图如图 28.3 所示。可以看出,DS18B20 的平面部分(有字的那面)应该朝外,而曲面部分朝内。然后插入如图 28.3 所示的 3 个孔内。

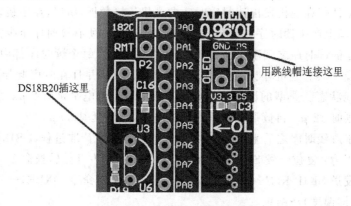

DS18B20插这里

用跳线帽连接这里

图 28.3 DS18B20 连接示意图

28.3 软件设计

打开第 27 章的工程,由于本章不要用红外遥控器,所以先去掉 remote. c(此时 HARDWARE 组仅剩下 led. c 和 ILI93xx. c)。然后,在 HARDWARE 文件夹下新

建一个 DS18B20 的文件夹,再新建 ds18b20. c 和 ds18b20. h 的文件保存在 DS18B20
文件夹下,并将这个文件夹加入头文件包含路径。打开 ds18b20. c,在该文件下输入
如下代码:

```c
//复位 DS18B20
void DS18B20_Rst(void)
{
    DS18B20_IO_OUT();                  //SET PA0 OUTPUT
    DS18B20_DQ_OUT = 0;                //拉低 DQ
    delay_us(750);                     //拉低 750us
    DS18B20_DQ_OUT = 1;                //DQ = 1
    delay_us(15);                      //15US
}
//等待 DS18B20 的回应,返回 1:未检测到 DS18B20 的存在;返回 0:存在
u8 DS18B20_Check(void)
{
    u8 retry = 0;
    DS18B20_IO_IN();//SET PA0 INPUT
    while (DS18B20_DQ_IN&&retry<200) { retry ++ ; delay_us(1); };
    if(retry >= 200)return 1;
    else retry = 0;
    while (! DS18B20_DQ_IN&&retry<240) { retry ++ ; delay_us(1); };
    if(retry >= 240)return 1;
    return 0;
}
//从 DS18B20 读取一个位,返回值: 1/0
u8 DS18B20_Read_Bit(void)
{
    u8 data;
    DS18B20_IO_OUT();                  //SET PA0 OUTPUT
    DS18B20_DQ_OUT = 0;
    delay_us(2);
    DS18B20_DQ_OUT = 1;
    DS18B20_IO_IN();                   //SET PA0 INPUT
    delay_us(12);
    if(DS18B20_DQ_IN)data = 1;
    else data = 0;
    delay_us(50);
    return data;
}
//从 DS18B20 读取一个字节,返回值: 读到的数据
u8 DS18B20_Read_Byte(void)
```

```
{
    u8 i,j,dat = 0;
    for (i = 1;i< = 8;i ++ )
    {
        j = DS18B20_Read_Bit();
        dat = (j<<7)|(dat>>1);
    }
    return dat;
}
//写一个字节到 DS18B20,dat：要写入的字节
void DS18B20_Write_Byte(u8 dat)
{
    u8 j; u8 testb;
    DS18B20_IO_OUT();//SET PA0 OUTPUT;
    for (j = 1;j< = 8;j ++ )
    {
        testb = dat&0x01;
        dat = dat>>1;
        if (testb)
        {
            DS18B20_DQ_OUT = 0;         //Write 1
            delay_us(2);
            DS18B20_DQ_OUT = 1;
            delay_us(60);
        }
        else
        {
            DS18B20_DQ_OUT = 0;         //Write 0
            delay_us(60);
            DS18B20_DQ_OUT = 1;
            delay_us(2);
        }
    }
}
//开始温度转换
void DS18B20_Start(void)                 //ds1820 start convert
{
    DS18B20_Rst();
    DS18B20_Check();
    DS18B20_Write_Byte(0xcc);            //skip rom
    DS18B20_Write_Byte(0x44);            //convert
}
```

```
//初始化 DS18B20 的 IO 口 DQ 同时检测 DS 的存在,返回 1:不存在;返回 0:存在
u8 DS18B20_Init(void)
{
    RCC->APB2ENR| = 1<<2;              //使能 PORTA 口时钟
    GPIOA->CRL& = 0XFFFFFFF0;          //PORTA0 推挽输出
    GPIOA->CRL| = 0X00000003;
    GPIOA->ODR| = 1<<0;                //输出 1
    DS18B20_Rst();
    return DS18B20_Check();
}
//从 ds18b20 得到温度值,精度:0.1C;返回值:温度值(-550~1 250)
short DS18B20_Get_Temp(void)
{
    u8 temp; u8 TL,TH; short tem;
    DS18B20_Start ();                  //ds1820 start convert
    DS18B20_Rst();
    DS18B20_Check();
    DS18B20_Write_Byte(0xcc);          //skip rom
    DS18B20_Write_Byte(0xbe);          //convert
    TL = DS18B20_Read_Byte();          //LSB
    TH = DS18B20_Read_Byte();          //MSB
    if(TH>7)
    {
        TH = ~TH; TL = ~TL;
        temp = 0;                      //温度为负
    }else temp = 1;                    //温度为正
    tem = TH;                          //获得高 8 位
    tem<< = 8;
    tem += TL;                         //获得低 8 位
    tem = (float)tem * 0.625;          //转换
    if(temp)return tem;                //返回温度值
    else return -tem;
}
```

该部分代码就是根据前面介绍的单总线操作时序来读取 DS18B20 的温度值的。DS18B20 的温度通过 DS18B20_Get_Temp 函数读取,返回值为带符号的短整形数据,返回值的范围为-550~1 250,其实就是温度值扩大了 10 倍。保存 ds18b20.c,并把该文件加入到 HARDWARE 组下,然后打开 ds18b20.h,在该文件下输入如下内容:

```
#ifndef __DS18B20_H
#define __DS18B20_H
```

```
#include "sys.h"
//I/O方向设置
#define DS18B20_IO_IN()  {GPIOA->CRL&=0XFFFFFFF0;GPIOA->CRL|=8<<0;}
#define DS18B20_IO_OUT() {GPIOA->CRL&=0XFFFFFFF0;GPIOA->CRL|=3<<0;}
////I/O操作函数
#define    DS18B20_DQ_OUT    PAout(0)      //数据端口    PA0
#define    DS18B20_DQ_IN     PAin(0)       //数据端口    PA0
u8 DS18B20_Init(void);                     //初始化 DS18B20
……//省略部分代码
void DS18B20_Rst(void);                    //复位 DS18B20
#endif
```

保存这段代码,然后打开 test.c,在该文件下修改 main 函数如下:

```
int main(void)
{
    u8 t = 0;
    short temperature;
    Stm32_Clock_Init(9);                   //系统时钟设置
    uart_init(72,9600);                    //串口初始化为 9600
    delay_init(72);                        //延时初始化
    LED_Init();                            //初始化与 LED 连接的硬件接口
    LCD_Init();                            //初始化 LCD
    POINT_COLOR = RED;                     //设置字体为红色
    LCD_ShowString(60,50,200,16,16,"Mini STM32");
    LCD_ShowString(60,70,200,16,16,"DS18B20 TEST");
    LCD_ShowString(60,90,200,16,16,"ATOM@ALIENTEK");
    LCD_ShowString(60,110,200,16,16,"2014/3/12");
    while(DS18B20_Init())                  //DS18B20 初始化
    {
        LCD_ShowString(60,130,200,16,16,"DS18B20 Error"); delay_ms(200);
        LCD_Fill(60,130,239,130+16,WHITE); delay_ms(200);
    }
    LCD_ShowString(60,130,200,16,16,"DS18B20 OK");
    POINT_COLOR = BLUE;                    //设置字体为蓝色
    LCD_ShowString(60,150,200,16,16,"Temp:    . C");
    while(1)
    {
        if(t%10 == 0)                      //每 100 ms 读取一次
        {
            temperature = DS18B20_Get_Temp();
            if(temperature<0)
            {
```

```
                LCD_ShowChar(60 + 40,150,'-',16,0);              //显示负号
                temperature = - temperature;                     //转为正数
            }else LCD_ShowChar(60 + 40,150,' ',16,0);            //去掉负号
            LCD_ShowNum(60 + 40 + 8,150,temperature/10,2,16);    //显示正数部分
                LCD_ShowNum(60 + 40 + 32,150,temperature % 10,1,16); //显示小数部分
        }
        delay_ms(10); t ++ ;
        if(t == 20) {t = 0;LED0 = ! LED0;}
    }
```

28.4　下载验证

代码编译成功之后通过下载代码到 ALIENTEK MiniSTM32 开发板上,可以看到,LCD 开始显示当前的温度值(假定 DS18B20 已经接上去了,并且 PA0 和 18B20 的跳线帽已经短接),如图 28.4 所示。该程序还可以读取并显示负温度值,具备条件的读者可以测试一下。

图 28.4　DS18B20 实验效果图

第 **29** 章

无线通信实验

　　ALIENTKE MiniSTM32 开发板带有一个 2.4G 无线模块(NRF24L01 模块)通信接口,采用 8 脚插针方式与开发板连接。本章将以 NRF24L01 模块为例介绍如何在 ALIENTEK MiniSTM32 开发板上实现无线通信。本章使用两块 MiniSTM32 开发板,一块用于发送收据,另外一块用于接收,从而实现无线数据传输。

　　本章实验功能简介:开机的时候先检测 NRF24L01 模块是否存在,检测到 NRF24L01 模块之后,根据 KEY0 和 KEY1 的设置来决定模块的工作模式,之后就会不停地发送/接收数据,同样用 DS0 来指示程序正在运行。

　　NRF24L01 模块属于外部模块,这里仅介绍开发板上 NRF24L01 模块接口和 STM32 的连接情况,连接关系如图 29.1 所示。其中,NRF24L01 也是使用的 SPI1,和 W25Q64 以及 SD 卡等共用一个 SPI 接口,所以使用时要分时复用 SPI1。本章需要把 SD 卡和 W25Q64 的片选信号置高,以防止这两个器件对 NRF24L01 的通信造成干扰。由于无线通信实验是双向的,所以至少要有两个模块同时工作才可以,这里使用 2 套 ALIENTEK MiniSTM32 开发板来演示。本章的详细软硬件设计及代码详解,读者可参见本书配套资料→书本补充章节→无线通信实验.pdf。

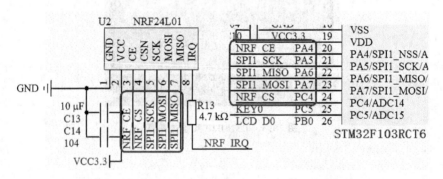

图 29.1　NRF24L01 模块接口与 STM32 连接原理图

第 **30** 章

PS/2 鼠标实验

　　PS/2 作为计算机的标准输入接口,用于鼠标键盘等设备。PS/2 只需要一个简单的接口(2 个 I/O 口)就可以外扩鼠标、键盘等,是单片机理想的输入外扩方式。ALIENTEK MiniSTM32 开发板也自带了一个 PS/2 接口,可以用来驱动标准的鼠标、键盘等外设,也可以用来驱动一些 PS/2 接口的小键盘、条码扫描枪等。本章介绍如何在 ALIENTEK MiniSTM32 开发板上通过 PS/2 接口来驱动鼠标。

　　本章实验功能简介:开机的时候先检测是否有鼠标接入,如果没有检测错误,则提示错误代码。只有在检测到 PS/2 鼠标之后才开始后续操作。当检测到鼠标之后,才在 LCD 上显示鼠标位移数据包的内容,并转换为坐标值在 LCD 上显示;如果有按键按下,则提示按下的是哪个按键。同样也用 LED0 来指示程序正在运行。

　　本章需要用到一个 PS/2 接口的鼠标,读者须自备一个。开发板上的 PS/2 接口与 STM32 的连接电路如图 30.1 所示。可以看到,PS/2 接口与 STM32 的连接仅仅2 个 I/O 口,其中 PS_CLK 连接在 PA15 上面,而 PS_DAT 则连接在 PC5 上面,这两个口和 KEY1、KEY0 复用了,所以在按键使用的时候就不能使用 PS/2 设备了,这个要注意一下。本章的详细软硬件设计及代码详解,读者可参见本书配套资料→书本补充章节→PS2 鼠标实验.pdf。

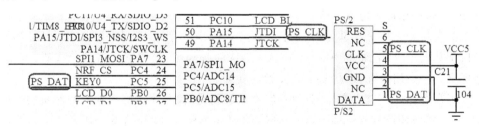

图 30.1　PS/2 接口与 STM32 的连接电路图

第 31 章

FLASH 模拟 EEPROM 实验

STM32 本身没有自带 EEPROM，但是 STM32 具有 IAP（在应用编程）功能，所以我们可以把它的 FLASH 当成 EEPROM 来使用。本章利用 STM32 内部的 FLASH 来实现第 25 章类似的效果，不过这次是将数据直接存放在 STM32 内部，而不是存放在 W25Q64。

31.1   STM32 FLASH 简介

不同型号的 STM32，其 FLASH 容量也有所不同，最小的只有 16 KB，最大的则达到了 1 024 KB。MiniSTM32 开发板选择的 STM32F103RCT6 的 FLASH 容量为 256 KB，属于大容量产品（另外还有中容量和小容量产品）。大容量产品的闪存模块组织如图 31.1 所示。

STM32 的闪存模块由主存储器、信息块和闪存存储器接口寄存器 3 部分组成。

主存储器用来存放代码和数据常数（如 const 类型的数据）。大容量产品划分为 256 页，每页 2 KB。注意，小容量和中容量产品每页只有 1 KB。从图 31.1 可以看出主存储器的起始地址就是 0X08000000，B0、B1 都接 GND 的时候，就是从 0X08000000 开始运行代码的。

信息块分为 2 个小部分，其中启动程序代码用来存储 ST 自带的启动程序，用于串口下载代码。当 B0 接 V3.3、B1 接 GND 的时候，运行的就是这部分代码。用户选择字节一般用于配置写保护、读保护等功能。

闪存存储器接口寄存器用于控制闪存读/写等，是整个闪存模块的控制机构。

对主存储器和信息块的写入由内嵌的闪存编程/擦除控制器（FPEC）管理，编程与擦除的高电压由内部产生。在执行闪存写操作时，任何对闪存的读操作都会锁住总线，在写操作完成后读操作才能正确地进行；即在进行写或擦除操作时，不能进行代码或数据的读取操作。

块	名称	地址范围	长度/字节
主存储器	页 0	0x0800 0000～0x0800 07FF	2K
	页 1	0x0800 0800～0x0800 0FFF	2K
	页 2	0x0800 1000～0x0801 17FF	2K
	页 3	0x0800 1800～0x0801 FFFF	2K
	⋮	⋮	⋮
	页 255	0x0807 F800～0x0807 FFFF	2K
信息块	启动程序代码	0x1FFF F000～0x1FFFF F7FF	2K
	用户选择字节	0x1FFFF F000～0x1FFF F7FF	2K
闪存存储器接口寄存器	FLASH_ACR	0x4002 2000～0x4002 2003	4
	FLASH_KEYR	0x4002 2004～0x4002 2007	4
	FLASH_OPTKEYR	0x4002 2008～0x4002 200B	4
	FLASH_SR	0x4002 200C～0x4002 200F	4
	FLASH_CR	0x4002 2010～0x4002 2013	4
	FLASH_AR	0x4002 2014～0x4002 2017	4
	保留	0x4002 2018～0x4002 201B	4
	FLASH_OBR	0x4002 201C～0x4002 201F	4
	FLASH_WRPR	0x4002 2020～0x4002 2023	4

图 31.1　大容量产品闪存模块组织

1. 闪存的读取

内置闪存模块可以在通用地址空间直接寻址,任何 32 位数据的读操作都能访问闪存模块的内容并得到相应的数据。读接口在闪存端包含一个读控制器、一个 AHB 接口与 CPU 衔接。这个接口的主要工作是产生读闪存的控制信号并预取 CPU 要求的指令块,预取指令块仅用于在 I-Code 总线上的取指操作,数据常量是通过 D-Code 总线访问的。这两条总线的访问目标是相同的闪存模块,访问 D-Code 将比预取指令优先级高。

这里要特别留意一个闪存等待时间,因为 CPU 运行速度比 FLASH 快得多,STM32F103 的 FLASH 最快访问速度≤24 MHz,如果 CPU 频率超过这个速度,那么必须加入等待时间。比如一般使用 72 MHz 的主频,那么 FLASH 等待周期就必须设置为 2,该设置通过 FLASH_ACR 寄存器设置。

例如,要从地址 addr 读取一个半字(半字为 16 为,字为 32 位),则可以通过如下的语句读取:

$$data = *(vu16 *)addr;$$

将 addr 强制转换为 vu16 指针,然后取该指针指向的地址的值就可以得到 addr

地址的值。类似的,将上面的 vu16 改为 vu8 即可读取指定地址的一个字节。相对 FLASH 读取来说,STM32 FLASH 的写就复杂一点了,下面介绍 STM32 闪存的编程和擦除。

2. 闪存的编程和擦除

STM32 的闪存编程是由 FPEC(闪存编程和擦除控制器)模块处理的,这个模块包含 7 个 32 位寄存器,分别是 FPEC 键寄存器(FLASH_KEYR)、选择字节键寄存器(FLASH_OPTKEYR)、闪存控制寄存器(FLASH_CR)、闪存状态寄存器(FLASH_SR)、闪存地址寄存器(FLASH_AR)、选择字节寄存器(FLASH_OBR)、写保护寄存器(FLASH_WRPR)。其中,FPEC 键寄存器总共有 3 个键值:

RDPRT 键=0X000000A5 KEY1=0X45670123 KEY2=0XCDEF89AB

STM32 复位后,FPEC 模块是被保护的,不能写入 FLASH_CR 寄存器;通过写入特定的序列到 FLASH_KEYR 寄存器可以打开 FPEC 模块(即写入 KEY1 和 KEY2),只有在写保护被解除后,我们才能操作相关寄存器。

STM32 闪存的编程每次必须写入 16 位(不能单纯地写入 8 位数据),当 FLASH_CR 寄存器的 PG 位为 1 时,在一个闪存地址写入一个半字将启动一次编程;写入任何非半字的数据,FPEC 都会产生总线错误。在编程过程中(BSY 位为 1),任何读/写闪存的操作都会使 CPU 暂停,直到此次闪存编程结束。

同样,STM32 的 FLASH 在编程的时候也必须要求其写入地址的 FLASH 是被擦除了的(也就是其值必须是 0XFFFF),否则无法写入,在 FLASH_SR 寄存器的 PGERR 位将得到一个警告。STM23 的 FLASH 编程过程如图 31.2 所示。从图中可以得到闪存的编程顺序如下:

> 检查 FLASH_CR 的 LOCK 是否解锁,如果没有则先解锁;
> 检查 FLASH_SR 寄存器的 BSY 位,以确认没有其他正在进行的编程操作;
> 设置 FLASH_CR 寄存器的 PG 位为 1;
> 在指定的地址写入要编程的半字;
> 等待 BSY 位变为 0;
> 读出写入的地址并验证数据。

前面提到,在 STM32 的 FLASH 编程的时候要先判断缩写地址是否被擦除了,所以,这里有必要再介绍一下 STM32 的闪存擦除。STM32 的闪存擦除分为两种:页擦除和整片擦除。页擦除过程如图 31.3 所示。可以看出,STM32 的页擦除顺序为:

> 检查 FLASH_CR 的 LOCK 是否解锁,如果没有则先解锁;
> 检查 FLASH_SR 寄存器的 BSY 位,以确认没有其他正在进行的闪存操作;
> 设置 FLASH_CR 寄存器的 PER 位为 1;
> 用 FLASH_AR 寄存器选择要擦除的页;

➢ 设置 FLASH_CR 寄存器的 STRT 位为 1；

➢ 等待 BSY 位变为 0；

➢ 读出被擦除的页并做验证。

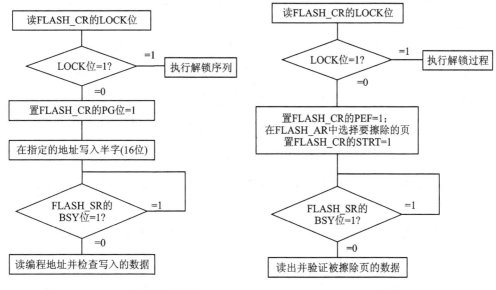

图 31.2　STM32 闪存编程过程　　　　图 31.3　STM32 闪存页擦除过程

本章只用到了 STM32 的页擦除功能,整片擦除功能这里就不介绍了。接下来看看与读/写相关的寄存器说明。

第一个介绍的是 FPEC 键寄存器：FLASH_KEYR,各位描述如图 31.4 所示。该寄存器主要用来解锁 FPEC,必须在该寄存器写入特定的序列（KEY1 和 KEY2）解锁后,才能对 FLASH_CR 寄存器进行写操作。

31	30	29	28	27	26	25	24	23	22	21	20	19	18	17	16
FKEYR[31：16]															
w	w	w	w	w	w	w	w	w	w	w	w	w	w	w	w
15	14	13	12	11	10	9	8	7	6	5	4	3	2	1	0
FKEYR[15：0]															
w	w	w	w	w	w	w	w	w	w	w	w	w	w	w	w

注：所有这些位是只写的,读出时返回0。

位31~0	FKEYR：FPEC键 这些位用于输入FPEC的解锁建

图 31.4　寄存器 FLASH_KEYR 各位描述

第二个要介绍的是闪存控制寄存器 FLASH_CR,各位描述如图 31.5 所示。本章只用到了该寄存器的 LOCK、STRT、PER 和 PG 这 4 个位。LOCK 位用于指示 FLASH_CR 寄存器是否被锁住。该位在检测到正确的解锁序列后,硬件将其清零。

在一次不成功的解锁操作后,在下次系统复位之前,该位将不再改变。STRT 位用于开始一次擦除操作;在该位写入 1,将执行一次擦除操作。PER 位用于选择页擦除操作,在页擦除的时候,需要将该位置 1。PG 位用于选择编程操作,在往 FLASH 写数据的时候,该位需要置 1。FLASH_CR 的其他位可参考《STM32F10xxx 闪存编程参考手册》第 18 页。

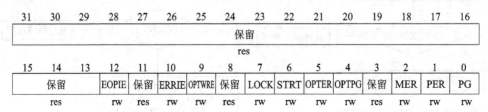

图 31.5　寄存器 FLASH_CR 各位描述

第三个要介绍的是闪存状态寄存器 FLASH_SR,各位描述如图 31.6 所示。该寄存器主要用来指示当前 FPEC 的操作编程状态。

位31~6	保留。必须保持为清除状态0
位5	EOP: 操作结束 当闪存操作(编程/擦除)完成时, 硬件设置这个为1, 写入1可以清除这位状态。 注: 每次成功的编程或擦除都会设置EOP状态
位4	WRPRTERR: 写保护错误 试图对写保护的闪存地址编程时, 硬件设置这位为1, 写入1可以清除这位状态
位3	保留。必须保持为清除状态0
位2	PGERR: 编程错误 试图对内容不是 '0xFFFF' 的地址编程时, 硬件设置这位为1, 写入1可以清除这位状态。 注: 进行编程操作之前, 必须先清除FLASH_CR寄存器的STRT位
位1	保留。必须保持为清除状态0
位0	BSY: 忙 该位指示闪存操作正在进行。在闪存操作开始时, 该位被设置为1; 在操作结束或发生错误时该位被清除为0

图 31.6　寄存器 FLASH_SR 各位描述

最后看看闪存地址寄存器 FLASH_AR,各位描述如图 31.7 所示。该寄存器在本章主要用来设置要擦除的页。

31	30	29	28	27	26	25	24	23	22	21	20	19	18	17	16
FAR[31 : 16]															
w	w	w	w	w	w	w	w	w	w	w	w	w	w	w	w

15	14	13	12	11	10	9	8	7	6	5	4	3	2	1	0
FAR[15 : 0]															
w	w	w	w	w	w	w	w	w	w	w	w	w	w	w	w

这些位由硬件修改为当前/最后使用的地址。在页擦除操作中，软件必须修改这个寄存器以指定要擦除的页。

位31~0	FAR：闪存地址 当进行编程时选择要编程的地址，当进行页擦除时选择要擦除的页。 注意：当FLASH_SR中的BSY位为'1'时，不能写这个寄存器

图 31.7　寄存器 FLASH_AR 各位描述

31.2　硬件设计

本章实验功能简介：开机的时候先显示一些提示信息，然后在主循环里面检测两个按键，其中一个按键（WK_UP）用来执行写入 FLASH 的操作，另外一个按键（KEY0）用来执行读出操作，在 TFT - LCD 模块上显示相关信息。同时，用 DS0 提示程序正在运行。

所要用到的硬件资源有指示灯 DS0、WK_UP 和 KEY0 按键、TFT - LCD 模块、STM32 内部 FLASH。

31.3　软件设计

打开第 30 章的工程，由于本章要用到按键和 USMART 组件，没用到 PS2 相关代码，所以先去掉 ps2. c 和 mouse. c，然后添加 key. c 以及 USMART 组件。然后，在 HARDWARE 文件夹下新建一个 STMFLASH 的文件夹。再新建一个 stmflash. c 和 stmflash. h 的文件保存在 STMFLASH 文件夹下，并将这个文件夹加入头文件包含路径。打开 stmflash. c 文件，输入如下代码：

```
# include "stmflash.h"
# include "delay.h"
# include "usart.h"
//解锁 STM32 的 FLASH
void STMFLASH_Unlock(void)
{
    FLASH - >KEYR = FLASH_KEY1;          //写入解锁序列
    FLASH - >KEYR = FLASH_KEY2;
}
```

```
//flash 上锁
void STMFLASH_Lock(void)
{
        FLASH->CR|=1<<7;                        //上锁
}
……//省略部分代码
#if STM32_FLASH_WREN                           //如果使能了写
//不检查的写入
//WriteAddr:起始地址;pBuffer:数据指针;NumToWrite:半字(16 位)数
void STMFLASH_Write_NoCheck(u32 WriteAddr,u16 * pBuffer,u16 NumToWrite)
{
    u16 i;
    for(i=0;i<NumToWrite;i++)
    {
        STMFLASH_WriteHalfWord(WriteAddr,pBuffer[i]);
        WriteAddr+=2;                          //地址增加 2
    }
}
//从指定地址开始写入指定长度的数据
//WriteAddr:起始地址(此地址必须为 2 的倍数);pBuffer:数据指针
//NumToWrite:半字(16 位)数(就是要写入的 16 位数据的个数)
#if STM32_FLASH_SIZE<256
#define STM_SECTOR_SIZE     1024               //字节
#else
#define STM_SECTOR_SIZE     2048
#endif
u16 STMFLASH_BUF[STM_SECTOR_SIZE/2];           //最多是 2 KB
void STMFLASH_Write(u32 WriteAddr,u16 * pBuffer,u16 NumToWrite)
{
    u32 secpos;                                //扇区地址
    u16 secoff;                                //扇区内偏移地址(16 位字计算)
    u16 secremain;                             //扇区内剩余地址(16 位字计算)
     u16 i;
    u32 offaddr;                               //去掉 0X08000000 后的地址
    if(WriteAddr<STM32_FLASH_BASE||(WriteAddr>=(STM32_FLASH_BASE+1024*
STM32_FLASH_SIZE)))return;                     //非法地址
    STMFLASH_Unlock();                         //解锁
    offaddr=WriteAddr-STM32_FLASH_BASE;        //实际偏移地址.
    secpos=offaddr/STM_SECTOR_SIZE;            //扇区地址 0~127 for STM32F103RCT6
    secoff=(offaddr%STM_SECTOR_SIZE)/2;        //在扇区内的偏移(2 个字节为基本单位)
    secremain=STM_SECTOR_SIZE/2-secoff;        //扇区剩余空间大小
    if(NumToWrite<=secremain)secremain=NumToWrite;  //不大于该扇区范围
```

```
    while(1)
    {
        STMFLASH_Read(secpos * STM_SECTOR_SIZE + STM32_FLASH_BASE,
        STMFLASH_BUF,STM_SECTOR_SIZE/2);      //读出整个扇区的内容
        for(i = 0;i<secremain;i ++ )          //校验数据
        {
            if(STMFLASH_BUF[secoff + i]! = 0XFFFF)break;//需要擦除
        }
        if(i<secremain)                       //需要擦除
        {
            STMFLASH_ErasePage(secpos * STM_SECTOR_SIZE +
            STM32_FLASH_BASE);                //擦除这个扇区
            for(i = 0;i<secremain;i ++ ) STMFLASH_BUF[i + secoff] = pBuffer[i];
                                              //复制
            STMFLASH_Write_NoCheck(secpos * STM_SECTOR_SIZE +
            STM32_FLASH_BASE,STMFLASH_BUF,STM_SECTOR_SIZE/2);
                //写入整个扇区
        }else STMFLASH_Write_NoCheck(WriteAddr,pBuffer,secremain);
        //写已经擦除了的,直接写入扇区剩余区间
        if(NumToWrite == secremain)break;     //写入结束了
        else                                  //写入未结束
        {
            secpos ++ ;                       //扇区地址增1
            secoff = 0;                       //偏移位置为0
            pBuffer += secremain;             //指针偏移
            WriteAddr += secremain;           //写地址偏移
            NumToWrite - = secremain;         //字节(16 位)数递减
            if(NumToWrite>(STM_SECTOR_SIZE/2))secremain = STM_SECTOR_SIZE/2;
                                              //下一个扇区还是写不完
            else secremain = NumToWrite;      //下一个扇区可以写完了
        }
    };
    STMFLASH_Lock();                          //上锁
}
#endif
//从指定地址开始读出指定长度的数据
//ReadAddr:起始地址;pBuffer:数据指针;NumToWrite:半字(16 位)数
void STMFLASH_Read(u32 ReadAddr,u16 * pBuffer,u16 NumToRead)
{
    u16 i;
    for(i = 0;i<NumToRead;i ++ )
    {
```

```
        pBuffer[i] = STMFLASH_ReadHalfWord(ReadAddr);    //读取 2 个字节
        ReadAddr += 2;                                    //偏移 2 个字节
    }
}
//向指定地址写入一个指定的数据,仅供 USMART 测试用
//WriteAddr:起始地址;WriteData:要写入的数据
void Test_Write(u32 WriteAddr,u16 WriteData)
{
    STMFLASH_Write(WriteAddr,&WriteData,1);              //写入一个字
}
```

这里重点介绍 STMFLASH_Write 函数,该函数用于在 STM32 的指定地址写入指定长度的数据,其实现基本类似第 25 章的 SPI_Flash_Write 函数。不过该函数对写入地址是有要求的,必须保证以下两点:

① 该地址必须是用户代码区以外的地址。

② 该地址必须是 2 的倍数。

条件①比较好理解,如果把用户代码擦了,那么运行的程序可能就被废了,于是很可能出现死机的情况。条件②则是 STM32 FLASH 的要求,每次必须写入 16 位,如果写的地址不是 2 的倍数,那么写入的数据可能就不是写在你要写的地址了。

另外,该函数的 STMFLASH_BUF 数组也是根据所用 STM32 的 FLASH 容量来确定的。MiniSTM32 开发板的 FLASH 是 256 KB,所以 STM_SECTOR_SIZE 的值为 256,故该数组大小为 2 KB。其他函数就不做介绍了,保存 stmflash.c 文件,并加入到 HARDWARE 组下,然后打开 stmflash.h,在该文件里面输入如下代码:

```
#ifndef __STMFLASH_H__
#define __STMFLASH_H__
#include "sys.h"
//用户根据自己的需要设置
#define STM32_FLASH_SIZE    256        //所选 STM32 的 FLASH 容量大小(单位为 K)
#define STM32_FLASH_WREN    1          //使能 FLASH 写入(0,不是能;1,使能)
//FLASH 起始地址
#define STM32_FLASH_BASE 0x08000000 //STM32 FLASH 的起始地址
//FLASH 解锁键值
#define FLASH_KEY1              0X45670123
#define FLASH_KEY2              0XCDEF89AB
void STMFLASH_Unlock(void);          //FLASH 解锁
……//省略部分代码
void Test_Write(u32 WriteAddr,u16 WriteData);
#endif
```

保存此部分代码。最后,打开 test.c 文件,修改 main 函数如下:

```
//要写入到 STM32 FLASH 的字符串数组
const u8 TEXT_Buffer[] = {"STM32 FLASH TEST"};
#define SIZE sizeof(TEXT_Buffer)                //数组长度
#define FLASH_SAVE_ADDR    0X08020000           //设置 FLASH 保存地址
//(必须为偶数,且其值要大于本代码所占用 FLASH 的大小 + 0X08000000)
int main(void)
{
    u8 key; u16 i = 0;
    u8 datatemp[SIZE];
    Stm32_Clock_Init(9);                        //系统时钟设置
    uart_init(72,9600);                         //串口初始化为 9600
    delay_init(72);                             //延时初始化
    LED_Init();                                 //初始化与 LED 连接的硬件接口
    LCD_Init();                                 //初始化 LCD
    KEY_Init();                                 //按键初始化
    usmart_dev.init(72);                        //初始化 USMART
    POINT_COLOR = RED;                          //设置字体为红色
    LCD_ShowString(60,50,200,16,16,"Mini STM32");
    LCD_ShowString(60,70,200,16,16,"FLASH EEPROM TEST");
    LCD_ShowString(60,90,200,16,16,"ATOM@ALIENTEK");
    LCD_ShowString(60,110,200,16,16,"2014/3/12");
    LCD_ShowString(60,130,200,16,16,"WK_UP:Write KEY0:Read");
    POINT_COLOR = BLUE;
    //显示提示信息
    POINT_COLOR = BLUE;                         //设置字体为蓝色
    while(1)
    {
        key = KEY_Scan(0);
        if(key ==  WKUP_PRES)                   //WK_UP 按下,写入 STM32 FLASH
        {
            LCD_Fill(0,150,239,319,WHITE);  //清除半屏
            LCD_ShowString(60,150,200,16,16,"Start Write FLASH....");
            STMFLASH_Write(FLASH_SAVE_ADDR,(u16 * )TEXT_Buffer,SIZE);
            LCD_ShowString(60,150,200,16,16,"FLASH Write Finished!");
                                                //提示传送完成
        }
        if(key ==  KEY0_PRES)                   //KEY0 按下,读取字符串并显示
        {
            LCD_ShowString(60,150,200,16,16,"Start Read FLASH.... ");
            STMFLASH_Read(FLASH_SAVE_ADDR,(u16 * )datatemp,SIZE);
            LCD_ShowString(60,150,200,16,16,"The Data Readed Is:   ");
                                                //提示传送完成
```

```
                LCD_ShowString(60,170,200,16,16,datatemp);   //显示读到的字符串
        }
        i++; delay_ms(10);
        if(i==20) { LED0 = ! LED0; i = 0;}        //提示系统正在运行
    }
}
```

至此,软件设计部分就结束了。

31.4　下载验证

代码编译成功后下载代码到 ALIENTEK MiniSTM32 开发板上,通过先按 WK_UP 按键写入数据,然后按 KEY0 读取数据,得到如图 31.8 所示效果。同时,伴随 DS0 的不停闪烁,提示程序在运行。本章的测试还可以借助 USMART,在 USMART 里面添加 STMFLASH_ReadHalfWord 和 Test_Write 两个函数,即可通过 USMART 调用这两个函数实现 STM32 内部任意地址的读/写(一次读/写一个 16 位数据)。

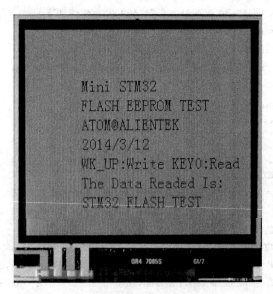

图 31.8　程序运行效果图

第 **32** 章

内存管理实验

第 31 章在 STM32 FLASH 写入的时候,需要一个 1 024 字节的 16 位数组,实际上占用了 2 KB,而这个数组几乎只能给 STMFLASH_Write 函数使用,其实这是非常浪费内存的一种做法,好的办法是需要的时候申请 2 KB,用完了就释放掉。这样就不会出现一个大数组仅供一个函数使用的浪费现象了,这种内存的申请与释放就需要用到内存管理。本章将学习内存管理,从而实现对内存的动态管理。

32.1　内存管理简介

内存管理是指软件运行时对计算机内存资源的分配和使用的技术,主要目的是如何高效、快速地分配,并且在适当的时候释放和回收内存资源。内存管理的实现方法有很多种,其实最终都是要实现两个函数 malloc 和 free;malloc 函数用于内存申请,free 函数用于内存释放。

本章介绍一种比较简单的办法来实现:分块式内存管理,实现原理如图 32.1 所示。可以看出,分块式内存管理由内存池和内存管理表两部分组成。内存池被等分为 n 块,对应的内存管理表大小也为 n,内存管理表的每一个项对应内存池的一块内存。

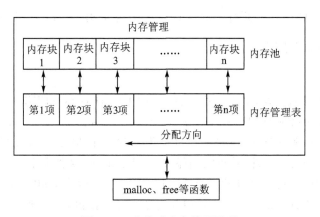

图 32.1　分块式内存管理原理

内存管理表的项值代表的意义为：该项值为 0 时代表对应的内存块未被占用；该项值非 0 时，代表该项对应的内存块已经被占用，其数值则代表被连续占用的内存块数。比如某项值为 10，那么说明包括本项对应的内存块在内，总共分配了 10 个内存块给外部的某个指针。

内寸分配方向是从顶→底的分配方向，即首先从最末端开始找空内存。当内存管理刚初始化的时候，内存表全部清零，表示没有任何内存块被占用。

(1) 分配原理

当指针 p 调用 malloc 申请内存的时候，先判断 p 要分配的内存块数(m)，然后从第 n 项开始向下查找，直到找到 m 块连续的空内存块(即对应内存管理表项为 0)，然后将这 m 个内存管理表项的值都设置为 m(标记被占用)，最后，把最后的这个空内存块的地址返回指针 p，完成一次分配。注意，当内存不够的时候(找到最后也没找到连续的 m 块空闲内存)，则返回 NULL 给 p，表示分配失败。

(2) 释放原理

当 p 申请的内存用完、需要释放时，调用 free 函数实现。free 函数先判断 p 指向的内存地址所对应的内存块，然后找到对应的内存管理表项目，得到 p 占用的内存块数目 m(内存管理表项目的值就是所分配内存块的数目)，将这 m 个内存管理表项目的值都清零，标记释放，完成一次内存释放。

32.2 硬件设计

本章实验功能简介：开机后显示提示信息，等待外部输入。KEY0 按键用于申请内存，每次申请 2 KB 内存。KEY1 按键用于写数据到申请到的内存里。WK_UP 按键用于释放内存。DS0 用于指示程序运行状态。本章还可以通过 USMART 调试测试内存管理函数。

本实验用到的硬件资源有指示灯 DS0、4 个按键、串口、TFT－LCD 模块。

32.3 软件设计

打开第 31 章的工程，由于本章没有用到 FLASH 模拟 EEPROM 功能，所以，先去掉 stmflash.c(此时 HARDWARE 组剩下 key.c、led.c 和 ILI93xx.c)。然后，将内存管理部分单独做一个分组，在工程目录下新建一个 MALLOC 的文件夹，再新建 malloc.c 和 malloc.h 文件，并将它们保存在 MALLOC 文件夹下。

在第 31 章的工程里面新建一个 MALLOC 组，然后将 malloc.c 文件加入该组，并将 MALLOC 文件夹添加到头文件包含路径。打开 malloc.c 文件，输入如下代码：

```
#include "malloc.h"
//内存池(4 字节对齐)
```

```
__align(4) u8 membase[MEM_MAX_SIZE];                    //SRAM 内存池
//内存管理表
u16 memmapbase[MEM_ALLOC_TABLE_SIZE];                   //SRAM 内存池 MAP
//内存管理参数
const u32 memtblsize = MEM_ALLOC_TABLE_SIZE;            //内存表大小
const u32 memblksize = MEM_BLOCK_SIZE;                  //内存分块大小
const u32 memsize = MEM_MAX_SIZE;                       //内存总大小
//内存管理控制器
struct _m_mallco_dev mallco_dev =
{
    mem_init,                                          //内存初始化
    mem_perused,                                       //内存使用率
    membase,                                           //内存池
    memmapbase,                                        //内存管理状态表
    0,                                                 //内存管理未就绪
};
//复制内存
// * des:目的地址; * src:源地址;n:需要复制的内存长度(字节为单位)
void mymemcpy(void * des,void * src,u32 n)
{
    u8  * xdes = des;
    u8  * xsrc = src;
    while(n — ) * xdes ++= * xsrc ++ ;
}
//设置内存, * s:内存首地址;c :要设置的值;count:需要设置的内存大小(单位为字节)
void mymemset(void * s,u8 c,u32 count)
{
    u8  * xs  = s;
    while(count — ) * xs ++= c;
}
//内存管理初始化
void mem_init(void)
{
    mymemset(mallco_dev.memmap, 0,memtblsize * 2);     //内存状态表数据清零
    mymemset(mallco_dev.membase, 0,memsize);           //内存池所有数据清零
    mallco_dev.memrdy = 1;                             //内存管理初始化 OK
}
//获取内存使用率,返回值:使用率(0~100)
u8 mem_perused(void)
{
    u32 used = 0;
    u32 i;
```

```
        for(i = 0;i<memtblsize;i ++ ) if(mallco_dev.memmap[i])used ++ ;
        return (used * 100)/(memtblsize);
}
//内存分配(内部调用),memx:所属内存块;size:要分配的内存大小(字节);返回值为
//0XFFFFFFFF,代表错误;其他,内存偏移地址
u32 mem_malloc(u32 size)
{
    signed long offset = 0;
    u16 nmemb;                              //需要的内存块数
    u16 cmemb = 0;                          //连续空内存块数
    u32 i;
    if(! mallco_dev.memrdy)mallco_dev.init(); //未初始化,先执行初始化
    if(size == 0)return 0XFFFFFFFF;         //不需要分配
    nmemb = size/memblksize;                //获取需要分配的连续内存块数
    if(size % memblksize)nmemb ++ ;
    for(offset = memtblsize – 1;offset> = 0;offset — ) //搜索整个内存控制区
    {
        if(! mallco_dev.memmap[offset])cmemb ++ ;   //连续空内存块数增加
        else cmemb = 0;                     //连续内存块清零
        if(cmemb == nmemb)                  //找到了连续 nmemb 个空内存块
        {
            for(i = 0;i<nmemb;i ++ ) mallco_dev.memmap[offset + i] = nmemb;
                                            //标注内存块非空
            return (offset * memblksize);   //返回偏移地址
        }
    }
    return 0XFFFFFFFF;                      //未找到符合分配条件的内存块
}
//释放内存(内部调用),offset:内存地址偏移;返回值:0,释放成功;1,释放失败
u8 mem_free(u32 offset)
{
    int i;
    if(! mallco_dev.memrdy)                 //未初始化,先执行初始化
    {
        mallco_dev.init();
        return 1;                           //未初始化
    }
    if(offset<memsize)                      //偏移在内存池内
    {
        int index = offset/memblksize;      //偏移所在内存块号码
        int nmemb = mallco_dev.memmap[index]; //内存块数量
        for(i = 0;i<nmemb;i ++ )mallco_dev.memmap[index + i] = 0; //内存块清零
```

```
            return 0;
        }else return 2;                           //偏移超区了
}
//释放内存(外部调用),ptr:内存首地址
void myfree(void * ptr)
{
    u32 offset;
    if(ptr == NULL)return;                        //地址为 0
     offset = (u32)ptr - (u32)mallco_dev.membase;
    mem_free(offset);                            //释放内存
}
//分配内存(外部调用),size:内存大小(字节);返回值:分配到的内存首地址
void * mymalloc(u32 size)
{
    u32 offset;
    offset = mem_malloc(size);
    if(offset == 0XFFFFFFFF)return NULL;
    else return (void * )((u32)mallco_dev.membase + offset);
}
//重新分配内存(外部调用), * ptr:旧内存首地址;size:要分配的内存大小(字节);返回值
//为新分配到的内存首地址
void * myrealloc(void * ptr,u32 size)
{
    u32 offset;
    offset = mem_malloc(size);
    if(offset == 0XFFFFFFFF)return NULL;
    else
    {
        mymemcpy((void * )((u32)mallco_dev.membase + offset),ptr,size);   //拷贝
        myfree(ptr);                             //释放旧内存
        return (void * )((u32)mallco_dev.membase + offset);   //返回新内存首地址
    }
}
```

这里通过内存管理控制器 mallco_dev 结构体(mallco_dev 结构体见 malloc.h)实现对内存池的管理控制。内存池定义为:

```
__align(4) u8 membase[MEM_MAX_SIZE];              //SRAM 内存池
```

其中,MEM_MAX_SIZE 是在 malloc.h 里面定义的内存池大小。__align(4)定义内存池为 4 字节对齐,这个非常重要。如果不加这个限制,在某些情况下(比如分配内存给结构体指针)可能出现错误,所以一定要加上这个。

此部分代码的核心函数为 mem_malloc 和 mem_free,分别用于内存申请和内存

释放。思路就是 32.1 节介绍的那样分配和释放内存,不过这两个函数只是内部调用,外部调用使用的是 mymalloc 和 myfree 两个函数。保存 malloc.c,然后,打开 malloc.h,在该文件里面输入如下代码:

```
# ifndef __MALLOC_H
# define __MALLOC_H
typedef unsigned long  u32;
typedef unsigned short u16;
typedef unsigned char  u8;
# ifndef NULL
# define NULL 0
# endif


//内存参数设定
# define MEM_BLOCK_SIZE          32              //内存块大小为 32 字节
# define MEM_MAX_SIZE            42 * 1024       //最大管理内存 42 KB
# define MEM_ALLOC_TABLE_SIZE    MEM_MAX_SIZE/MEM_BLOCK_SIZE   //内存表大小
//内存管理控制器
struct _m_mallco_dev
{
    void ( * init)(void);                        //初始化
    u8 ( * perused)(void);                       //内存使用率
    u8     * membase;                            //内存池
    u16 * memmap;                                //内存管理状态表
    u8  memrdy;                                  //内存管理是否就绪
};
extern struct _m_mallco_dev mallco_dev;          //在 mallco.c 里面定义
void myfree(void * ptr);                         //内存释放(外部调用)
……//省略部分代码
void * mymalloc(u32 size);                       //内存分配(外部调用)
# endif
```

这部分代码定义了很多关数据:MEM_BLOCK_SIZE 是内存管理最小分配单元,为 32 字节。MEM_MAX_SIZE 是内存池总大小,为 42K。MEM_ALLOC_TABLE_SIZE 代表内存池的内存管理表大小。

从这里可以看出,如果内存分块越小,那么内存管理表就越大;当分块为 2 字节一个块的时候,内存管理表就和内存池一样大了(管理表的每项都是 u16 类型)。显然是不合适的,这里取 32 字节,比例为 1∶16,内存管理表相对就比较小了。

保存此部分代码。最后,打开 test.c 文件,修改代码如下:

```
int main(void)
{
```

```
u8 key; u8 i = 0; u8 * p = 0;     u8 * tp = 0;
u8 paddr[18];                        //存放 P Addr: + p 地址的 ASCII 值
Stm32_Clock_Init(9);                 //系统时钟设置
uart_init(72,9600);                  //串口初始化为 9600
delay_init(72);                      //延时初始化
LED_Init();                          //初始化与 LED 连接的硬件接口
LCD_Init();                          //初始化 LCD
usmart_dev.init(72);                 //初始化 USMART
KEY_Init();                          //按键初始化
mem_init();                          //初始化内存池
POINT_COLOR = RED;                   //设置字体为红色
LCD_ShowString(60,50,200,16,16,"Mini STM32");
LCD_ShowString(60,70,200,16,16,"MALLOC TEST");
LCD_ShowString(60,90,200,16,16,"ATOM@ALIENTEK");
LCD_ShowString(60,110,200,16,16,"2014/3/12");
LCD_ShowString(60,130,200,16,16,"KEY0:Malloc");
LCD_ShowString(60,150,200,16,16,"KEY1:Write Data");
LCD_ShowString(60,170,200,16,16,"WK_UP:Free");
POINT_COLOR = BLUE;                  //设置字体为蓝色
LCD_ShowString(60,190,200,16,16,"SRAM USED:    %");
while(1)
{
    key = KEY_Scan(0);              //不支持连按
    switch(key)
    {
        case 0: break;             //没有按键按下
        case 1:                    //KEY0 按下
            p = mymalloc(2048);    //申请 2 KB
            if(p!= NULL)sprintf((char * )p,"Memory Malloc Test % 03d",i);
                                   //向 p 写入内容
            break;
        case 2:                    //KEY1 按下
            if(p!= NULL)
            {
                sprintf((char * )p,"Memory Malloc Test % 03d",i);//更新显示内容
                LCD_ShowString(60,250,200,16,16,p);  //显示 P 的内容
            }
            break;
        case 3:                    //WK_UP 按下
            myfree(p);             //释放内存
            p = 0;                 //指向空地址
            break;
    }
    if(tp!= p)
    {
```

```
                 tp = p;
                 sprintf((char * )paddr,"P Addr:OX % 08X",(u32)tp);
                 LCD_ShowString(60,230,200,16,16,paddr);      //显示 p 的地址
                 if(p)LCD_ShowString(60,250,200,16,16,p);     //显示 P 的内容
                 else LCD_Fill(60,250,239,266,WHITE);         //p = 0,清除显示
             }
             delay_ms(10);
             i ++ ;
             if((i % 20) == 0)                                //DS0 闪烁
             {
                 LCD_ShowNum(60 + 80,190,mem_perused(),3,16);//显示内存使用率
                   LED0 = ! LED0;
             }
         }
```

该部分代码比较简单,主要是对 mymalloc 和 myfree 的应用。注意,如果对一个指针进行多次内存申请,而之前的申请又没释放,那么将造成"内存泄露",这是内存管理所不希望发生的,久而久之,可能导致无内存可用的情况。所以,使用时一定记得,申请的内存用完以后一定要释放。

另外,本章希望利用 USMART 调试内存管理,所以在 USMART 里面添加了 mymalloc 和 myfree 两个函数,用于测试内存分配和内存释放。读者可以通过 USMART 自行测试。

32.4　下载验证

代码编译成功后下载代码到 ALIENTEK MiniSTM32 开发板上,则得到如图 32.2 所示界面。可以看到,内外内存的使用率均为 0%,说明还没有任何内存被使用。此时按下 KEY0,就可以看到内部内存被使用 4% 了,同时看到下面提示了指针 p 指向的地址(其实就是被分配到的内存地址)和内容。多按几次 KEY0 可以看到,内存使用率持续上升(注意对比 p 的值,可以发现是递减的,说明是从顶部开始分配内存);此时如果按下 WK_UP,则可以发现内存使用率降低了 4%,但是再按 WK_UP 将不再降低,说明"内存泄露"了。这就

图 32.2　程序运行效果图

是前面提到的对一个指针多次申请内存,而之前申请的内存又没释放,导致的"内存

泄露",实际使用的时候必须避免内存泄露。KEY1 键用于更新 p 的内容,更新后的内容将重新显示在 LCD 模块上面。

本章还可以借助 USMART 测试内存的分配和释放,有兴趣的读者可以动手试试。如图 32.3 所示,图中先申请了 4 660 字节的内存,然后得到申请到的内存首地址为 0X20008FFC,说明我们申请内存成功(如果不成功,则会收到 0),然后释放内存的时候,参数是指针的地址,即执行 myfree(0X20008FFC)就可以释放我们申请到的内存。其他情况读者可以自行测试并分析。

图 32.3 USMART 测试内存管理函数

第 **33** 章

SD 卡实验

很多单片机系统都需要大容量存储设备，以存储数据。目前常用的有 U 盘、FLASH 芯片、SD 卡等。它们各有优点，综合比较，最适合单片机系统的莫过于 SD 卡了，它不仅容量可以做到很大（32 GB 以上），而且支持 SPI 接口，方便移动；并且有几种体积的尺寸可供选择（标准的 SD 卡尺寸以及 TF 卡尺寸等），能满足不同应用的要求。

只需要 4 个 I/O 口即可外扩一个最大达 32 GB 以上的外部存储器，容量从几十M 到几十 G 选择尺度很大，更换也很方便，编程也简单，是单片机大容量外部存储器的首选。

ALIENTKE MiniSTM32 开发板自带了标准的 SD 卡接口（在背面），可使用STM32 自带的 SPI 接口驱动，本章使用 SPI 驱动，最高通信速度可达 18 Mbps，每秒可传输数据 2 MB 以上，对于一般应用足够了。本章将介绍如何在 ALIENTEK MiniSTM32 开发板上实现 SD 卡的读取。

33.1 SD 卡简介

SD 卡中文翻译为安全数码卡，是在 MMC 的基础上发展而来，是一种基于半导体快闪记忆器的新一代记忆设备，广泛使用在便携式装置上，如数码相机、个人数码助理和多媒体播放器等。SD 卡由日本松下、东芝及美国 SanDisk 公司于 1999 年8 月共同开发研制，大小犹如一张邮票的 SD 记忆卡，重量只有 2 克，但却拥有高记忆容量、快速数据传输率、极大的移动灵活性以及很好的安全性。按容量分类，可以将SD 卡分为 3 类：SD 卡、SDHC 卡、SDXC 卡，如表 33.1 所列。

表 33.1　SD 卡按容量分类

容量/B	命　名	简　称
0～2G	Standard Capacity SD Memory Card	SDSC 或 SD
2G～32G	High Capacity SD Memory Card	SDHC
32G～2T	Extended Capacity SD Memory Card	SDXC

SD 卡和 SDHC 卡协议基本兼容,但是 SDXC 卡同这两者区别就比较大了,本章讨论的主要是 SD/SDHC 卡(简称 SD 卡)。

SD 卡一般支持 2 种操作模式,SD 卡模式(通过 SDIO 通信)以及 SPI 模式。主机可以选择任意一种模式同 SD 卡通信,SD 卡模式允许 4 线的高速数据传输。SPI 模式允许简单地通过 SPI 接口来和 SD 卡通信,这种模式同 SD 卡模式相比就是丧失了速度。

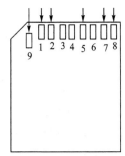

图 33.1　SD 卡引脚排序图

SD 卡的引脚排序如图 33.1 所示。功能描述如表 33.2 所列。

表 33.2　SD 卡引脚功能表

针　脚	1	2	3	4	5	6	7	8	9
SD 卡模式	CD/DAT3	CMD	VSS	VCC	CLK	VSS	DAT0	DAT1	DAT2
SPI 模式	CS	MOSI	VSS	VCC	CLK	VSS	MISO	NC	NC

SD 卡只能使用 3.3 V 的 I/O 电平,所以,MCU 一定要能够支持 3.3 V 的 I/O 端口输出。注意,在 SPI 模式下,CS/MOSI/MISO/CLK 都需要加 10～100 kΩ 的上拉电阻。

SD 卡有 5 个寄存器,如表 33.3 所列。关于这些寄存器的详细描述可参考本书配套资料→7,硬件资料→SD 卡资料,这里就不描述了。接下来看看 SD 卡的命令格式,如表 33.4 所列。

表 33.3　SD 卡相关寄存器

名　　称	宽　　度	描　　述
CID	128	卡标识寄存器
RCA	16	相对卡地址(Relative card address)寄存器:本地系统中卡的地址,动态变化,在主机初始化的时候确定 * SPI 模式中没有
CSD	128	卡描述数据:卡操作条件相关的信息数据
SCR	64	SD 配置寄存器:SD 卡特定信息数据
OCR	32	操作条件寄存器

表 33.4　SD 卡命令格式

字节 1				字节 2～5		字节 6		
7	6	5	0	31	0	7	1	0
0	1	command		命令参数		CRC		1

　　SD 卡的指令由 6 字节组成,字节 1 的最高 2 位固定为 01,低 6 位为命令号(比如 CMD16,为 10000B 即 16 进制的 0X10,完整的 CMD16,第一个字节为 01010000,即 0X10+0X40)。字节 2～5 为命令参数,有些命令是没有参数的。字节 6 的高 7 位为 CRC 值,最低位恒定为 1。

　　SD 卡的命令总共有 12 类,分为 Class0～Class11,本章仅介绍几个比较重要的命令,如表 33.5 所列。其中,大部分命令是初始化时候用的。表中的 R1、R3 和 R7 等是 SD 卡的回应,SD 卡和单片机的通信采用发送应答机制,如图 33.2 所示。

表 33.5　SD 卡部分命令

命　令	参　数	回　应	描　　述
CMD0(0X00)	NONE	R1	复位 SD 卡
CMD8(0X08)	VHS+Check pattern	R7	发送接口状态命令
CMD9(0X09)	NONE	R1	读取卡特定数据寄存器
CMD10(0X0A)	NONE	R1	读取卡标志数据寄存器
CMD16(0X10)	块大小	R1	设置块大小(字节数)
CMD17(0X11)	地址	R1	读取一个块的数据
CMD24(0X18)	地址	R1	写入一个块的数据
CMD41(0X29)	NONE	R3	发送给主机容量支持信息和激活卡初始化过程
CMD55(0X37)	NONE	R1	告诉 SD 卡,下一个是特定应用命令
CMD58(0X3A)	NONE	R3	读取 OCR 寄存器

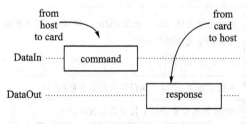

图 33.2　SD 卡命令传输过程

　　每发送一个命令,SD 卡都会给出一个应答,以告知主机该命令的执行情况,或者返回主机需要获取的数据。SPI 模式下,SD 卡针对不同的命令,应答可以是 R1～R7。R1 的应答各位描述如表 33.6 所列。

表 33.6　R1 响应各位描述

位	7	6	5	4	3	2	1	0
含义	开始位始终为 0	参数错误	地址错误	擦除序列错误	CRC 错误	非法命令	擦除复位	闲置状态

R2～R7 的响应就不介绍了,可参考 SD 卡 2.0 协议。接下来看看 SD 卡初始化过程。因为我们使用的是 SPI 模式,所以先得让 SD 卡进入 SPI 模式。方法如下：在 SD 卡收到复位命令(CMD0)时,CS 为有效电平(低电平)则 SPI 模式被启用。不过在发送 CMD0 之前,要发送大于 74 个时钟,这是因为 SD 卡内部有个供电电压上升时间,大概为 64 个 CLK,剩下的 10 个 CLK 用于 SD 卡同步,之后才能开始 CMD0 的操作；在卡初始化的时候,CLK 时钟最大不能超过 400 kHz。

接着看看 SD 卡的初始化,SD 卡的典型初始化过程如下：

① 初始化与 SD 卡连接的硬件条件(MCU 的 SPI 配置,I/O 口配置)；

② 上电延时(>74 个 CLK)；

③ 复位卡(CMD0),进入 IDLE 状态；

④ 发送 CMD8,检查是否支持 2.0 协议；

⑤ 根据不同协议检查 SD 卡(命令包括 CMD55、CMD41、CMD58 和 CMD1 等)；

⑥ 取消片选,发多 8 个 CLK,结束初始化。

这样就完成了对 SD 卡的初始化,注意末尾发送的 8 个 CLK 是提供 SD 卡额外的时钟,从而完成某些操作。通过 SD 卡初始化可以知道 SD 卡的类型(V1、V2、V2HC 或者 MMC),在完成了初始化之后,就可以开始读/写数据了。

SD 卡读取数据,这里通过 CMD17 来实现,具体过程如下：

① 发送 CMD17；

② 接收卡响应 R1；

③ 接收数据起始令牌 0XFE；

④ 接收数据；

⑤ 接收 2 个字节的 CRC,如果不使用 CRC,这两个字节在读取后可以丢掉。

⑥ 禁止片选之后,多发 8 个 CLK；

以上就是一个典型的读取 SD 卡数据过程。SD 卡的写与读数据差不多,写数据通过 CMD24 来实现,具体过程如下：

① 发送 CMD24；

② 接收卡响应 R1；

③ 发送写数据起始令牌 0XFE；

④ 发送数据；

⑤ 发送 2 字节的伪 CRC；

⑥ 禁止片选之后发多 8 个 CLK。

以上就是一个典型的写 SD 卡过程。SD 卡的介绍就到这里,更详细的介绍请参考书本配套资料→7,硬件资料→SD 卡资料→SD 卡 V2.0 协议。

33.2 硬件设计

本章实验功能简介:开机的时候先初始化 SD 卡,如果 SD 卡初始化完成,则提示 LCD 初始化成功。按下 KEY0,读取 SD 卡扇区 0 的数据,然后通过串口发送到计算机。如果没初始化通过,则在 LCD 上提示初始化失败。同样,用 DS0 来指示程序正在运行。

本实验用到的硬件资源有指示灯 DS0、KEY0 按键、串口、TFT - LCD 模块、SD 卡。前面 4 部分已经介绍过了,这里介绍 MiniSTM32 开发板板载的 SD 卡接口和 STM32 的连接关系,如图 33.3 所示。可以看出,SD 卡通过 4 根信号线与 STM32 连接,SD 卡的片选(SD_CS)连接 PA3,SD 卡的 SPI 接口连接在 STM32 的 SPI1 上面。硬件连接就这么简单,注意,SPI1 被 3 个外设共用了,即 SD 卡、W25Q64 和 NRF24L01。在使用 SD 卡的时候,必须禁止其他外设的片选,以防干扰。

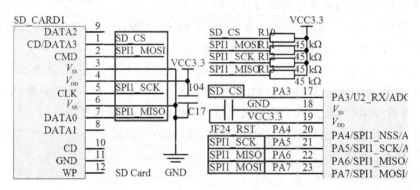

图 33.3　SD 卡接口与 STM32 连接原理图

33.3 软件设计

打开第 32 章的工程,由于本章还需要用到 SPI 功能,所以先添加 spi.c。然后,在 HARDWARE 文件夹下新建一个 SD 的文件夹。再新建一个 MMC_SD.C 和 MMC_SD.H 的文件保存在 SD 文件夹下,并将这个文件夹加入头文件包含路径。

打开 MMC_SD.C 文件,在该文件里输入与 SD 卡相关的操作代码,篇幅限制,这里不贴出所有代码,仅介绍两个最重要的函数。第一个是 SD_Initialize 函数,源码如下:

```
//初始化 SD 卡
u8 SD_Initialize(void)
{
    u8 r1;                                          //存放 SD 卡的返回值
    u16 retry;                                      //用来进行超时计数
    u8 buf[4]; u16 i;
    SD_SPI_Init();                                  //初始化 I/O
     SD_SPI_SpeedLow();                             //设置到低速模式
     for(i = 0;i<10;i ++)SD_SPI_ReadWriteByte(0XFF); //发送最少 74 个脉冲
    retry = 20;
    do
    {
            r1 = SD_SendCmd(CMD0,0,0x95);           //进入 IDLE 状态
    }while((r1!= 0X01) && retry -- );
     SD_Type = 0;                                   //默认无卡
    if(r1 == 0X01)
    {
        if(SD_SendCmd(CMD8,0x1AA,0x87) == 1)        //SD V2.0
        {
            for(i = 0;i<4;i ++)buf[i] = SD_SPI_ReadWriteByte(0XFF);
            if(buf[2] == 0X01&&buf[3] == 0XAA)      //卡是否支持 2.7～3.6 V
            {
                retry = 0XFFFE;
                do
                {
                    SD_SendCmd(CMD55,0,0X01);       //发送 CMD55
                    r1 = SD_SendCmd(CMD41,0x40000000,0X01);   //发送 CMD41
                }while(r1&&retry -- );
                if(retry&&SD_SendCmd(CMD58,0,0X01) == 0)
                                                    //鉴别 SD2.0 卡版本开始
                {
                    for(i = 0;i<4;i ++)buf[i] = SD_SPI_ReadWriteByte(0XFF);
                                                    //得到 OCR 值
                    if(buf[0]&0x40)SD_Type = SD_TYPE_V2HC;
                                                    //检查 CCS
                    else SD_Type = SD_TYPE_V2;
                }
            }
        }else//SD V1.x/ MMC     V3
        {
            SD_SendCmd(CMD55,0,0X01);               //发送 CMD55
            r1 = SD_SendCmd(CMD41,0,0X01);          //发送 CMD41
```

```
            if(r1< = 1)
            {
                SD_Type = SD_TYPE_V1;
                retry = 0XFFFE;
                do                              //等待退出 IDLE 模式
                {
                    SD_SendCmd(CMD55,0,0X01);     //发送 CMD55
                    r1 = SD_SendCmd(CMD41,0,0X01);  //发送 CMD41
                }while(r1&&retry — );
            }else                               //MMC 卡不支持 CMD55 + CMD41 识别
            {
                SD_Type = SD_TYPE_MMC;//MMC V3
                retry = 0XFFFE;
                do                              //等待退出 IDLE 模式
                {
                    r1 = SD_SendCmd(CMD1,0,0X01);//发送 CMD1
                }while(r1&&retry — );
            }
            if(retry == 0||SD_SendCmd(CMD16,512,0X01)!= 0)SD_Type = SD_TYPE_ERR;
        }
    }
    SD_DisSelect();                             //取消片选
    SD_SPI_SpeedHigh();                         //高速
    if(SD_Type)return 0;
    else if(r1)return r1;
    return 0xaa;                                //其他错误
}
```

　　该函数先设置与 SD 相关的 I/O 口及 SPI 初始化,再发送 CMD0 进入 IDLE 状态,并设置 SD 卡为 SPI 模式通信,然后判断 SD 卡类型,完成 SD 卡的初始化。注意,该函数调用的 SD_SPI_Init 等函数实际是对 SPI1 的相关函数进行了一层封装,方便移植。另外一个要介绍的函数是 SD_ReadDisk,用于从 SD 卡读取一个扇区的数据(这里一般为 512 字节),代码如下:

```
//读 SD 卡,buf:数据缓存区;sector:扇区;cnt:扇区数;返回值:0,ok;其他,失败
u8 SD_ReadDisk(u8 * buf,u32 sector,u8 cnt)
{
    u8 r1;
    if(SD_Type!= SD_TYPE_V2HC)sector << = 9;    //转换为字节地址
    if(cnt == 1)
    {
        r1 = SD_SendCmd(CMD17,sector,0X01);     //读命令
```

```
        if(r1 == 0) r1 = SD_RecvData(buf,512);      //指令发送成功,接收 512 字节
    }else
    {
        r1 = SD_SendCmd(CMD18,sector,0X01);          //连续读命令
        do
        {
            r1 = SD_RecvData(buf,512);               //接收 512 字节
            buf += 512;
        }while( -- cnt && r1 == 0);
        SD_SendCmd(CMD12,0,0X01);                    //发送停止命令
    }
    SD_DisSelect();                                  //取消片选
    return r1;
}
```

此函数根据要读取扇区的多少发送 CMD17/CMD18 命令,然后读取一个/多个扇区的数据,详细见代码。保存 MMC_SD.C 文件,并加入到 HARDWARE 组下,然后打开 MMC_SD.H,在该文件里面输入如下代码:

```
# ifndef _MMC_SD_H_
# define _MMC_SD_H_
# include "sys.h"
# include <stm32f10x.h>
//SD 卡类型定义
# define SD_TYPE_ERR        0X00
# define SD_TYPE_MMC        0X01
# define SD_TYPE_V1      0X02
# define SD_TYPE_V2      0X04
# define SD_TYPE_V2HC    0X06
//SD 卡指令表
# define CMD0     0                            //卡复位
……//省略部分代码
# define MSD_RESPONSE_FAILURE          0xFF
//这部分应根据具体的连线来修改
//MiniSTM32 开发板使用的是 PA3 作为 SD 卡的 CS 脚
# define     SD_CS   PAout(3)                  //SD 卡片选引脚
u8 SD_SPI_ReadWriteByte(u8 data);
……//省略部分代码
u8 SD_GetCSD(u8 * csd_data);                   //读 SD 卡 CSD
# endif
```

该部分代码主要是一些命令的宏定义以及函数声明,这里设定了 SD 卡的 CS 管脚为 PA3。保存 MMC_SD.H 就可以在主函数里面编写应用代码了,打开 test.c,输

入如下代码：

```
//读取 SD 卡的指定扇区的内容,并通过串口 1 输出
//sec：扇区物理地址编号
void SD_Read_Sectorx(u32 sec)
{
    u8 * buf;
    u16 i;
    buf = mymalloc(512);                          //申请内存
    if(SD_ReadDisk(buf,sec,1) == 0)               //读取 0 扇区的内容
    {
        LCD_ShowString(60,190,200,16,16,"USART1 Sending Data...");
        printf("SECTOR 0 DATA:\r\n");
        for(i = 0;i<512;i ++ )printf(" % x ",buf[i]);//打印 sec 扇区数据
        printf("\r\nDATA ENDED\r\n");
        LCD_ShowString(60,190,200,16,16,"USART1 Send Data Over!");
    }
    myfree(buf);                                  //释放内存
}
int main(void)
{
    u8 key; u8 t = 0;
    u32 sd_size;
    Stm32_Clock_Init(9);                          //系统时钟设置
    uart_init(72,9600);                           //串口初始化为 9600
    delay_init(72);                               //延时初始化
    LED_Init();                                   //初始化与 LED 连接的硬件接口
    LCD_Init();                                   //初始化 LCD
    usmart_dev.init(72);                          //初始化 USMART
    KEY_Init();                                   //按键初始化
    mem_init();                                   //初始化内存池
    POINT_COLOR = RED;                            //设置字体为红色
    LCD_ShowString(60,50,200,16,16,"Mini STM32");
    LCD_ShowString(60,70,200,16,16,"SD CARD TEST");
    LCD_ShowString(60,90,200,16,16,"ATOM@ALIENTEK");
    LCD_ShowString(60,110,200,16,16,"2014/3/13");
    LCD_ShowString(60,130,200,16,16,"KEY0:Read Sector 0");
    while(SD_Initialize())                        //检测不到 SD 卡
    {
        LCD_ShowString(60,150,200,16,16,"SD Card Error!"); delay_ms(500);
        LCD_ShowString(60,150,200,16,16,"Please Check! "); delay_ms(500);
        LED0 = ! LED0;                            //DS0 闪烁
```

```
        }
        POINT_COLOR = BLUE;                                //设置字体为蓝色
        //检测 SD 卡成功
        LCD_ShowString(60,150,200,16,16,"SD Card OK       ");
        LCD_ShowString(60,170,200,16,16,"SD Card Size:      MB");
        sd_size = SD_GetSectorCount();                     //得到扇区数
        LCD_ShowNum(164,170,sd_size>>11,5,16);             //显示 SD 卡容量
        while(1)
        {
            key = KEY_Scan(0);
            if(key == KEY0_PRES)SD_Read_Sectorx(0);  //KEY0 按,读取 SD 卡扇区 0 的内容
            delay_ms(10);t++;
            if(t == 20) { LED0 = ! LED0; t = 0; }
        }
    }
```

这里总共 2 个函数,其中 SD_Read_Sectorx 用于读取 SD 卡指定扇区的数据,并将读到的数据通过串口 1 输出。main 函数通过 SD_GetSectorCount 函数来得到 SD 卡的扇区数,间接得到 SD 卡容量,然后在液晶上显示出来;接着通过按键 KEY0 控制读取 SD 卡的扇区 0,然后把读到的数据通过串口打印出来。另外,我们也用了第 32 章学过的内存管理,以后我们会尽量使用内存管理来设计。

最后,将 SD_Read_Sectorx 函数加入 USMART 控制,这样就可以通过串口调试助手读取 SD 卡任意一个扇区的数据,方便测试。

33.4　下载验证

代码编译成功后下载代码到 ALIENTEK MiniSTM32 开发板上,则可以看到 LCD 显示如图 33.4 所示的内容(默认 SD 卡已经接上了)。打开串口调试助手,按下 KEY0 就可以看到从开发板发回来的数据了,如图 33.5 所示。

注意,不同的 SD 卡读出来的扇区 0 是不尽相同的,所以不要因为读出来的数据和图 33.5 不同而感到惊讶。

通过 USMART 调用 SD_Read_Sectorx 函数可以读取 SD 卡任意扇区的数据,这里以读取第 10 000 扇区的数据为例,如图 33.6 所示。

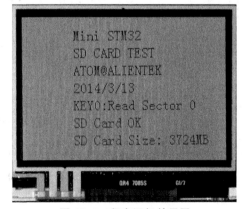

图 33.4　程序运行效果图

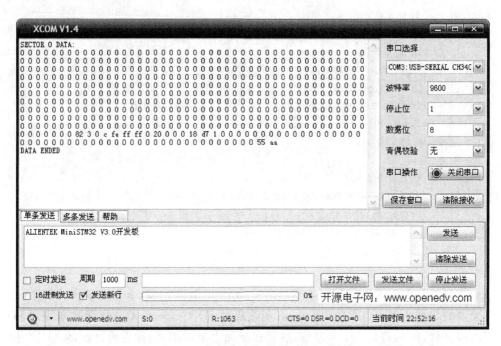

图 33.5　串口收到的 SD 卡扇区 0 内容

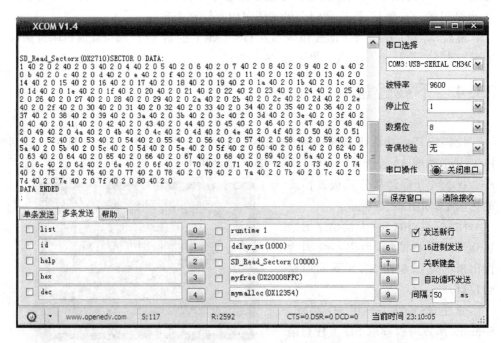

图 33.6　USMART 调用 SD_Read_Sectorx 函数读取 SD 卡数据

第 **34** 章

FATFS 实验

第 33 章介绍了 SD 卡的使用，不过仅仅是简单的实现读扇区而已，真正要好好应用 SD 卡，就必须使用文件系统管理。本章将使用 FATFS 来管理 SD 卡，从而实现 SD 卡文件的读/写等基本功能。

34.1 FATFS 简介

FATFS 是一个完全免费开源的 FAT 文件系统模块，专门为小型的嵌入式系统设计。它完全用标准 C 语言编写，所以具有良好的硬件平台独立性，可以移植到 8051、PIC、AVR、SH、Z80、H8、ARM 等系列单片机上，只须做简单的修改。它支持 FATl2、FATl6 和 FAT32，支持多个存储媒介；有独立的缓冲区，可以对多个文件进行读/写，特别对 8 位单片机和 16 位单片机做了优化。

FATFS 的特点有：

➢ Windows 兼容的 FAT 文件系统（支持 FAT12/FAT16/FAT32）；

➢ 与平台无关，移植简单；

➢ 代码量少、效率高；

➢ 多种配置选项：

　　◇ 支持多卷（物理驱动器或分区，最多 10 个卷）；

　　◇ 多个 ANSI/OEM 代码页包括 DBCS；

　　◇ 支持长文件名、ANSI/OEM 或 Unicode；

　　◇ 支持 RTOS；

　　◇ 支持多种扇区大小；

　　◇ 只读、最小化的 API 和 I/O 缓冲区等。

FATFS 的这些特点，加上免费、开源的原则，使得其应用非常广泛。FATFS 模块的层次结构如图 34.1 所示。

最顶层是应用层，使用者无须理会 FATFS 的内部结构和复杂的 FAT 协议，只需要调用 FATFS 模块提供给用户的一系列应用接口函数，如 f_open、f_read、f_write 和 f_close 等，就可以像在 PC 上读/写文件那样简单。

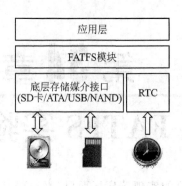

应用层

FATFS模块

底层存储媒介接口
(SD卡/ATA/USB/NAND)　　RTC

图 34.1　FATFS 层次结构图

中间层 FATFS 模块,实现了 FAT 文件读/写协议。FATFS 模块提供的是 ff.c 和 ff.h。除非有必要,使用者一般不用修改,使用时将头文件直接包含进去即可。

需要我们编写移植代码的是 FATFS 模块提供的底层接口,包括存储媒介读/写接口(disk I/O)和供给文件创建修改时间的实时时钟。

FATFS 的源码可以在 http://elm-chan.org/fsw/ff/00index_e.html 网站下载到,目前最新版本为 R0.10a。本章使用最新版本的 FATFS 来介绍,下载最新版本的 FATFS 软件包,解压后可以得到两个文件夹:doc 和 src。doc 里面主要是对 FATFS 的介绍,而 src 里面才是我们需要的源码。

其中,与平台无关的是:

➢ ffconf.h:FATFS 模块配置文件;

➢ ff.h:FATFS 和应用模块公用的包含文件;

➢ ff.c:FATFS 模块;

➢ diskio.h:FATFS 和 disk I/O 模块公用的包含文件;

➢ interger.h:数据类型定义;

➢ option:可选的外部功能(比如支持中文等)。

与平台相关的代码(需要用户提供)是:

➢ diskio.c:FATFS 和 disk I/O 模块接口层文件。

FATFS 模块移植时一般只需要修改 2 个文件,即 ffconf.h 和 diskio.c。FATFS 模块的所有配置项都是存放在 ffconf.h 里面,我们可以通过配置里面的一些选项来满足自己的需求。接下来介绍几个重要的配置选项:

① _FS_TINY。这个选项在 R0.07 版本中开始出现,之前的版本都是以独立的 C 文件出现(FATFS 和 Tiny FATFS),有了这个选项之后,两者整合在一起了,使用起来更方便。我们使用 FATFS,所以把这个选项定义为 0 即可。

② _FS_READONLY。这个用来配置是不是只读,本章需要读/写都用,所以这里设置为 0 即可。

③ _USE_STRFUNC。这个用来设置是否支持字符串类操作,比如 f_putc、f_puts 等,本章需要用到,故设置这里为 1。

④ _USE_MKFS。这个用来定时是否使能格式化,本章需要用到,所以设置为 1。

⑤ _USE_FASTSEEK。这个用来使能快速定位,这里设置为 1,使能快速定位。

⑥ _USE_LABEL。这个用来设置是否支持磁盘盘符(磁盘名字)读取与设置。设置为 1 使能,就可以通过相关函数读取或者设置磁盘的名字了。

⑦ _CODE_PAGE。这个用于设置语言类型,包括很多选项(见 FATFS 官网说明),这里设置为 936,即简体中文(GBK 码,需要 c936.c 文件支持,该文件在 option 文件夹)。

⑧ _USE_LFN。该选项用于设置是否支持长文件名(还需要_CODE_PAGE 支持),取值范围为 0～3。0,表示不支持长文件名,1～3 是支持长文件名,但是存储地方不一样,这里选择使用 3,通过 ff_memalloc 函数来动态分配长文件名的存储区域。

⑨ _VOLUMES。用于设置 FATFS 支持的逻辑设备数目,这里设置为 2,即支持 2 个设备。

⑩ _MAX_SS。扇区缓冲的最大值,一般设置为 512。

其他配置项这里就不一一介绍了,FATFS 的说明文档里面有很详细的介绍,下面来讲讲 FATFS 的移植,主要分为 3 步:

① 数据类型:在 integer.h 里面定义好数据的类型。这里需要了解使用的编译器的数据类型,并根据编译器定义好数据类型。

② 配置:通过 ffconf.h 配置 FATFS 的相关功能,以满足自己的需要。

③ 函数编写:打开 diskio.c 进行底层驱动编写,一般需要编写 6 个接口函数,如图 34.2 所示。

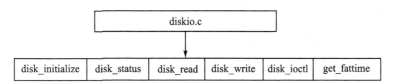

图 34.2　diskio 需要实现的函数

通过以上 3 步就可完成对 FATFS 的移植。注意:

第一步,我们使用的是 MDK3.80a 编译器,数据类型和 integer.h 里面定义的一致,所以此步不需要做任何改动。

第二步,关于 ffconf.h 里面的相关配置前面已经有介绍(之前介绍的 10 个配置),将对应配置修改为我们介绍时候的值即可,其他的配置用默认配置。

第三步,因为 FATFS 模块完全与磁盘 I/O 层分开,因此需要下面的函数来实现底层物理磁盘的读/写与获取当前时间。底层磁盘 I/O 模块并不是 FATFS 的一部分,并且必须由用户提供。这些函数一般有 6 个,在 diskio.c 里面。

首先是 disk_initialize 函数,具体介绍如图 34.3 所示。

函数名称	disk_initialize
函数原型	DSTATUS disk_initialize(BYTE Drive)
功能描述	初始化磁盘驱动器
函数参数	Drive：指定要初始化的逻辑驱动器号，即盘符，应当取值 0～9
返回值	函数返回一个磁盘状态作为结果，对于磁盘状态的细节信息，请参考 disk_status 函数
所在文件	ff.c
示例	disk_initialize(0);　　　　　　　　　　　　/＊初始化驱动器 0　　　　　　　　＊/
注意事项	disk_initialize 函数初始化一个逻辑驱动器为读/写做准备，函数成功时，返回值的 STA_NOINIT 标志被清零； 应用程序不应调用此函数，否则卷上的 FAT 结构可能会损坏； 如果需要重新初始化文件系统，可使用 f_mount 函数； 在 FATFS 模块上卷注册处理时调用该函数可控制设备的改变； 此函数在 FATFS 挂在卷时调用，应用程序不应该在 FATFS 活动时使用此函数

图 34.3　disk_initialize 函数介绍

第二个函数是 disk_status 函数，具体介绍如图 34.4 所示。

函数名称	disk_status
函数原型	DSTATUS disk_status(BYTE drive)
功能描述	返回当前磁盘驱动器的状态
函数参数	Drive：指定要确认的逻辑驱动器号，即盘符，应当取值 0～9
返回值	磁盘状态返回下列标志的组合，FatFs 只使用 STA_NOINIT 和 STA_PROTECTED STA_NOINIT：表明磁盘驱动未初始化，下面列出了产生该标志置位或清零的原因： 　　　　　　置位：系统复位，磁盘被移除和磁盘初始化函数失败； 　　　　　　清零：磁盘初始化函数成功 STA_NODISK：表明驱动器中没有设备，安装磁盘驱动器后总为 0 STA_PROTECTED：表明设备被写保护，不支持写保护的设备总为 0，当 STA_NODISK 置位时非法
所在文件	ff.c
示例	disk_status(0);　　　　　　　　　　　　/＊获取驱动器 0 的状态　　　　　　＊/

图 34.4　disk_status 函数介绍

第三个函数是 disk_read 函数，具体介绍如图 34.5 所示。

函数名称	disk_read
函数原型	DRESULT disk_read(BYTE Drive, BYTE * Buffer, DWORD SectorNumber, BYTE Sector-Count)
功能描述	从磁盘驱动器上读取扇区
函数参数	Drive：指定逻辑驱动器号，即盘符,应当取值 0～9 Buffer：指向存储读取数据字节数组的指针,需要为所读取字节数的大小,扇区统计的扇区大小是需要的 注：FATFS 指定的内存地址并不总是字对齐的,如果硬件不支持不对齐的数据传输,函数里需要进行处理 SectorNumber：指定起始扇区的逻辑块(LBA)上的地址 SectorCount：指定要读取的扇区数,取值 1～128
返回值	RES_OK(0)：函数成功 RES_ERROR：读操作期间产生了任何错误且不能恢复它 RES_PARERR：非法参数 RES_NOTRDY：磁盘驱动器没有初始化
所在文件	ff. c

图 34.5　disk_read 函数介绍

第四个函数是 disk_write 函数,具体介绍如图 34.6 所示。

函数名称	disk_write
函数原型	DRESULT disk_write(BYTE Drive, const BYTE * Buffer, DWORD SectorNumber, BYTE SectorCount)
功能描述	向磁盘写入一个或多个扇区
函数参数	Drive：指定逻辑驱动器号,即盘符,应当取值 0～9 Buffer：指向要写入字节数组的指针, 注：FATFS 指定的内存地址并不总是字对齐的,如果硬件不支持不对齐的数据传输,函数里需要进行处理 SectorNumber：指定起始扇区的逻辑块(LBA)上的地址 SectorNumber：指定要写入的扇区数,取值 1～128
返回值	RES_OK(0)：函数成功 RES_ERROR：读操作期间产生了任何错误且不能恢复它 RES_WRPRT：媒体被写保护 RES_PARERR：非法参数 RES_NOTRDY：磁盘驱动器没有初始化
所在文件	ff. c
注意事项	只读配置中不需要此函数

图 34.6　disk_write 函数介绍

第五个函数是 disk_ioctl 函数,具体介绍如图 34.7 所示。

函数名称	disk_ioctl
函数原型	DRESULT disk_ioctl(BYTE Drive，BYTE Command，void * Buffer)
功能描述	控制设备指定特性和除了读/写外的杂项功能
函数参数	Drive：指定逻辑驱动器号，即盘符，应当取值 0～9 Command：指定命令代码 Buffer：指向参数缓冲区的指针，取决于命令代码，不使用时，指定一个 NULL 指针
返回值	RES_OK(0)：函数成功 RES_ERROR：读操作期间产生了任何错误且不能恢复它 RES_PARERR：非法参数 RES_NOTRDY：磁盘驱动器没有初始化
所在文件	ff.c
注意事项	CTRL_SYNC：确保磁盘驱动器已经完成了写处理，当磁盘 I/O 有一个写回缓存，立即刷新原扇区，只读配置下不适用此命令 GET_SECTOR_SIZE：返回磁盘的扇区大小，只用于 f_mkfs() GET_SECTOR_COUNT：返回可利用的扇区数，_MAX_SS>=1 024 时可用 GET_BLOCK_SIZE：获取擦除块大小，只用于 f_mkfs() CTRL_ERASE_SECTOR：强制擦除一块的扇区，_USE_ERASE>0 时可用

图 34.7　disk_ioctl 函数介绍

最后一个函数是 get_fattime 函数，具体介绍如图 34.8 所示。

函数名称	get_fattime		
函数原型	DWORD get_fattime()		
功能描述	获取当前时间		
函数参数	无		
返回值	当前时间以双字值封装返回，位域如下：Lbit31:2	年	(0～12)　(从 1980 开始)
	bit24:21	月	(1～12)
	bit20:16	日	(1～31)
	bit15:11	小时	(0～23)
	bit10:5	分钟	(0～59)
	bit:0	秒	(0～29)
所在文件	ff.c		
注意事项	get_fattime 函数必须返回一个合法的时间即使系统不支持实时时钟，如果返回 0，文件没有一个合法的时间： 只读配置下无需此函数		

图 34.8　get_fattime 函数介绍

以上 6 个函数将在软件设计部分一一实现。通过以上 3 个步骤就完成了对

FATFS 的移植,就可以在我们的代码里面使用 FATFS 了。

　　FATFS 提供了很多 API 函数,在 FATFS 的自带介绍文件里面都有详细的介绍
(包括参考代码)。这里需要注意的是,使用 FATFS 时必须先通过 f_mount 函数注
册一个工作区,才能开始后续 API 的使用。读者可以通过 FATFS 自带的介绍文件
进一步了解和熟悉 FATFS 的使用。

34.2　硬件设计

　　本章实验功能简介:开机的时候先初始化 SD 卡,初始化成功之后,注册两个工
作区(一个给 SD 卡用,一个给 SPI FLASH 用),然后获取 SD 卡的容量和剩余空间,
并显示在 LCD 模块上,最后等待 USMART 输入指令进行各项测试。本实验通过
DS0 指示程序运行状态。

　　本实验用到的硬件资源有指示灯 DS0、串口、TFT - LCD 模块、SD 卡、SPI
FLASH。

34.3　软件设计

　　本章将 FATFS 部分单独做一个分组,在工程目录下新建一个 FATFS 的文件
夹,然后将 FATFS R0.10a 程序包解压到该文件夹下。同时,在 FATFS 文件夹里面
新建一个 exfuns 的文件夹,用于存放我们针对 FATFS 做的一些扩展代码。设计完
如图 34.9 所示。

图 34.9　FATFS 文件夹子目录

　　打开第 33 章工程,由于本章还需要用到 W25Q64,所以,先添加 flash.c 文件,并
修改 SPI_FLASH_BUFFER 数组的实现方式,增加动态内存管理方式,详见本例程
flash.c 文件。然后,新建一个 FATFS 分组,将图 34.9 的 src 文件夹里面的 ff.c、
diskio.c 以及 option 文件夹下的 cc936.c 这 3 个文件加入到 FATFS 组下,并将 src
文件夹加入头文件包含路径。

打开 diskio.c,修改代码如下:

```
#include "mmc_sd.h"
#include "diskio.h"
#include "flash.h"
#include "malloc.h"
#define SD_CARD        0                      //SD 卡,卷标为 0
#define EX_FLASH 1                            //外部 flash,卷标为 1
#define FLASH_SECTOR_SIZE       512
//对于 W25Q64
//前 4.8 MB 给 fatfs 用,4.8 MB 后~4.8 MB+100 KB 给用户用,4.9 MB 以后用于存放字库
u16     FLASH_SECTOR_COUNT = 9832;            //4.8 MB,默认为 W25Q64
#define FLASH_BLOCK_SIZE        8             //每个 BLOCK 有 8 个扇区
//初始化磁盘
DSTATUS disk_initialize (BYTE pdrv)
{
    u8 res = 0;
    switch(pdrv)
    {
        case SD_CARD:                         //SD 卡
            res = SD_Initialize();            //SD_Initialize()
             if(res)                          //sd 卡操作失败的时候如果不执行下面
                                              //的语句,可能导致 SPI 读写异常

            {
                SD_SPI_SpeedLow();
                SD_SPI_ReadWriteByte(0xff);   //提供额外的 8 个时钟
                SD_SPI_SpeedHigh();
            }
             break;
        case EX_FLASH:                        //外部 flash W25Q64
            SPI_Flash_Init();
            if(SPI_FLASH_TYPE == W25Q64)FLASH_SECTOR_COUNT = 9832;
            else FLASH_SECTOR_COUNT = 0;
             break;
        default: res = 1;
    }
    if(res)return   STA_NOINIT;
    else return 0;                            //初始化成功
}
//获得磁盘状态
DSTATUS disk_status (BYTE pdrv)
{
    return 0;
}
//读扇区,drv:磁盘编号 0~9; * buff:数据接收缓冲首地址
```

```
//sector:扇区地址;count:需要读取的扇区数
DRESULT disk_read (BYTE pdrv,BYTE * buff,DWORD sector,UINT count)
{
    u8 res = 0;
    if (! count)return RES_PARERR;                //count 不能等于 0,否则返回参数错误
    switch(pdrv)
    {
        case SD_CARD:                             //SD 卡
            res = SD_ReadDisk(buff,sector,count);
             if(res)                              //sd 卡操作失败的时候如果不执行下面
                                                  //的语句,可能导致 SPI 读/写异常
            {
                SD_SPI_SpeedLow();
                SD_SPI_ReadWriteByte(0xff);  //提供额外的 8 个时钟
                SD_SPI_SpeedHigh();
            }
            break;
        case EX_FLASH:                            //外部 flash
            for(;count>0;count — )
            {
            SPI_Flash_Read(buff,sector * FLASH_SECTOR_SIZE,FLASH_SECTOR_SIZE);
                sector ++ ;
                buff += FLASH_SECTOR_SIZE;
            }
            res = 0;
            break;
        default: res = 1;
    }
    //处理返回值,将 SPI_SD_driver.c 的返回值转成 ff.c 的返回值
    if(res == 0x00)return RES_OK;
    else return RES_ERROR;
}
//写扇区,drv:磁盘编号 0~9; * buff:发送数据首地址
//sector:扇区地址;count:需要写入的扇区数
#if _USE_WRITE
DRESULT disk_write (BYTE pdrv,const BYTE * buff,DWORD sector,UINT count        )
{
    u8 res = 0;
    if (! count)return RES_PARERR;                //count 不能等于 0,否则返回参数错误
    switch(pdrv)
    {
        case SD_CARD:                             //SD 卡
            res = SD_WriteDisk((u8 * )buff,sector,count);
            break;
        case EX_FLASH:                            //外部 flash
```

```
                    for(;count>0;count--)
                {
        SPI_Flash_Write((u8 * )buff,sector * FLASH_SECTOR_SIZE,FLASH_SECTOR_SIZE);
                    sector ++ ;
                    buff += FLASH_SECTOR_SIZE;
                }
                res = 0;
                break;
            default: res = 1;
    }
    //处理返回值,将 SPI_SD_driver.c 的返回值转成 ff.c 的返回值
    if(res == 0x00)return RES_OK;
    else return RES_ERROR;
}
# endif
//其他表参数的获得,//drv:磁盘编号 0~9,ctrl:控制代码,* buff:发送/接收缓冲区指针
# if _USE_IOCTL
DRESULT disk_ioctl (BYTE pdrv,BYTE cmd,void * buff)
{
    DRESULT res;
    if(pdrv == SD_CARD)                     //SD 卡
    {
        switch(cmd)
        {
            case CTRL_SYNC:
                SD_CS = 0;
                if(SD_WaitReady() == 0)res = RES_OK;
                else res = RES_ERROR;
                SD_CS = 1;
                break;
            case GET_SECTOR_SIZE:
                * (WORD * )buff = 512;
                res = RES_OK;
                break;
            case GET_BLOCK_SIZE:
                * (WORD * )buff = 8;
                res = RES_OK;
                break;
            case GET_SECTOR_COUNT:
                * (DWORD * )buff = SD_GetSectorCount();
                res = RES_OK;
                break;
            default:
                res = RES_PARERR;
                break;
```

```
                    }
            }else if(pdrv == EX_FLASH)                    //外部 FLASH
            {
                switch(cmd)
                {
                    case CTRL_SYNC:
                        res = RES_OK;
                        break;
                    case GET_SECTOR_SIZE:
                        *(WORD *)buff = FLASH_SECTOR_SIZE;
                        res = RES_OK;
                        break;
                    case GET_BLOCK_SIZE:
                        *(WORD *)buff = FLASH_BLOCK_SIZE;
                        res = RES_OK;
                        break;
                    case GET_SECTOR_COUNT:
                        *(DWORD *)buff = FLASH_SECTOR_COUNT;
                        res = RES_OK;
                        break;
                    default:
                        res = RES_PARERR;
                        break;
                }
            }else res = RES_ERROR;                        //其他的不支持
            return res;
}
#endif
//获得时间
//User defined function to give a current time to fatfs module        */
//31 - 25：Year(0 - 127 org.1980), 24 - 21：Month(1 - 12), 20 - 16：Day(1 - 31) */
//15 - 11：Hour(0 - 23), 10 - 5：Minute(0 - 59), 4 - 0：Second(0 - 29 * 2) */
DWORD get_fattime (void) { return 0; }
//动态分配内存
void * ff_memalloc (UINT size) { return (void *)mymalloc(size); }
//释放内存
void ff_memfree (void * mf) { myfree(mf); }
```

该部分代码实现了 34.1 节提到的 6 个函数,同时因为在 ffconf.h 里面设置对长文件名的支持为方法 3,所以必须实现 ff_memalloc 和 ff_memfree 函数。本章用 FATFS 管理了 2 个磁盘:SD 卡和 SPI FLASH。SD 卡比较好说,但是 SPI FLASH 扇区是 4 KB 大小,为了方便设计,强制将其扇区定义为 512 字节,这样带来的好处就是设计使用相对简单,坏处就是擦除次数大增,所以不要随便往 SPI FLASH 里面写数据,非必要最好别写,因为频繁写很容易将 SPI FLASH 写坏。

保存 diskio. c,然后打开 ffconf. h,修改相关配置并保存,详细可参考本例程源码。

前面提到,我们在 FATFS 文件夹下还新建了一个 exfuns 的文件夹,用于保存一些针对 FATFS 的扩展代码,本章编写了 4 个文件,分别是 exfuns. c、exfuns. h、fattester. c 和 fattester. h。其中,exfuns. c 主要定义了一些全局变量,方便 FATFS 的使用,同时实现了磁盘容量获取等函数。而 fattester. c 文件则主要是为了测试 FATFS 用,因为 FATFS 的很多函数无法直接通过 USMART 调用,所以在 fattester. c 里面对这些函数进行了一次再封装,使其可以通过 USMART 调用。代码可参考本例程源码,将 exfuns. c 和 fattester. c 加入 FATFS 组下,同时将 exfuns 文件夹加入头文件包含路径。然后打开 test. c,修改 main 函数如下:

```c
int main(void)
{
    u32 total,free; u8 t = 0;
    Stm32_Clock_Init(9);                    //系统时钟设置
    delay_init(72);                         //延时初始化
    uart_init(72,9600);                     //串口 1 初始化
    exfuns_init();                          //为 fatfs 相关变量申请内存
    LCD_Init();                             //初始化液晶
    LED_Init();                             //LED 初始化
    usmart_dev.init(72);
    mem_init();                             //初始化内存池
    POINT_COLOR = RED;                      //设置字体为红色
    LCD_ShowString(60,50,200,16,16,"Mini STM32");
    LCD_ShowString(60,70,200,16,16,"FATFS TEST");
    LCD_ShowString(60,90,200,16,16,"ATOM@ALIENTEK");
    LCD_ShowString(60,110,200,16,16,"Use USMART for test");
    LCD_ShowString(60,130,200,16,16,"2014/3/14");
    while(SD_Initialize())                  //检测 SD 卡
    {
        LCD_ShowString(60,150,200,16,16,"SD Card Error!"); delay_ms(200);
        LCD_Fill(60,150,240,150 + 16,WHITE); delay_ms(200);//清除显示
        LED0 = ! LED0;//DS0 闪烁
    }
    exfuns_init();                          //为 fatfs 相关变量申请内存
    f_mount(fs[0],"0:",1);                  //挂载 SD 卡
    f_mount(fs[1],"1:",1);                  //挂载 FLASH.
    while(exf_getfree("0",&total,&free))    //得到 SD 卡的总容量和剩余容量
    {
        LCD_ShowString(60,150,200,16,16,"Fatfs Error!"); delay_ms(200);
        LCD_Fill(60,150,240,150 + 16,WHITE); delay_ms(200);//清除显示
```

```
            LED0 = ! LED0;//DS0 闪烁
        }
        POINT_COLOR = BLUE;//设置字体为蓝色
    LCD_ShowString(60,150,200,16,16,"FATFS OK!");
    LCD_ShowString(60,170,200,16,16,"SD Total Size：      MB");
    LCD_ShowString(60,190,200,16,16,"SD  Free Size：      MB");
     LCD_ShowNum(172,170,total>>10,5,16);      //显示 SD 卡总容量 MB
     LCD_ShowNum(172,190,free>>10,5,16);        //显示 SD 卡剩余容量 MB
    while(1) { t ++ ; delay_ms(200); LED0 = ! LED0; }
}
```

在 main 函数里面为 SD 卡和 FLASH 都注册了工作区（挂载），在初始化 SD 卡
并显示其容量信息后进入死循环，等待 USMART 测试。最后，在 usmart_config.c
里面的 usmart_nametab 数组添加如下内容：

```
    (void * )mf_mount,"u8 mf_mount(u8 * path,u8 mt)",
    (void * )mf_open,"u8 mf_open(u8 * path,u8 mode)",
    (void * )mf_close,"u8 mf_close(void)",
    (void * )mf_read,"u8 mf_read(u16 len)",
    (void * )mf_write,"u8 mf_write(u8 * dat,u16 len)",
    (void * )mf_opendir,"u8 mf_opendir(u8 * path)",
    (void * )mf_closedir,"u8 mf_closedir(void)",
    (void * )mf_readdir,"u8 mf_readdir(void)",
    (void * )mf_scan_files,"u8 mf_scan_files(u8 * path)",
    (void * )mf_showfree,"u32 mf_showfree(u8 * drv)",
    (void * )mf_lseek,"u8 mf_lseek(u32 offset)",
    (void * )mf_tell,"u32 mf_tell(void)",
    (void * )mf_size,"u32 mf_size(void)",
    (void * )mf_mkdir,"u8 mf_mkdir(u8 * pname)",
    (void * )mf_fmkfs,"u8 mf_fmkfs(u8 * path,u8 mode,u16 au)",
    (void * )mf_unlink,"u8 mf_unlink(u8 * pname)",
    (void * )mf_rename,"u8 mf_rename(u8 * oldname,u8 * newname)",
    (void * )mf_getlabel,"void mf_getlabel(u8 * path)",
    (void * )mf_setlabel,"void mf_setlabel(u8 * path)",
    (void * )mf_gets,"void mf_gets(u16 size)",
    (void * )mf_putc,"u8 mf_putc(u8 c)",
    (void * )mf_puts,"u8 mf_puts(u8 * c)",
```

这些函数均是在 fattester.c 里面实现，通过调用这些函数即可实现对 FATFS
对应 API 函数的测试。至此，软件设计部分就结束了。

34.4　下载验证

代码编译成功之后，下载代码到 ALIENTEK MiniSTM32 开发板上可以看到，

LCD 显示如图 34.10 所示的内容(默认 SD 卡已经接上了)。

图 34.10　程序运行效果图

打开串口调试助手就可以串口调用前面添加的各种 FATFS 测试函数了,比如输入 mf_scan_files("0:")即可扫描 SD 卡根目录的所有文件,如图 34.11 所示。

其他函数的测试用类似的办法即可实现。注意,这里 0 代表 SD 卡,1 代表 SPI FLASH(W25Q64)。另外,mf_unlink 函数在删除文件夹的时候必须保证文件夹是空的,才可以正常删除,否则不能删除。

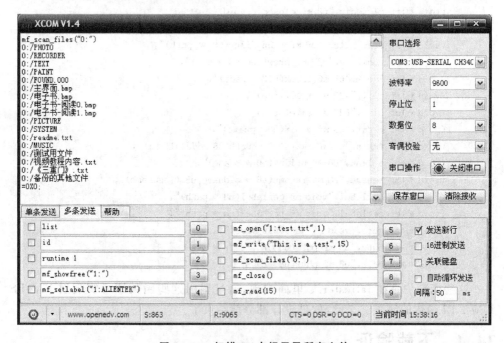

图 34.11　扫描 SD 卡根目录所有文件

第 **35** 章

汉字显示实验

汉字显示在很多单片机系统都需要用到,少则几个字,多则整个汉字库的支持,更有甚者还要支持多国字库,那就更麻烦了。本章介绍如何用 STM32 控制 LCD 显示汉字,这里利用外部 FLASH 来存储字库,并可以通过 SD 卡更新字库。STM32 读取存在 FLASH 里面的字库,然后将汉字显示在 LCD 上面。

35.1　汉字显示原理简介

常用的汉字内码系统有 GB2312、GB13000、GBK、BIG5(繁体)等几种,其中 GB2312 支持的汉字仅有几千个,很多时候不够用,而 GBK 内码不仅完全兼容 GB2312,还支持了繁体字,总汉字数有 2 万多个,完全能满足一般应用的要求。本实例将制作 3 个 GBK 字库,制作好的字库放在 SD 卡里面,然后通过 SD 卡将字库文件复制到外部 FLASH 芯片 W25Q64 里,这样,W25Q64 就相当于一个汉字字库芯片了。

汉字在液晶上的显示原理与前面显示字符的是一样的。汉字在液晶上的显示其实就是一些点的显示与不显示,这就相当于笔,有笔经过的地方就画出来,没经过的地方就不画。所以要显示汉字,我们首先要知道汉字的点阵数据,这些数据可以由专门的软件来生成。只要知道了一个汉字点阵的生成方法,那么在程序里面就可以把这个点阵数据解析成一个汉字。

显示了一个汉字就可以推及整个汉字库了。汉字在各种文件里面的存储不是以点阵数据的形式存储的(否则占用的空间就太大了),而是以内码的形式存储的,就是 GB2312/GBK/BIG5 这几种的一种。每个汉字对应着一个内码,知道内码后再去字库里面查找这个汉字的点阵数据,然后在液晶上显示出来。这个过程我们是看不到,但是计算机是要去执行的。单片机要显示汉字也与此类似:汉字内码(GBK/GB2312)→查找点阵库→解析→显示。所以只要有了整个汉字库的点阵,就可以把计算机上的文本信息在单片机上显示出来了。这里要解决的最大问题就是制作一个与汉字内码对上号的汉字点阵库,而且要方便单片机的查找。每个 GBK 码由 2 个字节组成,第一个字节为 0X81~0XFE,第二个字节分为两部分,一是 0X40~0X7E,二是 0X80~0XFE。其中,与 GB2312 相同的区域,字完全相同。

把第一个字节代表的意义称为区,那么 GBK 里面总共有 126 个区(0XFE—0X81+1),每个区内有 190 个汉字(0XFE—0X80+0X7E—0X40+2),总共就有 126×190=23 940 个汉字。我们的点阵库只要按照这个编码规则从 0X8140 开始,逐一建立,每个区的点阵大小为每个汉字所用的字节数×190。这样,就可以得到在这个字库里面定位汉字的方法:

当 GBKL<0X7F 时:Hp=((GBKH—0x81)×190+GBKL—0X40)×csize

当 GBKL>0X80 时:Hp=((GBKH—0x81)×190+GBKL—0X41)×csize

其中,GBKH、GBKL 分别代表 GBK 的第一个字节和第二个字节(也就是高位和低位),Hp 为对应汉字点阵数据在字库里面的起始地址(假设是从 0 开始存放),csize 代表一个汉字点阵所占的字节数。假定采用与 15.3 节 ASCII 字库一样的提取方法(从上到下,从左到右),则可以得出字体大小与点阵所占字节数的对应关系为:

$$csize=(size/8+((size\%8)? 1:0))\times size$$

其中,size 为字体大小,比如 12(12×12)、16(16×16)、24(24×24)等。这样,只要得到了汉字的 GBK 码,就可以得到该汉字点阵在点阵库里面的位置,从而获取其点阵数据,显示这个汉字了。

第 34 章提到要用 cc936.c,以支持长文件名,但是 cc936.c 文件里面的两个数组太大了(172 KB),直接刷在单片机里面太占用 FLASH,所以必须把这两个数组存放在外部 FLASH。cc936 里面包含的两个数组 oem2uni 和 uni2oem,存放 unicode 和 gbk 的互相转换对照表,这两个数组很大,这里利用 ALIENTEK 提供的一个 C 语言数组转 BIN(二进制)的软件:C2B 转换助手 V1.1.exe,将这两个数组转为 BIN 文件。将这两个数组复制出来存放为一个新的文本文件,假设为 UNIGBK.TXT,然后用 C2B 转换助手打开这个文本文件,如图 35.1 所示。

图 35.1 C2B 转换助手

然后单击"转换",就可以在当前目录下(文本文件所在目录下)得到一个 UNIG-

BK.bin 文件。这样就完成将 C 语言数组转换为.bin 文件,然后只需要将 UNIGBK.
bin 保存到外部 FLASH 就实现了该数组的转移。

在 cc936.c 里面,主要是通过 ff_convert 调用这两个数组,实现 UNICODE 和
GBK 的互转,该函数源代码如下:

```
WCHAR ff_convert (        /* Converted code, 0 means conversion error */
    WCHAR     src,        /* Character code to be converted */
    UINT      dir         /* 0: Unicode to OEMCP, 1: OEMCP to Unicode */
)
{
    const WCHAR * p;
    WCHAR c;
    int i, n, li, hi;
    if (src < 0x80) c = src;    /* ASCII */
    else{
        if (dir) {            /* OEMCP to unicode */
            p = oem2uni;
            hi = sizeof(oem2uni) / 4 - 1;
        } else {              /* Unicode to OEMCP */
            p = uni2oem;
            hi = sizeof(uni2oem) / 4 - 1;
        }
        li = 0;
        for (n = 16; n; n—) {
            i = li + (hi - li) / 2;
            if (src == p[i * 2]) break;
            if (src > p[i * 2]) li = i;
            else hi = i;
        }
        c = n ? p[i * 2 + 1] : 0;
    }
    return c;
}
```

此段代码通过二分法(16 阶)在数组里面查找 UNICODE(或 GBK)码对应的 GBK
(或 UNICODE)码。当我们将数组存放在外部 FLASH 的时候,将该函数修改为:

```
WCHAR ff_convert (        /* Converted code, 0 means conversion error */
    WCHAR     src,        /* Character code to be converted */
    UINT      dir         /* 0: Unicode to OEMCP, 1: OEMCP to Unicode */
)
{
    WCHAR t[2];
```

```
WCHAR c;
u32 i, li, hi;
u16 n;
u32 gbk2uni_offset = 0;
if (src < 0x80)c = src;                            //ASCII,直接不用转换
else
{
    if(dir) gbk2uni_offset = ftinfo.ugbksize/2;    //GBK 2 UNICODE
    else gbk2uni_offset = 0;                       //UNICODE 2 GBK
    /* Unicode to OEMCP */
    hi = ftinfo.ugbksize/2;                        //对半开
    hi = hi / 4 - 1;
    li = 0;
    for (n = 16; n; n——)
    {
        i = li + (hi - li) / 2;
        SPI_Flash_Read((u8 * )&t,ftinfo.ugbkaddr + i * 4 + gbk2uni_offset,4);
                                                    //读出 4 字节
        if (src == t[0]) break;
        if (src > t[0])li = i;
        else hi = i;
    }
    c = n ? t[1] : 0;
}
return c;
}
```

代码中的 ftinfo. ugbksize 为刚刚生成的 UNIGBK. bin 的大小,而 ftinfo. ug-bkaddr 是存放 UNIGBK. bin 文件的首地址。这里同样采用的是二分法查找。

字库的生成时要用到一款软件,由易木雨软件工作室设计的点阵字库生成器V3.8。该软件可以在 WINDOWS 系统下生成任意点阵大小的 ASCII、GB2312(简体中文)、GBK(简体中文)、BIG5(繁体中文)、HANGUL(韩文)、SJIS(日文)、Unicode 以及泰文、越南文、俄文、乌克兰文、拉丁文、8859 系列等共二十几种编码的字库,不但支持生成二进制文件格式的文件,也可以生成 BDF 文件,还支持生成图片功能,并支持横向、纵向等多种扫描方式,且扫描方式可以根据用户的需求进行增加。该软件的界面如图 35.2 所示。

本章总共要生成 3 个字库:12×12 字库、16×16 字库和 24×24 字库。这里以16×16 字库为例进行介绍,其他两个字库的制作方法类似。

要生成 16×16 的 GBK 字库,则选择 936 中文 PRC GBK,字宽和高均选择 16,字体大小选择 12,然后模式选择纵向取模方式二(字节高位在前,低位在后),最后单

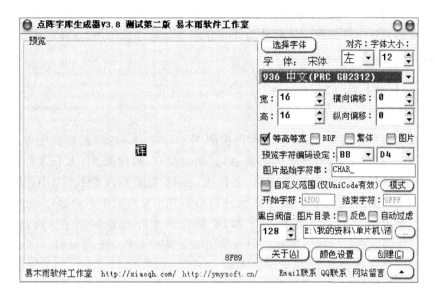

图 35.2 点阵字库生成器默认界面

击"创建"就可以开始生成我们需要的字库了(. DZK 文件)。具体设置如图 35.3
所示。

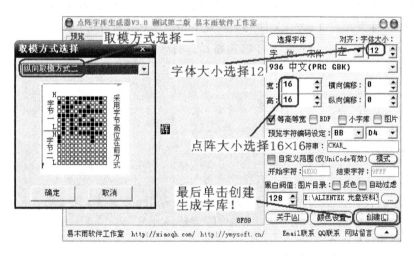

图 35.3 生成 GBK16×16 字库的设置方法

注意,计算机端的字体大小与我们生成点阵大小的关系为:fsize=dsize×6/8。
其中,fsize 是计算机端字体大小,dsize 是点阵大小(12、16、24 等)。所以 16×16 点
阵大小对应的是 12 字体。

生成完以后,我们把文件名和后缀改成 GBK16. FON。同样的方法生成 12×12
的点阵库(GBK12. FON)和 24×24 的点阵库(GBK24. FON),总共制作 3 个字库。

另外,该软件还可以生成其他很多字库,字体也可选,读者可以根据自己的需要按照上面的方法生成即可。该软件的详细介绍参见软件自带的《点阵字库生成器说明书》。

35.2　硬件设计

本章实验功能简介:开机的时候先检测 W25Q64 中是否已经存在字库,如果存在,则按次序显示汉字(两种字体都显示)。如果没有,则检测 SD 卡和文件系统,并查找 SYSTEM 文件夹下的 FONT 文件夹,在该文件夹内查找 UNIGBK. BIN、GBK12. FON、GBK16. FON 和 GBK24. FON(这几个文件的由来前面已经介绍了)。检测到这些文件之后就开始更新字库,更新完毕才开始显示汉字。通过按按键 KEY0 可以强制更新字库。同样我们也是用 DS0 来指示程序正在运行。

所要用到的硬件资源有指示灯 DS0、KEY0 按键、串口、TFT - LCD 模块、SD 卡、SPI FLASH。

35.3　软件设计

打开第 34 章的工程,首先在 HARDWARE 文件夹所在的文件夹下新建一个 TEXT 的文件夹。在 TEXT 文件夹下新建 fontupd. c、fontupd. h、text. c、text. h 这 4 个文件,并将该文件夹加入头文件包含路径。打开 fontupd. c,在该文件内输入如下代码:

```c
# include "fontupd. h"
# include "ff. h"
# include "flash. h"
# include "lcd. h"
# include "malloc. h"
//字库存放起始地址
# define FONTINFOADDR    (4916 + 100) * 1024    //MiniSTM32 是从 4.8M + 100K 地址开始的
//字库信息结构体,用来保存字库基本信息、地址、大小等
_font_info ftinfo;
    //字库存放在 sd 卡中的路径
const u8  * GBK24_PATH = "0:/SYSTEM/FONT/GBK24.FON";     //GBK24 的存放位置
const u8  * GBK16_PATH = "0:/SYSTEM/FONT/GBK16.FON";     //GBK16 的存放位置
const u8  * GBK12_PATH = "0:/SYSTEM/FONT/GBK12.FON";     //GBK12 的存放位置
const u8  * UNIGBK_PATH = "0:/SYSTEM/FONT/UNIGBK.BIN";   //UNIGBK.BIN 的存放位置
//显示当前字体更新进度,x,y:坐标;size:字体大小;fsize:整个文件大小;pos:当前文件指
//针位置
u32 fupd_prog(u16 x,u16 y,u8 size,u32 fsize,u32 pos)
```

```
{
    ……//省略代码
}
//更新某一个,x,y:坐标;size:字体大小;fxpath:路径
//fx:更新的内容 0,ungbk;1,gbk12;2,gbk16;3,gbk24;返回值:0,成功;其他,失败
u8 updata_fontx(u16 x,u16 y,u8 size,u8 * fxpath,u8 fx)
{
    u32 flashaddr = 0; u16 bread; u32 offx = 0;
    FIL * fftemp;
    u8 * tempbuf; u8 res; u8 rval = 0;
    fftemp = (FIL *)mymalloc(sizeof(FIL));              //分配内存
    if(fftemp == NULL)rval = 1;
    tempbuf = mymalloc(4096);                           //分配 4096 个字节空间
    if(tempbuf == NULL)rval = 1;
    res = f_open(fftemp,(const TCHAR *)fxpath,FA_READ);
    if(res)rval = 2;                                    //打开文件失败
    if(rval == 0)
    {
        switch(fx)
        {
            case 0:                                    //更新 UNIGBK.BIN
                ftinfo.ugbkaddr = FONTINFOADDR + sizeof(ftinfo);//UNIGBK 转换码表
                ftinfo.ugbksize = fftemp->fsize;       //UNIGBK 大小
                flashaddr = ftinfo.ugbkaddr;
                break;
            case 1:
                ftinfo.f12addr = ftinfo.ugbkaddr + ftinfo.ugbksize;//GBK12 字库地址
                ftinfo.gbk12size = fftemp->fsize;      //GBK12 字库大小
                flashaddr = ftinfo.f12addr;            //GBK12 的起始地址
                break;
            case 2:
                ftinfo.f16addr = ftinfo.f12addr + ftinfo.gbk12size;//GBK16 字库地址
                ftinfo.gbk16size = fftemp->fsize;      //GBK16 字库大小
                flashaddr = ftinfo.f16addr;            //GBK16 的起始地址
                break;
            case 3:
                ftinfo.f24addr = ftinfo.f16addr + ftinfo.gbk16size;//GBK24 字库地址
                ftinfo.gkb24size = fftemp->fsize;      //GBK24 字库大小
                flashaddr = ftinfo.f24addr;            //GBK24 的起始地址
                break;
        }
        while(res == FR_OK)                            //死循环执行
```

```
        {
            res = f_read(fftemp,tempbuf,4096,(UINT * )&bread);      //读取数据
            if(res!= FR_OK)break;                        //执行错误
            SPI_Flash_Write(tempbuf,offx + flashaddr,4096);
                                                //从 0 开始写入 4 096 个数据
            offx += bread;
            fupd_prog(x,y,size,fftemp - >fsize,offx);//进度显示
            if(bread!= 4096)break;                    //读完了
        }
        f_close(fftemp);
    }
    myfree(fftemp);                                //释放内存
    myfree(tempbuf);                               //释放内存
    return res;
}
//更新字体文件,UNIGBK,GBK12,GBK16,GBK24 一起更新;x,y:提示信息的显示地址
//size:字体大小;提示信息字体大小;返回值:0,更新成功;其他,错误代码
u8 update_font(u16 x,u16 y,u8 size)
{
    u8 * gbk24_path = (u8 * )GBK24_PATH;
    u8 * gbk16_path = (u8 * )GBK16_PATH;
    u8 * gbk12_path = (u8 * )GBK12_PATH;
    u8 * unigbk_path = (u8 * )UNIGBK_PATH;
    u8 res;
    res = 0XFF;
    ftinfo.fontok = 0XFF;
    SPI_Flash_Write((u8 * )&ftinfo,FONTINFOADDR,sizeof(ftinfo));
//清除之前字库成功的标志,防止更新到一半重启,导致的字库部分数据丢失
    SPI_Flash_Read((u8 * )&ftinfo,FONTINFOADDR,sizeof(ftinfo));
//重新读出 ftinfo 结构体数据
    LCD_ShowString(x,y,240,320,size,"Updating UNIGBK.BIN");
    res = updata_fontx(x + 20 * size/2,y,size,unigbk_path,0);  //更新 UNIGBK.BIN
    if(res)return 1;
    LCD_ShowString(x,y,240,320,size,"Updating GBK12.BIN   ");
    res = updata_fontx(x + 20 * size/2,y,size,gbk12_path,1);    //更新 GBK12.FON
    if(res)return 2;
    LCD_ShowString(x,y,240,320,size,"Updating GBK16.BIN   ");
    res = updata_fontx(x + 20 * size/2,y,size,gbk16_path,2);    //更新 GBK16.FON
    if(res)return 3;
    LCD_ShowString(x,y,240,320,size,"Updating GBK24.BIN   ");
    res = updata_fontx(x + 20 * size/2,y,size,gbk24_path,3);    //更新 GBK24.FON
    if(res)return 4;
```

```
        ftinfo.fontok = 0XAA;                          //全部更新好了
            SPI_Flash_Write((u8 * )&ftinfo,FONTINFOADDR,sizeof(ftinfo));//保存字库信息
        return 0;                                      //无错误
}
//初始化字体;返回值:0,字库完好;其他,字库丢失
u8 font_init(void)
{
        SPI_Flash_Init();
        SPI_Flash_Read((u8 * )&ftinfo,FONTINFOADDR,sizeof(ftinfo));
                                                       //读出 ftinfo 结构体数据
        if(ftinfo.fontok! = 0XAA)return 1;             //字库错误
        return 0;
}
```

此部分代码主要用于字库的更新操作(包含 UNIGBK 的转换码表更新),其中 ftinfo 是 fontupd.h 里面定义的一个结构体,用于记录字库首地址及字库大小等信息。因为我们将 W25Q64 的前 4.8 MB 给 FATFS 管理(用作本地磁盘),然后又预留了 100 KB 给用户自己使用,最后的 3.1 MB(W25Q64 总共 8 MB)才是 UNIGBK 码表和字库的存储空间,所以,存储地址是从(4 916+100)×1 024 处开始的。最开始的 33 个字节给 ftinfo 用,用于保存 ftinfo 结构体数据,之后依次是 UNIGBK. BIN、GBK12. FON、GBK16. FON 和 GBK24. FON。

保存该部分代码,并在工程里面新建一个 TEXT 的组,把 fontupd.c 加入到这个组里面,然后打开 fontupd.h 在该文件里面输入如下代码:

```
#ifndef __FONTUPD_H__
#define __FONTUPD_H__
#include <stm32f10x.h>
//前面 4.8 MB 被 FATFS 占用了,4.8 MB 以后紧跟的 100 KB,用户可以随便用
//4.8 MB+100 KB 以后的字节被字库占用了,不能动
//字体信息保存地址,占 33 个字节,第 1 个字节用于标记字库是否存在.后续每 8 个字节一组
//分别保存起始地址和文件大小
extern u32 FONTINFOADDR;
//字库信息结构体定义,用来保存字库基本信息、地址、大小等
__packed typedef struct
{
        u8 fontok;              //字库存在标志,0XAA,字库正常;其他,字库不存在
        u32 ugbkaddr;           //unigbk 的地址
        u32 ugbksize;           //unigbk 的大小
        u32 f12addr;            //gbk12 地址
        u32 gbk12size;          //gbk12 的大小
        u32 f16addr;            //gbk16 地址
```

```
    u32 gbk16size;              //gbk16 的大小
    u32 f24addr;                //gbk24 地址
    u32 gkb24size;              //gbk24 的大小
}_font_info;
extern _font_info ftinfo;       //字库信息结构体
u32 fupd_prog(u16 x,u16 y,u8 size,u32 fsize,u32 pos);      //显示更新进度
u8 updata_fontx(u16 x,u16 y,u8 size,u8 * fxpath,u8 fx);    //更新指定字库
u8 update_font(u16 x,u16 y,u8 size);                       //更新全部字库
u8 font_init(void);
#endif
```

这里可以看到 ftinfo 的结构体定义,总共占用 25 字节,第一个字节用来标识字库是否正常,其他的用来记录地址和文件大小。保存此部分代码,然后打开 text.c文件,在该文件里面输入如下代码:

```
//code,字符指针开始,从字库中查找出字模;code,字符串的开始地址,GBK 码
//mat    数据存放地址 (size/8+((size%8)? 1:0)) * (size) bytes 大小;size:字体大小
void Get_HzMat(unsigned char * code,unsigned char * mat,u8 size)
{
    unsigned char qh,ql;
    unsigned char i;
    unsigned long foffset;
    u8 csize = (size/8 + ((size%8)? 1:0)) * (size);      //得到该字体一个汉字对应点
                                                          //阵集所占字节数
    qh = * code;
    ql = * ( ++ code);
    if(qh<0x81||ql<0x40||ql == 0xff||qh == 0xff)         //非 常用汉字
    {
        for(i = 0;i<csize;i ++ ) * mat ++= 0x00;         //填充满格
        return;                                          //结束访问
    }
    if(ql<0x7f)ql - = 0x40;                              //注意
    else ql - = 0x41;
    qh - = 0x81;
    foffset = ((unsigned long)190 * qh + ql) * csize;    //得到字库中的字节偏移量
    switch(size)
    {
        case 12:SPI_Flash_Read(mat,foffset + ftinfo.f12addr,24);break;
        case 16:SPI_Flash_Read(mat,foffset + ftinfo.f16addr,32);break;
        case 24:SPI_Flash_Read(mat,foffset + ftinfo.f24addr,72);break;
    }
}
```

```
//显示一个指定大小的汉字;x,y:汉字的坐标
//font:汉字 GBK 码;size:字体大小;mode:0,正常显示,1,叠加显示
void Show_Font(u16 x,u16 y,u8 * font,u8 size,u8 mode)
{
    u8 temp,t,t1; u16 y0 = y;
    u8 dzk[72];
    u8 csize = (size/8 + ((size % 8)? 1:0)) * (size);      //得到字体一个字符对应点阵
                                                           //集所占的字节数
    if(size!= 12&&size!!= 16&&size!!= 24)return;           //不支持的 size
    Get_HzMat(font,dzk,size);                              //得到相应大小的点阵数据
    for(t = 0;t<csize;t ++ )
    {
        temp = dzk[t];                                     //得到点阵数据
        for(t1 = 0;t1<8;t1 ++ )
        {
            if(temp&0x80)LCD_Fast_DrawPoint(x,y,POINT_COLOR);
            else if(mode == 0)LCD_Fast_DrawPoint(x,y,BACK_COLOR);
            temp<< = 1;
            y ++ ;
            if((y - y0) == size) { y = y0; x ++ ; break; }
        }
    }
}
//在指定位置开始显示一个字符串,支持自动换行
//(x,y):起始坐标;width,height:区域;str:字符串;size :字体大小;mode:0,非叠加方式
//1,叠加方式
void Show_Str(u16 x,u16 y,u16 width,u16 height,u8 * str,u8 size,u8 mode)
{
    ……此处代码省略
}
//在指定宽度的中间显示字符串,如果字符长度超过了 len,则用 Show_Str 显示
//len:指定要显示的宽度
void Show_Str_Mid(u16 x,u16 y,u8 * str,u8 size,u8 len)
{
        ……//此处代码省略
}
```

　　此部分代码总共有 4 个函数,我们省略了两个函数(Show_Str_Mid 和 Show_Str)的代码,另外两个函数中,Get_HzMat 函数用于获取 GBK 码对应的汉字字库,通过 35.1 节介绍的办法在外部 FLASH 查找字库,然后返回对应的字库点阵。Show_Font 函数用于在指定地址显示一个指定大小的汉字,采用的方法和 LCD_ShowChar 采用的方法一样,都是画点显示,这里就不细说了。保存此部分代码,并

把 text.c 文件加入 TEXT 组下。text.h 里面都是一些函数申明,详见本例程源码。

前面提到我们对 cc936.c 文件做了修改,将其命名为 mycc936.c,并保存在 ex-funs 文件夹下,将工程 FATFS 组下的 cc936.c 删除,然后重新添加 mycc936.c 到 FATFS 组下。mycc936.c 的源码就不贴出来了,其实就是在 cc936.c 的基础上去掉了两个大数组,然后对 ff_convert 进行了修改,详见本例程源码。

最后,在 test.c 里面修改 main 函数如下:

```
int main(void)
{
    u32 fontcnt; u8 i,j,key,t;
    u8 fontx[2];//gbk 码
    Stm32_Clock_Init(9);                        //系统时钟设置
    delay_init(72);                             //延时初始化
    uart_init(72,9600);                         //串口 1 初始化
    LCD_Init();                                 //初始化液晶
    LED_Init();                                 //LED 初始化
    KEY_Init();                                 //按键初始化
    usmart_dev.init(72);                        //usmart 初始化
    mem_init();                                 //初始化内存池
    exfuns_init();                              //为 fatfs 相关变量申请内存
    f_mount(fs[0],"0:",1);                      //挂载 SD 卡
    f_mount(fs[1],"1:",1);                      //挂载 FLASH
    while(font_init())                          //检查字库
    {
        UPD:
        LCD_Clear(WHITE);                       //清屏
        POINT_COLOR = RED;                      //设置字体为红色
        LCD_ShowString(60,50,200,16,16,"Mini STM32");
        while(SD_Initialize())                  //检测 SD 卡
        {
            LCD_ShowString(60,70,200,16,16,"SD Card Failed!"); delay_ms(200);
            LCD_Fill(60,70,200+60,70+16,WHITE); delay_ms(200);
        }
        LCD_ShowString(60,70,200,16,16,"SD Card OK");
        LCD_ShowString(60,90,200,16,16,"Font Updating...");
        key = update_font(20,110,16);           //更新字库
        while(key)                              //更新失败
        {
            LCD_ShowString(60,110,200,16,16,"Font Update Failed!"); delay_ms(200);
            LCD_Fill(20,110,200+20,110+16,WHITE); delay_ms(200);
        }
```

```
        LCD_ShowString(60,110,200,16,16,"Font Update Success!"); delay_ms(1500);
        LCD_Clear(WHITE);                                //清屏
}
POINT_COLOR = RED;
Show_Str(60,50,200,16,"Mini STM32 开发板",16,0);
Show_Str(60,70,200,16,"GBK 字库测试程序",16,0);
Show_Str(60,90,200,16,"正点原子@ALIENTEK",16,0);
Show_Str(60,110,200,16,"2014 年 3 月 14 日",16,0);
Show_Str(60,130,200,16,"按 KEY0,更新字库",16,0);
 POINT_COLOR = BLUE；
Show_Str(60,150,200,16,"内码高字节:",16,0);
Show_Str(60,170,200,16,"内码低字节:",16,0);
Show_Str(60,190,200,16,"汉字计数器:",16,0);
Show_Str(60,220,200,24,"对应汉字为:",24,0);
Show_Str(60,244,200,16,"对应汉字(16 * 16)为:",16,0);
Show_Str(60,260,200,12,"对应汉字(12 * 12)为:",12,0);
while(1)
{
    fontcnt = 0;
    for(i = 0x81;i<0xff;i ++ )
    {
        fontx[0] = i;
        LCD_ShowNum(148,150,i,3,16);                 //显示内码高字节
        for(j = 0x40;j<0xfe;j ++ )
        {
            if(j == 0x7f)continue;
            fontcnt ++ ;
            LCD_ShowNum(148,170,j,3,16);             //显示内码低字节
            LCD_ShowNum(148,190,fontcnt,5,16);       //汉字计数显示
             fontx[1] = j;
            Show_Font(60 + 132,220,fontx,24,0);
            Show_Font(60 + 144,244,fontx,16,0);
            Show_Font(60 + 108,260,fontx,12,0);
            t = 200;
            while(t -- )                             //延时,同时扫描按键
            {
                delay_ms(1);
                key = KEY_Scan(0);
                if(key == KEY0_PRES)goto UPD;
            }
            LED0 = ! LED0;
        }
```

```
            }
         }
      }
```

此部分代码实现了在硬件描述部分描述的功能,至此整个软件设计就完成了。本例程在 USMART 里面加入 Show_Str 和 SPI_Flash_Erase_Chip 两个函数,以便利用 USMART 测试。

本章代码比较多,而且工程也增加了不少。整个工程截图如图 35.4 所示。

图 35.4　工程建成截图

35.4　下载验证

本例程支持 12×12、16×16 和 24×24 这 3 种字体的显示,在代码编译成功之后,下载代码到 ALIENTEK MiniSTM32 开发板上,则可以看到 LCD 开始显示 3 种大小的汉字及汉字内码,如图 35.5 所示。

一开始就显示汉字是因为 ALIENTEK MiniSTM32 开发板在出厂的时候都是测试过的,里面刷了综合测试程序,已经把字库写入到了 W25Q64 里面,所以并不会提示更新字库。如果想要更新字库,那么必须先找一张 SD 卡,把本书配套资料→5,

SD卡根目录文件文件夹下面的 SYSTEM 文件夹复制到 SD 卡根目录下,插入开发板并按复位之后,显示汉字的时候按下 KEY0 就可以开始更新字库了。字库更新界面如图 35.6 所示。还可以通过 USMART 来测试该实验,我们可以通过 USMART 调用 Show_Str 函数来实现任意位置显示任何字符串,有兴趣的读者可以测试一下。

图 35.5　汉字显示实验显示效果

图 35.6　汉字字库更新界面

第 **36** 章

图片显示实验

在开发产品时，很多时候会用到图片解码，本章将介绍如何通过 STM32 来解码 BMP/JPG/JPEG/GIF 等图片，并在 LCD 上显示出来。

36.1　图片格式简介

常用的图片格式有很多，最常用的有 3 种：JPEG(或 JPG)、BMP 和 GIF。其中，JPEG(或 JPG)和 BMP 是静态图片，而 GIF 则是可以实现动态图片。

首先来看 BMP 图片格式。BMP(全称 Bitmap)是 Window 操作系统中的标准图像文件格式，文件后缀名为".bmp"，使用非常广。它采用位映射存储格式，除了图像深度可选以外，不采用其他任何压缩，因此，BMP 文件占用的空间很大，但是没有失真。BMP 文件的图像深度可选 1 bit、4 bit、8 bit、16 bit、24 bit 及 32 bit。BMP 文件存储数据时，图像的扫描方式是按从左到右、从下到上的顺序。

典型的 BMP 图像文件由 4 部分组成：

① 位图头文件数据结构，包含 BMP 图像文件的类型、显示内容等信息；

② 位图信息数据结构，包含 BMP 图像的宽、高、压缩方法以及定义颜色等信息；

③ 调色板，可选的，有些位图需要调色板，有些位图，比如真彩色图(24 位的 BMP)就不需要调色板；

④ 位图数据，这部分的内容根据 BMP 位图使用的位数不同而不同，在 24 位图中直接使用 RGB，而其他的小于 24 位的使用调色板中颜色索引值。

关于 BMP 的详细介绍可参考本书配套资料→6，软件资料→图片解码→BMP 图片文件详解.pdf。接下来看 JPEG 文件格式。

JPEG 是 Joint Photographic Experts Group(联合图像专家组)的缩写，文件后缀名为".jpg"或".jpeg"，是最常用的图像文件格式，由一个软件开发联合会组织制定。同 BMP 格式不同，JPEG 是一种有损压缩格式，能够将图像压缩在很小的储存空间，图像中重复或不重要的资料会被丢失，因此容易造成图像数据的损伤(BMP 不会，但是 BMP 占用空间大)。尤其是使用过高的压缩比例，将使最终解压缩后恢复的图像质量明显降低；如果追求高品质图像，则不宜采用过高压缩比例。但是 JPEG 压缩技术十分先进，它用有损压缩方式去除冗余的图像数据，在获得极高压缩率的同时能展现十分丰富生动的图像,换句话说,就是可以用最少的磁盘空间得到较好的图像品质。而且 JPEG 是一种很灵活的格式,具有调节图像质量的功能,允许用不同的压缩比例对文件进行压缩,支持多种压缩级别,压缩比率通常在 10∶1～40∶1 之间,压缩比越大,品质就越低;相反地,压缩比越小,品质就越好。比如可以把 1.37 MB 的 BMP 位图文件压缩至 20.3 KB。当然,也可以在图像质量和文件尺寸之间找到平衡点。JPEG 格式压缩的主要是高频信息,对色彩的信息保留较好,适合应用于互联网,可减少图像的传输时间,可以支持 24 bit 真彩色,也普遍应用于需要连续色调的图像。

JPEG/JPG 的解码过程可以简单的概述为如下几个部分:

① 从文件头读出文件的相关信息。JPEG 文件数据分为文件头和图像数据两大部分,其中,文件头记录了图像的版本、长宽、采样因子、量化表、哈夫曼表等重要信息。所以解码前必须将文件头信息读出,以备图像数据解码过程之用。

② 从图像数据流读取一个最小编码单元(MCU),并提取出里边的各个颜色分量单元。

③ 将颜色分量单元从数据流恢复成矩阵数据。使用文件头给出的哈夫曼表对分割出来的颜色分量单元进行解码,把其恢复成 8×8 的数据矩阵。

④ 8×8 的数据矩阵进一步解码。此部分解码工作以 8×8 的数据矩阵为单位,其中包括相邻矩阵的直流系数差分解码、使用文件头给出的量化表反量化数据、反 Zig-zag 编码、隔行正负纠正、反向离散余弦变换这 5 个步骤,最终输出仍然是一个 8×8 的数据矩阵。

⑤ 颜色系统 YCrCb 向 RGB 转换。将一个 MCU 的各个颜色分量单元解码结果整合起来,将图像颜色系统从 YCrCb 向 RGB 转换。

⑥ 排列整合各个 MCU 的解码数据。不断读取数据流中的 MCU 并对其解码,直至读完所有 MCU 为止,将各 MCU 解码后的数据正确排列成完整的图像。

JPEG 的解码本身是比较复杂的,这里 FATFS 的作者提供了一个轻量级的 JPG/JPEG 解码库:TjpgDec,最少仅需 3 KB 的 RAM 和 3.5 KB 的 FLASH 即可实现 JPG/JPEG 解码,本例程采用 TjpgDec 作为 JPG/JPEG 的解码库。关于 TjpgDec 的详细使用可参考本书配套资料→6,软件资料→图片解码→TjpgDec 技术手册文档。

BMP 和 JPEG 这两种图片格式均不支持动态效果,而 GIF 则是可以支持动态效果。GIF(Graphics Interchange Format)是 CompuServe 公司开发的图像文件存储格式,1987 年开发的 GIF 文件格式版本号是 GIF87a,1989 年进行了扩充,扩充后的版本号定义为 GIF89a。

GIF 图像文件以数据块(block)为单位来存储图像的相关信息。一个 GIF 文件由表示图形/图像的数据块、数据子块以及显示图形/图像的控制信息块组成,称为 GIF 数据流(Data Stream)。数据流中的所有控制信息块和数据块都必须在文件头

(Header)和文件结束块(Trailer)之间。

GIF 文件格式采用了 LZW(Lempel-Ziv Walch)压缩算法来存储图像数据,定义了允许用户为图像设置背景的透明(transparency)属性。此外,GIF 文件格式可在一个文件中存放多幅彩色图形/图像。如果在 GIF 文件中存放有多幅图,它们可以像演幻灯片那样显示或者像动画那样演示。

一个 GIF 文件的结构可分为文件头(File Header)、GIF 数据流(GIF Data Stream)和文件终结器(Trailer)3 个部分。文件头包含 GIF 文件署名(Signature)和版本号(Version);GIF 数据流由控制标识符、图像块(Image Block)和其他的一些扩展块组成;文件终结器只有一个值为 0x3B 的字符(‘;’)表示文件结束。关于 GIF 的详细介绍可参考本书配套资料→6,软件资料→图片解码 GIF 解码相关资料。

36.2 硬件设计

本章实验功能简介:开机的时候先检测字库,然后检测 SD 卡是否存在,如果 SD 卡存在,则开始查找 SD 卡根目录下的 PICTURE 文件夹,如果找到则显示该文件夹下面的图片文件(支持 bmp、jpg、jpeg 或 gif 格式),循环显示。通过按 KEY0 和 KEY1 可以快速浏览下一张和上一张,WK_UP 按键用于暂停/继续播放,DS1 用于指示当前是否处于暂停状态。如果未找到 PICTURE 文件夹/任何图片文件,则提示错误。同样我们也是用 DS0 来指示程序正在运行。

所要用到的硬件资源有指示灯 DS0 和 DS1、KEY0、KEY1 和 WK_UP 这 3 个按键、串口、TFT - LCD 模块、SD 卡、SPI FLASH。注意,我们在 SD 卡根目录下要建一个 PICTURE 的文件夹,用来存放 JPEG、JPG、BMP 或 GIF 等图片。

36.3 软件设计

打开第 35 章的工程,首先在 HARDWARE 文件夹所在的文件夹下新建一个 PICTURE 的文件夹。在该文件夹里面新建 bmp.c、bmp.h、tjpgd.c、tjpgd.h、integer.h、gif.c、gif.h、piclib.c 和 piclib.h 共 9 个文件,并将 PICTURE 文件夹加入头文件包含路径。其中,bmp.c 和 bmp.h 用于实现对 bmp 文件的解码,tjpgd.c 和 tjpgd.h 用于实现对 jpeg/jpg 文件的解码,gif.c 和 gif.h 用于实现对 gif 文件的解码,代码可参考本例程的源码。打开 piclib.c,在里面输入如下代码:

```
#include "piclib.h"
#include "lcd.h"

_pic_info picinfo;                    //图片信息
_pic_phy pic_phy;                     //图片显示物理接口
```

```
//LCD 驱动部分,没有提供划横线函数,需要自己实现
void piclib_draw_hline(u16 x0,u16 y0,u16 len,u16 color)
{
    if((len == 0)||(x0>lcddev.width)||(y0>lcddev.height))return;
    LCD_Fill(x0,y0,x0 + len - 1,y0,color);
}
//填充颜色;x,y:起始坐标;width,height:宽度和高度;*color:颜色数组
void piclib_fill_color(u16 x,u16 y,u16 width,u16 height,u16 * color)
{
    LCD_Color_Fill(x,y,x + width - 1,y + height - 1,color);
}
//画图初始化,在画图之前,必须先调用此函数,指定画点/读点
void piclib_init(void)
{
    pic_phy.read_point = LCD_ReadPoint;          //读点函数实现
    pic_phy.draw_point = LCD_Fast_DrawPoint;     //画点函数实现
    pic_phy.fill = LCD_Fill;                     //填充函数实现
    pic_phy.draw_hline = piclib_draw_hline;      //画线函数实现
    pic_phy.fillcolor = piclib_fill_color;       //颜色填充函数实现
    picinfo.lcdwidth = lcddev.width;             //得到 LCD 的宽度像素
    picinfo.lcdheight = lcddev.height;           //得到 LCD 的高度像素
    picinfo.ImgWidth = 0;                        //初始化宽度为 0
    picinfo.ImgHeight = 0;                       //初始化高度为 0
    picinfo.Div_Fac = 0;                         //初始化缩放系数为 0
    picinfo.S_Height = 0;                        //初始化设定的高度为 0
    picinfo.S_Width = 0;                         //初始化设定的宽度为 0
    picinfo.S_XOFF = 0;                          //初始化 x 轴的偏移量为 0
    picinfo.S_YOFF = 0;                          //初始化 y 轴的偏移量为 0
    picinfo.staticx = 0;                         //初始化当前显示到的 x 坐标为 0
    picinfo.staticy = 0;                         //初始化当前显示到的 y 坐标为 0
}
//快速 ALPHA BLENDING 算法,src:源颜色;dst:目标颜色;alpha:透明程度(0~32);返回值
//为混合后的颜色
u16 piclib_alpha_blend(u16 src,u16 dst,u8 alpha)
{
    u32 src2; u32 dst2;
    //Convert to 32bit | - - - - - GGGGGG - - - - - RRRRR - - - - - - BBBBB|
    src2 = ((src<<16)|src)&0x07E0F81F;
    dst2 = ((dst<<16)|dst)&0x07E0F81F;
    //Perform blending R:G:B with alpha in range 0..32
    //Note that the reason that alpha may not exceed 32 is that there are only
    //5bits of space between each R:G:B value, any higher value will overflow
```

```
        //into the next component and deliver ugly result.
        dst2 = ((((dst2 - src2) * alpha)>>5) + src2)&0x07E0F81F;
        return (dst2>>16)|dst2;
}
//初始化智能画点,内部调用
void ai_draw_init(void)
{
        float temp,temp1;
        temp = (float)picinfo.S_Width/picinfo.ImgWidth;
        temp1 = (float)picinfo.S_Height/picinfo.ImgHeight;
        if(temp<temp1)temp1 = temp;                    //取较小的那个
        if(temp1>1)temp1 = 1;
        //使图片处于所给区域的中间
        picinfo.S_XOFF += (picinfo.S_Width - temp1 * picinfo.ImgWidth)/2;
        picinfo.S_YOFF += (picinfo.S_Height - temp1 * picinfo.ImgHeight)/2;
        temp1 * = 8192;//扩大 8192 倍
        picinfo.Div_Fac = temp1;
        picinfo.staticx = 0xffff;
        picinfo.staticy = 0xffff;                      //放到一个不可能的值上面
}
//判断这个像素是否可以显示,(x,y):像素原始坐标;chg:功能变量;返回值:0,不需要显
//示.1,需要显示
u8 is_element_ok(u16 x,u16 y,u8 chg)
{
        if(x!= picinfo.staticx||y!= picinfo.staticy)
        {
            if(chg == 1)
            {
                picinfo.staticx = x;
                picinfo.staticy = y;
            }
            return 1;
        }else return 0;
}
//智能画图
//FileName:要显示的图片文件  BMP/JPG/JPEG/GIF
//x,y,width,height:坐标及显示区域尺寸
//fast:使能 jpeg/jpg 小图片(图片尺寸小于等于液晶分辨率)快速解码,0,不使能;1,使能
//图片在开始和结束的坐标点范围内显示
u8 ai_load_picfile(const u8 * filename,u16 x,u16 y,u16 width,u16 height,u8 fast)
{
        u8      res;                                    //返回值
```

```
        u8 temp;
        if((x + width)>picinfo.lcdwidth)return PIC_WINDOW_ERR;            //x 坐标超范围了
        if((y + height)>picinfo.lcdheight)return PIC_WINDOW_ERR;          //y 坐标超范围了
        //得到显示方框大小
        if(width == 0||height == 0)return PIC_WINDOW_ERR;        //窗口设定错误
        picinfo.S_Height = height;
        picinfo.S_Width = width;
        //显示区域无效
        if(picinfo.S_Height == 0||picinfo.S_Width == 0)
        {
            picinfo.S_Height = lcddev.height;
            picinfo.S_Width = lcddev.width;
            return FALSE;
        }
        if(pic_phy.fillcolor == NULL)fast = 0;        //颜色填充函数未实现,不能快速显示
        //显示的开始坐标点
        picinfo.S_YOFF = y;
        picinfo.S_XOFF = x;
        //文件名传递
        temp = f_typetell((u8 * )filename);            //得到文件的类型
        switch(temp)
        {
            case T_BMP:
                res = stdbmp_decode(filename);                        //解码 bmp
                break;
            case T_JPG:
            case T_JPEG:
                res = jpg_decode(filename,fast);                      //解码 JPG/JPEG
                break;
            case T_GIF:
                res = gif_decode(filename,x,y,width,height);          //解码 gif
                break;
            default:
                res = PIC_FORMAT_ERR;                                 //非图片格式
                break;
        }
        return res;
    }
```

此段代码总共 7 个函数,其中,piclib_draw_hline 和 piclib_fill_color 函数因为 LCD 驱动代码没有提供,所以在这里单独实现;如果 LCD 驱动代码有提供,则直接用 LCD 提供的即可。

piclib_init 函数,用于初始化图片解码的相关信息,其中_pic_phy 是 piclib. h 里面定义的一个结构体,用于管理底层 LCD 接口函数,这些函数必须由用户在外部实现。_pic_info 则是另外一个结构体,用于图片缩放处理。

piclib_alpha_blend 函数,用于实现半透明效果,在小格式(分辨率小于 240×320)bmp 解码的时候,可能被用到。

ai_draw_init 函数,用于实现图片在显示区域的居中显示初始化,其实就是根据图片大小选择缩放比例和坐标偏移值。

is_element_ok 函数,用于判断一个点是不是应该显示出来,在图片缩放的时候该函数是必须用到的。

ai_load_picfile 函数,是整个图片显示的对外接口,外部程序通过调用该函数可以实现 bmp、jpg/jpeg 和 gif 的显示。该函数根据输入文件的后缀名判断文件格式,然后交给相应的解码程序(bmp 解码/jpeg 解码/gif 解码)执行解码,完成图片显示。注意,这里用到一个 f_typetell 的函数来判断文件的后缀名,f_typetell 函数在 ex-funs. c 里面实现,具体请参考本例程源码。

保存 piclib. c,然后在工程里面新建一个 PICTURE 的分组,将 bmp. c、gif. c、tjpgd. c 和 piclib. c 这 4 个 c 文件加入到 PICTURE 分组下。然后打开 piclib. h,在该文件输入如下代码:

```
#ifndef __PICLIB_H
#define __PICLIB_H
#include "sys.h"
#include "lcd.h"
#include "malloc.h"
#include "ff.h"
#include "exfuns.h"
#include "bmp.h"
#include "tjpgd.h"
#include "gif.h"
#define PIC_FORMAT_ERR      0x27      //格式错误
#define PIC_SIZE_ERR        0x28      //图片尺寸错误
#define PIC_WINDOW_ERR      0x29      //窗口设定错误
#define PIC_MEM_ERR         0x11      //内存错误
#ifndef TRUE
#define TRUE    1
#endif
#ifndef FALSE
#define FALSE   0
#endif
//图片显示物理层接口,在移植时必须由用户自己实现这几个函数
typedef struct
```

```
{
    u16( * read_point)(u16,u16);//u16 read_point(u16 x,u16 y)          读点函数
    void( * draw_point)(u16,u16,u16);
                                    //void draw_point(u16 x,u16 y,u16 color)画点函数
    void( * fill)(u16,u16,u16,u16,u16);
//void fill(u16 sx,u16 sy,u16 ex,u16 ey,u16 color) 单色填充函数
    void( * draw_hline)(u16,u16,u16,u16);
//void draw_hline(u16 x0,u16 y0,u16 len,u16 color)  画水平线函数
void( * fillcolor)(u16,u16,u16,u16,u16 * );
//void piclib_fill_color(u16 x,u16 y,u16 width,u16 height,u16 * color) 颜色填充
}_pic_phy;
extern _pic_phy pic_phy;
//图像信息
typedef struct
{
    u16 lcdwidth;                   //LCD 的宽度
    u16 lcdheight;                  //LCD 的高度
    u32 ImgWidth;                   //图像的实际宽度和高度
    u32 ImgHeight;
    u32 Div_Fac;                    //缩放系数（扩大了 8 192 倍的）
    u32 S_Height;                   //设定的高度和宽度
    u32 S_Width;
    u32   S_XOFF;                   //x 轴和 y 轴的偏移量
    u32 S_YOFF;
    u32 staticx;                    //当前显示到的 xy 坐标
    u32 staticy;
}_pic_info;
extern _pic_info picinfo;           //图像信息
void piclib_init(void);             //初始化画图
u16 piclib_alpha_blend(u16 src,u16 dst,u8 alpha);       //alphablend 处理
void ai_draw_init(void);            //初始化智能画图
u8 is_element_ok(u16 x,u16 y,u8 chg);   //判断像素是否有效
u8 ai_load_picfile(const u8 * filename,u16 x,u16 y,u16 width,u16 height,u8 fast);
                                    //智能画图
#endif
```

这里基本就是前面提到的两个结构体的定义以及一些函数的申明,保存 piclib.h。最后在 test.c 文件里面修改代码如下:

```
//得到 path 路径下,目标文件的总个数,path:路径;返回值:总有效文件数
u16 pic_get_tnum(u8 * path)
{
    u8 res; u16 rval = 0;
```

```
    DIR tdir;                                        //临时目录
    FILINFO tfileinfo;                               //临时文件信息
    u8 * fn;
    res = f_opendir(&tdir,(const TCHAR * )path);     //打开目录
      tfileinfo.lfsize = _MAX_LFN * 2 + 1;           //长文件名最大长度
    tfileinfo.lfname = mymalloc(tfileinfo.lfsize);   //为长文件缓存区分配内存
    if(res == FR_OK&&tfileinfo.lfname!= NULL)
    {
        while(1)//查询总的有效文件数
        {
            res = f_readdir(&tdir,&tfileinfo);        //读取目录下的一个文件
            if(res!= FR_OK||tfileinfo.fname[0] == 0)break;//错误了/到末尾了,退出
             fn = (u8 * )( * tfileinfo.lfname? tfileinfo.lfname:tfileinfo.fname);
            res = f_typetell(fn);
            if((res&0XF0) == 0X50)                    //取高 4 位,看看是不是图片文件
            {
                rval ++ ;                             //有效文件数增加 1
            }
        }
    }
    return rval;
}
int main(void)
{
    u8 res; u8 t; u16 temp;
     DIR picdir;                                      //图片目录
    FILINFO picfileinfo;                             //文件信息
    u8 * fn;                                         //长文件名
    u8 * pname;                                      //带路径的文件名
    u16 totpicnum;                                   //图片文件总数
    u16 curindex;                                    //图片当前索引
    u8 key;                                          //键值
    u8 pause = 0;                                    //暂停标记
    u16 * picindextbl;                               //图片索引表
        Stm32_Clock_Init(9);                         //系统时钟设置
    delay_init(72);                                  //延时初始化
    uart_init(72,9600);                             //串口 1 初始化
    LCD_Init();                                      //初始化液晶
    LED_Init();                                      //LED 初始化
    KEY_Init();                                      //按键初始化
    usmart_dev.init(72);                            //usmart 初始化
     mem_init();                                     //初始化内部内存池
```

```
    exfuns_init();                                          //为 fatfs 相关变量申请内存
    f_mount(fs[0],"0:",1);                                  //挂载 SD 卡
    f_mount(fs[1],"1:",1);                                  //挂载 FLASH
POINT_COLOR = RED;
    while(font_init())                                      //检查字库
{
        LCD_ShowString(60,50,200,16,16,"Font Error!"); delay_ms(200);
        LCD_Fill(60,50,240,66,WHITE); delay_ms(200);
}
    Show_Str(60,50,200,16,"Mini STM32 开发板",16,0);
Show_Str(60,70,200,16,"图片显示程序",16,0);
Show_Str(60,90,200,16,"KEY0:NEXT KEY1:PREV",16,0);
Show_Str(60,110,200,16,"WK_UP:PAUSE",16,0);
Show_Str(60,130,200,16,"正点原子@ALIENTEK",16,0);
Show_Str(60,150,200,16,"2014 年 3 月 14 日",16,0);
    while(f_opendir(&picdir,"0:/PICTURE"))                  //打开图片文件夹
{
        Show_Str(60,170,240,16,"PICTURE 文件夹错误!",16,0);delay_ms(200);
        LCD_Fill(60,170,240,186,WHITE); delay_ms(200);
}
totpicnum = pic_get_tnum("0:/PICTURE");                     //得到总有效文件数
    while(totpicnum == NULL)                                //图片文件为 0
{
        Show_Str(60,170,240,16,"没有图片文件!",16,0); delay_ms(200);
        LCD_Fill(60,170,240,186,WHITE); delay_ms(200);     //清除显示
}
    picfileinfo.lfsize = _MAX_LFN * 2 + 1;                  //长文件名最大长度
picfileinfo.lfname = mymalloc(picfileinfo.lfsize);         //为长文件缓存区分配内存
    pname = mymalloc(picfileinfo.lfsize);                  //为带路径的文件名分配内存
    picindextbl = mymalloc(2 * totpicnum);                 //申请 2 * totpicnum 个字节内存
                                                            //用于存放图片索引
    while(picfileinfo.lfname == NULL||pname == NULL||picindextbl == NULL)
                                                            //内存分配出错
    {
        Show_Str(60,170,240,16,"内存分配失败!",16,0); delay_ms(200);
        LCD_Fill(60,170,240,186,WHITE); delay_ms(200);
}
//记录索引
res = f_opendir(&picdir,"0:/PICTURE");                      //打开目录
if(res == FR_OK)
{
        curindex = 0;                                       //当前索引为 0
```

```
        while(1)                                    //全部查询一遍
        {
            temp = picdir.index;                    //记录当前 index
            res = f_readdir(&picdir,&picfileinfo);  //读取目录下的一个文件
            if(res!= FR_OK||picfileinfo.fname[0] == 0)break;
                                                    //错误了/到末尾了,退出
            fn = (u8 * )( * picfileinfo.lfname? picfileinfo.lfname:picfileinfo.
fname);
            res = f_typetell(fn);
            if((res&0XF0) == 0X50)                  //取高四位,看看是不是图片文件
            {
                picindextbl[curindex] = temp;       //记录索引
                curindex ++ ;
            }
        }
    }
    Show_Str(60,170,240,16,"开始显示...",16,0);
    delay_ms(1500);
    piclib_init();                                  //初始化画图
    curindex = 0;                                   //从 0 开始显示
    res = f_opendir(&picdir,(const TCHAR * )"0:/PICTURE");    //打开目录
    while(res == FR_OK)                             //打开成功
    {
        dir_sdi(&picdir,picindextbl[curindex]);     //改变当前目录索引
        res = f_readdir(&picdir,&picfileinfo);      //读取目录下的一个文件
        if(res! = FR_OK||picfileinfo.fname[0] == 0)break;  //错误了/到末尾了,退出
        fn = (u8 * )( * picfileinfo.lfname? picfileinfo.lfname:picfileinfo.fname);
        strcpy((char * )pname,"0:/PICTURE/");       //复制路径(目录)
        strcat((char * )pname,(const char * )fn);   //将文件名接在后面
        LCD_Clear(BLACK);
        ai_load_picfile(pname,0,0,lcddev.width,lcddev.height,1);//显示图片
        Show_Str(2,2,240,16,pname,16,1);            //显示图片名字
        t = 0;
        while(1)
        {
            key = KEY_Scan(0);                      //扫描按键
            if(t>250)key = 1;                       //模拟一次按下 KEY0
            if((t % 20) == 0)LED0 = ! LED0;         //LED0 闪烁,提示程序正在运行
            if(key == KEY1_PRES)                    //上一张
            {
                if(curindex)curindex -- ;
                else curindex = totpicnum - 1;
```

```
                    break;
            }else if(key == KEY0_PRES)                    //下一张
            {
                curindex ++ ;
                if(curindex> = totpicnum)curindex = 0;//到末尾的时候,自动从头开始
                break;
            }else if(key == WKUP_PRES)
            {
                pause = ! pause;
                LED1 = ! pause;                           //暂停的时候 LED1 亮
            }
            if(pause == 0)t ++ ;
            delay_ms(10);
        }
        res = 0;
    }
    myfree(picfileinfo.lfname);                           //释放内存
    myfree(pname);                                        //释放内存
    myfree(picindextbl);                                 //释放内存
}
```

此部分除了 mian 函数,还有一个 pic_get_tnum 函数,用来得到 path 路径下所有有效文件(图片文件)的个数。在 mian 函数里面通过索引(图片文件在 PICTURE 文件夹下的编号)来查找上一个/下一个图片文件,这里需要用到 FATFS 自带的一个函数(dir_sdi)来设置当前目录的索引(因为 f_readdir 只能沿着索引一直往下找,不能往上找),方便定位到任何一个文件。dir_sdi 在 FATFS 下面定义为 static 函数,所以必须在 ff.c 里面将该函数的 static 修饰词去掉,然后在 ff.h 里面添加该函数的申明,以便 main 函数使用。

其他部分就比较简单了,至此,整个图片显示实验的软件设计部分就结束了。该程序将实现浏览 PICTURE 文件夹下的所有图片,并显示其名字,每隔 3 s 左右切换一幅图片。

36.4　下载验证

代码编译成功之后下载代码到 ALIENTEK MiniSTM32 开发板上,则可以看到 LCD 开始显示图片(假设 SD 卡及图片文件都已经准备好了),如图 36.1 所示。按 KEY0 和 KEY1 可以快速切换到下一张或上一张,WK_UP 按键可以暂停自动播放,同时 DS1 亮,指示处于暂停状态,再按一次 WK_UP 则继续播放(DS1 灭)。同时,由于我们的代码支持 gif 格式的图片显示(注意尺寸不能超过 LCD 屏幕尺寸),所以可

以放一些 gif 图片到 PICTURE 文件夹来看动画了。

图 36.1 图片显示实验显示效果

　　本章同样可以通过 USMART 来测试该实验，将 ai_load_picfile 函数加入 USMART 控制(方法前面已经讲了很多次了)，就可以通过串口调用该函数，在屏幕上任何区域显示任何想要显示的图片了。

第**37**章

串口 IAP 实验

IAP,即在应用编程,很多单片机都支持这个功能,STM32 也不例外。在之前的 FLASH 模拟 EEPROM 实验里面,我们学习了 STM32 的 FLASH 自编程,本章将结合 FLASH 自编程的知识,通过 STM32 的串口实现一个简单的 IAP 功能。

37.1 IAP 简介

IAP(In Application Programming)即在应用编程,是用户自己的程序在运行过程中对 User Flash 的部分区域进行烧写,目的是在产品发布后可以方便地通过预留的通信口对产品中的固件程序进行更新升级。通常实现 IAP 功能时,即用户程序运行中做自身的更新操作,需要在设计固件程序时编写两个项目代码,第一个项目程序不执行正常的功能操作,而只是通过某种通信方式(如 USB、USART)接收程序或数据,执行对第二部分代码的更新;第二个项目代码才是真正的功能代码。这两部分项目代码都同时烧录在 User FLASH 中,当芯片上电后,首先是第一个项目代码开始运行,做如下操作:

① 检查是否需要对第二部分代码进行更新;

② 如果不需要更新则转到④;

③ 执行更新操作;

④ 跳转到第二部分代码执行。

第一部分代码必须通过其他手段,如 JTAG 或 ISP,烧入;第二部分代码可以使用第一部分代码 IAP 功能烧入,也可以和第一部分代码一起烧入,以后需要程序更新时再通过第一部分 IAP 代码更新。

将第一个项目代码称为 Bootloader 程序,第二个项目代码称为 APP 程序,它们存放在 STM32 FLASH 的不同地址范围,一般从最低地址区开始存放 Bootloader,紧跟其后的就是 APP 程序(注意,如果 FLASH 容量足够,是可以设计很多 APP 程序的,本章只讨论一个 APP 程序的情况)。这样就是要实现 2 个程序:Bootloader 和 APP。

STM32 的 APP 程序不仅可以放到 FLASH 里面运行,也可以放到 SRAM 里面运行,本章将制作两个 APP,一个用于 FLASH 运行,一个用于 SRAM 运行。

STM32 正常的程序运行流程如图 37.1 所示。

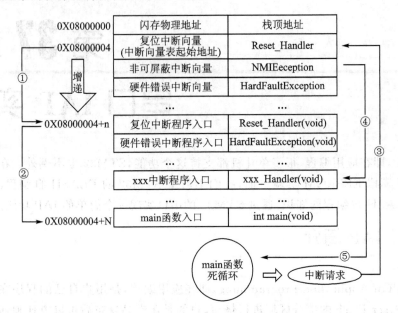

图 37.1   STM32 正常运行流程图

STM32 的内部闪存(FLASH)地址起始于 0x08000000,一般情况下,程序文件就从此地址开始写入。此外 STM32 是基于 Cortex - M3 内核的微控制器,其内部通过一张中断向量表来响应中断,程序启动后首先从中断向量表取出复位中断向量执行复位中断程序完成启动,而中断向量表的起始地址是 0x08000004。当中断来临时,STM32 的内部硬件机制自动将 PC 指针定位到中断向量表处,并根据中断源取出对应的中断向量执行中断服务程序。

在图 37.1 中,STM32 复位后先从 0X08000004 地址取出复位中断向量的地址,并跳转到复位中断服务程序,如图标号①所示;在复位中断服务程序执行完之后,会跳转到 main 函数,如图标号②所示;而我们的 main 函数一般都是一个死循环,在 main 函数执行过程中,如果收到中断请求(发生重中断),此时 STM32 强制将 PC 指针指回中断向量表处,如图标号③所示;然后,根据中断源进入相应的中断服务程序,如图标号④所示;在执行完中断服务程序以后,程序再次返回 main 函数执行,如图标号⑤所示。

当加入 IAP 程序之后,程序运行流程如图 37.2 所示。图中,STM32 复位后还是从 0X08000004 地址取出复位中断向量的地址,并跳转到复位中断服务程序,在运行完复位中断服务程序之后跳转到 IAP 的 main 函数,如图标号①所示,此部分同图 37.1 一样;执行完 IAP 以后(即将新的 APP 代码写入 STM32 的 FLASH 灰底部分,新程序的复位中断向量起始地址为 0X08000004+N+M),跳转至新写入程序的复位向量表,取出新程序的复位中断向量的地址,并跳转执行新程序的复位中断服务程序,随后跳转至新程序的 main 函数,如图标号②和③所示。同样 main 函数为一个死循环,并且注意到此时 STM32 的 FLASH 在不同位置上共有两个中断向量表。

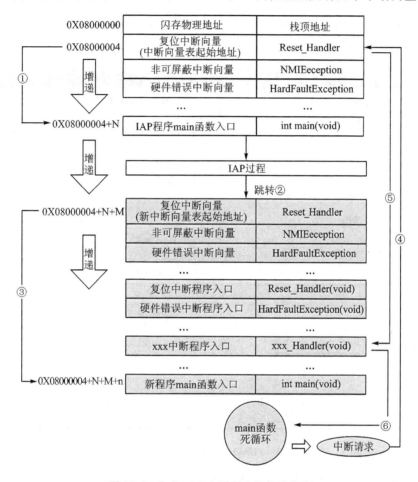

图 37.2 加入 IAP 之后程序运行流程图

在 main 函数执行过程中,如果 CPU 得到一个中断请求,PC 指针仍强制跳转到地址 0X08000004 中断向量表处,而不是新程序的中断向量表,如图标号④所示;程序再根据我们设置的中断向量表偏移量,跳转到对应中断源新的中断服务程序中,如图标号⑤所示;在执行完中断服务程序后,程序返回 main 函数继续运行,如图标号⑥所示。

通过以上两个过程的分析,我们知道 IAP 程序必须满足两个要求:

① 新程序必须在 IAP 程序之后的某个偏移量为 x 的地址开始;

② 必须将新程序的中断向量表相应的移动,移动的偏移量为 x;

本章有 2 个 APP 程序,一个是 FLASH 的 APP,另外一个是 SRAM 的 APP。图 37.2 虽然是针对 FLASH APP 来说的,但是在 SRAM 里面运行的过程和

FLASH 基本一致,只是需要设置向量表的地址为 SRAM 的地址。

1. APP 程序起始地址设置方法

随便打开一个之前的实例工程,选择 Options for Target 对话框中的 Target 选项卡,如图 37.3 所示。

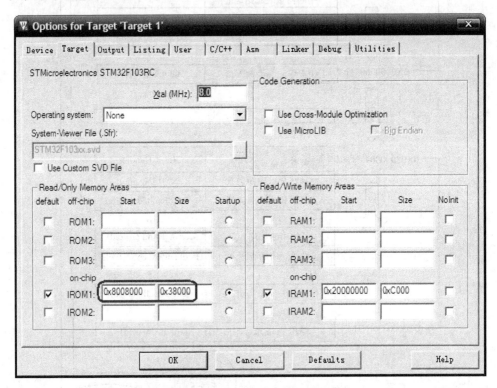

图 37.3 FLASH APP Target 选项卡设置

默认的条件下,图中 IROM1 的起始地址(Start)一般为 0X08000000,大小(Size)为 0X40000,即从 0X08000000 开始的 256 KB 空间为我们的程序存储区。而图中设置起始地址(Start)为 0X08008000,即偏移量为 0X8000(32 KB),因而,留给 APP 用的 FLASH 空间(Size)只有 0X80000-0X8000=0X38000(224 KB)大小了。设置好 Start 和 Szie 就完成 APP 程序的起始地址设置。

这里的 32 KB 不是固定的,读者可以根据 Bootloader 程序大小进行不同设置,理论上只需要确保 APP 起始地址在 Bootloader 之后,并且偏移量为 0X200 的倍数即可(相关知识请参考:http://www.openedv.com/posts/list/392.htm)。比如本章的 Bootloader 程序为 30 KB 左右,设置为 32 KB,还留有 2 KB 左右的余量供后续在 IAP 里面新增其他功能之用。

以上针对 FLASH APP 的起始地址设置,如果是 SRAM APP,那么起始地址设置如图 37.4 所示。

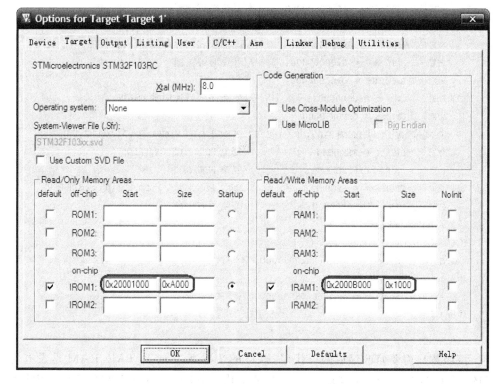

图 37. 4　SRAM APP Target 选项卡设置

这里将 IROM1 的起始地址（Start）定义为 0X20001000，大小为 0XA000（40 KB），即从地址 0X20000000 偏移 0X1000 开始之后的 40 KB，用于存放 APP 代码。因为整个 STM32F103RCT6 的 SRAM 大小为 48 KB，且偏移了 4 KB（0X1000），所以 IRAM1（SRAM）的起始地址变为 0X2000B000（0X1000＋0XA000），大小只有 0X1000（4 KB）。这样，整个 STM32F103RCT6 的 SRAM 分配情况为：最开始的 4 KB 给 Bootloader 程序使用，随后的 40 KB 存放 APP 程序，最后 4 KB 用作 APP 程序的内存。这个分配关系可以根据自己的实际情况修改，不一定和这里的设置一模一样，不过需要满足以下 4 个条件：

① 保证偏移量为 0X200 的倍数（这里为 0X1000）。

② IROM1 的容量最大为 41 KB（因为 IAP 代码里面接收数组最大是 41 KB）。

③ IROM1 的地址区域和 IRAM1 的地址区域不能重叠。

④ IROM1 大小＋IRAM1 大小，不要超过 44 KB（48－4）。

2. 中断向量表的偏移量设置方法

此步通过修改 sys. c 里面的 MYRCC_DeInit 函数实现，代码如下：

```
void MYRCC_DeInit(void)
{
```

```
    RCC - >APB1RSTR = 0x00000000;        //复位结束
    RCC - >APB2RSTR = 0x00000000;
    RCC - >AHBENR = 0x00000014;          //睡眠模式闪存和 SRAM 时钟使能.其他关闭
    RCC - >APB2ENR = 0x00000000;         //外设时钟关闭
    RCC - >APB1ENR = 0x00000000;
    RCC - >CR | = 0x00000001;            //使能内部高速时钟 HSION
    RCC - >CFGR & = 0xF8FF0000;
    //复位 SW[1:0],HPRE[3:0],PPRE1[2:0],PPRE2[2:0],ADCPRE[1:0],MCO[2:0]
    RCC - >CR & = 0xFEF6FFFF;            //复位 HSEON,CSSON,PLLON
    RCC - >CR & = 0xFFFBFFFF;            //复位 HSEBYP
    RCC - >CFGR & = 0xFF80FFFF;//复位 PLLSRC, PLLXTPRE, PLLMUL[3:0] and USBPRE
    RCC - >CIR = 0x00000000;             //关闭所有中断
    //配置向量表
#ifdef   VECT_TAB_RAM
    MY_NVIC_SetVectorTable(0x20000000, 0x0);
#else
    MY_NVIC_SetVectorTable(0x08000000,0);
#endif
}
```

该函数只需要修改最后两行代码,默认的情况下 VECT_TAB_RAM 是没有定义的,其中 0x20000000 和 0x080000000 分别代表 STM32 内部 RAM 和 FLASH 的默认起始地址。执行"MY_NVIC_SetVectorTable(0x08000000,0);",这是正常情况的向量表偏移量(为 0),本章修改这句代码为"MY_NVIC_SetVectorTable(0x08000000,0X8000);",偏移量为 0X8000。

以上是 FLASH APP 的情况,当使用 SRAM APP 的时候,我们需要定义 VECT_TAB_RAM,选择 Options for Target 对话框中的 C/C++选项卡,在 Preprocessor Symblols 栏添加定义 VECT_TAB_RAM,如图 37.5 所示。

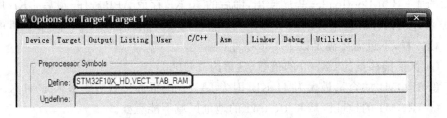

图 37.5 SRAM APP C/C++选项卡设置

可以用逗号(注意这不是汉字里面的逗号)来分开不同的宏,因为之前已经定义了 STM32F10X_HD 宏,所以利用逗号来区分 STM32F10X_HD 和 VECT_TAB_RAM。图 34.5 中用逗号区分两个宏,因为之前已经定义了 STM32F10X_HD 宏,所以在 VECT_TAB_RAM 之前用逗号进行区分。

通过这个设置定义 VECT_TAB_RAM,故在执行 MYRCC_DeInit 函数的时候会执行"MY_NVIC_SetVectorTable(0x20000000, 0x0);"。这里的 0X0 是默认的设置,本章修改此句代码为"MY_NVIC_SetVectorTable(0x20000000,0X1000);",即设置偏移量为 0X1000,这样就完成了中断向量表偏移量的设置。

通过以上两个步骤的设置就可以生成 APP 程序了,只要 APP 程序的 FLASH 和 SRAM 大小不超过我们的设置即可。不过 MDK 默认生成的文件是. hex 文件,并不方便用作 IAP 更新,我们希望生成的文件是. bin 文件,这样可以方便进行 IAP 升级(至于为什么,请读者自行看 HEX 和 BIN 文件的区别)。这里通过 MDK 自带的格式转换工具 fromelf. exe 来实现. axf 文件到. bin 文件的转换。该工具在 MDK 的安装目录\ARM\BIN40 文件夹里面。

fromelf. exe 转换工具的语法格式为:fromelf [options] input_file。其中,options 有很多选项可以设置,详细使用请参考本书配套资料→8,STM32 参考资料→STM32 IAP 学习资料→mdk 如何生成 bin 文件. doc。

本章通过在 MDK 的 Options for Target 对话框中选择 User 选项卡,在 Run User Programs After Build/Rebuild 栏选中 Run♯1,并写入 D:\MDK5. 21A\ARM \BIN40\fromelf. exe　--bin-o.. \OBJ\TEST. bin .. \OBJ\TEST. axf,如图 37. 6 所示。

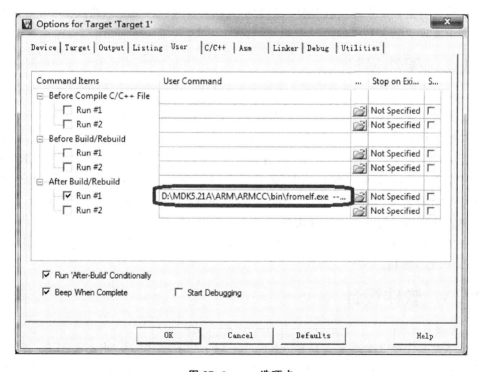

图 37. 6　user 选项卡

通过这一步设置,我们就可以在 MDK 编译成功之后调用 fromelf.exe(注意,笔者的 MDK 是安装在 D:\MDK5.21A 文件夹下,如果安装在其他目录,须根据自己的目录修改 fromelf.exe 的路径),根据当前工程的 TEST.axf,生成一个 TEST.bin 的文件,并存放在 axf 文件相同的目录下,即工程的 OBJ 文件夹里面。在得到.bin 文件之后,我们只需要将这个 bin 文件传送给单片机即可执行 IAP 升级。

最后再来看看 APP 程序的生成步骤:

① 设置 APP 程序的起始地址和存储空间大小。对于在 FLASH 里面运行的 APP 程序,我们只需要设置 APP 程序的起始地址和存储空间大小即可。而对于在 SRAM 里面运行的 APP 程序,我们还需要设置 SRAM 的起始地址和大小。无论哪种 APP 程序,都需要确保 APP 程序的大小和所占 SRAM 大小不超过设置范围。

② 设置中断向量表偏移量。此步通过在 MYRCC_DeInit 函数里面调用 MY_NVIC_SetVectorTable 函数,实现对中断向量表偏移量的设置。这个偏移量的大小其实就等于程序起始地址相对于 0X08000000 或者 0X20000000 的偏移。对于 SRAM APP 程序,我们还需要在 C/C++选项卡定义 VECT_TAB_RAM,以申明中断向量表是在 SRAM 里面。

③ 设置编译后运行 fromelf.exe,生成.bin 文件。通过在 User 选项卡设置编译后调用 fromelf.exe,根据.axf 文件生成.bin 文件,用于 IAP 更新。

通过以上 3 个步骤,我们就可以得到一个.bin 的 APP 程序,通过 Bootlader 程序即可实现更新。

37.2　硬件设计

本章实验(Bootloader 部分)功能简介:开机的时候先显示提示信息,然后等待串口输入接收 APP 程序(无校验,一次性接收),在串口接收到 APP 程序之后,即可执行 IAP。如果是 SRAM APP,则通过按下 KEY0 即可执行这个收到的 SRAM APP 程序。如果是 FLASH APP,则需要先按下 WK_UP 按键,将串口接收到的 APP 程序存放到 STM32 的 FLASH,之后再按 KEY1 即可执行这个 FLASH APP 程序。DS0 用于指示程序运行状态。

本实验用到的资源有指示灯 DS0、3 个按键(KEY0/KEY1/WK_UP)、串口、TFT-LCD 模块。

37.3　软件设计

本章共需要 3 个程序:① Bootloader;② FLASH APP;③ SRAM APP。其中,我们选择之前做过的 RTC 实验(在第 13 章介绍)来作为 FLASH APP 程序(起始地址为 0X08005000),选择触摸屏实验(在第 31 章介绍)来作为 SRAM APP 程序(起始地址为 0X20001000）。Bootloader 则是通过 TFT - LCD 显示实验（在第 16 章介绍）修改得来。本章关于 SRAM APP 和 FLASH APP 的生成比较简单，读者可以结合本例程源码以及 37.1 节的介绍自行理解。本章软件设计仅针对 Bootloader 程序。

　　复制第 16 章的工程（即实验 11）作为本章的工程模版（命名为：IAP Bootloader V1.0），并复制第 31 章实验（FLASH 模拟 EEPROM 实验）的 STMFLASH 文件夹到本工程的 HARDWARE 文件夹下。打开本实验工程，并将 STMFLASH 文件夹内的 stmflash.c 加入到 HARDWARE 组下，同时将 STMFLASH 加入头文件包含路径。

　　在 HARDWARE 文件夹所在的文件夹下新建一个 IAP 的文件夹，并在该文件夹下新建 iap.c 和 iap.h 两个文件。然后在工程里面新建一个 IAP 的组，将 iap.c 加入到该组下面。最后，将 IAP 文件夹加入头文件包含路径。打开 iap.c，输入如下代码：

```c
# include "sys.h"
# include "delay.h"
# include "usart.h"
# include "stmflash.h"
# include "iap.h"
iapfun jump2app;
u16 iapbuf[1024];
//appxaddr:应用程序的起始地址;appbuf:应用程序 CODE;appsize:应用程序大小(字节)
void iap_write_appbin(u32 appxaddr,u8 * appbuf,u32 appsize)
{
    u16 t;
    u16 i = 0;
    u16 temp;
    u32 fwaddr = appxaddr;                  //当前写入的地址
    u8 * dfu = appbuf;
    for(t = 0;t<appsize;t += 2)
    {
        temp = (u16)dfu[1]<<8;
        temp += (u16)dfu[0];
        dfu += 2;                           //偏移 2 个字节
        iapbuf[i ++ ] = temp;
        if(i == 1024)
        {
            i = 0;
            STMFLASH_Write(fwaddr,iapbuf,1024);
            fwaddr += 2048;                 //偏移 2048  16 = 2 × 8,所以要乘以 2
        }
```

```
        }
        if(i)STMFLASH_Write(fwaddr,iapbuf,i);      //将最后的一些内容字节写进去
    }
//跳转到应用程序段,appxaddr:用户代码起始地址
void iap_load_app(u32 appxaddr)
{
    if((( * (vu32 * )appxaddr)&0x2FFE0000) == 0x20000000)    //检查栈顶地址是否合法
    {
        jump2app = (iapfun) * (vu32 * )(appxaddr + 4);
        //用户代码区第二个字为程序开始地址(复位地址)
        MSR_MSP( * (vu32 * )appxaddr);
        //初始化 APP 堆栈指针(用户代码区的第一个字用于存放栈顶地址)
        jump2app();                           //跳转到 APP
    }
}
```

该文件总共只有 2 个函数,其中,iap_write_appbin 函数用于将存放在串口接收 buf 里面的 APP 程序写入到 FLASH。iap_load_app 函数用于跳转到 APP 程序运行,其参数 appxaddr 为 APP 程序的起始地址,程序先判断栈顶地址是否合法,在得到合法的栈顶地址后,通过 MSR_MSP 函数(该函数在 sys.c 文件)设置栈顶地址,最后通过一个虚拟的函数(jump2app)跳转到 APP 程序执行代码,实现 IAP→APP 的跳转。

保存 iap.c,打开 iap.h 输入如下代码:

```
#ifndef __IAP_H__
#define __IAP_H__
#include "sys.h"
typedef   void ( * iapfun)(void);          //定义一个函数类型的参数
#define FLASH_APP1_ADDR 0x08008000          //第一个应用程序起始地址(存放在 FLASH)
//保留 0X08000000~0X08007FFF 的空间为 Bootloader 使用(32 KB)
void iap_load_app(u32 appxaddr);           //跳转到 APP 程序执行
void iap_write_appbin(u32 appxaddr,u8 * appbuf,u32 applen);
                                           //在指定地址开始,写入 bin
#endif
```

这部分代码比较简单,保存 iap.h。本章是通过串口接收 APP 程序的,我们将 usart.c 和 usart.h 做了修改,在 usart.h 中定义 USART_REC_LEN 为 41 KB,也就是串口最大一次可以接收 41 KB 的数据,这也是本 Bootloader 程序所能接收的最大 APP 程序大小。然后新增一个 USART_RX_CNT 的变量,用于记录接收到的文件大小,而 USART_RX_STA 不再使用。在 usart.c 里面修改 USART1_IRQHandler 部分代码如下:

```
//串口 1 中断服务程序
//注意,读取 USARTx - >SR 能避免莫名其妙的错误
u8 USART_RX_BUF[USART_REC_LEN] __attribute__ ((at(0X20001000)));
//接收缓冲,最大 USART_REC_LEN 个字节,起始地址为 0X20001000.
//接收状态:bit15,接收完成标志;bit14,接收到 0x0d;bit13~0,接收到的有效字节数目
u16 USART_RX_STA = 0;              //接收状态标记
u16 USART_RX_CNT = 0;              //接收的字节数
void USART1_IRQHandler(void)
{
    u8 res;
#ifdef OS_CRITICAL_METHOD           //OS_CRITICAL_METHOD 定义了,说明使用 μC/OS - II 了
    OSIntEnter();
#endif
    if(USART1 - >SR&(1<<5))          //接收到数据
    {
        res = USART1 - >DR;
        if(USART_RX_CNT<USART_REC_LEN)
        {
            USART_RX_BUF[USART_RX_CNT] = res;
            USART_RX_CNT ++ ;
        }
    }
#ifdef OS_CRITICAL_METHOD           //OS_CRITICAL_METHOD 定义了,说明使用 μC/OS - II 了
    OSIntExit();
#endif
}
```

这里指定 USART_RX_BUF 的地址是从 0X20001000 开始,该地址也就是
SRAM APP 程序的起始地址。然后在 USART1_IRQHandler 函数里面将串口发送
过来的数据,全部接收到 USART_RX_BUF,并通过 USART_RX_CNT 计数。

改完 usart.c 和 usart.h 之后,我们在 test.c 修改 main 函数如下:

```
int main(void)
{
    u8 t; u8 key; u8 clearflag = 0;
    u16 oldcount = 0;              //老的串口接收数据值
    u16 applenth = 0;             //接收到的 app 代码长度
     Stm32_Clock_Init(9);         //系统时钟设置
    uart_init(72,256000);        //串口初始化为 256000
    delay_init(72);              //延时初始化
    LED_Init();                 //初始化与 LED 连接的硬件接口
    LCD_Init();                 //初始化 LCD
```

```
    KEY_Init();                        //按键初始化
    POINT_COLOR = RED;                 //设置字体为红色
LCD_ShowString(60,50,200,16,16,"Mini STM32");
LCD_ShowString(60,70,200,16,16,"IAP TEST");
LCD_ShowString(60,90,200,16,16,"ATOM@ALIENTEK");
LCD_ShowString(60,110,200,16,16,"2014/3/15");
LCD_ShowString(60,130,200,16,16,"WK_UP:Copy APP2FLASH");
LCD_ShowString(60,150,200,16,16,"KEY0:Run SRAM APP");
LCD_ShowString(60,170,200,16,16,"KEY1:Run FLASH APP");
POINT_COLOR = BLUE;                    //设置字体为蓝色
while(1)
{
    if(USART_RX_CNT)
    {
        if(oldcount == USART_RX_CNT)
        //新周期内,没有收到任何数据,认为本次数据接收完成
        {
            applenth = USART_RX_CNT;
            oldcount = 0;
            USART_RX_CNT = 0;
            printf("用户程序接收完成! \r\n");
            printf("代码长度:%dBytes\r\n",applenth);
        }else oldcount = USART_RX_CNT;
    }
    t++;
    delay_ms(10);
    if(t == 30)
    {
        LED0 = ! LED0; t = 0;
        if(clearflag)
        {
            clearflag -- ;
            if(clearflag == 0)LCD_Fill(60,210,240,210 + 16,WHITE);//清除显示
        }
    }
    key = KEY_Scan(0);
    if(key == WKUP_PRES)               //WK_UP 按键按下
    {
        if(applenth)
        {
            printf("开始更新固件...\r\n");
            LCD_ShowString(60,210,200,16,16,"Copying APP2FLASH...");
```

```
        if((( * (vu32 * )(0X20001000 + 4))&0xFF000000) == 0x08000000)
        //判断是否为 0X08XXXXXX.
        {
                iap_write_appbin(FLASH_APP1_ADDR,USART_RX_BUF,applenth);
                //更新 FLASH 代码
                LCD_ShowString(60,210,200,16,16,"Copy APP Successed!!");
                printf("固件更新完成! \r\n");
        }else
        {
                LCD_ShowString(60,210,200,16,16,"Illegal FLASH APP!    ");
                printf("非 FLASH 应用程序! \r\n");
        }
    }else
    {
        printf("没有可以更新的固件! \r\n");
        LCD_ShowString(60,210,200,16,16,"No APP!");
    }
    clearflag = 7;          //标志更新了显示,并且设置 7×300 ms 后清除显示
}
if(key == KEY1_PRES)
{
    printf("开始执行 FLASH 用户代码!! \r\n");
    if((( * (vu32 * )(FLASH_APP1_ADDR + 4))&0xFF000000) == 0x08000000)
    //判断是否为 0X08XXXXXX.
    {
        iap_load_app(FLASH_APP1_ADDR);//执行 FLASH APP 代码
    }else
    {
        printf("非 FLASH 应用程序,无法执行! \r\n");
        LCD_ShowString(60,210,200,16,16,"Illegal FLASH APP!");
    clearflag = 7;          //标志更新了显示,并且设置 7×300 ms 后清除显示
}
if(key == KEY0_PRES)
{
    printf("开始执行 SRAM 用户代码!! \r\n");
    if((( * (vu32 * )(0X20001000 + 4))&0xFF000000) == 0x20000000)
    //判断是否为 0X20XXXXXX.
    {
        iap_load_app(0X20001000);   //SRAM 地址
    }else
    {
        printf("非 SRAM 应用程序,无法执行! \r\n");
```

```
                  LCD_ShowString(60,210,200,16,16,"Illegal SRAM APP!");
               }
               clearflag = 7;              //标志更新了显示,并且设置 7×300 ms 后清除显示
          }
     }
```

该段代码实现了串口数据处理以及 IAP 更新、跳转等各项操作。Bootloader 程序就设计完成了。一般要求 bootloader 程序越小越好(给 APP 省空间),但是本章并没有对代码进行精简,主要是为了方便向读者展示(比如 printf 完全可以不用,LCD 显示也可以不用,这样可以节省大量 FLASH),实际应用时可以针对自己的情况进行精简。至此,本实验的软件设计部分结束。

对于 FLASH APP 和 SRAM APP 两部分代码,根据 37.1 节的介绍,读者自行修改都比较简单。注意,FLASH APP 的起始地址必须是 0X08008000,而 SRAM APP 的起始地址必须是 0X20001000。

37.4　下载验证

代码编译成功后下载代码到 ALIENTEK MiniSTM32 开发板上,得到如图 37.7 所示界面。

图 37.7　IAP 程序界面

此时,可以通过串口发送 FLASH APP 或者 SRAM APP 到 MiniSTM32 开发板,如图 37.8 所示。先用串口调试助手的打开文件按钮(如图标号①所示),找到 APP 程序生成的 .bin 文件,然后设置波特率为 256 000(为了提高速度,Bootloader 程序将波特率被设置为 256000 了),最后单击"发送文件"(图中标号③所示)将 .bin

文件发送给 MiniSTM32 开发板。

图 37.8　串口发送 APP 程序界面

在收到 APP 程序之后,我们就可以通过 KEY0/KEY1 运行这个 APP 程序了 (如果是 FLASH APP,则需要先通过 WK_UP 将其存入对应 FLASH 区域)。

第 **38** 章

触控 USB 鼠标实验

STM32F103 系列芯片都自带了 USB,不过 STM32F103 的 USB 都只能用来做设备,而不能用作主机。既便如此,对于一般应用来说已经足够了。本章将介绍如何在 ALIENTEK MiniSTM32 开发板上虚拟一个 USB 鼠标。

38.1 USB 简介

USB 是英文 Universal Serial BUS(通用串行总线)的缩写,中文简称为"通串线",是一个外部总线标准,用于规范计算机与外部设备的连接和通信,是应用在 PC 领域的接口技术。USB 接口支持设备的即插即用和热插拔功能。USB 是在 1994 年底由英特尔、康柏、IBM、Microsoft 等多家公司联合提出的。USB 发展到现在已经有 USB1.0/1.1/2.0/3.0 等多个版本。目前用的最多的就是 USB1.1 和 USB2.0,USB3.0 目前已经开始普及。STM32F103 自带的 USB 符合 USB2.0 规范。

标准 USB 由 4 根线组成,除 VCC/GND 外,另外为 D+、D-,这两根数据线采用差分电压的方式进行数据传输的。在 USB 主机上,D-和 D+都是接了 15 kΩ 的电阻到地的,所以在没有设备接入的时候,D+、D-均是低电平。而在 USB 设备中,如果是高速设备,则会在 D+上接一个 1.5 kΩ 的电阻到 VCC;而如果是低速设备,则会在 D-上接一个 1.5 kΩ 的电阻到 VCC。这样当设备接入主机的时候,主机就可以判断是否有设备接入,并能判断设备是高速设备还是低速设备。接下来简单介绍 STM32 的 USB 控制器。

STM32F103 的 MCU 自带 USB 从控制器,符合 USB 规范的通信连接;PC 主机和微控制器之间的数据传输是通过共享一个专用的数据缓冲区来完成的,该数据缓冲区能被 USB 外设直接访问。这块专用数据缓冲区的大小由使用的端点数目和每个端点最大的数据分组大小所决定,每个端点最大可使用 512 字节缓冲区(专用的 512 字节,和 CAN 共用),最多可用于 16 个单向或 8 个双向端点。USB 模块同 PC 主机通信,根据 USB 规范实现令牌分组的检测、数据发送/接收的处理和握手分组的处理。整个传输的格式由硬件完成,其中包括 CRC 的生成和校验。

每个端点都有一个缓冲区描述块,描述该端点使用的缓冲区地址、大小和需要传输的字节数。当 USB 模块识别出一个有效的功能/端点的令牌分组时,(如果需要传输数据并且端点已配置)随之发生相关的数据传输。USB 模块通过一个内部的 16 位寄存器实现端口与专用缓冲区的数据交换。在所有的数据传输完成后,如果需要,则根据传输的方向发送或接收适当的握手分组。在数据传输结束时,USB 模块将触发与端点相关的中断,通过读状态寄存器和/或者利用不同的中断来处理。

USB 的中断映射单元将可能产生中断的 USB 事件映射到 3 个不同的 NVIC 请求线上:

① USB 低优先级中断(通道 20):可由所有 USB 事件触发(正确传输,USB 复位等)。固件在处理中断前应当首先确定中断源。

② USB 高优先级中断(通道 19):仅由同步和双缓冲批量传输的正确传输事件触发,目的是保证最大的传输速率。

③ USB 唤醒中断(通道 42):由 USB 挂起模式的唤醒事件触发。

USB 设备框图如图 38.1 所示。

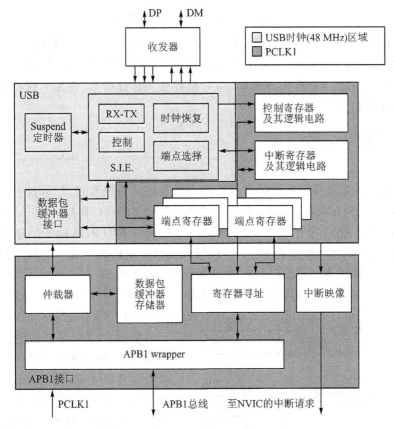

图 38.1　USB 设备框图

整个 USB 通信的详细过程是很复杂的,感兴趣的读者可以参考电脑圈圈的《圈圈教你玩 USB》一书。ST 提供标准的 USB 库可以在 www. stmcu. org/download/

index. php？ act＝ziliao&id＝147 下载，也可参考本书配套资料→8，STM32 参考资料→STM32 USB 学习资料，文件名为 STSW-STM32121. zip。在该压缩包里面，ST 提供了 8 个参考例程，如图 38.2 所示。

图 38.2　ST 提供的 USB 参考例程

ST 不但提供源码，还提供了说明文件 CD00158241. pdf(UM0424)，专门讲解 USB 库怎么使用。这些资料对了解 STM32F103 的 USB 有不少帮助。本实验的 USB 部分就是移植 ST 的 JoyStickMouse 例程相关部分而来，再加上我们的触摸屏做成一个触控鼠标。

38.2　硬件设计

本章实验功能简介：开机的时候先检测触摸屏是否校准过，如果没有，则校准。如果校准过了，则开始触摸屏画图，然后将坐标数据上传到计算机(假定 USB 已经配置成功了，DS1 亮)，这样就可以用触摸屏来控制计算机的鼠标了。我们用按键 KEY1 模拟鼠标右键，用按键 KEY0 模拟鼠标左键，用按键 WK_UP 模拟鼠标滚轮的向上滚动。同样我们也是用 DS0 来指示程序正在运行。

所要用到的硬件资源有指示灯 DS0、DS1、3 个按键(KEY0/KEY1/WK_UP)、串口、TFT－LCD 模块、USB 接口。

前面 5 部分在之前的实例中都介绍过了，这里就不介绍了。接下来看看计算机 USB 与 STM32 的 USB 连接口。ALIENTEK MiniSTM32 采用的是 5PIN 的 MiniUSB 接头，用来和 STM32 的 USB 相连接，连接电路如图 38.3 所示。可以看出，USB 是直接连接到 STM32 上面的，所以

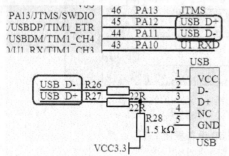

图 38.3　MiniUSB 接口与 STM32 的连接电路图

硬件上不需要什么变动。

38.3 软件设计

本章在第 26 章实验(实验 21,这里指源码,下同)的基础上修改,所以先打开第 26 章的工程,在 HARDWARE 文件夹所在的文件夹下新建一个 USB 的文件夹,然后在 USB 文件夹下面新建 LIB 和 CONFIG 文件夹,分别用来存放与 USB 核相关的代码以及配置部分代码。这两部分代码我们就不细说了(详见本例程源码),这两个文件夹内的代码如图 38.4 所示。以上代码就是 ST 提供的 USB 固件库代码,LIB 文件夹内的是固件库文件,而 CONFIG 文件夹内的是一些配置文件。LIB 文件夹下的.c 和.h 文件源码来自 STSW-STM32121\STM32_USB-FS-Device_Lib_V4.0.0\ Libraries\STM32_USB-FS-Device_Driver 文件夹下的 inc 和 src 文件夹。CONFIG 文件夹下的.c 和.h 文件源码来自 STSW-STM32121\STM32_USB-FS-Device_ Lib_V4.0.0\Projects\JoyStickMouse 文件夹下的 inc 和 src 文件夹。

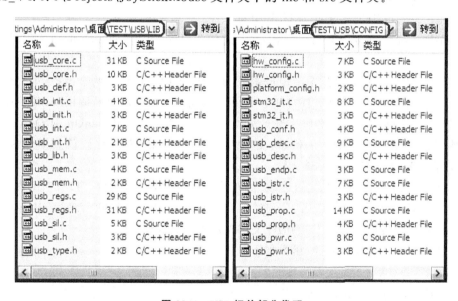

图 38.4 USB 相关部分代码

现在介绍 LIB 文件夹下的几个.c 文件:

usb_regs.c 文件,主要负责 USB 控制寄存器的底层操作,里面有各种 USB 寄存器的底层操作函数。

usb_init.c 文件,其中只有一个函数 USB_Init,用于 USB 控制器的初始化。不过对 USB 控制器的初始化是 USB_Init 调用用其他文件的函数实现的,USB_Init 只不过是把它们连接一下,这样使得代码比较规范。

usb_int.c 文件中只有 2 个函数 CTR_LP 和 CTR_HP,CTR_LP 负责 USB 低优

先级中断的处理,CTR_HP 负责 USB 高优先级中断的处理。

usb_mem.c 文件,用于处理 PMA 数据。PMA 全称为 Packet memory area,是 STM32 内部用于 USB/CAN 的专用数据缓冲区。该文件内也只有 2 个函数,即 PMAToUserBufferCopy 和 UserToPMABufferCopy,分别用于将 USB 端点的数据传送给主机和主机的数据传送到 USB 端点。

usb_croe.c 文件,用于处理 USB2.0 协议。

usb_sil.c 文件,为 USB 端点提供简化的读/写访问函数。

以上几个文件具有很强的独立性,除特殊情况,不需要用户修改,直接调用内部的函数即可。接着介绍 CONFIG 文件夹里面的几个 .c 文件:

hw_config.c 文件,用于硬件的配置,比如初始化 USB 时钟、USB 中断、低功耗模式处理等。

usb_desc.c 文件,用于 Joystick 描述符的处理。

usb_endp.c 文件,用于非控制传输,处理正确传输中断回调函数。

usb_pwr.c 文件,用于 USB 控制器的电源管理。

usb_istr.c 文件,用于处理 USB 中断。

usb_prop.c 文件,用于处理 Joystick 的相关事件,包括 Joystick 的初始化、复位等操作。

另外,stm32_it.c 就是中断服务函数的集合,里面只保留了两个函数,第一个函数是 USB_LP_CAN1_RX0_IRQHandler 函数,我们在该函数里面调用 USB_Istr 函数,用于处理 USB 发生的各种中断。另外一个函数就是 USBWakeUp_IRQHandler 函数,我们在该函数就做了一件事:清除中断标志。USB 相关代码就介绍到这里,详细可参考 CD00158241.pdf 文档。

注意,以上代码有些是经过修改了的,并非完全照搬官方例程。接着在工程文件里面新建 USB 和 USBCFG 组,分别加入 USB\LIB 下面的代码和 USB\CONFIG 下面的代码。然后把 LIB 和 CONFIG 文件夹加入头文件包含路径。

在 test.c 里面修改 main 函数如下:

```
//装载画图界面
void Load_Draw_Dialog(void)
{
    LCD_Clear(WHITE);                                      //清屏
     POINT_COLOR = BLUE;                                   //设置字体为蓝色
    LCD_ShowString(lcddev.width-24,0,200,16,16,"RST");//显示清屏区域
     POINT_COLOR = RED;                                    //设置画笔蓝色
}
//计算 x1,x2 的绝对值
u32 usb_abs(u32 x1,u32 x2)
{
```

```
        if(x1>x2)return x1 - x2;
        else return x2 - x1;
}
//设置 USB 连接/断线
//enable:0,断开;1,允许连接
void usb_port_set(u8 enable)
{
    RCC - >APB2ENR| = 1<<2;                    //使能 PORTA 时钟
    if(enable)_SetCNTR(_GetCNTR()&(~(1<<1)));  //退出断电模式
    else
    {
        _SetCNTR(_GetCNTR()|(1<<1));           //断电模式
        GPIOA - >CRH& = 0XFFF00FFF;
        GPIOA - >CRH| = 0X00033000;
        PAout(12) = 0;
    }
}
int main(void)
{
    u8 key; u8 i = 0;
     s8 x0,y0;                                 //发送到计算机端的坐标值
    u8 keysta;//[0]:0,左键松开;1,左键按下;[1]:0,右键松开;1,右键按下;[2]:0,中键
            //松开;1,中键按下
    u8 tpsta = 0;                              //0,触摸屏第一次按下;1,触摸屏滑动
    short xlast, ylast;                        //最后一次按下的坐标值
    Stm32_Clock_Init(9);                       //系统时钟设置
    delay_init(72);                            //延时初始化
    uart_init(72,9600);                        //串口 1 初始化
    LCD_Init();                                //初始化液晶
    LED_Init();                                //LED 初始化
    KEY_Init();                                //按键初始化
    TP_Init();                                 //初始化触摸屏
    POINT_COLOR = RED;
    LCD_ShowString(60,50,200,16,16,"Mini STM32");
    LCD_ShowString(60,70,200,16,16,"USB Mouse TEST");
    LCD_ShowString(60,90,200,16,16,"ATOM@ALIENTEK");
    LCD_ShowString(60,110,200,16,16,"2014/3/15");
    LCD_ShowString(60,130,200,16,16,"KEY_UP:SCROLL + ");
    LCD_ShowString(60,150,200,16,16,"KEY1:RIGHT BTN");
    LCD_ShowString(60,170,200,16,16,"KEY0:LEFT BTN");
    delay_ms(1800);
    usb_port_set(0); delay_ms(300);            //USB 先断开
```

```
    usb_port_set(1);                                    //USB 再次连接
    USB_Interrupts_Config();                            //USB 中断配置
    Set_USBClock();                                     //USB 时钟设置
    USB_Init();                                         //USB 初始化
    Load_Draw_Dialog();
     while(1)
    {
        key = KEY_Scan(1);                              //支持连按
        if(key)
        {
            if(key == 3)Joystick_Send(0,0,0,1);     //发送滚轮数据到计算机
            else
            {
                if(key == 1)keysta| = 0X01;             //发送鼠标左键
                if(key == 2)keysta| = 0X02;             //发送鼠标右键
                Joystick_Send(keysta,0,0,0);            //发送给计算机
            }
        }else if(keysta)                                //之前有按下
        {
            keysta = 0;
            Joystick_Send(0,0,0,0);                     //发送松开命令给计算机
        }
        tp_dev.scan(0);
        if(tp_dev.sta&TP_PRES_DOWN)                     //触摸屏被按下
        {
            //最少移动 5 个单位,才算滑动
            if (((usb_abs(tp_dev.x[0],xlast)>4)||(usb_abs(tp_dev.y[0],ylast)>
            4))&&tpsta == 0)
            {
                xlast = tp_dev.x[0];                    //记录刚按下的坐标
                ylast = tp_dev.y[0];
                 tpsta = 1;
            }
            if(tp_dev.x[0]<lcddev.width&&tp_dev.y[0]<lcddev.height)
            {
                if(tp_dev.x[0]>(lcddev.width - 24)&&tp_dev.y[0]<16)Load_Draw_Di-
alog();

                else TP_Draw_Big_Point(tp_dev.x[0],tp_dev.y[0],RED);      //画图
                if(bDeviceState == CONFIGURED)
                {
                    if(tpsta)                           //滑动
                    {
```

```
                            x0 = (xlast − tp_dev.x[0]) * 3;
                                                //上次坐标与得到的坐标之差,扩大 2 倍
                            y0 = (ylast − tp_dev.y[0]) * 3;
                            xlast = tp_dev.x[0];           //记录刚按下的坐标
                            ylast = tp_dev.y[0];
                            Joystick_Send(keysta, − x0, − y0,0);    //发送数据到计算机
                            delay_ms(5);
                        }
                    }
                }
            }else { tpsta = 0;delay_ms(1); }             //清除
            if(bDeviceState == CONFIGURED)LED1 = 0;      //当 USB 配置成功,LED1 亮,否则灭
            else LED1 = 1;
            i ++ ;
            if(i == 200) { i = 0; LED0 = ! LED0; }
        }
    }
```

在此部分代码用于实现硬件设计部分提到的功能,USB 的配置通过 3 个函数完成:USB_Interrupts_Config()、Set_USBClock()和 USB_Init()。第一个函数用于设置 USB 唤醒中断和 USB 低优先级数据处理中断;Set_USBClock 函数用于配置 USB 时钟,也就是从 72 MHz 的主频得到 48 MHz 的 USB 时钟(1.5 分频)。USB_Init()函数用于初始化 USB,最主要的就是调用了 Joystick_init 函数,开启了 USB 部分的电源等。这里需要特别说明的是,USB 配置并没有对 PA11 和 PA12 这两个 I/O 口进行设置,是因为一旦开启了 USB 电源(USB_CNTR 的 PDWN 位清零),PA11 和 PA12 将不再作为其他功能使用,仅供 USB 使用,所以在开启了 USB 电源之后不论怎么配置这两个 I/O 口都是无效的。要在此获取这两个 I/O 口的配置权,则需要关闭 USB 电源,也就是置位 USB_CNTR 的 PDWN 位,我们通过 usb_port_set 函数来禁止/允许 USB 连接,复位时先禁止再允许,这样每次我们按复位计算机就可以识别到 USB 鼠标,而不需要每次都拔 USB 线。

USB 数据发送采用 Joystick_Send 来实现,则将得到的鼠标数据在 Joystick_Send 函数里面打包,并通过 USB 端点 1 发送到计算机。

38.4　下载验证

代码编译成功后下载代码到 ALIENTEK MiniSTM32 开发板上,在 USB 没有配置成功的时候,其界面同第 26 章的实验是一模一样的,如图 38.5 所示。此时 DS1 不亮,DS0 闪烁,其实就是一个触摸屏画图的功能。而一旦我们将 USB 连接上(将 USB 线接到侧面的 USB 接口上,而不是 USB_232 接口),则可以看到 DS1 亮了,而

且在计算机上会提示发现新硬件如图 38.6 所示。

图 38.5 USB 无连接时的界面

图 38.6 计算机提示找到新硬件

　　硬件安装完成之后,设备管理器里面就多出了一个人体学输入设备,如图 38.7 所示。此时,按动触摸屏就可以发现计算机屏幕上的光标随着你在触摸屏上的移动而移动了;同时,可以通过按键 KEY0 和 KEY1 模拟鼠标左键和右键,通过按键 WK_UP 模拟鼠标滚轮(只支持向上滚动)。

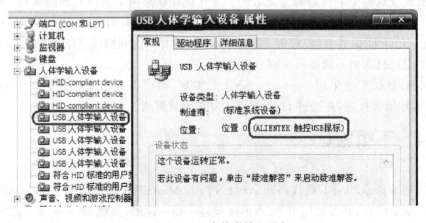

图 38.7 USB 人体学输入设备

第 **39** 章

USB 读卡器实验

第 38 章介绍了如何利用 STM32 的 USB 来做一个触控 USB 鼠标,本章将利用 STM32 的 USB 来做一个 USB 读卡器。

39.1 USB 读卡器简介

ALIENTEK MiniSTM32 开发板板载了一个 SD 卡插槽,可以用来接入 SD 卡。另外 MiniSTM32 开发板板载了一个 8 MB 的 SPI FLASH 芯片,通过 STM32 的 USB 接口,我们可以实现一个简单的 USB 读卡器来读/写 SD 卡和 SPI FLASH。

本章还是通过移植官方的 USB Mass_Storage 例程来实现,该例程在 STSW-STM32121\STM32_USB-FS-Device_Lib_V4.0.0\Projects\Mass_Storage 下可以找到(STSW-STM32121 是官方的 USB 库压缩包,在本书配套资料→8,STM32 参考资料→STM32 USB 学习资料下)。注意,这里并非完全照搬官网的例程,有部分代码是修改过的,以支持我们的应用。

USB Mass Storage 类支持两个传输协议:Bulk-Only 传输(BOT)及 Control/Bulk/Interrupt 传输(CBI)。Mass Storage 类规范定义了两个类规定的请求:Get_Max_LUN 和 Mass Storage Reset,所有的 Mass Storage 类设备都必须支持这两个请求。Get_Max_LUN(bmRequestType= 10100001b and bRequest= 11111110b)用来确认设备支持的逻辑单元数。Max LUN 的值必须是 0～15。注意,LUN 是从 0 开始的。主机不能向不存在的 LUN 发送 CBW,本章定义 Max LUN 的值为 1,即代表 2 个逻辑单元。

Mass Storage Reset(bmRequestType=00100001b and bRequest= 11111111b)用来复位 Mass Storage 设备及其相关接口。支持 BOT 传输的 Mass Storage 设备接口描述符要求如下:

➢ 接口类代码 bInterfaceClass=08h,表示为 Mass Storage 设备;
➢ 接口类子代码 bInterfaceSubClass=06h,表示设备支持 SCSI Primary Command-2(SPC-2);协议代码 bInterfaceProtocol 有 3 种:0x00、0x01、0x50,前两种需要使用中断传输,最后一种仅使用批量传输(BOT)。

支持 BOT 的设备必须支持最少 3 个 endpoint:Control、Bulk-In 和 Bulk-Out。

USB2.0 的规范定义了控制端点 0。Bulk-In 端点用来从设备向主机传送数据(本章用端点 1 实现)。Bulk-Out 端点用来从主机向设备传送数据(本章用端点 2 实现)。

ST 官方的例程是通过 USB 来读/写 SD 卡(SDIO 方式)和 NAND FALSH,支持 2 个逻辑单元。在官方例程的基础上修改 SD 驱动部分代码(改为 SPI),并将对 NAND FLASH 的操作修改为对 SPI FLASH 的操作。只要这两步完成了,剩下的就比较简单了,对底层磁盘的读/写都是在 mass_mal.c 文件实现的,所以只需要修改 MAL_Init、MAL_Write、MAL_Read 和 MAL_GetStatus 这 4 个函数,使之与我们的 SD 卡和 SPI FLASH 对应起来即可。

本章对 SD 卡和 SPI FLASH 的操作都是采用 SPI 方式,所以速度相对 SDIO 和 FSMC 控制的 NAND FLASH 来说对会慢一些。

39.2　硬件设计

本节实验功能简介:开机的时候先检测 SD 卡和 SPI FLASH 是否存在,如果存在,则获取其容量,并显示在 LCD 上面(如果不存在,则报错)。之后开始 USB 配置,配置成功之后就可以在计算机上发现两个可移动磁盘。用 DS1 来指示 USB 正在读/写 SD 卡,并在液晶上显示出来,同样我们还是用 DS0 来指示程序正在运行。

所要用到的硬件资源有指示灯 DS0/DS1、串口、TFT - LCD 模块、SD 卡、SPI FLASH、USB 接口。这几个部分在之前的实例中都已经介绍过了,在此就不多说了。不过还是要注意一下 P13 的连接,要和第 38 章一样。

39.3　软件设计

本章是在第 33 章(实验 28)的基础上修改实现的,先打开实验 28 的工程,在 HARDWARE 文件夹所在文件夹下新建一个 USB 文件夹,然后在 USB 文件夹下面新建 LIB 和 CONFIG 文件夹,分别用来存放与 USB 核相关的代码以及配置部分代码。这两部分代码我们也不细说(详见本例程源码),其中 USB 文件夹里面的代码同第 38 章一模一样,而 CONFIG 文件夹里面的源码则来自 STSW-STM32121\STM32_USB-FS-Device_Lib_V4.0.0\Projects\ Mass_Storage 文件夹下的 inc 和 src 文件夹(STSW-STM32121 由本书配套资料→8,STM32 参考资料→STM32 USB 学习资料,文件名:STSW-STM32121.zip 解压而来)。

然后,在工程文件里面新建 USB 和 USBCFG 组,分别加入 USB\LIB 下面的代码和 USB\CONFIG 下面的代码。然后把 LIB 和 CONFIG 文件夹加入头文件包含路径。在 test.c 里面修改 main 函数如下:

```
//设置 USB 连接/断线,enable:0,断开;1,允许连接
void usb_port_set(u8 enable)
```

```
{
    RCC->APB2ENR|=1<<2;                              //使能 PORTA 时钟
    if(enable)_SetCNTR(_GetCNTR()&(~(1<<1)));        //退出断电模式
    else
    {
        _SetCNTR(_GetCNTR()|(1<<1));                 //断电模式
        GPIOA->CRH&=0XFFF00FFF;
        GPIOA->CRH|=0X00033000;
        PAout(12)=0;
    }
}
int main(void)
{
    u8 offline_cnt=0;
    u8 tct=0; u8 USB_STA; u8 Divece_STA;
    Stm32_Clock_Init(9);                             //系统时钟设置
    delay_init(72);                                  //延时初始化
    uart_init(72,9600);                              //串口 1 初始化
    LCD_Init();                                       //初始化液晶
    LED_Init();                                       //LED 初始化
    KEY_Init();                                       //按键初始化
    POINT_COLOR=RED;                                 //设置字体为红色
    LCD_ShowString(60,50,200,16,16,"Mini STM32");
    LCD_ShowString(60,70,200,16,16,"USB Card Reader TEST");
    LCD_ShowString(60,90,200,16,16,"ATOM@ALIENTEK");
    LCD_ShowString(60,110,200,16,16,"2014/3/15");
    SPI_Flash_Init();
    if(SD_Initialize())LCD_ShowString(60,130,200,16,16,"SD Card Error!");
                                                     //SD 卡错误
    else                                             //SD 卡正常
    {
        LCD_ShowString(60,130,200,16,16,"SD Card Size:    MB");
        Mass_Memory_Size[0]=(long long)SD_GetSectorCount()*512;
        //得到 SD 卡容量(字节),当 SD 卡容量超过 4G 时,需要用到两个 64bit 来表示
        Mass_Block_Size[0]=512;                      //Block 大小为 512 个字节.
        Mass_Block_Count[0]=Mass_Memory_Size[0]/Mass_Block_Size[0];
        LCD_ShowNum(164,130,Mass_Memory_Size[0]>>20,5,16);   //显示 SD 卡容量
    }
    if(SPI_FLASH_TYPE!=W25Q64)LCD_ShowString(60,130,200,16,16,"W25Q64 Error!");
    else                                             //SPI FLASH 正常
    {
        Mass_Memory_Size[1]=4916*1024;               //前 4.8M 字节
        Mass_Block_Size[1]=512;                      //Block 大小为 512 个字节.
        Mass_Block_Count[1]=Mass_Memory_Size[1]/Mass_Block_Size[1];
        LCD_ShowString(60,150,200,16,16,"SPI FLASH Size:4916KB");
    }
    delay_ms(1800);
```

```
usb_port_set(0); delay_ms(300);                        //USB 先断开
usb_port_set(1);                                       //USB 再次连接
LCD_ShowString(60,170,200,16,16,"USB Connecting...");//提示 SD 卡已经准备了
Data_Buffer = mymalloc(BULK_MAX_PACKET_SIZE * 2 * 4);   //为 USB 缓存区申请内存
Bulk_Data_Buff = mymalloc(BULK_MAX_PACKET_SIZE); //申请内存
USB_Interrupts_Config();                               //USB 中断配置
Set_USBClock();                                        //USB 时钟设置
USB_Init();                                            //USB 初始化
delay_ms(1800);
while(1)
{
    delay_ms(1);
    if(USB_STA!= USB_STATUS_REG)                       //状态改变了
    {
        LCD_Fill(60,190,240,190 + 16,WHITE);           //清除显示
        if(USB_STATUS_REG&0x01)                        //正在写
        {
            LCD_ShowString(60,190,200,16,16,"USB Writing...");
                                                       //USB 正在写数据
        }
        if(USB_STATUS_REG&0x02)                        //正在读
        {
            LCD_ShowString(60,190,200,16,16,"USB Reading...");
                                                       //USB 正在读数据
        }
        if(USB_STATUS_REG&0x04)LCD_ShowString(60,210,200,16,16,"USB Write
        Err ");                                        //提示写入错误
        else LCD_Fill(60,210,240,210 + 16,WHITE);      //清除显示
        if(USB_STATUS_REG&0x08)LCD_ShowString(60,230,200,16,16,"USB Read
        Err ");                                        //提示读出错误
        else LCD_Fill(60,230,240,230 + 16,WHITE);      //清除显示
        USB_STA = USB_STATUS_REG;                       //记录最后的状态
    }
    if(Divece_STA! = bDeviceState)
    {
        if(bDeviceState == CONFIGURED)LCD_ShowString
        (60,170,200,16,16,"USB Connected       ");  //提示 USB 连接已经建立
        else LCD_ShowString(60,170,200,16,16,"USB DisConnected ");//USB 拔出了
        Divece_STA = bDeviceState;
    }
    tct ++ ;
    if(tct == 200)
    {
        tct = 0;
        LED0 = ! LED0;                                 //提示系统在运行
        if(USB_STATUS_REG&0x10)
        {
```

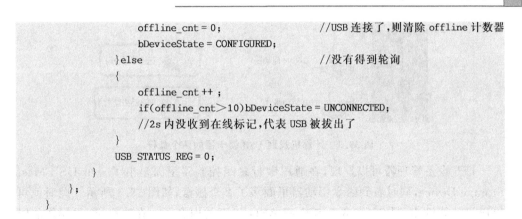

```
              offline_cnt = 0;                    //USB 连接了,则清除 offline 计数器
              bDeviceState = CONFIGURED;
          }else                                   //没有得到轮询
          {
              offline_cnt ++ ;
              if(offline_cnt>10)bDeviceState = UNCONNECTED;
              //2s 内没收到在线标记,代表 USB 被拔出了
          }
          USB_STATUS_REG = 0;
      }
  };
}
```

此部分代码除了 main 函数,还有一个 usb_port_set 函数,usb_port_set 函数第 38 章已经介绍过了,这里就不多说。我们将 SPI FLASH 的最开始 4.8 MB 地址范围用作 SPI FLASH Disk,也就是文件系统管理的范围大小,这个在之前的 SPI FLASH 也介绍过。

通过此部分代码就可以实现之前在硬件设计部分描述的功能,这里用到了一个全局变量 Usb_Status_Reg,用来标记 USB 的相关状态,这样就可以在液晶上显示当前 USB 的状态了。

39.4　下载验证

代码编译成功后通过下载代码到 MiniSTM32 开发板上,在 USB 配置成功后(假设已经插入 SD 卡,注意,USB 数据线要插在开发板侧面的 USB 口,不是 USB_232 端口),LCD 显示效果如图 39.1 所示。此时,计算机提示发现新硬件,如图 39.2 所示。等 USB 配置成功后,DS1 不亮,DS0 闪烁,并且在计算机上可以看到我们的磁盘,如图 39.3 所示。

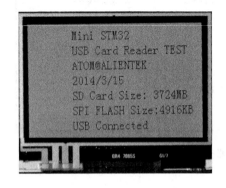

图 39.1　USB 连接成功

图 39.2　USB 读卡器被计算机找到

图 39.3　计算机找到 USB 读卡器的两个盘符

打开设备管理器可以发现,在通用串行总线控制器里面多出了一个 USB Mass Storage Device,同时看到磁盘驱动器里面多了 2 个磁盘,如图 39.4 所示。此时就可以通过计算机读/写 SD 卡或者 SPI FLASH 里面的内容了。在执行读/写操作的时候就可以看到 DS1 亮,并且会在液晶上显示当前的读/写状态。注意,在对 SPI FLASH 操作的时候,最好不要频繁地往里面写数据,否则很容易将 SPI FLASH 写爆。

图 39.4　通过设备管理器查看磁盘驱动器

第 **40** 章

μC/OS‐II 实验 1——任务调度

前面所有的例程都是跑的裸机程序（裸奔），从本章开始，我们将分 3 个章节介绍 μC/OS‐II（实时多任务操作系统内核）的使用。本章介绍 μC/OS‐II 最基本也是最重要的应用：任务调度。

40.1 μC/OS‐II 简介

μC/OS‐II 的前身是 μC/OS‐II，最早出自于 1992 年美国嵌入式系统专家 Jean J. Labrosse 在《嵌入式系统编程》杂志的 5 月和 6 月刊上刊登的文章连载，并把 μC/OS‐II 的源码发布在该杂志的 BBS 上。目前最新的版本：μC/OS‐III 已经出来，但是现在使用最为广泛的还是 μC/OS‐II，本章主要针对 μC/OS‐II 进行介绍。

μC/OS‐II 是一个可以基于 ROM 运行的、可裁减的、抢占式、实时多任务内核，具有高度可移植性，特别适合于微处理器和控制器，是和很多商业操作系统性能相当的实时操作系统（RTOS）。为了提供最好的移植性能，μC/OS‐II 最大程度上使用 ANSI C 语言进行开发，并且已经移植到近 40 多种处理器体系上，涵盖了从 8 位到 64 位各种 CPU（包括 DSP）。

μC/OS‐II 是专门为计算机的嵌入式应用设计的，绝大部分代码是用 C 语言编写的。CPU 硬件相关部分是用汇编语言编写的、总量约 200 行的汇编语言部分被压缩到最低限度，为的是便于移植到任何一种其他 CPU 上。用户只要有标准的 ANSI 的 C 交叉编译器，有汇编器、链接器等软件工具，就可以将 μC/OS‐II 嵌入到开发的产品中。μC/OS‐II 具有执行效率高、占用空间小、实时性能优良和可扩展性强等特点，最小内核可编译至 2 KB。μC/OS‐II 已经移植到了几乎所有知名的 CPU 上。

μC/OS‐II 构思巧妙，结构简洁精练，可读性强，同时又具备了实时操作系统的全部功能，虽然只是一个内核，但非常适合初次接触嵌入式实时操作系统的朋友，可以说是麻雀虽小，五脏俱全。μC/OS‐II（V2.91 版本）体系结构如图 40.1 所示。

本章使用的是 μC/OS‐II V2.91 版本，比早期的 μC/OS‐II（如 V2.52）多了很多功能（比如多了软件定时器，支持任务数最大达到 255 个等），而且修正了很多已知 BUG。不过，有两个文件：os_dbg_r.c 和 os_dbg.c，我们没有在图 40.1 列出，也不将其加入到我们的工程中，因为这两个主要用于对 μC/OS 内核进行调试支持，比较

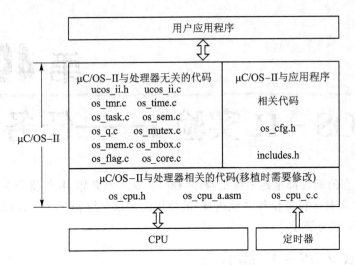

图 40.1 μC/OS‐II 体系结构图

少用到。

从图 40.1 可以看出，μC/OS‐II 移植时只需要修改 os_cpu.h、os_cpu_a.asm 和 os_cpu.c 这 3 个文件即可，其中，os_cpu.h 用于数据类型的定义以及处理器相关代码和几个函数原型；os_cpu_a.asm 是移植过程中需要汇编完成的一些函数，主要就是任务切换函数；os_cpu.c 定义了一些用户 HOOK 函数。

图中定时器的作用是为 μC/OS‐II 提供系统时钟节拍，实现任务切换和任务延时等功能。这个时钟节拍由 OS_TICKS_PER_SEC(在 os_cfg.h 中定义)设置，一般设置 μC/OS‐II 的系统时钟节拍为 1～100 ms，具体根据使用的处理器和使用需要来设置。本章利用 STM32 的 SYSTICK 定时器来提供 μC/OS‐II 时钟节拍。

关于 μC/OS‐II 在 STM32 的详细移植请参考本书配套资料→6，软件资料→UCOSII 学习资料资料→UCOSII 在 STM32 上面的移植→UCOSII 在 STM32 的移植详解.pdf，这里就不详细介绍了。

μC/OS‐II 早期版本只支持 64 个任务，但是从 2.80 版本开始，支持任务数提高到 255 个，不过一般 64 个任务都足够多了，很难用到这么多个任务。μC/OS‐II 保留了最高 4 个优先级和最低 4 个优先级的总共 8 个任务，用于拓展使用，但实际上，μC/OS‐II 一般只占用了最低 2 个优先级，分别用于空闲任务(倒数第一)和统计任务(倒数第二)，所以剩下给我们使用的任务最多可达 255−2＝253 个(V2.91)。

所谓的任务，其实就是一个死循环函数，该函数可以实现一定的功能。一个工程可以有很多这样的任务(最多 255 个)，μC/OS‐II 对这些任务进行调度管理，让这些任务可以并发工作(注意，不是同时工作，并发只是各任务轮流占用 CPU，而不是同时占用，任何时候还是只有一个任务能够占用 CPU)，这就是 μC/OS‐II 最基本的功能。

前面学习的所有实验都是一个大任务(死循环),这样有些事情就比较不好处理,比如 MP3 实验中,在 MP3 播放的时候我们还希望显示歌词,如果是一个死循环(一个任务),那么很可能在显示歌词的时候 MP3 声音出现停顿(尤其是高码率的时候),这主要是歌词显示占用太长时间,导致 VS1053 由于不能及时得到数据而停顿。而如果用 μC/OS-II 来处理,那么可以分 2 个任务,MP3 播放一个任务(优先级高),歌词显示一个任务(优先级低)。这样,由于 MP3 任务的优先级高于歌词显示任务,MP3 任务可以打断歌词显示任务,从而及时给 VS1053 提供数据,保证音频不断,而显示歌词又能顺利进行。这就是 μC/OS-II 带来的好处。

μC/OS-II 的任何任务都是通过一个叫任务控制块(TCB)的东西来控制的,每个任务管理块有 3 个最重要的参数,即任务函数指针、任务堆栈指针、任务优先级。任务控制块就是任务在系统里面的"身份证"(μC/OS-II 通过优先级识别任务)。任务控制块的详细介绍可参考任哲老师的《嵌入式实时操作系统 μC/OS-II 原理及应用》一书第 2 章。

在 μC/OS-II 中,使用 CPU 的时候,优先级高(数值小)的任务比优先级低的任务具有优先使用权,即任务就绪表中总是优先级最高的任务获得 CPU 使用权,只有高优先级的任务让出 CPU 使用权(比如延时)时,低优先级的任务才能获得 CPU 使用权。μC/OS-II 不支持多个任务优先级相同,也就是每个任务的优先级必须不一样。

任务的调度其实就是 CPU 运行环境的切换,即 PC 指针、SP 指针和寄存器组等内容的存取过程,关于任务调度的详细介绍可参考《嵌入式实时操作系统 μC/OS-II 原理及应用》第 3 章相关内容。

μC/OS-II 的每个任务都是一个死循环。每个任务都处在以下 5 种状态之一的状态下:睡眠状态、就绪状态、运行状态、等待状态(等待某一事件发生)和中断服务状态。

睡眠状态:任务在没有被配备任务控制块或被剥夺了任务控制块时的状态。

就绪状态:系统为任务配备了任务控制块且在任务就绪表中进行了就绪登记,任务已经准备好了,但由于该任务的优先级比正在运行的任务的优先级低,还暂时不能运行,这时任务的状态叫就绪状态。

运行状态:该任务获得 CPU 使用权,并正在运行中,此时的任务状态叫做运行状态。

等待状态:正在运行的任务,需要等待一段时间或需要等待一个事件发生再运行时,该任务就会把 CPU 的使用权让给别的任务而使任务进入等待状态。

中断服务状态:一个正在运行的任务一旦响应中断申请,则就会中止运行而去执行中断服务程序,这时任务的状态叫中断服务状态。

μC/OS-II 任务的 5 个状态转换关系如图 40.2 所示。

接下来看看在 μC/OS-II 中,与任务相关的几个函数:

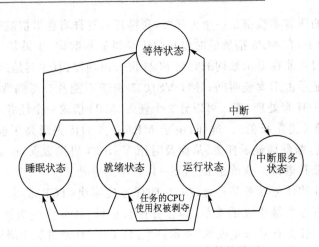

图 40.2　μC/OS‐Ⅱ任务状态转换关系

1) 建立任务函数

如果想让 μC/OS‐Ⅱ管理用户的任务,则必须先建立任务。μC/OS‐Ⅱ提供了2 个建立任务的函数:OSTaskCreat 和 OSTaskCreatExt,我们一般用 OSTaskCreat 函数来创建任务,该函数原型为 OSTaskCreate(void(* task)(void * pd),void * pdata,OS_STK * ptos,INTU prio)。该函数包括 4 个参数:task 是指向任务代码的指针;pdata 是任务开始执行时,传递给任务的参数的指针;ptos 是分配给任务的堆栈的栈顶指针;prio 是分配给任务的优先级。

每个任务都有自己的堆栈,堆栈必须申明为 OS_STK 类型,并且由连续的内存空间组成。可以静态分配堆栈空间,也可以动态分配堆栈空间。

OSTaskCreatExt 也可以用来创建任务,详细介绍可参考《嵌入式实时操作系统μC/OS‐Ⅱ原理及应用》3.5.2 小节。

2) 任务删除函数

任务删除其实就是把任务置于睡眠状态,并不是把任务代码给删除了。μC/OS‐Ⅱ提供的任务删除函数原型为 INT8U OSTaskDel(INT8U prio),其中,参数 prio 就是我们要删除的任务的优先级,可见,该函数是通过任务优先级来实现任务删除的。

特别注意,任务不能随便删除,必须在确保被删除任务的资源被释放的前提下才能删除。

3) 请求任务删除函数

前面提到,必须确保被删除任务的资源被释放的前提下才能将其删除,所以通过向被删除任务发送删除请求来实现任务释放自身占用资源后再删除。μC/OS‐Ⅱ提供的请求删除任务函数原型为 INT8U OSTaskDelReq(INT8U prio),同样还是通过优先级来确定被请求删除任务。

4) 改变任务的优先级函数

μC/OS‐Ⅱ在建立任务时,会分配给任务一个优先级,但是这个优先级并不是一成不变的,而是可以通过调用 μC/OS - II 提供的函数修改。μC/OS - II 提供的任务优先级修改函数原型为 INT8U OSTaskChangePrio(INT8U oldprio,INT8U newprio)。

5) 任务挂起函数

任务挂起和任务删除有点类似,但是又有区别,任务挂起只是将被挂起任务的就绪标志删除,并做任务挂起记录,并没有将任务控制块任务控制块链表里面删除,也不需要释放其资源,而任务删除则必须先释放被删除任务的资源,并将被删除任务的任务控制块也给删了。被挂起的任务在恢复(解挂)后可以继续运行。μC/OS - II 提供的任务挂起函数原型为 INT8U OSTaskSuspend(INT8U prio)。

6) 任务恢复函数

有任务挂起函数,就有任务恢复函数,通过该函数将被挂起的任务恢复,让调度器能够重新调度该函数。μC/OS - II 提供的任务恢复函数原型为 INT8U OSTaskResume(INT8U prio)。

最后来看看在 STM32 上面运行 μC/OS - II 的步骤:

① 移植 μC/OS - II。要想 μC/OS - II 在 STM32 正常运行,当然首先是需要移植 μC/OS - II,这部分可以参考本例程源码。这里要特别注意一个地方,ALIENTEK 提供的 SYSTEM 文件夹里面的系统函数直接支持 μC/OS - II,只需要在 sys. h 文件里面将 SYSTEM_SUPPORT_UCOS 宏定义改为 1,即可通过 delay_init 函数初始化 μC/OS - II 的系统时钟节拍,为 μC/OS - II 提供时钟节拍。

② 编写任务函数并设置其堆栈大小和优先级等参数。编写任务函数,以便 μC/OS - II 调用。然后,设置函数堆栈大小,这个需要根据函数的需求来设置。如果任务函数的局部变量多,嵌套层数多,那么相应的堆栈就得大一些;如果堆栈设置小了,很可能出现的结果就是 CPU 进入 HardFault,这时就必须把堆栈设置大一点了。另外,有些地方还需要注意堆栈字节对齐的问题,如果任务运行出现莫名其妙的错误(比如用到 sprintf 出错),则须考虑是不是字节对齐的问题。设置任务优先级,还需要根据任务的重要性和实时性设置,高优先级的任务有优先使用 CPU 的权利。

③ 初始化 μC/OS - II,并在 μC/OS - II 中创建任务。调用 OSInit,初始化 μC/OS - II,通过调用 OSTaskCreate 函数创建我们的任务。

④ 启动 μC/OS - II。调用 OSStart,启动 μC/OS - II。

通过以上 4 个步骤,μC/OS - II 就开始在 STM32 上面运行了。注意,必须对 os_cfg. h 进行部分配置,以满足自己的需要。

40.2　硬件设计

本节实验功能简介:本章在 μC/OS - II 里面创建 3 个任务:开始任务、LED0 任务和 LED1 任务。开始任务用于创建其他(LED0 和 LED1)任务,之后挂起;LED0

任务用于控制 DS0 的亮灭,DS0 每秒钟亮 80 ms;LED1 任务用于控制 DS1 的亮灭,DS1 亮 300 ms,灭 300 ms,依次循环。所要用到的硬件资源有指示灯 DS0、DS1。

40.3　软件设计

　　本章在第 6 章实验(实验 1)的基础上修改,在该工程源码下面加入 UCOSII 文件夹,存放 μC/OS-II 源码(我们已经将 μC/OS-II 源码分为 3 个文件夹:CORE、PORT 和 CONFIG)。打开工程,新建 UCOSII-CORE、UCOSII-PORT 和 UCOSII-CONFIG 这 3 个分组,分别添加 μC/OS-II 这 3 个文件夹下的源码,并将这 3 个文件夹加入头文件包含路径,最后得到工程如图 40.3 所示。

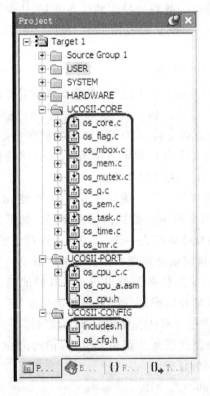

图 40.3　添加 μC/OS-II 源码后的工程

　　UCOSII-CORE 分组下面是 μC/OS-II 的核心源码,我们不需要做任何变动。UCOSII-PORT 分组下面是移植 μC/OS-II 要修改的 3 个代码,这个在移植的时候完成。UCOSII-CONFIG 分组下面是 μC/OS-II 的配置部分,主要由用户根据自己的需要对 μC/OS-II 进行裁减或其他设置。

　　本章对 os_cfg.h 里面定义 OS_TICKS_PER_SEC 的值为 200,也就是设置 μC/OS-II 的时钟节拍为 5 ms,同时设置 OS_MAX_TASKS 为 10,也就是最多 10 个任务(包括空闲任务和统计任务在内),其他配置就不详细介绍了,可参考本实验源码。

　　前面提到,我们需要在 sys.h 里面设置 SYSTEM_SUPPORT_UCOS 为 1,以支持 μC/OS-II。通过这个设置,我们不仅可以实现利用 delay_init 来初始化 SYSTICK,产生 μC/OS-II 的系统时钟节拍,还可以让 delay_us 和 delay_ms 函数在 μC/OS-II 下能够正常使用(实现原理参考 5.1 节),这使得我们之前的代码可以十分方便地移植到 μC/OS-II 下。虽然 μC/OS-II 也提供了延时函数:OSTimeDly 和 OSTimeDLyHMSM,但是这两个函数的最少延时单位只能是 1 个 μC/OS-II 时钟节拍,在本章,即 5 ms,显然不能实现 μs 级的延时,而 μs 级的延时在很多时候非常有用,比如 I²C 模拟时序、DS18B20 等单总线器件操作等。而通过我们提供的 delay_us 和 delay_ms,则可以方便地提供 μs 和 ms 的延时服务,这比 μC/OS-II 本身提供的延时函数更好用。

在设置 SYSTEM_SUPPORT_UCOS 为 1 之后，μC/OS‐II 的时钟节拍由 SY-STICK 的中断服务函数提供，该部分代码如下：

```
//systick 中断服务函数，使用 ucos 时用到
void SysTick_Handler(void)
{
    OSIntEnter();               //进入中断
    OSTimeTick();               //调用 μc/os 的时钟服务程序
    OSIntExit();                //触发任务切换软中断
}
```

其中，OSIntEnter 是进入中断服务函数，用来记录中断嵌套层数（OSIntNesting 增加 1）；OSTimeTick 是系统时钟节拍服务函数，在每个时钟节拍了解每个任务的延时状态，使已经到达延时时限的非挂起任务进入就绪状态；OSIntExit 是退出中断服务函数，该函数可能触发一次任务切换（当 OSIntNesting＝＝0 && 调度器未上锁 && 就绪表最高优先级任务! ＝被中断的任务优先级时），否则继续返回原来的任务执行代码（如果 OSIntNesting 不为 0，则减 1）。

事实上，任何中断服务函数都应该加上 OSIntEnter 和 OSIntExit 函数，这是因为 μC/OS‐II 是一个可剥夺型的内核，中断服务子程序运行之后，系统会根据情况进行一次任务调度去运行优先级别最高的就绪任务，而并不一定接着运行被中断的任务。

最后打开 test.c，输入如下代码：

```
//START 任务
#define START_TASK_PRIO          10      //设置任务优先级
#define START_STK_SIZE           64      //设置任务堆栈大小
OS_STK START_TASK_STK[START_STK_SIZE];   //任务堆栈
void start_task(void * pdata);           //任务函数
//LED0 任务
#define LED0_TASK_PRIO           7       //设置任务优先级
#define LED0_STK_SIZE            64      //设置任务堆栈大小
OS_STK LED0_TASK_STK[LED0_STK_SIZE];     //任务堆栈
void led0_task(void * pdata);            //任务函数
//LED1 任务
#define LED1_TASK_PRIO           6       //设置任务优先级
#define LED1_STK_SIZE            64      //设置任务堆栈大小
OS_STK LED1_TASK_STK[LED1_STK_SIZE];     //任务堆栈
void led1_task(void * pdata);            //任务函数
int main(void)
{
    Stm32_Clock_Init(9);                 //系统时钟设置
```

```
    delay_init(72);                              //延时初始化
    LED_Init();
    LED_Init();                                  //初始化与 LED 连接的硬件接口
    OSInit();
    OSTaskCreate(start_task,(void * )0,(OS_STK * )&START_TASK_STK[START_STK_SIZE
－1],START_TASK_PRIO );                          //创建起始任务
    OSStart();
}
//开始任务
void start_task(void * pdata)
{
    OS_CPU_SR cpu_sr = 0;
    pdata = pdata;
      OS_ENTER_CRITICAL();                       //进入临界区(无法被中断打断)
     OSTaskCreate(led0_task,(void * )0,(OS_STK * )&LED0_TASK_STK[LED0_STK_SIZE－1],
LED0_TASK_PRIO);
      OSTaskCreate(led1_task,(void * )0,(OS_STK * )&LED1_TASK_STK[LED1_STK_SIZE－1],
LED1_TASK_PRIO);
    OSTaskSuspend(START_TASK_PRIO);              //挂起起始任务
    OS_EXIT_CRITICAL();                          //退出临界区(可以被中断打断)
}
//LED0 任务
void led0_task(void * pdata)
{
    while(1)
    {
        LED0 = 0; delay_ms(80);
        LED0 = 1; delay_ms(920);
    };
}
//LED1 任务
void led1_task(void * pdata)
{
    while(1)
    {
        LED1 = 0; delay_ms(300);
        LED1 = 1; delay_ms(300);
    };
}
```

该部分代码创建了 3 个任务：start_task、led0_task 和 led1_task，优先级分别是
10、7 和 6，堆栈大小都是 64(注意，OS_STK 为 32 位数据)。我们在 main 函数只创

建了 start_task 这个任务,然后在 start_task 再创建另外两个任务,创建之后将自身(start_task)挂起。这里单独创建 start_task 是为了提供一个单一任务,实现应用程序开始运行之前的准备工作(比如外设初始化、创建信号量、创建邮箱、创建消息队列、创建信号量集、创建任务、初始化统计任务等)。

在应用程序中经常有一些代码段必须不受任何干扰地连续运行,这样的代码段叫临界段(或临界区)。因此,为了使临界段在运行时不受中断打断,在临界段代码前必须用关中断指令使 CPU 屏蔽中断请求,而在临界段代码后必须用开中断指令解除屏蔽,使得 CPU 可以响应中断请求。μC/OS‑II 提供 OS_ENTER_CRITICAL 和 OS_EXIT_CRITICAL 两个宏来实现,这两个宏需要移植 μC/OS‑II 时实现,本章采用方法 3(即 OS_CRITICAL_METHOD 为 3)来实现这两个宏。因为临界段代码不能被中断打断,会严重影响系统的实时性,所以临界段代码越短越好。

在 start_task 任务中,创建 led0_task 和 led1_task 时不希望中断打断,故使用了临界区。其他两个任务就十分简单了,我们就不细说了,注意,这里使用的延时函数还是 delay_ms,而不是直接使用的 OSTimeDly。

另外,一个任务里面一般是必须有延时函数的,以释放 CPU 使用权,否则可能导致低优先级的任务因高优先级的任务不释放 CPU 使用权而一直无法得到 CPU 使用权,从而无法运行。

40.4 下载验证

代码编译成功后下载代码到 MiniSTM32 开发板上,可以看到,DS0 一秒钟闪一次,而 DS1 则以固定的频率闪烁,说明两个任务(led0_task 和 led1_task)都已经正常运行了,符合我们预期的设计。

第 **41** 章

µC/OS - II 实验 2——信号量和邮箱

第 40 章学习了如何使用 µC/OS - II 及 µC/OS - II 的任务调度,但是并没有用到任务间的同步与通信,本章将介绍两个最基本的任务间通信方式:信号量和邮箱。

41.1 信号量和邮箱简介

系统中的多个任务在运行时经常需要互相无冲突地访问同一个共享资源,或者需要互相支持和依赖,甚至有时还要互相加以必要的限制和制约,才保证任务的顺利运行。因此,操作系统必须具有对任务的运行进行协调的能力,从而使任务之间可以无冲突、流畅地同步运行,而不致导致灾难性的后果。

例如,任务 A 和任务 B 共享一台打印机,如果系统已经把打印机分配给了任务 A,则任务 B 因不能获得打印机的使用权而应该处于等待状态,只有当任务 A 把打印机释放后,系统才能唤醒任务 B 使其获得打印机的使用权。如果这两个任务不这样做,那么会造成极大的混乱。

任务间的同步依赖于任务间的通信。在 µC/OS - II 中,是使用信号量、邮箱(消息邮箱)和消息队列这些被称作事件的中间环节来实现任务之间的通信的。本章仅介绍信号量和邮箱,消息队列将会在下一章介绍。

1. 事件

两个任务通过事件进行通信的示意图如图 41.1 所示。其中任务 1 是发信方,任务 2 是收信方。任务 1 负责把信息发送到事件上,这项操作叫发送事件。任务 2 通过读取事件操作对事件进行查询,如果有信息则读取,否则等待。读事件操作叫请求事件。

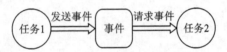

图 41.1 两个任务使用事件进行通信的示意图

为了把描述事件的数据结构统一起来,µC/OS - II 使用叫事件控制块(ECB)的

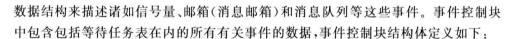

数据结构来描述诸如信号量、邮箱(消息邮箱)和消息队列等这些事件。事件控制块中包含包括等待任务表在内的所有有关事件的数据,事件控制块结构体定义如下:

```
typedef struct
{
    INT8U   OSEventType;                    //事件的类型
    INT16U OSEventCnt;                      //信号量计数器
    void * OSEventPtr;                      //消息或消息队列的指针
    INT8U   OSEventGrp;                     //等待事件的任务组
    INT8U OSEventTbl[OS_EVENT_TBL_SIZE];    //任务等待表
# if OS_EVENT_NAME_EN > 0u
    INT8U    * OSEventName;                 //事件名
# endif
} OS_EVENT;
```

2. 信号量

　　信号量是一类事件。使用信号量的最初目的是给共享资源设立一个标志,该标志表示该共享资源的占用情况。这样,当一个任务在访问共享资源之前就可以先对这个标志进行查询,从而在了解资源被占用的情况之后再来决定自己的行为。

　　信号量可以分为两种:一种是二值型信号量,另外一种是 N 值信号量。二值型信号量好比家里的座机,任何时候只能有一个人占用。而 N 值信号量则好比公共电话亭,可以同时有多个人(N 个)使用。

　　μC/OS-II 将二值型信号量称为互斥型信号量,将 N 值信号量称为计数型信号量,也就是普通的信号量。本章介绍的是普通信号量,互斥型信号量的介绍可参考《嵌入式实时操作系统 μC/OS-II 原理及应用》5.4 节。

　　接下来看看在 μC/OS-II 中与信号量相关的几个函数(未全部列出,下同):

　　1) 创建信号量函数

　　在使用信号量之前必须用函数 OSSemCreate 来创建一个信号量,该函数的原型为:OS_EVENT * OSSemCreate (INT16U cnt)。该函数返回值为已创建的信号量的指针,而参数 cnt 则是信号量计数器(OSEventCnt)的初始值。

　　2) 请求信号量函数

　　任务通过调用函数 OSSemPend 请求信号量,该函数原型如下:void OSSemPend (OS_EVENT * pevent, INT16U timeout, INT8U * err)。其中,参数 pevent 是被请求信号量的指针,timeout 为等待时限,err 为错误信息。

　　为防止任务因得不到信号量而处于长期的等待状态,函数 OSSemPend 允许用参数 timeout 设置一个等待时间的限制,当任务等待的时间超过 timeout 时可以结束等待状态而进入就绪状态。如果参数 timeout 被设置为 0,则表明任务的等待时间为无限长。

3) 发送信号量函数

任务获得信号量并在访问共享资源结束以后,必须要释放信号量;释放信号量也叫做发送信号量,发送信号通过 OSSemPost 函数实现。OSSemPost 函数在对信号量的计数器操作之前,首先要检查是否还有等待该信号量的任务。如果没有,就把信号量计数器 OSEventCnt 加一;如果有,则调用调度器 OS_Sched( )去运行等待任务中优先级别最高的任务。函数 OSSemPost 的原型为 INT8U OSSemPost(OS_E-VENT * pevent)。其中,pevent 为信号量指针,该函数在调用成功后,返回值为 OS_ON_ERR,否则会根据具体错误返回 OS_ERR_EVENT_TYPE、OS_SEM_OVF。

4) 删除信号量函数

应用程序如果不需要某个信号量了,那么可以调用函数 OSSemDel 来删除该信号量,该函数的原型为:OS_EVENT * OSSemDel (OS_EVENT * pevent,INT8U opt, INT8U * err)。其中,pevent 为要删除的信号量指针,opt 为删除条件选项,err 为错误信息。

3. 邮　箱

在多任务操作系统中,常常需要在任务与任务之间通过传递一个数据(这种数据叫做"消息")的方式来进行通信。为了达到这个目的,可以在内存中创建一个存储空间作为该数据的缓冲区。如果把这个缓冲区称为消息缓冲区,这样在任务间传递数据(消息)的最简单办法就是传递消息缓冲区的指针。把用来传递消息缓冲区指针的数据结构叫邮箱(消息邮箱)。

在 μC/OS‐II 中,我们通过事件控制块的 OSEventPrt 来传递消息缓冲区指针,同时使事件控制块的成员 OSEventType 为常数 OS_EVENT_TYPE_MBOX,则该事件控制块就叫消息邮箱。

接下来看看在 μC/OS‐II 中,与消息邮箱相关的几个函数:

1) 创建邮箱函数

创建邮箱通过函数 OSMboxCreate 实现,该函数原型为:OS_EVENT * OS-MboxCreate (void * msg)。函数中的参数 msg 为消息的指针,函数的返回值为消息邮箱的指针。

调用函数 OSMboxCreate 须先定义 msg 的初始值。在一般的情况下,这个初始值为 NULL;但也可以事先定义一个邮箱,然后把这个邮箱的指针作为参数传递到函数 OSMboxCreate 中,使之一开始就指向一个邮箱。

2) 向邮箱发送消息函数

任务可以通过调用函数 OSMboxPost 向消息邮箱发送消息,这个函数的原型为:INT8U OSMboxPost (OS_EVENT * pevent,void * msg)。其中,pevent 为消息邮箱的指针,msg 为消息指针。

3）请求邮箱函数

当一个任务请求邮箱时需要调用函数 OSMboxPend,这个函数的主要作用就是查看邮箱指针 OSEventPtr 是否为 NULL,如果不是 NULL,则把邮箱中的消息指针返回给调用函数的任务,同时用 OS_NO_ERR 通过函数的参数 err 通知任务获取消息成功;如果邮箱指针 OSEventPtr 是 NULL,则使任务进入等待状态,并引发一次任务调度。

函数 OSMboxPend 的原型为:void * OSMboxPend（OS_EVENT * pevent,INT16U timeout,INT8U * err)。其中,pevent 为请求邮箱指针,timeout 为等待时限,err 为错误信息。

4）查询邮箱状态函数

任务可以通过调用函数 OSMboxQuery 查询邮箱的当前状态。该函数原型为:INT8U OSMboxQuery(OS_EVENT * pevent,OS_MBOX_DATA * pdata)。其中,pevent 为消息邮箱指针,pdata 为存放邮箱信息的结构。

5）删除邮箱函数

邮箱不再使用的时候,我们可以通过调用函数 OSMboxDel 来删除一个邮箱,该函数原型为:OS_EVENT * OSMboxDel(OS_EVENT * pevent,INT8U opt,INT8U * err)。其中,pevent 为消息邮箱指针,opt 为删除选项,err 为错误信息。

41.2　硬件设计

本节实验功能简介:本章在 μC/OS‑II 里面创建 6 个任务(不含统计任务和空闲任务):开始任务、LED0 任务、LED1 任务、触摸屏任务、主任务和按键扫描任务。开始任务用于创建信号量、创建邮箱、初始化统计任务以及其他任务的创建,之后挂起;LED0 任务用于 DS0 控制,提示程序运行状况;LED1 任务用于测试信号量,通过请求信号量函数,每得到一个信号量,DS1 就亮一下;触摸屏任务用于在屏幕上画图,可以用于测试 CPU 使用率;按键扫描任务用于按键扫描,优先级最高,将得到的键值通过消息邮箱发送出去;主任务则通过查询消息邮箱获得键值,并根据键值执行信号量发送(DS1 控制)、触摸区域清屏和触摸屏校准等控制。

所要用到的硬件资源有指示灯 DS0/DS1、3 个按键(KEY0/KEY1/WK_UP)、TFT‑LCD 模块。

41.3　软件设计

本章是在第 26 章实验(实验 21)的基础上修改。首先,是 μC/OS‑II 代码的添加,具体方法同第 40 章一样,这里就不再详细介绍了。不过,本章将 OS_TICKS_PER_SEC 设置为 500,即 μC/OS‑II 的时钟节拍为 2 ms。

加入 μC/OS - II 代码后,只需要修改 test. c 函数即可,打开 test. c,输入如下代码:

```
///////////////////////////////μC/OS - II任务设置/////////////////////////////////
//START  任务
#define START_TASK_PRIO            10      //设置任务优先级
#define START_STK_SIZE             64      //设置任务堆栈大小
OS_STK START_TASK_STK[START_STK_SIZE];     //任务堆栈
void start_task(void * pdata);             //任务函数
//LED0 任务
#define LED0_TASK_PRIO             7       //设置任务优先级
#define LED0_STK_SIZE              64      //设置任务堆栈大小
OS_STK LED0_TASK_STK[LED0_STK_SIZE];       //任务堆栈
void led0_task(void * pdata);              //任务函数
//触摸屏任务
#define TOUCH_TASK_PRIO            6       //设置任务优先级
#define TOUCH_STK_SIZE             64      //设置任务堆栈大小
OS_STK TOUCH_TASK_STK[TOUCH_STK_SIZE];     //任务堆栈
void touch_task(void * pdata);             //任务函数
//LED1 任务
#define LED1_TASK_PRIO             5       //设置任务优先级
#define LED1_STK_SIZE              64      //设置任务堆栈大小
OS_STK LED1_TASK_STK[LED1_STK_SIZE];       //任务堆栈
void led1_task(void * pdata);              //任务函数
//主任务
#define MAIN_TASK_PRIO             4       //设置任务优先级
#define MAIN_STK_SIZE              128     //设置任务堆栈大小
OS_STK MAIN_TASK_STK[MAIN_STK_SIZE];       //任务堆栈
void main_task(void * pdata);              //任务函数
//按键扫描任务
#define KEY_TASK_PRIO              3       //设置任务优先级
#define KEY_STK_SIZE               64      //设置任务堆栈大小
OS_STK KEY_TASK_STK[KEY_STK_SIZE];         //任务堆栈
void key_task(void * pdata);               //任务函数
OS_EVENT * msg_key;                        //按键邮箱事件块指针
OS_EVENT * sem_led1;                       //LED1 信号量指针
//加载主界面
void ucos_load_main_ui(void)
{
……//省略代码
}
int main(void)
```

```
{
    Stm32_Clock_Init(9);                        //系统时钟设置
    uart_init(72,9600);                         //串口初始化为9600
    delay_init(72);                             //延时初始化
    LED_Init();                                 //初始化与 LED 连接的硬件接口
    LCD_Init();                                 //初始化 LCD
    KEY_Init();                                 //按键初始化
    tp_dev.init();                              //触摸屏初始化
    ucos_load_main_ui();                        //加载主界面
    OSInit();                                   //初始化 UCOSII
    OSTaskCreate(start_task,(void * )0,(OS_STK * )&START_TASK_STK[START_STK_SIZE
-1],START_TASK_PRIO );                          //创建起始任务
    OSStart();
}
//开始任务
void start_task(void * pdata)
{
    OS_CPU_SR cpu_sr = 0;
    pdata = pdata;
    msg_key = OSMboxCreate((void * )0);         //创建消息邮箱
    sem_led1 = OSSemCreate(0);                  //创建信号量
    OSStatInit();                               //初始化统计任务.这里会延时1 s 左右
    OS_ENTER_CRITICAL();                        //进入临界区(无法被中断打断)
    OSTaskCreate(led0_task,(void * )0,(OS_STK * )&LED0_TASK_STK[LED0_STK_SIZE - 1]
,LED0_TASK_PRIO);
    OSTaskCreate(touch_task,(void * )0,(OS_STK * )&TOUCH_TASK_STK
[TOUCH_STK_SIZE - 1],TOUCH_TASK_PRIO);
    OSTaskCreate(led1_task,(void * )0,(OS_STK * )&LED1_TASK_STK
[LED1_STK_SIZE - 1],LED1_TASK_PRIO);
    OSTaskCreate(main_task,(void * )0,(OS_STK * )&MAIN_TASK_STK
[MAIN_STK_SIZE - 1],MAIN_TASK_PRIO);
    OSTaskCreate(key_task,(void * )0,(OS_STK * )&KEY_TASK_STK[KEY_STK_SIZE - 1],
KEY_TASK_PRIO);
    OSTaskSuspend(START_TASK_PRIO);             //挂起起始任务
    OS_EXIT_CRITICAL();                         //退出临界区(可以被中断打断)
}
//LED0 任务
void led0_task(void * pdata)
{
    u8 t;
    while(1)
    {
```

```
            t ++ ; delay_ms(10);
            if(t == 8)LED0 = 1;                          //LED0 灭
            if(t == 100) { t = 0; LED0 = 0;}             //LED0 亮
        }
    }
//LED1 任务
void led1_task(void * pdata)
{
    u8 err;
    while(1)
    {
        OSSemPend(sem_led1,0,&err);
        LED1 = 0;delay_ms(200);
        LED1 = 1; delay_ms(800);
    }
}
//触摸屏任务
void touch_task(void * pdata)
{
    while(1)
    {
        tp_dev.scan(0);
        if(tp_dev.sta&TP_PRES_DOWN)                      //触摸屏被按下
        {
            if(tp_dev.x[0]<lcddev.width&&tp_dev.y[0]<lcddev.height&&tp_dev.y
[0]>120)
            {
                TP_Draw_Big_Point(tp_dev.x[0],tp_dev.y[0],RED);      //画图
                delay_ms(2);
            }
        }else delay_ms(10);                              //没有按键按下的时候
    }
}
//主任务
void main_task(void * pdata)
{
    u32 key = 0; u8 err; u8 semmask = 0;    u8 tcnt = 0;
    while(1)
    {
        key = (u32)OSMboxPend(msg_key,10,&err);
        switch(key)
        {
```

```
                case KEY0_PRES:                        //发送信号量
                    semmask = 1;
                    OSSemPost(sem_led1);
                    break;
                case KEY1_PRES:                        //清除
                    LCD_Fill(0,121,lcddev.width,lcddev.height,WHITE);
                    break;
                case WKUP_PRES:                        //校准
                    OSTaskSuspend(TOUCH_TASK_PRIO);        //挂起触摸屏任务
                     if((tp_dev.touchtype&0X80) == 0)TP_Adjust();
                    OSTaskResume(TOUCH_TASK_PRIO);        //解挂
                    ucos_load_main_ui();                //重新加载主界面
                    break;
            }
            if(semmask||sem_led1->OSEventCnt)   //需要显示 sem
            {

                POINT_COLOR = BLUE;
                LCD_ShowxNum(192,50,sem_led1->OSEventCnt,3,16,0X80);//显示信号量值
                if(sem_led1->OSEventCnt == 0)semmask = 0;        //停止更新
            }
            if(tcnt == 50)                            //0.5 s 更新一次 CPU 使用率
            {

                tcnt = 0;
                POINT_COLOR = BLUE;
                LCD_ShowxNum(192,30,OSCPUUsage,3,16,0);        //显示 CPU 使用率
            }
            tcnt ++ ; delay_ms(10);
        }
}
//按键扫描任务
void key_task(void * pdata)
{
    u8 key;
    while(1)
    {

        key = KEY_Scan(0);
        if(key)OSMboxPost(msg_key,(void * )key); //发送消息
         delay_ms(10);
    }
}
```

该部分代码创建了 6 个任务：start_task、led0_task、touch_task、led1_task、main_

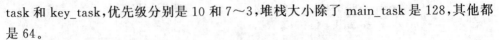

task 和 key_task,优先级分别是 10 和 7~3,堆栈大小除了 main_task 是 128,其他都是 64。

该程序的运行流程比第 40 章复杂了一些,我们创建了消息邮箱 msg_key,用于按键任务和主任务之间的数据传输(传递键值);另外创建了信号量 sem_led1,用于 LED1 任务和主任务之间的通信。

本代码使用了 μC/OS - II 提供的 CPU 统计任务,通过 OSStatInit 初始化 CPU 统计任务,然后在主任务中显示 CPU 使用率。另外,在主任务中用到了任务的挂起和恢复函数,在执行触摸屏校准时必须先将触摸屏任务挂起,待校准完成之后再恢复触摸屏任务。这是因为触摸屏校准和触摸屏任务都用到了触摸屏和 TFT - LCD,而这两个东西是不支持多个任务占用的,所以必须采用独占的方式使用,否则可能导致数据错乱。

41.4 下载验证

代码编译成功后下载代码到 MiniSTM32 开发板上,可以看到,LCD 显示界面如图 41.2 所示。可以看出,默认状态下,CPU 使用率仅为 1%。此时通过在触摸区域(Touch Area)画图,可以看到 CPU 使用率飙升(42%),说明触摸屏任务是一个很占 CPU 的任务;通过按 KEY0,可以控制 DS1 的亮灭,同时,可以在 LCD 上面看到信号量的当前值;通过按 KEY1 可以清屏;通过按 WK_UP 可以进入校准程序,进行触摸屏校准。

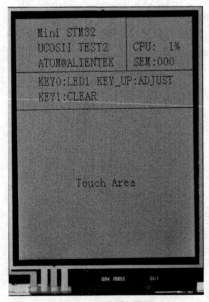

图 41.2 初始界面

第 **42** 章

μC/OS‑II 实验 3——消息队列、信号量集和软件定时器

第 41 章学习了 μC/OS‑II 的信号量和邮箱的使用,本章将介绍消息队列、信号量集和软件定时器的使用。

42.1 消息队列、信号量集和软件定时器简介

第 41 章介绍了信号量和邮箱的使用,本章介绍比较复杂消息队列、信号量集以及软件定时器的使用。

1. 消息队列

使用消息队列可以在任务之间传递多条消息。消息队列由 3 个部分组成:事件控制块、消息队列和消息。当把事件控制块成员 OSEventType 的值置为 OS_E‑VENT_TYPE_Q 时,该事件控制块描述的就是一个消息队列。

消息队列的数据结构如图 42.1 所示。从图中可以看到,消息队列相当于一个共用一个任务等待列表的消息邮箱数组,事件控制块成员 OSEventPtr 指向了一个叫队列控制块(OS_Q)的结构,该结构管理了一个数组 MsgTbl[],该数组中的元素都是一些指向消息的指针。

队列控制块(OS_Q)的结构定义如下:

```
typedef struct os_q
{
    struct os_q * OSQPtr;
    void * * OSQStart;
    void * * OSQEnd;
    void     * * OSQIn;
    void * * OSQOut;
    INT16U  OSQSize;
    INT16U  OSQEntries;
} OS_Q;
```

该结构体中各参数的含义如表 42.1 所列。

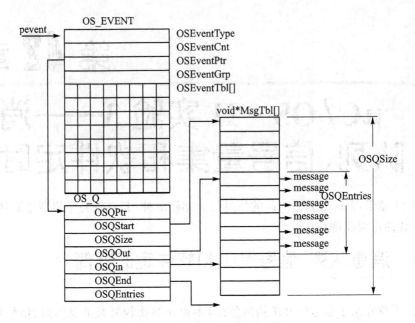

图 42.1　消息队列的数据结构

表 42.1　队列控制块各参数含义

参　数	说　明
OSQPtr	指向下一个空的队列控制块
OSQSize	数组的长度
OSQEntres	已存放消息指针的元素数目
OSQStart	指向消息指针数组的起始地址
OSQEnd	指向消息指针数组结束单元的下一个单元。它使得数组构成了一个循环的缓冲区
OSQIn	指向插入一条消息的位置。当它移动到与 OSQEnd 相等时,被调整到指向数组的起始单元
OSQOut	指向被取出消息的位置。当它移动到与 OSQEnd 相等时,被调整到指向数组的起始单元

其中,可以移动的指针为 OSQIn 和 OSQOut,而指针 OSQStart 和 OSQEnd 只是一个标志(常指针)。当可移动的指针 OSQIn 或 OSQOut 移动到数组末尾,也就是与 OSQEnd 相等时,可移动的指针将会被调整到数组的起始位置 OSQStart。也就是说,从效果上来看,指针 OSQEnd 与 OSQStart 等值。于是,这个由消息指针构成的数组就头尾衔接起来形成了一个如图 42.2 所示的循环的队列。

在 μC/OS-II 初始化时,系统将按文件 os_cfg.h 中的配置常数 OS_MAX_QS

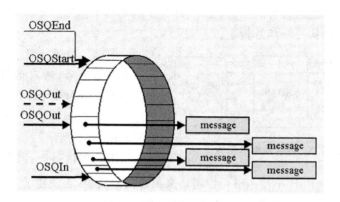

图 42.2　消息指针数组构成的环形数据缓冲区

定义 OS_MAX_QS 个队列控制块,并用队列控制块中的指针 OSQPtr 将所有队列控制块链接为链表。由于这时还没有使用它们,所以这个链表叫空队列控制块链表。

接下来看看在 μC/OS‑II 中与消息队列相关的几个函数(未全部列出,下同):

1) 创建消息队列函数

创建一个消息队列首先需要定义一个指针数组,然后把各个消息数据缓冲区的首地址存入这个数组中,然后再调用函数 OSQCreate 来创建消息队列。创建消息队列函数 OSQCreate 的原型为: OS_EVENT ＊OSQCreate(void ＊＊start,INT16U size)。其中,start 为存放消息缓冲区指针数组的地址,size 为该数组大小。该函数的返回值为消息队列指针。

2) 请求消息队列函数

请求消息队列的目的是从消息队列中获取消息。任务请求消息队列需要调用函数 OSQPend,该函数原型为: void ＊OSQPend(OS_EVENT ＊pevent,INT16U timeout,INT8U ＊err)。其中,pevent 为所请求的消息队列的指针,timeout 为任务等待时限,err 为错误信息。

3) 向消息队列发送消息函数

任务可以通过调用函数 OSQPost 或 OSQPostFront 两个函数来向消息队列发送消息。函数 OSQPost 以 FIFO(先进先出)的方式组织消息队列,函数 OSQPost-Front 以 LIFO(后进先出)的方式组织消息队列。这两个函数的原型分别为: INT8U OSQPost(OS_EVENT ＊pevent,void ＊msg)和 INT8U OSQPost(OS_E-VENT ＊pevent,void ＊msg)。其中,pevent 为消息队列的指针,msg 为待发消息的指针。

消息队列的其他一些函数可以参考《嵌入式实时操作系统 μC/OS‑II 原理及应用》第 5 章。

2. 信号量集

在实际应用中,任务常常需要与多个事件同步,即要根据多个信号量组合作用的结果来决定任务的运行方式。μC/OS-Ⅱ为了实现多个信号量组合的功能定义了一种特殊的数据结构——信号量集。

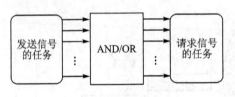

图 42.3 信号量集示意图

信号量集所能管理的信号量都是一些二值信号,所有信号量集实质上是一种可以对多个输入的逻辑信号进行基本逻辑运算的组合逻辑,其示意图如图 42.3 所示。

不同于信号量、消息邮箱、消息队列等事件,μC/OS-Ⅱ不使用事件控制块来描述信号量集,而使用了一个叫标志组的结构 OS_FLAG_GRP 来描述。OS_FLAG_GRP 结构如下:

```
typedef struct
{
    INT8U       OSFlagType;          //识别是否为信号量集的标志
    void      * OSFlagWaitList;      //指向等待任务链表的指针
    OS_FLAGS    OSFlagFlags;         //所有信号列表
}OS_FLAG_GRP;
```

成员 OSFlagWaitList 是一个指针,当一个信号量集被创建后,这个指针指向了这个信号量集的等待任务链表。

与其他前面介绍过的事件不同,信号量集用一个双向链表来组织等待任务,每一个等待任务都是该链表中的一个节点(Node)。标志组 OS_FLAG_GRP 的成员 OSFlagWaitList 就指向了信号量集的这个等待任务链表。等待任务链表节点 OS_FLAG_NODE 的结构如下:

```
typedef struct
{
    void * OSFlagNodeNext;           //指向下一个节点的指针
    void * OSFlagNodePrev;           //指向前一个节点的指针
    void * OSFlagNodeTCB;            //指向对应任务控制块的指针
    void * OSFlagNodeFlagGrp;        //反向指向信号量集的指针
    OS_FLAGS OSFlagNodeFlags;        //信号过滤器
    INT8U    OSFlagNodeWaitType;     //定义逻辑运算关系的数据
} OS_FLAG_NODE;
```

其中,OSFlagNodeWaitType 是定义逻辑运算关系的一个常数(根据需要设置),其可选值和对应的逻辑关系如表 42.2 所列。OSFlagFlags、OSFlagNodeFlags、OSFlagNodeWaitType 三者的关系如图 42.4 所示。为了方便说明,我们将 OSFlagFlags 定义为 8 位,但是 μC/OS-Ⅱ支持 8 位/16 位/32 位定义,这个通过修改 OS_FLAGS 的类型来确定(UCOSII 默认设置 OS_FLAGS 为 16 位)。

表 42.2　OSFlagNodeWaitType 可选值及其意义

常　数	信号有效状态	等待任务的就绪条件
WAIT_CLR_ALL 或 WAIT_CLR_AND	0	信号全部有效（全 0）
WAIT_CLR_ANY 或 WAIT_CLR_OR	0	信号有一个或一个以上有效（有 0）
WAIT_SET_ALL 或 WAIT_SET_AND	1	信号全部有效（全 1）
WAIT_SET_ANY 或 WAIT_SET_OR	1	信号有一个或一个以上有效（有 1）

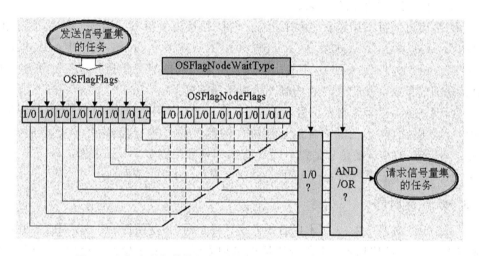

图 42.4　标志组与等待任务共同完成信号量集的逻辑运算及控制

图 42.4 清楚地表达了信号量集各成员的关系：OSFlagFlags 为信号量表，通过发送信号量集的任务设置；OSFlagNodeFlags 为信号滤波器，由请求信号量集的任务设置，用于选择性的挑选 OSFlagFlags 中的部分（或全部）位作为有效信号；OSFlagNodeWaitType 定义有效信号的逻辑运算关系，也是由请求信号量集的任务设置，用于选择有效信号的组合方式（0/1?、与/或?）。

举个简单的例子：假设请求信号量集的任务设置 OSFlagNodeFlags 的值为 0X0F，设置 OSFlagNodeWaitType 的值为 WAIT_SET_ANY，那么只要 OSFlagFlags 的低 4 位的任何一位为 1，请求信号量集的任务将得到有效的请求，从而执行相关操作；如果低 4 位都为 0，那么请求信号量集的任务将得到无效的请求。

接下来看看在 μC/OS‑II 中与信号量集相关的几个函数：

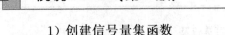

1) 创建信号量集函数

任务可以通过调用函数 OSFlagCreate 来创建一个信号量集。函数 OSFlagCre-ate 的原型为：OS_FLAG_GRP * OSFlagCreate (OS_FLAGS flags, INT8U * err)。其中, flags 为信号量的初始值(即 OSFlagFlags 的值), err 为错误信息, 返回值为该信号量集的标志组的指针, 应用程序根据这个指针对信号量集进行相应的操作。

2) 请求信号量集函数

任务可以通过调用函数 OSFlagPend 请求一个信号量集。函数 OSFlagPend 的原型为：OS_FLAGS OSFlagPend(OS_FLAG_GRP * pgrp, OS_FLAGS flags, INT8U wait_type, INT16U timeout, INT8U * err)。其中, pgrp 为所请求的信号量集指针, flags 为滤波器(即 OSFlagNodeFlags 的值), wait_type 为逻辑运算类型(即 OSFlagNodeWaitType 的值), timeout 为等待时限, err 为错误信息。

3) 向信号量集发送信号函数

任务可以通过调用函数 OSFlagPost 向信号量集发信号。函数 OSFlagPost 的原型为：OS_FLAGS OSFlagPost (OS_FLAG_GRP * pgrp, OS_FLAGS flags, INT8U opt, INT8U * err)。其中, pgrp 为所请求的信号量集指针, flags 为选择所要发送的信号, opt 为信号有效选项, err 为错误信息。

所谓任务向信号量集发信号, 就是对信号量集标志组中的信号进行置 1(置位)或置 0(复位)的操作。至于对信号量集中的哪些信号进行操作, 用函数中的参数 flags 来指定; 对指定的信号是置 1 还是置 0, 用函数中的参数 opt 来指定(opt = OS_FLAG_SET 为置 1 操作; opt = OS_FLAG_CLR 为置 0 操作)。

3. 软件定时器

μC/OS-II 从 V2.83 版本以后加入了软件定时器, 这使得 μC/OS-II 的功能更加完善, 在其上的应用程序开发与移植也更加方便。在实时操作系统中一个好的软件定时器实现要求有较高的精度、较小的处理器开销, 且占用较少的存储器资源。

通过前面的学习我们知道, μC/OS-II 通过 OSTimTick 函数对时钟节拍进行加 1 操作, 同时遍历任务控制块, 以判断任务延时是否到时。软件定时器同样由 OS-TimTick 提供时钟, 但是软件定时器的时钟还受 OS_TMR_CFG_TICKS_PER_SEC 设置的控制, 也就是在 μC/OS-II 的时钟节拍上面再做了一次"分频", 软件定时器的最快时钟节拍就等于 μC/OS-II 的系统时钟节拍。这也决定了软件定时器的精度。

软件定时器定义了一个单独的计数器 OSTmrTime, 用于软件定时器的计时, μC/OS-II 并不在 OSTimTick 中进行软件定时器的到时判断与处理, 而是创建了一个高于应用程序中所有其他任务优先级的定时器管理任务 OSTmr_Task, 在这个任务中进行定时器的到时判断和处理。时钟节拍函数通过信号量给这个高优先级任务发信号。这种方法缩短了中断服务程序的执行时间, 但也使得定时器到时处理函数的响应受到中断退出时恢复现场和任务切换的影响。软件定时器功能实现代码存放在 tmr.c 文件中,移植时只须在 os_cfg.h 文件中使能定时器和设定定时器的相关参数。

μC/OS‑II 中软件定时器的实现方法是,将定时器按定时时间分组,使得每次时钟节拍到来时只对部分定时器进行比较操作,缩短了每次处理的时间,但这就需要动态地维护一个定时器组。定时器组的维护只是在每次定时器到时时才发生,而且定时器从组中移除和再插入操作不需要排序。这是一种比较高效的算法,减少了维护所需的操作时间。

μC/OS‑II 软件定时器实现了3类链表的维护:

```
OS_EXT OS_TMR OSTmrTbl[OS_TMR_CFG_MAX];          //定时器控制块数组
OS_EXT OS_TMR * OSTmrFreeList;                    //空闲定时器控制块链表指针
OS_EXT OS_TMR_WHEEL OSTmrWheelTbl[OS_TMR_CFG_WHEEL_SIZE];//定时器轮
```

其中,OS_TMR 为定时器控制块,定时器控制块是软件定时器管理的基本单元,包含软件定时器的名称、定时时间、在链表中的位置、使用状态、使用方式以及到时回调函数及其参数等基本信息。

OSTmrTbl[OS_TMR_CFG_MAX]以数组的形式静态分配定时器控制块所需的 RAM 空间,并存储所有已建立的定时器控制块,OS_TMR_CFG_MAX 为最大软件定时器的个数。

OSTmrFreeLiSt 为空闲定时器控制块链表头指针。空闲态的定时器控制块(OS_TMR)中,OSTmrnext 和 OSTmrPrev 两个指针分别指向空闲控制块的前一个和后一个,组织了空闲控制块双向链表。建立定时器时,从这个链表中搜索空闲定时器控制块。

OSTmrWheelTbl[OS_TMR_CFG_WHEEL_SIZE]数组的每个元素都是已开启定时器的一个分组,元素中记录了指向该分组中第一个定时器控制块的指针以及定时器控制块的个数。运行态的定时器控制块(OS_TMR)中,OSTmrnext 和 OSTmrPrev 两个指针同样也组织了所在分组中定时器控制块的双向链表。软件定时器管理所需的数据结构示意图如图 42.5 所示。

OS_TMR_CFG_WHEEL_SIZE 定义了 OSTmrWheelTbl 的大小,同时这个值也是定时器分组的依据。按照定时器到时值与 OS_TMR_CFG_WHEEL_SIZE 相除的余数进行分组:不同余数的定时器放在不同分组中;相同余数的定时器处在同一组中,由双向链表连接。这样,余数值为 0～OS_TMR_CFG_WHEEL_SIZE-1 的不同定时器控制块,正好分别对应了数组元素 OSTmr-WheelTbl[0]～OSTmr-WheelTbl[OS_TMR_CFGWHEEL_SIZE-1]的不同分组。每次时钟节拍到来时,时钟数 OSTmrTime 值加 1,然后也进行求余操作,只有余数相同的那组定时器才有可能到时,所以只对该组定时器进行判断。这种方法比循环判断所有定时器更高效。随着时钟数的累加,处理的分组也由 0～OS_TMR_CFG_WHE EL_SIZE-1 循环。

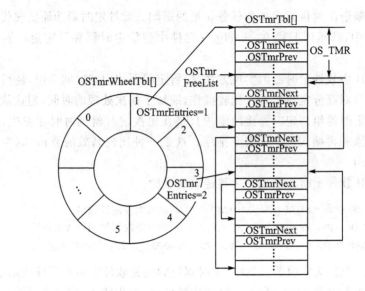

图 42.5 软件定时器管理所需的数据结构示意图

这里推荐 OS_TMR_CFG_WHEEL_SIZE 的取值为 2^N,以便采用移位操作计算余数,缩短处理时间。

信号量唤醒定时器管理任务,计算出当前所要处理的分组后,程序遍历该分组中的所有控制块,将当前 OSTmrTime 值与定时器控制块中的到时值(OSTmrMatch)相比较。若相等(即到时),则调用该定时器到时回调函数;若不相等,则判断该组中下一个定时器控制块。如此操作,直到该分组链表的结尾。软件定时器管理任务的流程如图 42.6 所示。

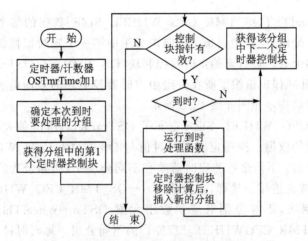

图 42.6 软件定时器管理任务流程

当运行完软件定时器的到时处理函数之后,需要进行该定时器控制块在链表中的移除和再插入操作。插入前需要重新计算定时器下次到时时所处的分组。计算公式如下：

定时器下次到时的 OSTmrTime 值（OSTmrMatch）＝定时器定时值＋当前 OSTmrTime 值

新分组＝定时器下次到时的 OSTmrTime 值（OSTmrMatch）％OS_TMR_CFG_WHEEL_SIZE

接下来我们看看在 μC/OS－II 中与软件定时器相关的几个函数：

1）创建软件定时器函数

创建软件定时器通过函数 OSTmrCreate 实现，该函数原型为：OS_TMR ＊OSTmrCreate（INT32U dly，INT32U period，INT8U opt，OS_TMR_CALLBACK callback，void ＊callback_arg，INT8U ＊pname，INT8U ＊perr）。

dly 用于初始化定时时间，对单次定时（ONE－SHOT 模式）的软件定时器来说，这就是该定时器的定时时间；而对于周期定时（PERIODIC 模式）的软件定时器来说，这是该定时器第一次定时的时间，从第二次开始定时时间变为 period。

period，在周期定时（PERIODIC 模式），该值为软件定时器的周期溢出时间。

opt 用于设置软件定时器工作模式，可以设置的值为 OS_TMR_OPT_ONE_SHOT 或 OS_TMR_OPT_PERIODIC，如果设置为前者，说明是一个单次定时器；设置为后者则表示是周期定时器。

callback 为软件定时器的回调函数，当软件定时器的定时时间到达时，会调用该函数。

callback_arg 为回调函数的参数。pname 为软件定时器的名字。perr 为错误信息。

软件定时器的回调函数有固定的格式，我们必须按照这个格式编写，软件定时器的回调函数格式为：void（＊OS_TMR_CALLBACK）（void ＊ptmr，void ＊parg）。其中，函数名可以自己随意设置，而对于 ptmr 这个参数，软件定时器用来传递当前定时器的控制块指针，所以我们一般设置其类型为 OS_TMR ＊类型，第二个参数（parg）为回调函数的参数，这个就可以根据自己需要设置了，也可以不用，但是必须有这个参数。

2）开启软件定时器函数

任务可以通过调用函数 OSTmrStart 开启某个软件定时器，该函数的原型为：BOOLEAN　OSTmrStart（OS_TMR ＊ptmr，INT8U ＊perr）。其中，ptmr 为要开启的软件定时器指针，perr 为错误信息。

3）停止软件定时器函数

任务可以通过调用函数 OSTmrStop 停止某个软件定时器，该函数的原型为：BOOLEAN　OSTmrStop（OS_TMR ＊ptmr，INT8U opt，void ＊callback_arg，INT8U ＊perr）。其中，ptmr 为要停止的软件定时器指针。opt 为停止选项，可以设

置的值及其对应的意义为：OS_TMR_OPT_NONE,直接停止,不做任何其他处理；OS_TMR_OPT_CALLBACK,停止,用初始化的参数执行一次回调函数；OS_TMR_OPT_CALLBACK_ARG,停止,用新的参数执行一次回调函数；callback_arg 为新的回调函数参数。perr 为错误信息。

42.2　硬件设计

　　本节实验功能简介：本章在 μC/OS - II 里面创建 7 个任务：开始任务、LED 任务、触摸屏任务、队列消息显示任务、信号量集任务、按键扫描任务和主任务。开始任务用于创建邮箱、消息队列、信号量集以及其他任务,之后挂起；触摸屏任务用于在屏幕上画图,测试 CPU 使用率；队列消息显示任务请求消息队列,在得到消息后显示收到的消息数据；信号量集任务用于测试信号量集,采用 OS_FLAG_WAIT_SET_ANY 的方法,任何按键按下,该任务都会控制 DS1 闪一下；按键扫描任务用于按键扫描,优先级最高,将得到的键值通过消息邮箱发送出去；主任务创建 3 个软件定时器(定时器 1,100 ms 溢出一次,显示 CPU 和内存使用率；定时 2,200 ms 溢出一次,在固定区域不停的显示不同颜色；定时 3,100 ms 溢出一次,用于自动发送消息到消息队列)；KEY0 控制软件定时器 3 的开关,从而控制消息队列的发送；KEY1 控制软件定时器 2 的开关,同时清除 LCD 触摸屏区域数据；WK_UP 按键用于触摸屏校准。

　　所要用到的硬件资源有指示灯 DS0/DS1、3 个按键(KEY0/KEY1/WK_UP)、TFT - LCD 模块。

42.3　软件设计

　　本章在第 41 章的基础上修改,由于本章要用到动态内存管理,所以复制实验 27 的内存管理部分代码：MALLOC 文件夹到本例程目录下,在工程新建 MALLOC 组,并添加 malloc.c 到该组下面,然后将 MALLOC 文件夹加入头文件包含路径。由于创建了 7 个任务,加上统计任务、空闲任务和软件定时器任务,总共 10 个任务,如果还想添加其他任务,则把 OS_MAX_TASKS 的值适当改大。另外,还需要在 os_cfg.h 里面修改软件定时器管理部分的宏定义,修改如下：

```
#define OS_TMR_EN                 1u      //使能软件定时器功能
#define OS_TMR_CFG_MAX            16u      //最大软件定时器个数
#define OS_TMR_CFG_NAME_EN         1u      //使能软件定时器命名
#define OS_TMR_CFG_WHEEL_SIZE      8u      //软件定时器轮大小
#define OS_TMR_CFG_TICKS_PER_SEC 100u      //软件定时器的时钟节拍(10 ms)
#define OS_TASK_TMR_PRIO           0u      //软件定时器的优先级,设置为最高
```

这样就使能 μC/OS - II 的软件定时器功能了,并且设置最大软件定时器个数为

16,定时器轮大小为 8,软件定时器时钟节拍为 10 ms(即定时器的最少溢出时间为 10 ms)。

最后,只需要修改 test. c 函数了,打开 test. c,输入如下代码:

```
///////////////////////////UCOSII 任务设置///////////////////////////////////
//START  任务
//设置任务优先级
#define START_TASK_PRIO        10      //开始任务的优先级设置为最低
#define START_STK_SIZE         64      //设置任务堆栈大小
OS_STK START_TASK_STK[START_STK_SIZE];         //任务堆栈
void start_task(void * pdata);                  //任务函数
//LED 任务
#define LED_TASK_PRIO          7       //设置任务优先级
#define LED_STK_SIZE           64      //设置任务堆栈大小
OS_STK LED_TASK_STK[LED_STK_SIZE];              //任务堆栈
void led_task(void * pdata);                    //任务函数
//触摸屏任务
#define TOUCH_TASK_PRIO        6       //设置任务优先级
#define TOUCH_STK_SIZE         64      //设置任务堆栈大小
OS_STK TOUCH_TASK_STK[TOUCH_STK_SIZE];          //任务堆栈
void touch_task(void * pdata);                  //任务函数
//队列消息显示任务
#define QMSGSHOW_TASK_PRIO     5       //设置任务优先级
#define QMSGSHOW_STK_SIZE      64      //设置任务堆栈大小
OS_STK QMSGSHOW_TASK_STK[QMSGSHOW_STK_SIZE];    //任务堆栈
void qmsgshow_task(void * pdata);               //任务函数
//主任务
#define MAIN_TASK_PRIO         4       //设置任务优先级
#define MAIN_STK_SIZE          128     //设置任务堆栈大小
OS_STK MAIN_TASK_STK[MAIN_STK_SIZE];            //任务堆栈
void main_task(void * pdata);                   //任务函数
//信号量集任务
#define FLAGS_TASK_PRIO        3       //设置任务优先级
#define FLAGS_STK_SIZE         64      //设置任务堆栈大小
OS_STK FLAGS_TASK_STK[FLAGS_STK_SIZE];          //任务堆栈
void flags_task(void * pdata);                  //任务函数
//按键扫描任务
#define KEY_TASK_PRIO          2       //设置任务优先级
#define KEY_STK_SIZE           64      //设置任务堆栈大小
OS_STK KEY_TASK_STK[KEY_STK_SIZE];              //任务堆栈
void key_task(void * pdata);                    //任务函数
OS_EVENT * msg_key;                             //按键邮箱事件块
```

```
OS_EVENT * q_msg;                                    //消息队列
OS_TMR   * tmr1;                                     //软件定时器 1
OS_TMR   * tmr2;                                     //软件定时器 2
OS_TMR   * tmr3;                                     //软件定时器 3
OS_FLAG_GRP * flags_key;                             //按键信号量集
void * MsgGrp[256];                                  //消息队列存储地址,最大支持 256 个消息
//软件定时器 1 的回调函数,每 100 ms 执行一次,用于显示 CPU 使用率和内存使用率
void tmr1_callback(OS_TMR * ptmr,void * p_arg)
{
    static u16 cpuusage = 0;
    static u8 tcnt = 0;
    POINT_COLOR = BLUE;
    if(tcnt == 5)
    {
        LCD_ShowxNum(182,10,cpuusage/5,3,16,0); //显示 CPU 使用率
        cpuusage = 0; tcnt = 0;
    }
    cpuusage += OSCPUUsage;
    tcnt ++ ;
    LCD_ShowxNum(182,30,mem_perused(),3,16,0);  //显示内存使用率
    LCD_ShowxNum(182,50,((OS_Q*)(q_msg->OSEventPtr))->OSQEntries,3,16,0X80);
}
//软件定时器 2 的回调函数
void tmr2_callback(OS_TMR * ptmr,void * p_arg)
{
    static u8 sta = 0;
    switch(sta)
    {
        case 0:LCD_Fill(121,221,lcddev.width-1,lcddev.height-1,RED);     break;
        case 1:LCD_Fill(121,221,lcddev.width-1,lcddev.height-1,GREEN);break;
        case 2:LCD_Fill(121,221,lcddev.width-1,lcddev.height-1,BLUE);break;
        case 3:LCD_Fill(121,221,lcddev.width-1,lcddev.height-1,MAGENTA);break;
        case 4:LCD_Fill(121,221,lcddev.width-1,lcddev.height-1,GBLUE);break;
        case 5:LCD_Fill(121,221,lcddev.width-1,lcddev.height-1,YELLOW);break;
        case 6:LCD_Fill(121,221,lcddev.width-1,lcddev.height-1,BRRED);break;
    }
    sta ++ ;
    if(sta>6)sta = 0;
}
//软件定时器 3 的回调函数
void tmr3_callback(OS_TMR * ptmr,void * p_arg)
{
```

```
    u8 * p; u8 err;
    static u8 msg_cnt = 0;                          //msg 编号
    p = mymalloc(13);                               //申请 13 个字节的内存
    if(p)
    {
        sprintf((char * )p,"ALIENTEK %03d",msg_cnt);
        msg_cnt ++ ;
        err = OSQPost(q_msg,p);                     //发送队列
        if(err!= OS_ERR_NONE)                       //发送失败
        {
            myfree(p);                              //释放内存
            OSTmrStop(tmr3,OS_TMR_OPT_NONE,0,&err);    //关闭软件定时器 3
        }
    }
}
//加载主界面
void ucos_load_main_ui(void)
{
    ……//省略代码
}
int main(void)
{
    Stm32_Clock_Init(9);                            //系统时钟设置
    uart_init(72,9600);                             //串口初始化为 9600
    delay_init(72);                                 //延时初始化
    LED_Init();                                     //初始化与 LED 连接的硬件接口
    LCD_Init();                                     //初始化 LCD
    KEY_Init();                                     //按键初始化
    mem_init();                                     //初始化内存池
    tp_dev.init();
    ucos_load_main_ui();
    OSInit();                                       //初始化 UCOSII
    OSTaskCreate(start_task,(void * )0,(OS_STK * )&START_TASK_STK
    [START_STK_SIZE－1],START_TASK_PRIO );          //创建起始任务
    OSStart();
}                                                   //开始任务
void start_task(void * pdata)
{
    OS_CPU_SR cpu_sr = 0;
    u8 err;
    pdata = pdata;
    msg_key = OSMboxCreate((void * )0);             //创建消息邮箱
```

```
    q_msg = OSQCreate(&MsgGrp[0],256);               //创建消息队列
    flags_key = OSFlagCreate(0,&err);                //创建信号量集
    OSStatInit();                                    //初始化统计任务.这里会延时 1 s 左右
    OS_ENTER_CRITICAL();                             //进入临界区(无法被中断打断)
    OSTaskCreate(led_task,(void * )0,(OS_STK * )&LED_TASK_STK[LED_STK_SIZE-1],
LED_TASK_PRIO);
    OSTaskCreate(touch_task,(void * )0,(OS_STK * )&TOUCH_TASK_STK
[TOUCH_STK_SIZE-1],TOUCH_TASK_PRIO);
    OSTaskCreate(qmsgshow_task,(void * )0,(OS_STK * )&QMSGSHOW_TASK_STK
[QMSGSHOW_STK_SIZE-1],QMSGSHOW_TASK_PRIO);
    OSTaskCreate(main_task,(void * )0,(OS_STK * )&MAIN_TASK_STK
[MAIN_STK_SIZE-1],MAIN_TASK_PRIO);
    OSTaskCreate(flags_task,(void * )0,(OS_STK * )&FLAGS_TASK_STK
[FLAGS_STK_SIZE-1],FLAGS_TASK_PRIO);
    OSTaskCreate(key_task,(void * )0,(OS_STK * )&KEY_TASK_STK
[KEY_STK_SIZE-1],KEY_TASK_PRIO);
    OSTaskSuspend(START_TASK_PRIO);                  //挂起起始任务
    OS_EXIT_CRITICAL();                              //退出临界区(可以被中断打断)
}
//LED 任务
void led_task(void * pdata)
{
    u8 t;
    while(1)
    {
        t ++ ;
        delay_ms(10);
        if(t == 8)LED0 = 1;                          //LED0 灭
        if(t == 100) { t = 0; LED0 = 0; }            //LED0 亮
    }
}
//触摸屏任务
void touch_task(void * pdata)
{
    while(1)
    {
        tp_dev.scan(0);
        if(tp_dev.sta&TP_PRES_DOWN)                  //触摸屏被按下
        {
            if(tp_dev.x[0]<120&&tp_dev.y[0]<lcddev.height&&tp_dev.y[0]>220)
            {
                TP_Draw_Big_Point(tp_dev.x[0],tp_dev.y[0],BLUE);    //画图
```

```
                delay_ms(2);
            }
        }else delay_ms(10);                    //没有按键按下的时候
    }
}
//队列消息显示任务
void qmsgshow_task(void * pdata)
{
    u8 * p; u8 err;
    while(1)
    {
        p = OSQPend(q_msg,0,&err);             //请求消息队列
        LCD_ShowString(5,170,240,16,16,p);     //显示消息
        myfree(p); delay_ms(500);
    }
}
//主任务
void main_task(void * pdata)
{
    u32 key = 0; u8 err;
    u8 tmr2sta = 1;                            //软件定时器2开关状态
    u8 tmr3sta = 0;                            //软件定时器3开关状态
    u8 flagsclrt = 0;                          //信号量集显示清零倒计时
    tmr1 = OSTmrCreate(10,10,OS_TMR_OPT_PERIODIC,(OS_TMR_CALLBACK)
tmr1_callback,0,"tmr1",&err);                  //100 ms 执行一次
    tmr2 = OSTmrCreate(10,20,OS_TMR_OPT_PERIODIC,(OS_TMR_CALLBACK)
tmr2_callback,0,"tmr2",&err);                  //200 ms 执行一次
    tmr3 = OSTmrCreate(10,10,OS_TMR_OPT_PERIODIC,(OS_TMR_CALLBACK)
tmr3_callback,0,"tmr3",&err);                  //100 ms 执行一次
    OSTmrStart(tmr1,&err);                     //启动软件定时器1
    OSTmrStart(tmr2,&err);                     //启动软件定时器2
    while(1)
    {
        key = (u32)OSMboxPend(msg_key,10,&err);
        if(key)
        {
            flagsclrt = 51;                    //500 ms 后清除
            OSFlagPost(flags_key,1<<(key-1),OS_FLAG_SET,&err);
                                               //设置对应信号量为1
        }
        if(flagsclrt)                          //倒计时
        {
```

```
                flagsclrt -- ;
                if(flagsclrt == 1)LCD_Fill(140,162,239,162 + 16,WHITE);//清除显示
            }
        switch(key)
        {
            case KEY0_PRES:                          //软件定时器 3 开关
                tmr3sta = ! tmr3sta;
                if(tmr3sta)OSTmrStart(tmr3,&err);
                else OSTmrStop(tmr3,OS_TMR_OPT_NONE,0,&err);//关闭软件定时器 3
                 break;
            case KEY1_PRES:                          //软件定时器 2 开关 & 触摸区域清空
                tmr2sta = ! tmr2sta;
                if(tmr2sta)OSTmrStart(tmr2,&err);                //开启软件定时器 2
                else
                {
                    OSTmrStop(tmr2,OS_TMR_OPT_NONE,0,&err);//关闭软件定时器 2
                    LCD_ShowString(148,262,240,16,16,"TMR2 STOP");//提示关闭了
                }
                LCD_Fill(0,221,120 - 1,lcddev.height - 1,WHITE);//触摸区域清空
                break;
            case WKUP_PRES:                          //校准
                OSTaskSuspend(TOUCH_TASK_PRIO);            //挂起触摸屏任务
                OSTaskSuspend(QMSGSHOW_TASK_PRIO);         //挂起队列信息显示任务
                OSTmrStop(tmr1,OS_TMR_OPT_NONE,0,&err);    //关闭软件定时器 1
                if(tmr2sta)OSTmrStop(tmr2,OS_TMR_OPT_NONE,0,&err);//关闭 tmr2
                 if((tp_dev.touchtype&0X80) == 0)TP_Adjust();//重新开启软件定时器 1
                OSTmrStart(tmr1,&err);                      //重新开启软件定时器 1
                if(tmr2sta)OSTmrStart(tmr2,&err);          //重新开启软件定时器 2
                 OSTaskResume(TOUCH_TASK_PRIO);            //解挂
                    OSTaskResume(QMSGSHOW_TASK_PRIO);      //解挂
                ucos_load_main_ui();                        //重新加载主界面
                break;
        }
        delay_ms(10);
    }
}
//信号量集处理任务
void flags_task(void * pdata)
{
    u16 flags;
    u8 err;
    while(1)
```

```
        {
            flags = OSFlagPend(flags_key,0X001F,OS_FLAG_WAIT_SET_ANY,0,&err);//等待
            if(flags&0X0001)LCD_ShowString(140,162,240,16,16,"KEY0 DOWN   ");
            if(flags&0X0002)LCD_ShowString(140,162,240,16,16,"KEY1 DOWN   ");
            if(flags&0X0004)LCD_ShowString(140,162,240,16,16,"KEY_UP DOWN");
            LED1 = 0;
            delay_ms(50); LED1 = 1;
            OSFlagPost(flags_key,0X0007,OS_FLAG_CLR,&err);      //全部信号量清零
        }
    }
}
//按键扫描任务
void key_task(void * pdata)
{
    u8 key;
    while(1)
    {
        key = KEY_Scan(0);
        if(key)OSMboxPost(msg_key,(void * )key);                //发送消息
        delay_ms(10);
    }
}
```

　　本章 test.c 的代码有点多,因为我们创建了 7 个任务、3 个软件定时器及其回调函数。创建的 7 个任务为:start_task、led_task、touch_task、qmsgshow_task、main_task、flags_task 和 key_task,优先级分别是 10 和 7～2,堆栈大小除了 main_task 是 128,其他都是 64。

　　我们还创建了 3 个软件定时器 tmr1、tmr2 和 tmr3,tmr1 用于显示 CPU 使用率和内存使用率,每 100 ms 执行一次;tmr2 用于在 LCD 的右下角区域不停的显示各种颜色,每 200 ms 执行一次;tmr3 用于定时向队列发送消息(用到了动态内存申请),每 100 ms 发送一次。

　　本章依旧使用消息邮箱 msg_key 在按键任务和主任务之间传递键值数据,我们创建信号量集 flags_key,在主任务里面将按键键值通过信号量集传递给信号量集处理任务 flags_task,实现按键信息的显示以及 DS1 的提示性闪灯。

　　此外,还创建了一个大小为 256 的消息队列 q_msg,通过软件定时器 tmr3 的回调函数向消息队列发送消息,然后在消息队列显示任务 qmsgshow_task 里面请求消息队列,并在 LCD 上面显示得到的消息。消息队列还用到了动态内存管理。

　　在主任务 main_task 里面实现了 42.2 节介绍的功能:KEY0 控制软件定时器 3 的开关,间接控制消息队列的发送;KEY1 控制软件定时器 2 的开关,同时清除 LCD 触摸屏区域的数据;WK_UP 用于触摸屏校准,在校准的时候,要先挂起触摸屏任务、

队列消息显示任务,并停止软件定时器 tmr1 和 tmr2,否则可能对校准时的 LCD 显示造成干扰;

42.4　下载验证

代码编译成功之后下载代码到 MiniSTM32 开发板上,可以看到,LCD 显示界面如图 42.7 所示。可以看出,默认状态下,CPU 使用率为 8% 左右,比第 41 章多一些,这主要是软件定时器 2(tmr2)不停地刷屏导致的。

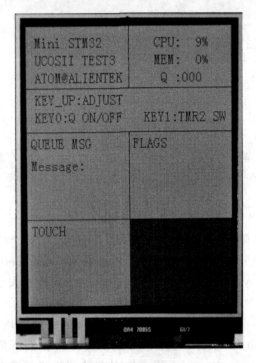

图 42.7　初始界面

通过按 KEY0 来控制软件定时器 3(tmr3)的开关,从而控制消息队列的发送;可以在 LCD 上面看到 Q 和 MEM 的值慢慢变大(说明队列消息在增多,占用内存也随着消息增多而增大),在 QUEUE MSG 区,开始显示队列消息,再按一次 KEY0 停止 tmr3,此时可以看到 Q 和 MEM 逐渐减小。当 Q 值变为 0 的时候,QUEUE MSG 也停止显示(队列为空)。通过按 KEY1 控制软件定时器 2 的开关,同时清除 LCD 触摸屏区域数据,通过 WK_UP 按键,可以进行触摸屏校准。在 TOUCH 区域,可以输入手写内容。任何按键按下,DS1 都会闪一下,提示按键被按下,同时在 FLAGS 区域显示按键信息。

第43章

MiniSTM32 开发板综合实验

前面已经讲了 37 个实例了,本章将设计一个综合实例作为本书的最后一个实验,该实验展示了 STM32 的强大处理能力,并且可以测试开发板的大部分功能。该实验代码非常多,涉及 GUI(ALIENTEK 编写,非 μc/GUI)、μC/OS、内存管理、图片解码、文件系统、USB、手写识别、汉字输入等非常多的内容,故本章不讲实现和代码,只讲功能。

MiniSTM32 V3.0 开发板搭载了 STM32F103RCT6 处理器,拥有较多的 FLASH 和 SRAM,可以实现更加强大的应用。开发板的硬件资源在第 1 章已经详细介绍过,是比较强大的,强大的硬件必须配强大的软件才能体现其价值。如果 IPhone 装的是 andriod 而不是 ios,IPhone 就不是那个 IPhone 了,可能早就被三星打败了。同样,如果开发板只是一堆硬件,那就和一堆废品差不多。

MiniSTM32 V3.0 开发板的综合测试实验,移植自战舰 STM32 开发板的综合实验(裁减了一部分),所以看起来和战舰板的综合实验界面基本一样,MiniSTM32 开发板综合实验总共有 9 大功能,分别是电子图书、数码相框、USB 连接、应用中心、时钟、系统设置、画板、无线传书和记事本。

➤ 电子图书,支持 .txt/.c/.h/.lrc 这 4 种格式的文件阅读。

➤ 数码相框,支持 .bmp/.jpeg/.jpb/.gif 这 4 种格式的图片文件播放。

➤ USB 连接,支持和计算机连接读/写 SD 卡/SPI FLASH 的内容。

➤ 应用中心,可以扩展 16 个应用程序,我们实现了其中一个,其他留给读者自己扩展。

➤ 时钟,支持温度、时间、日期、星期的显示,并支持闹钟功能。

➤ 系统设置,整个综合实验的设置。

➤ 画板,可以作画/对 bmp 图片进行编辑,支持画笔颜色/尺寸设置。

➤ 无线传书,通过无线模块,实现两个开发板之间的无线通信。

➤ 记事本,可以实现文本(.txt/.c/.h/.lrc)记录编辑等功能,支持中英文输入,手写识别。

以上就是综合实验的 9 个功能简介,涉及的内容包括 GUI(ALIENTEK 编写,非 μc/GUI)、μC/OS、内存管理、图片解码、文件系统、USB、手写识别、汉字输入等非常多的内容。由于篇幅所限,我们就不一一介绍了,可参考本书配套资料→书本补充章节→综合实验.pdf。最后来看一些综合实验的靓图。

注意,综合实验支持屏幕截图(通过 USMART 控制,波特率为 115 200),本章所有图片均来自屏幕截图。另外,任何情况下,都可以按 KEY0 返回上一个界面。

首先是综合实验的启动界面和主界面,如图 43.1 所示。图 43.1(a)是启动界面,显示一些系统自检信息,启动成功后进入主界面,如图 43.1(b)所示,总共 9 个功能,每个图标对应一个功能。

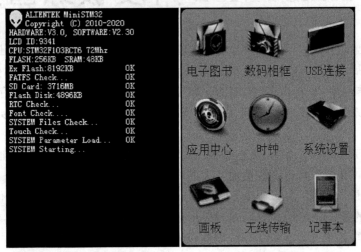

(a) 启动界面 (b) 主界面

图 43.1 启动界面与主界面

接下来看看电子图书界面,如图 43.2 和 43.3 所示。电子图书支持的文件包括.txt/.h/.c/.lrc 等格式,其中,.txt/.h/.c 文件共用一个图标,.lrc 文件单独一个图

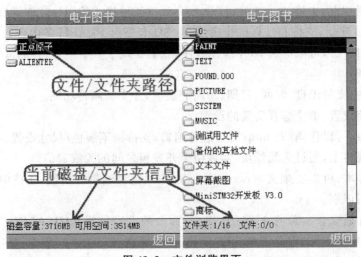

图 43.2 文件浏览界面

标。另外,如果文件名太长,则选中该文件名后,系统会以走字的形式显示整个文件名。文本阅读可以上下拖动,也可以按滚动条滑动迅速定位要看的位置,按 KEY0 按键可以退出文本阅读。

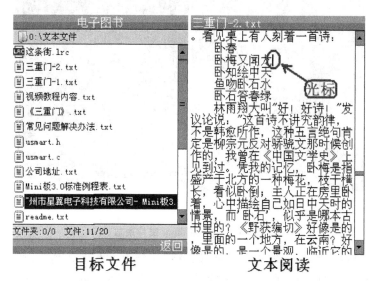

目标文件　　　　　　　文本阅读

图 43.3　目标文件和文本阅读

接下来看看数码相框界面,如图 43.4 和图 43.5 所示。数码相框功能支持 jpg/bmp/gif 图片格式的浏览,gif 必须保证尺寸不大于液晶屏幕的分辨率,否则无法显示;而对于 jpg 和 bmp 文件,基本没有尺寸限制(但图片越大,解码时间越久)。

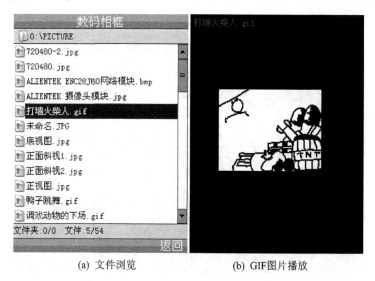

(a) 文件浏览　　　　　　　(b) GIF图片播放

图 43.4　文件浏览和图片播放

(a) jpg图片播放　　　　　　　　　　(b) bmp图片播放

图 43.5　jpg 和 bmp 图片播放

可以通过按屏幕的上方(1/3 屏幕)区域切换到上一张图片浏览,通过按屏幕的下方(1/3 屏幕)区域切换到下一章图片,通过单击屏幕的中间(1/3 屏幕)区域可以暂停自动播放,同样,按 KEY0 可以返回上一层界面。

接下来看看应用中心界面,如图 43.6 所示。图 43.6(a)是我们刚进入应用中心看到的界面,在该界面下总共有 16 个图标,我们仅实现了第一个:红外遥控功能。单击红外遥控即可解码我们配套遥控器的键值,如图 43.6(b)所示。同样,按 KEY0可以返回上一层界面。

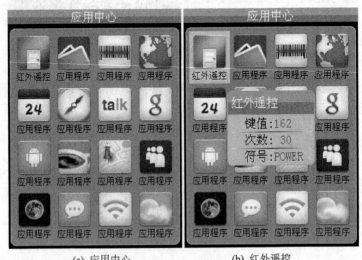

(a) 应用中心　　　　　　　　　　(b) 红外遥控

图 43.6　应用中心和红外遥控

接下来看看系统设置界面,如图 43.7 所示。图 43.7(a)为系统设置主界面,在系统设置里面总共有 12 个项目,图 43.7(b)是时间设置的界面,我们可以在这个界面设置时间,其他的项目就不一一介绍了。按 KEY0 可以返回上一层界面。

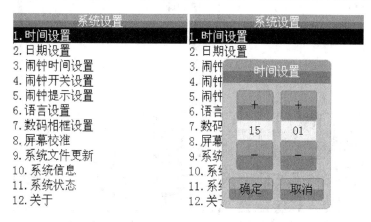

(a) 系统设置主界面　　　　　(b) 时间设置

图 43.7　系统设置主界面与时间设置

　　最后,我们来看看记事本界面,如图 43.8 所示。

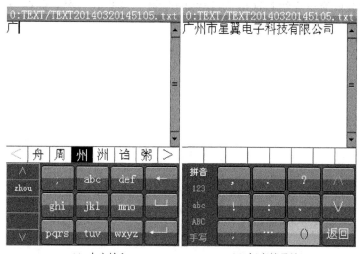

(a) 中文输入　　　　　(b) 标点符号输入

图 43.8　中文输入和标点符号输入

　　这里中文输入使用 T9 拼音输入法(但不支持联想),关于这个中文输入法的介绍可以参考战舰板的例程。该键盘还支持英文输入和手写识别输入,如图 43.9

所示。

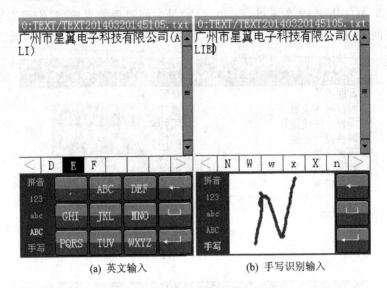

(a) 英文输入　　　　　　　(b) 手写识别输入

图 43.9　英文输入和手写识别输入

　　图 43.9(a)为英文输入界面,比较简单;图 43.9(b)为手写识别的输入界面,手写识别采用 ALIENTEK 提供的手写识别库,具体的使用方法见战舰板手写识别实验。同样,按 KEY0 可以返回上一层界面。

　　综合实验就简单介绍到这里,更详细的介绍可参考本书配套资料→书本补充章节→综合实验.pdf。

参考文献

[1] 刘军. 原子教你玩 STM32(寄存器版). 北京：北京航空航天大学出版社,2013.

[2] ST. STM32 中文参考手册. 第 10 版. 2010.

[3] Joseph Yiu. ARM Cortex - M3 权威指南[M]. 宋岩,译. 北京：北京航空航天大学出版社,2009.

[4] 刘荣. 圈圈教你玩 USB[M]. 北京：北京航空航天大学出版社,2009.

[5] Microsoft. FAT32 白皮书. 夏新,译. 2000.

参考文献